Handbuch Mitarbeiterbefragung

Michel E. Domsch · Désirée H. Ladwig
(Herausgeber)

Handbuch Mitarbeiterbefragung

Zweite, vollständig überarbeitete Auflage

Mit 94 Abbildungen

Springer

Professor Dr. Michel E. Domsch
Helmut-Schmidt-Universität
Institut für Personalwesen
und Internationales Management
Holstenhofweg 85
22043 Hamburg
michel.domsch@hsu-hh.de

Professor Dr. Désirée H. Ladwig
MDC Management Development Center
an der Helmut-Schmidt-Universität Hamburg
Holstenhofweg 85
22043 Hamburg
desiree.ladwig@hsu-hh.de

ISBN-10 3-540-29379-5 Springer Berlin Heidelberg New York
ISBN-13 978-3-540-29379-8 Springer Berlin Heidelberg New York
ISBN 3-540-66812-8 1. Auflage Springer Berlin Heidelberg New York

Bibliografische Information Der Deutschen Bibliothek
Die Deutsche Bibliothek verzeichnet diese Publikation in der Deutschen Nationalbibliografie; detaillierte bibliografische Daten sind im Internet über <http://dnb.ddb.de> abrufbar.

Springer ist ein Unternehmen von Springer Science+Business Media

springer.de

Printed in Germany

Umschlaggestaltung: Erich Kirchner, Heidelberg

SPIN 11568643 43/3153-5 4 3 2 1 0 – Gedruckt auf säurefreiem Papier

Vorwort der Herausgeber

Zufriedene Mitarbeiter gestalten bessere und intensivere Kundenkontakte und zufriedene Kunden sind die wichtigsten Garanten für den wirtschaftlichen Gesamterfolg von Unternehmen. Es ist somit herauszufinden, ob die Mitarbeiter tatsächlich zufrieden sind in Bezug auf die unterschiedlichsten Aspekte des Arbeitslebens, also mit Entwicklungsmöglichkeiten, Arbeitsplatzausstattung, Führungsverhalten, Kooperation mit anderen Bereichen oder etwa Informationswegen und -formen. Es bleibt dann kaum eine andere Alternative, als die Mitarbeiter darüber zu befragen, ihre eventuellen Änderungsvorschläge zu verdeutlichen und ihre Bereitschaft, sich selbst dafür verantwortlich einzusetzen, zu fördern. Damit gehören Mitarbeiterbefragungen zu den strategischen Instrumenten des Change Management zur Verbesserung von Qualität, Leistung und Zusammenarbeit: Sie erfüllen Diagnosefunktionen und beinhalten selbst Gestaltungselemente für Veränderungsprozesse.

In dieser 2., umfangreich aktualisierten und erweiterten Auflage des bewährten Handbuches zur Mitarbeiterbefragung wird deutlich, wie ausdifferenziert und erfolgswirksam inzwischen die Einsatzmöglichkeiten von Mitarbeiterbefragungen sind. Dies gilt für Unternehmen aller Branchen und Größenordnungen wie auch für Organisationen der öffentlichen Verwaltung. Insofern ist es nicht erfolgreich und wäre wenig nutzbringend und realitätsfern gewesen, die Beiträge einer strengen einheitlichen Ausrichtung von Mitarbeiterbefragungen zu unterwerfen. Gerade aus der dargestellten Vielfalt sollen die unterschiedlichsten Anregungen für eigene Vorhaben entnommen werden. Es gibt generelle Befragungen mit umfassenden Fragenkatalogen über Betriebsklima / Arbeitsplatz / Führungskulturen und Spezial-Befragungen mit einer Vielzahl von Einzelthemen. Die Autoren dieses Handbuches sind ausgewiesene Praktiker und Wissenschaftler, die die gesamte Bandbreite eindrucksvoll dokumentieren.

In Zukunft wird die Bedeutung von Mitarbeiterbefragungen noch erheblich steigen. Längst hat sich in der Praxis die Erkenntnis durchgesetzt, dass neben einem „market-based view of strategy“ ein „resource-based view“ unter besonderer Berücksichtigung des Mitarbeiterpotentials für den Erfolg eines Unternehmens unabdingbar ist. Hierzu können Mitarbeiterbefragungen wesentliche Erkenntnisse liefern. Total Quality Management-Prozesse, Auditierungen sowie die Steuerung nach Balanced Scorecard-Konzepten sind in Zukunft ohne die Integration von Mitarbeiterbefragungen unvollständig und deshalb undenkbar. Insofern sind entsprechende Weiterentwicklungen des Einsatzes von Mitarbeiterbefragungen unter Einbezug moderner Informations- und Kommunikationstechnologien zu begrüßen. Auch zu diesen Aspekten bietet diese Veröffentlichung Diskussionen, Anregungen und „best practices“ an.

Die Herausgeber danken allen Autoren für die gute Zusammenarbeit bei diesem Projekt. Das Vorhaben entwickelte sich aus der „Projektgruppe Mitarbeiterbefragungen". Seit fast 25 Jahren diskutieren hier Vertreter von fünfzehn Wirtschaftsunternehmen unterschiedlicher Branchen unter der Koordination der Herausgeber über Erfahrungen und neuere Entwicklungen auf dem Gebiet der Mitarbeiterbefragungen. Insofern richtet sich dieses Handbuch primär an die Praxis. Angesprochen sind Unternehmen aller Branchen und Größenordnungen, Muttergesellschaften wie Tochtergesellschaften im In- und Ausland sowie die unterschiedlichsten öffentlichen Verwaltungen, Verbände, Vereine und NGOs.

Ein besonderer Dank gilt Ines Jahn und Rebekka Hensen, die unermüdlich und gekonnt die redaktionelle Arbeit geleistet haben und für die schwierige drucktechnische Aufbereitung der Texte und Anlagen verantwortlich waren. Dem Verlag danken die Herausgeber für die Aufnahme auch der 2. Auflage in das Verlagsprogramm und für die stets gute Betreuung des Werkes.

Hamburg, im Oktober 2005 Michel E. Domsch und Désirée H. Ladwig

Inhaltsverzeichnis

Führungsfeedback mit Hilfe von Mitarbeiterbefragungen

Mitarbeiterbefragungen zu speziellen Themen

Einführung

Mitarbeiterbefragungen – Stand und Entwicklung

Michel E. Domsch und Désirée H. Ladwig

1 Begriff

Mitarbeiter erwarten heute eine partizipative Führung und Zusammenarbeit. Diese schließt eine intensivere Kommunikation und erweiterte Gestaltungsmöglichkeiten im eigenen Verantwortungsbereich ein. Überzeugende Erkenntnisse aus empirisch orientierten Motivationsstudien sowie positive Erfahrungen aus Organisationsentwicklungsprojekten haben deshalb in erfolgreichen Unternehmen eine Unternehmenskultur entstehen lassen, in der partizipatives Verhalten zum Besitzstand des Denkens, Sprechens und Handelns geworden ist. Es wird unterstützt und ergänzt durch personalpolitische Instrumente wie Mitarbeitergespräche, Problemlösungsklausuren, Zirkelarbeit, durch intensive Delegation etc. In diesem Zusammenhang werden Mitarbeiterbefragungen seit über 20 Jahren international mit großem Erfolg in der Wirtschaftspraxis als strategisches Führungsinstrument bei kontinuierlichen Verbesserungsprozessen (KVP), im Rahmen von Organisationsentwicklungsmaßnahmen sowie beim Innovations- und Qualitätsmanagement eingesetzt. Ebenso sind sie im Zusammenhang mit Auditierungen, Personalcontrolling und Balanced Scoredcard-Konzepten nicht mehr wegzudenken. Insofern können sie als integrierter Bestandteil des gesamten Chance Management gelten.

Unter einer Mitarbeiterbefragung – synonyme Begriffe sind z. B. Betriebsklimaanalysen, betriebliche Meinungsumfragen, Mitarbeiterzufriedenheitsanalysen, innerbetriebliche Einstellungsforschung – wird überwiegend verstanden:

- Ein Instrument der partizipativen Führung und Zusammenarbeit, mit dem
- im Auftrag der Unternehmensleitung, oft delegiert an den Personalbereich, den Organisationsbereich, den Marketingbereich oder an ein besonderes Arbeitsteam,
- im Dialog mit den Arbeitnehmervertretungen,
- durch den Einsatz von standardisierten und / oder teilstandardisierten Fragebögen (ergänzt durch (teil-)strukturierte Interviews),
- anonym und auf freiwilliger Basis,
- direkt bei allen Mitarbeitern (oder einer repräsentativen Stichprobe) oder bei bestimmten Zielgruppen,

- unter Beachtung methodischer, organisatorischer und rechtlicher Rahmenbedingungen,
- online oder auf dem schriftlichen Weg,
- Informationen über Einstellungen, Erwartungen, Bedürfnisse und Änderungsvorschläge der Mitarbeiter,
- bezogen auf bestimmte Bereiche der betrieblichen Arbeitswelt und / oder der Umwelt gewonnen werden,
- um daraus möglichst konkrete Hinweise auf betriebliche Stärken und Schwächen zu erlangen,
- deren Ursachen im Dialog zwischen Mitarbeitern und Führungskräften sowie der Unternehmensleitung zu klären sind,
- um gemeinsam daraus konkrete Veränderungsprozesse im Rahmen des Change Management zu planen, abzustimmen, zu realisieren und
- deren Erfolgswirksamkeit zu evaluieren,
- um letztendlich im Rahmen einer lernenden Organisation und im Prozess des lebenslangen Lernens gemeinsam zu einer höheren Arbeits- und Lebenszufriedenheit sowie zu einer höheren unternehmensrelevanten Leistung zu gelangen.

2 Funktionen

Eine Mitarbeiterbefragung hat also insbesondere folgende Funktionen:

1. Sie ist Diagnoseinstrument und damit Grundlage von gestalterischen Maßnahmen:

- Sie zeigt den Grad der allgemeinen Arbeitszufriedenheit der Mitarbeiter.
- Sie bekundet die spezielle Zufriedenheit bzw. Unzufriedenheit der Mitarbeiter mit bestimmten Teilaspekten der Arbeit und dient insofern als Instrument der konkreten Schwachstellenanalyse. Sie kann wertvolle Hinweise zur Beseitigung der funktionalen Mängel in der Organisation geben.
- Die Mitarbeiterbefragung kann hier zur Versachlichung der Diskussion zwischen Arbeitgebern und Arbeitnehmern bzw. Arbeitnehmervertretungen, zwischen Vorgesetzten und Mitarbeitern, zwischen Vertretern verschiedener Unternehmensbereiche, mit internen und externen Kunden etc. beitragen.

2. Die Mitarbeiterbefragung ist selbst ein gestalterischer Eingriff in die Organisation mit verschiedenen Folgewirkungen:

- Die Mitarbeiter werden an den Belangen des Unternehmens beteiligt und haben somit die Sicherheit, „zu Wort zu kommen", „gehört zu werden", „zur Unternehmensentwicklung direkt beizutragen".

- Sie verringert die soziale Distanz zwischen Unternehmensleitung, Vorgesetzten und Mitarbeitern.

- Sie führt zu einer intensiveren und offeneren Kommunikation und Kooperation.

- Sie trägt zur Erhöhung der Arbeitszufriedenheit bzw. zur Verbesserung des Betriebsklimas bei, mit dem Ziel und der Einsicht, dass zufriedene Mitarbeiter auch die Zufriedenheit der Kunden steigern und damit das wirtschaftliche Ergebnis des Unternehmens davon positiv beeinflusst wird.

3. Sie kann als eine Grundlage mitarbeiterorientierter Personal-, Organisations- und Unternehmensentwicklung eingesetzt werden:

- Mit der Einbeziehung der Informationen aus Mitarbeiterbefragungen können die Zuverlässigkeit und Qualität der Entscheidungsprozesse des Unternehmens in vielen Bereichen gesteigert werden.

- Bei notwendigen Neuerungen in der Organisation (z. B. Maßnahmen zur Arbeitsstrukturierung und im Rahmen des Qualitätsmanagement) kann die Mitarbeiterbefragung zur Entwicklung, Unterstützung und Sicherung mitarbeiterorientierter Lösungen eingesetzt werden.

- Die Mitarbeiterbefragung kann der Erfolgskontrolle nahezu jeder betrieblichen Maßnahmen dienen und deshalb Grundlage für eine erneute Planung sein.

- Sie ist damit ein Instrument, das den Erfolg lernender Organisationen und damit generell des Change Management steigert.

- Bei den heute immer häufiger stattfindenden Unternehmensfusionen treffen oft verschiedene Unternehmenskulturen aufeinander, für die ein neuer gemeinsamer, erfolgreicher Weg gesucht werden muss. Hierbei können Mitarbeiterbefragungen, gezielt eingesetzt, unverzichtbare Entwicklungsinstrumente sein. Dies gilt auch für den Fall von De-Merger, um nach der erfolgten Trennung von Unternehmen wieder neue Stabilität und Corporate Identity zu gewinnen.

4. Als strategisches Managementinstrument ist der hohe Wert von Mitarbeiterbefragungen im folgenden zu sehen:

- Unbestritten gehören sie zum Gestaltungsraum des resource-based view of management-Ansatzes.
- Sie können als Balanced Scorecard Tools und damit als Lieferant von erfolgsorientierten Messkriterien herangezogen werden.
- Mitarbeiterbefragungen liefern Daten für Audits (z. B. Social Audits, Qualitäts-Audits).
- Sie sind als integrierter Bestandteil von Controlling-Systemen einsetzbar.
- Dies führt dazu, die Mitarbeiterbefragung alle zwei Jahre zu wiederholen, sie in Zielvereinbarungen zu integrieren und auch für externe und interne Benchmark-Aktionen einzusetzen.

3 Form

Bei der Form von Mitarbeiterbefragungen kann zwischen einer Vielzahl von Alternativen unterschieden werden.

Die ausgewiesenen Unterscheidungsmöglichkeiten (Abbildung 1) entsprechen der hinlänglich aus der empirischen Sozialforschung und aus der Marktforschung bekannten Differenzierung und Gestaltungsmöglichkeit. Im konkreten Fall kann man die relevanten Alternativen mit Hilfe des aufgezeigten morphologischen Kastens diskutieren. Fast alle Ausprägungsformen lassen sich im Rahmen innerbetrieblicher Mitarbeiterbefragungen durch Beispiele aus der Praxis belegen. Allerdings hat sich die schriftliche, anonym durchgeführte, strukturierte und standardisierte Befragung mit geschlossenen und teilweise auch offenen Fragestellung in der Praxis durchgesetzt. Neuerdings werden auch immer öfters online-Befragungen eingesetzt und neuere Informations- und Kommunikationstechnologien für die Ergebnisdarstellung und –diskussion genutzt. Letztendlich richtet sich die gewählte Form vorrangig nach den Zielen der Befragung und deren möglichen Operationalisierung sowie nach dem Reifegrad der Unternehmenskultur und ihrer Mitglieder.

Beschreibungs-merkmale (Auswahl)	Ausprägungen (Auswahl)			
Ziel	Allgemeine Zufriedenheits-messung / Betriebs-klimaanalyse	Einsatz als TQM-Instrument	Benutzung für Organisations-entwicklung	Integration in strategisches Management (z. B. Balanced Scorecard-Modul)
Initiative	Unternehmens-leitung / Perso-nalbereich	Arbeiternehmer-vertretungen	Unternehmensleitung, Personalbereich und Arbeitnehmervertretungen ge-meinsam	
Einbindung	nur Mitarbeiterbefragung		in eine umfassende Situationsanalyse integriert (z. B. Mitarbeiterbefragung, Kunden- und Lieferantenbefragung)	
Inhalt	umfassende Mitarbeiterbefragung		spezielle Befragung (z. B. zur Arbeitszeitflexibilisierung)	
Verbindlichkeit	freiwilliger Einsatz		vom Unternehmen vorgeschrieben / umfassend initiiert	
Erfassung der Information	schriftlich (per Fragebogen)	mündlich (per Interview / Gespräche / Workshops)	teils schriftlich / teils mündlich	online
Bezug zum Führungs-bereich	direkter Vorgesetzter	direkter und nächsthöherer Vorgesetzter	bestimmte Ziel-gruppen aus dem Vorgesetzten-bereich	Management insgesamt
Anonymität	ohne Namensangabe und demographische Variablen	freiwillige Angaben von demographischen Variablen (z. B. Alter / Ge-schlecht)	mit Namensangabe	
Standar-disierung	vollständig standardisiert	teil-standardisiert	nur freie Antworten	
Häufigkeit	einmalig	regelmäßig (z. B. im Verbund mit 360°-Feedback)	fallweise (z. B. 12 Monate nach organisatorischen Veränderungen)	
Richtung	Einschätzungen nur durch die Mitarbeiter (einseitig)		auch Einschätzungen der Mitarbeiter durch Vorgesetzte (zweiseitige Formen)	
Feedback	Ergebnisse nur an Unternehmensleitung / Führungskräfte / Personalbereich	Gesamtergebnisse an al-le, Bereichsergebnisse nur an den jeweiligen Bereich	völlige Transparenz aller Ergebnisse / internes Benchmarking	
Reichweite	Befragung nur im nationalen Bereich		internationale Befragung in allen Unternehmensbereichen / Gesellschaften	

Abb. 1: Alternative Formen von Mitarbeiterbefragungen
(F. G. H.-Baukastensystem / Morphologischer Kasten / Auszug)

4 Methodik

Die Mitarbeiterbefragung – schriftlich wie online – ist eine wissenschaftliche Methode der empirischen Sozialforschung. Sie soll Realität erfassen und in mehr oder weniger enger Verbindung zu einer zugrundeliegenden Theorie zu empirisch belegten Aussagen führen. Ein wissenschaftliches Instrument empirischer Forschung muss strengen messtheoretischen und methodischen Anforderungen genügen. Die vollständige Erfüllung dieser Anforderungen bedingt einen unter Umständen beträchtlichen Forschungsaufwand, so dass die Anwender in der betrieblichen Praxis oft vor einem Dilemma zwischen Kosten und Qualität des Instrumentes stehen. Hier wird es häufig notwendig sein, einen Kompromiss zu schließen. Im Zweifel werden in der Praxis Fragestellung und Fragebogenerstellung Vorrang vor der streng wissenschaftlich ausgerichteten Methode haben. Deshalb ist zur vertieften Auseinandersetzung mit den Methoden und Techniken der empirischen Sozialforschung auf die einschlägige Literatur hinzuweisen.

Hervorzuheben sind hier insbesondere die Probleme der Fragebogengestaltung und der methodischen Absicherung. Die wesentlichen methodischen Anforderungen an eine Mitarbeiterbefragung sind (analog zu den Gütekriterien der Testtheorie) die Forderungen nach Reliabilität (Zuverlässigkeit) und Validität (Gültigkeit). Weitere Kriterien sind : Objektivität, Relevanz, Trennschärfe usw. Die Hauptprobleme für die Aussagekraft der Mitarbeiterbefragung liegen in der Validität des Instrumentes, insbesondere in der Konstrukt-Validität (Beispiel: Misst eine Befragung zur Arbeitszufriedenheit tatsächlich gültig das theoretische Konstrukt „Arbeitszufriedenheit"?).

Die Datenauswertung dient insbesondere der Gewinnung oder Bestätigung von Hypothesen (oder ihrer Falsifizierung und Modifizierung). Als Methoden zur Auswertung von Mitarbeiterbefragungen stehen u. a. zur Verfügung: Faktorenanalyse, (multiple) Regressionsanalyse, (multiple) Diskriminanzanalyse, Mehrdimensionale Skalierung, Clusteranalyse.

5 Inhalt

Der konkrete Inhalt einer Mitarbeiterbefragung resultiert unmittelbar aus den angestrebten Befragungszielen. Für breit angelegte Befragungen muss der Umfang des Fragebogens naturgemäß relativ groß sein. Es sollte ein möglichst breites Spektrum aller relevanten Variablen, die Einfluss auf Arbeitsqualität und -organisation haben, erfasst werden. Dem Umfang des Fragebogens sind allerdings Grenzen gesetzt durch

- die Bereitschaft der Befragten, lange Fragebögen auszufüllen,

- die unter Umständen beträchtlichen Kosten umfangreicher Befragungen und Auswertungen, insbesondere bei der Berücksichtigung von vielen offenen Fragen.

Der Umfang der Fragen sollte bei ca. 60 Fragen liegen, die in 40 bis 50 Minuten zu beantworten sind. Grundsätzlich kann unterschieden werden nach:

- *Umfassenden Mitarbeiterbefragungen*

Dabei werden Fragen zu relativ vielen Kernbereichen gestellt. Eine beispielhafte Übersicht enthält die Abbildung 2. Hierauf bezieht sich z. B. der in Beratungen bewährte Fragebogen der F. G. H. Forschungsgruppe Hamburg (siehe Anhang am Ende des Handbuchs). Grundlage dazu war der sogenannte „Standardfragebogen", der bereits in den 80er Jahren von der Projektgruppe „Mitarbeiterbefragung" erstellt wurde. Inzwischen sind jedoch hier umfangreiche Modifikationen und Anpassungen an heutige Ansprüche vorgenommen worden.

Lfd. Nr.	**Kernbereiche**	**Fragen zum jeweiligen Kernbereich (standardisiert / katalogartig / skaliert / offen)**
1	Tätigkeit / Arbeitsorganisation	• Arbeitsbereich • Art der Tätigkeit • Art der Arbeitsorganisation • Arbeitsbelastung • eigene Veränderungsvorschläge
2	Arbeitsbedingungen	• Umweltbedingungen (Klima, Beleuchtung, Lärm) • Arbeitsplatzgestaltung • Arbeitszeitgestaltung • eigene Veränderungsvorschläge
3	Entgelt und Sozialleistungen	• Höhe des Entgelts im Vergleich zur Leistung, zu Kollegen, zu anderen Unternehmen • Bedeutung der zusätzlichen Sozialleistungen • Veränderungsvorschläge zu einzelnen Sozialleistungen
4	Kommunikation / Information	– Informationen über das Gesamtunternehmen – Informationen über die Arbeit i. e. S. – Informationsquellen, -medien, -wege – gewünschte Zusatzinformationen / veränderte Informationswege – eigene Veränderungsvorschläge
5	Zusammenarbeit	• Zusammenarbeit mit unmittelbaren Kollegen • Zusammenarbeit mit anderen Abteilungen / internen Dienstleistern • Zusammenarbeit mit Gesamtunternehmen • eigene Veränderungsvorschläge

6	Möglichkeit zur Umsetzung eigener Leistungsfähigkeit und Leistungsbereitschaft	• eignungs- und neigungsadäquater Arbeitseinsatz • Entfaltungsmöglichkeiten • Wichtigkeit der Arbeit • eigene Veränderungsvorschläge
7	Weiterbildung / Entwicklungsmöglichkeiten	• Weiterbildungsangebot • Möglichkeiten der Nutzung • Schwierigkeiten bei Nutzung • Möglichkeiten und Hindernisse des Aufstiegs • eigene Veränderungsvorschläge
8	Vorgesetztenverhalten / Beziehung zum Vorgesetzten	• fachliche Fähigkeiten des Vorgesetzten, Informationsverhalten, Motivation, Berücksichtigung der eigenen Meinung, Gerechtigkeit, Hilfe bei beruflichen und privaten Schwierigkeiten • eigene Veränderungsvorschläge
9	Unternehmen	• Einschätzung der Sicherheit des eigenen Arbeitsplatzes, der Beschäftigung im Unternehmen • Gesamtzufriedenheit mit der Arbeit beim Unternehmen • allgemeines Ansehen des Unternehmens beim Befragten, beim Kunden, in der Gesellschaft • eigene Veränderungsvorschläge
10	Statistik	• Alter, Geschlecht, Betriebszugehörigkeit, Einkommensform, Einkommenshöhe, Arbeitszeitform • Mitarbeitergruppe / Hierarchieebene
Copyright des konkreten detaillierten Fragebogens bei F. G. H. Forschungsgruppe Hamburg		

Abb. 2: Inhalt einer umfassenden Mitarbeiterbefragung (Beispiele aus dem F. G. H. – Befragungsbogen)

- *Speziellen Mitarbeiterbefragungen*

Inhalt sind hier Fragen, die ein spezielles Thema oder eine bestimmte Auswahl von Fragebereichen betreffen. Damit kann ein Themenbereich viel ausführlicher angesprochen werden. Die Auswertung gewonnener Daten und die Diskussion der Ergebnisse können zielorientierter erfolgen. Oft handelt es sich bei speziellen Mitarbeiterbefragungen um Aktionen, die sich an umfassende Befragungen anschließen, nachdem man erkannt hat, welche Bereiche besonders veränderungsbedürftig sind.

Spezielle Befragungsbereiche können z. B. der Bildungsbedarf, die Laufbahnentwicklung, die Zusammenarbeit zwischen Vorgesetzten und Mitarbeitern oder etwa

Innovationsbereitschaft und –fähigkeit sowie Fragen zur Arbeitszeitflexibilisierung sein. Grundsätzlich kann jedes Thema in eine Befragung umgesetzt werden. Erfahrungen liegen inzwischen in großem Umfang vor. Dies gilt auch für die Integration von Mitarbeiterbefragungen in 360°-Beurteilungen / Feedbackprozessen.

Zudem trifft man in der Praxis statt einer Gesamtbefragung, in die grundsätzlich alle Mitarbeiter des Unternehmens mit einbezogen werden, zunehmend Teilbefragungen, bei denen spezielle Mitarbeitergruppen (z. B. nur Führungskräfte oder nur Außendienstmitarbeiter) oder nur bestimmte Teilbereiche des Unternehmens (z. B. nur Standort XY, Sparte Z oder Geschäftstelle W) befragt werden. Oft werden im Rahmen eines Pilotprojektes auf der Basis von Interviews und / oder Workshops, Pretests etc. ein erstes unternehmensspezifisches Konzept entwickelt, ein spezieller Unternehmensfragebogen und eine spezielle Vorgehensweise festgelegt und ihm Rahmen eines Organisationsentwicklungsprozesses eingesetzt. Nach Abschluss und entsprechender Adjustierung wird dann das Instrument unternehmensweit freigegeben bzw. verbindlich eingesetzt.

6 Ablauf

Für eine erfolgswirksame Abwicklung einer betrieblichen Mitarbeiterbefragung ist es notwendig, das gesamte Projekt detailliert vorauszuplanen. Abbildung 3 enthält ein Beispiel für einen derartigen Ablaufplan.

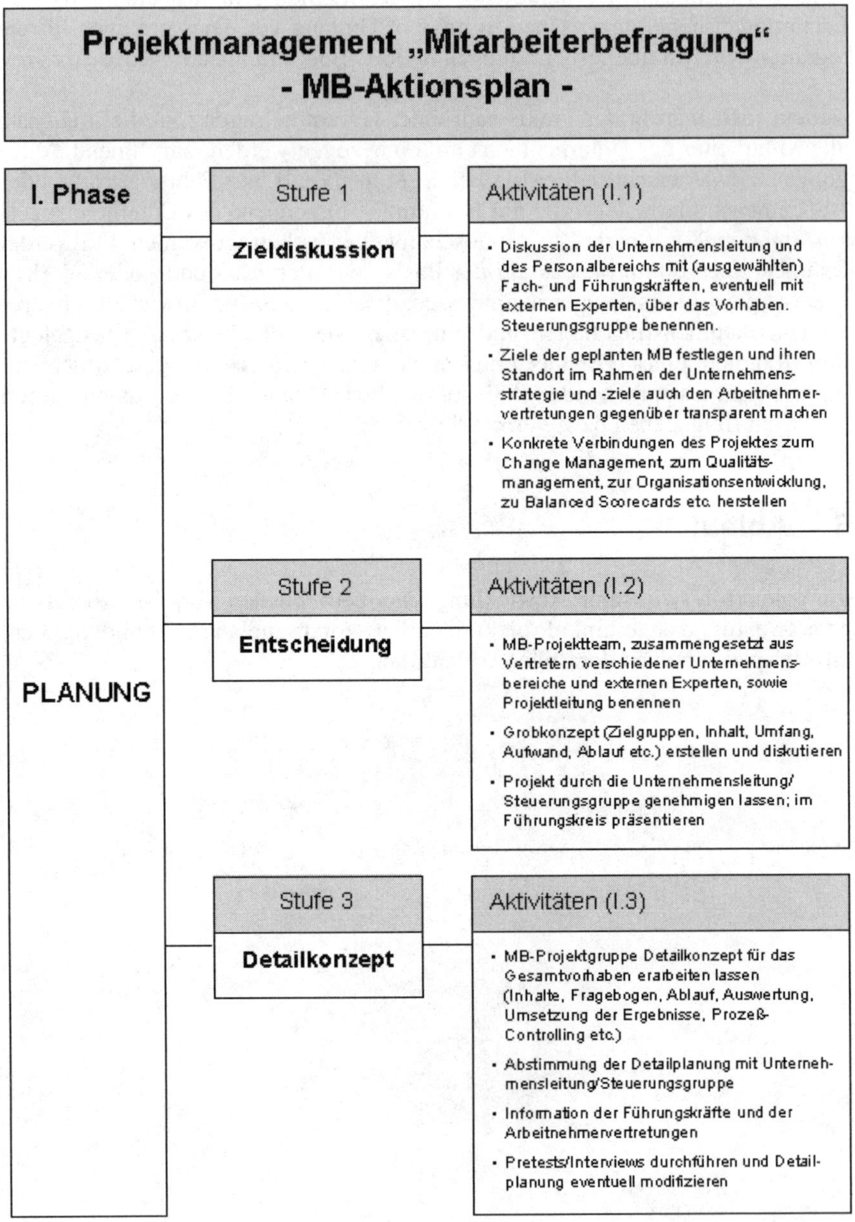

Abb. 3a: Aktionsplan für Mitarbeiterbefragungen – Phase I
(F.G.H./MB-Projektmanagement)

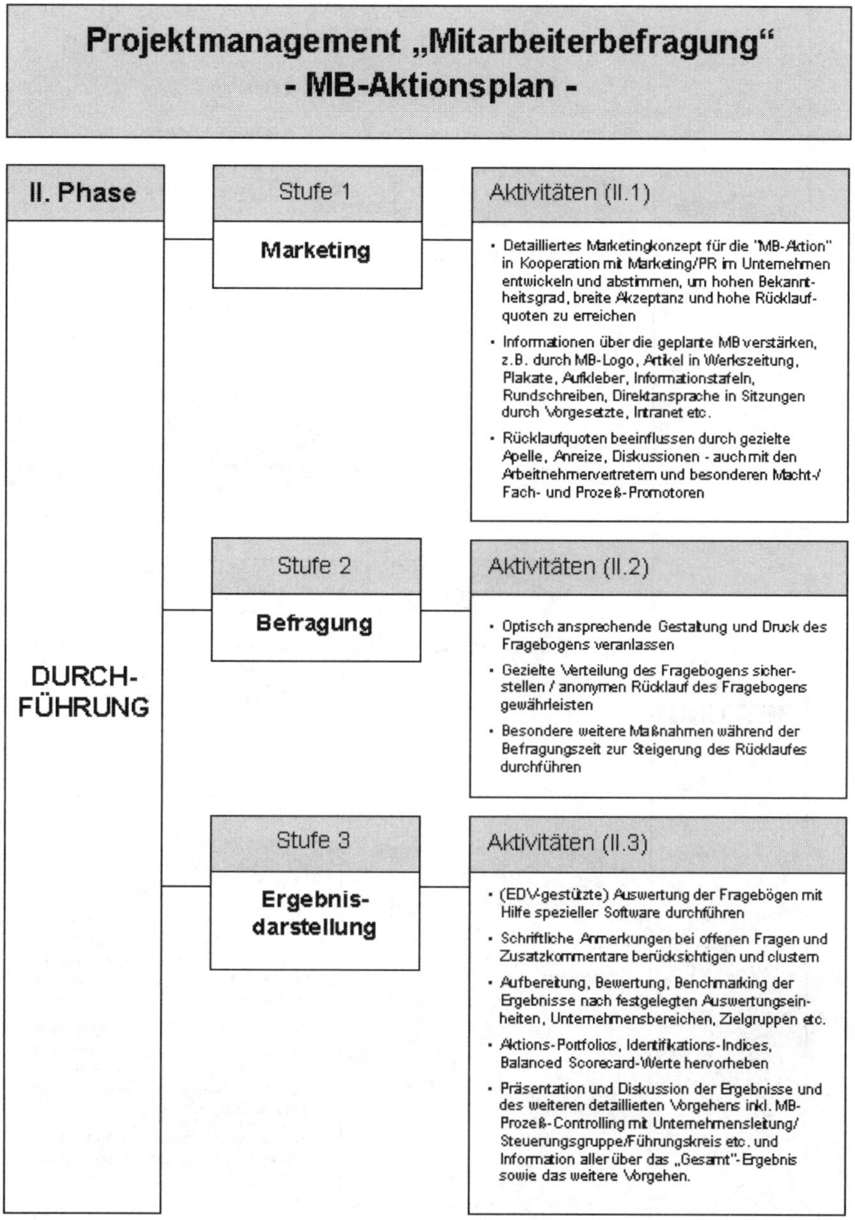

Abb. 3b: Aktionsplan für Mitarbeiterbefragungen – Phase II
(F.G.H./MB-Projektmanagement)

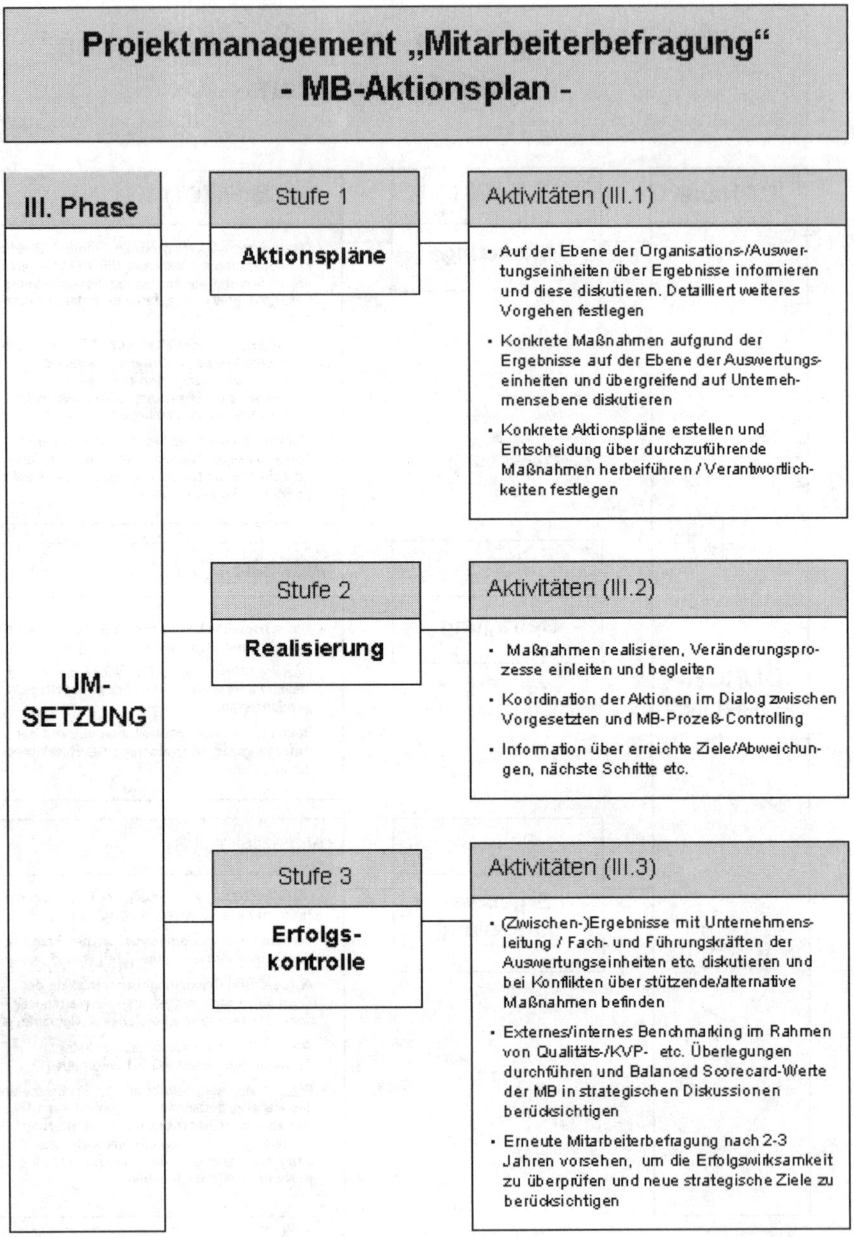

Abb. 3c: Aktionsplan für Mitarbeiterbefragungen – Phase III
(F.G.H./MB-Projektmanagement)

Selbstverständlich ist für jeden speziellen Anwendungsfall eine weitere Detailplanung für konkrete Aktivitäten und deren Abwicklung erforderlich. Insofern ist das dargestellte Ablaufschema als Grob-Planung anzusehen. Allerdings wird deutlich, dass die Befragung selbst nur eine Teilmenge der gesamten Aktion darstellt. Insbesondere ist hervorzuheben, dass auf der Basis der Befragungsergebnisse im Anschluss detaillierte und intensive Diskussionen im Rahmen von Workshops auf Bereichs- / Abteilungsebene mit den Beteiligten erfolgen müssen, um konkrete Maßnahmen daraus abzuleiten, diese umzusetzen und in ihrer Wirksamkeit zu überprüfen. Gerade diese Anschlussaktivitäten nach der Befragung sind von großer Wichtigkeit, da der Informationsgewinn durch die Befragung in der Regel nur diagnostischer Art sein kann und für die weitere Maßnahmenplanung zu grob ist. Insofern teilt sich die Gesamtaktion einer Befragung gemäß Abbildung 1 in drei große Phasen: Planung, Durchführung und Umsetzung mit konkreten Aktivitäten, Veränderungsprozessen und Evaluierungen.

7 Kommunikationskonzept

Für den Erfolg von Mitarbeiterbefragungen ist es von außerordentlicher Bedeutung, das gesamte Vorhaben mit gezielten Kommunikationsmaßnahmen zu begleiten.

Sie haben generell folgende wichtige Funktion:

- Informationen über Ziele, Inhalte, Ablauf, Zuständigkeiten
- Darstellung der Maßnahmen, durch die die Anonymität gewährleistet ist
- Aufbau von Vertrauen, dass durch die Mitarbeiterbefragung die als notwendig angesehenen Änderungen erfolgen

Abb. 4 enthält konkrete, praxisrelevante Beispiele für Kommunikationsmaßnahmen, die sich auf die dargestellten Phasen des Aktionsplanes beziehen.

Mitarbeiterbefragung - Beispiele für Kommunikationsmaßnahmen -	
I.	Phase „Planung“ ➢ Entwicklung eines Logos / Namens für die Befragung (Corporate Identity, Wiedererkennungseffekt) ➢ Generelle Informationen über Ziele, Ablauf, Zeitrahmen, Verantwortliche (z. B. Sitzungen, Hauszeitung, Intranet etc.) ➢ Diskussionsveranstaltungen (z. B. Vorstand, Führungskräfte, Betriebsrat etc.) ➢ Brief des Vorstandes / Betriebsrates an alle Mitarbeiter ➢ Verteilung von Werbemitteln (z. B. Plakataktion, Infofolder etc.) ➢ Artikel / Interviews in der Hauszeitung bzw. Sondernummer ➢ Einrichtung einer Hotline
II.	Phase „Durchführung“ ➢ „Start-Schuss“ ➢ Aktuelle, wechselnde Plakate ➢ Informationsstand mit Projektgruppenmitgliedern, Führungskräften ➢ Intranet / Chat-Raum ➢ Impulse / Give-aways (z. B. Flüstertüte, Kugelschreiber, Vergissmeinnicht etc.) ➢ Count-down Aktionen (z. B. Nachricht über Rücklaufquoten / Rücklauf-barometer) ➢ Last-Minute Aktionen
III.	Phase „Umsetzung“ ➢ Erste Trendmeldung als Ein-Seiten-Mailing (Intranet) ➢ Präsentationen (Vorstand, Führungskräfte, Betriebsrat) ➢ „Ergebnisbroschüre – Gesamt“ an alle ➢ Einzel-Präsentationen und –Informationen in den Auswertungseinheiten ➢ Diskussion der Ergebnisse in den Auswertungs- / Organisationseinheiten und Veröffentlichung von Vorhaben der einzelnen Organisationseinheiten ➢ Fortlaufende Berichterstattung über weiteren Ablauf und Umsetzungsfort-schritte (Hauszeitschrift, Intranet und Chat-Raum etc.) ➢ Abschließende Evaluierung, Berichterstellung, Veröffentlichung weiterer Schritte

Abb. 4: Kommunikationsmaßnahmen

8 Auswahl besonderer Probleme

Der Erfolg einer Mitarbeiterbefragung hängt zum einen unmittelbar von der Genauigkeit der zeitlichen und inhaltlichen Vorbereitung bzw. Planung des gesamten Projektes ab. Zum anderen wirkt sich insbesondere auch der Grad der Akzeptanz durch alle Beteiligten entscheidend auf den Erfolg aus. Die Unternehmensleitung als Durchführende sowie die Befragten und Arbeitnehmervertretungen müssen sich mit den Zielen der Befragung identifizieren und sie unterstützen. Denn Skepsis und Ablehnung können sich auf vielfältige Weise nachteilig auswirken, z. B. durch

- zu geringe Beteiligung an der Befragung,
- bewusste oder unbewusste Verfälschung der Antworten,
- geringe Änderungsbereitschaft und Kooperation in der Umsetzungsphase.

Allerdings ist in den letzten Jahren eine große „Welle" der Zustimmung und Nachfrage nach Mitarbeiterbefragungen zu beobachten, die nicht zuletzt aus der Diskussion über Qualitätsprozesse, Qualitätsmanagement, Kopplungen von Mitarbeiter- und Kundenzufriedenheitsanalysen, Balanced Scorecard usw. resultiert.

Wenn es Widerstände gegen eine Befragung gibt, so haben sie meist folgende Ursachen :

1. Die Unternehmensleitung:

- Unterlässt eine Zieldiskussion und demonstriert nicht überzeugend ein eindeutiges Commitment hinsichtlich des Gesamtvorhabens;
- Befasst sich zu wenig mit dem Instrument, seinen Grenzen und Möglichkeiten;
- Scheut die mit einer Mitarbeiterbefragung verbundenen Aktivitäten und Kosten;
- Fürchtet mit einer Mitarbeiterbefragung „schlafende Hunde" zu wecken, d. h. Probleme zu verstärken bzw. erst zu schaffen;
- Ist unsicher, wie sie auf Schwächen und Veränderungswünsche reagieren soll.

2. Die befragten Arbeitnehmer:

- Befürchten, dass die Anonymität der Befragten nicht gewährleistet ist und sich möglicherweise Sanktionen für den einzelnen Befragten ergeben könnten. Auch die Form der Online-Befragung kann die Angst vor Verlust der Anonymität steigern.
- Glauben nicht, dass sie tatsächlich an den Veränderungsprozessen beteiligt werden; sie haben evtl. negative Erfahrungen mit ähnlichen Aktionen der letzten Jahre gemacht.
- Bezweifeln, dass sich für sie positive Auswirkungen aus einer Befragung ergeben.

3. Die Arbeitnehmervertretungen:

- Befürchten, dass aufgrund des direkten Dialoges zwischen Arbeitgeber und Arbeitnehmern eventuell ihre Rolle als Interessenvertretung geschwächt wird;
- fürchten, dass die Unternehmensleitung Befragungsergebnisse dazu benutzen könnte, Arbeitnehmerinteressen von Minderheitengruppen zu blockieren;
- bezweifeln, dass der Anspruch auf absolut anonyme und vertrauliche Behandlung der gemachten Aussagen gewahrt werden kann.

Zur Überwindung dieser Widerstände tragen folgende Maßnahmen bei:

- *Wahrung der Anonymität*

Um eine hohe Beteiligung an der Mitarbeiterbefragung zu erzielen, muss die absolute Anonymität der Antworten aller beteiligten Gruppen (Führungskräfte, Mitarbeiter, Mitarbeitervertreter) zugesichert werden. Die Voraussetzung für ehrliche und aussagekräftige Ergebnisse ist, dass Antworten einzelner Mitarbeiter nicht zu identifizieren sind, nur die auswertende Stelle die Datenbank aufbaut und benutzt und das EDV-Programm eine Sperre vorsieht, nach der keine Antworten einzelner Mitarbeiter, sondern nur zusammengefasste Antworten mehrerer Mitarbeiter (in der Regel 7 und mehr) ausgewertet werden können. Dies gilt auch und besonders bei Online-Befragungen. In der Regel wird deshalb mit externen Partnern zusammengearbeitet. Ab und zu werden auch Betriebsvereinbarungen abgeschlossen, in denen spezielle Absicherungen der Anonymität festgelegt werden. In der Regel erhalten alle Mitarbeiter das Gesamtergebnis, die Ergebnisse einzelner Auswertungseinheiten die entsprechenden Vorgesetzten und Mitarbeiter.

- *Innerbetriebliche Aufklärungsarbeit*

Widerstände sind zu einem großen Teil Ausdruck von Angst bzw. Unsicherheiten und Fehleinschätzungen. Präzise und sachliche Informationen über Ziele, Inhalt, freiwillige Teilnahme, den organisatorischen Ablauf und Auswertungsverfahren der Befragung können bereits viele Ursachen für Widerstände beseitigen und die psychologische Schwelle bei Mitarbeitern und Vorgesetzten abbauen helfen. Die innerbetriebliche Aufklärungsarbeit sollte mindestens in zwei Schritten erfolgen :

- Generelle Informationen über Ziele und Form des Vorhabens im Kreis der Führungskräfte, in Sitzungen mit Mitarbeitervertretungen, in Rundschreiben, in der Werkszeitung, auf Informationsmärkten, im Intranet etc.
- Schriftliche Instruktion, die dem Fragebogen als Begleitschreiben beigefügt ist.

Darüber hinaus kann es zweckmäßig sein, vor der Befragung im Rahmen einer Mitarbeiterversammlung auf spezielle Problemstellungen einzugehen und auf Fragen zu antworten. Die Offenlegung der der Befragung zugrunde liegenden Prinzipien und Ziele schafft und stärkt das für einen Erfolg des Projektes notwendige Vertrauensverhältnis zwischen Fragenden und Befragten. Den Betriebsrat von Anbeginn einzubeziehen, gehört heute ebenfalls zu den selbstverständlichen Erfolgsfaktoren. Das angesprochene Kommunikationskonzept ist daher von größter Bedeutung.

Nur so können die genannten Ziele erreicht werden, die ja einen Nutzen für alle Beteiligten darstellen. Die F. G. H. Forschungsgruppe Hamburg arbeitet deshalb mit einer Störfallliste, die als „Frühwarnsystem“ möglichst bereits im Vorfeld Schwierigkeiten ausschließt (Abbildung 5), aber auch mitlaufend eingesetzt wird.

F. G. H. - Störfall-Check Mitarbeiterbefragung

1. Phase Planung

	1	2	3	4	5
1. Die konkreten Ziele, die mit der geplanten Mitarbeiterbefragung verfolgt werden, sind nicht oder nur unklar formuliert.					
2. Es findet keine oder eine nur unzureichende Diskussion über die geplante Mitarbeiterbefragung mit der Unternehmensleitung statt.					
3. Das MB-Projekt- und -Steuerungsteam ist nicht repräsentativ und / oder hierarchisch zu niedrig besetzt.					
4. Die Mitarbeiterbefragung ist nicht oder nur unzureichend mit dem strategischen Personalmanagement abgestimmt.					
5. Ziele und Konzeption der geplanten Mitarbeiterbefragung werden gar nicht oder nur unzureichend mit dem Führungskreis diskutiert.					
6. Die Information und Beratung mit den Arbeitnehmervertretern findet nicht frühzeitig und umfassend genug statt.					
7. Expertenwissen und Erfahrungen anderer Unternehmen werden nicht ausreichend berücksichtigt.					
8. Der Fragebogen erfüllt nicht die gesetzten Ziele und / oder ist nicht einem Pretest unterzogen worden.					
9. Die technischen und organisatorischen Anforderungen sind nicht erfüllt.					
10. Es ist kein Prozess-Controlling installiert worden.					

1 = Aussage stimmt in vollem Umfang
5 = Aussage stimmt überhaupt nicht

Abb. 5a: Störfall-Check Mitarbeiterbefragung – Phase I (F.G.H./MB-Projektmanagement)

F. G. H. - Störfall-Check Mitarbeiterbefragung

2. Phase Durchführung

	1	2	3	4	5
1. Es wird keine umfassende MB-Marketingkonzeption entwickelt, um möglichst alle einbezogenen Mitarbeiter auf die Aktion aufmerksam zu machen und sie zur Teilnahme zu motivieren.					
2. Die MB-Kommunikationsmaßnahmen werden nicht rechtzeitig und konsequent durchgeführt.					
3. Die Gestaltung des Fragebogens und des Begleitschreibens ist nicht anspruchsvoll genug.					
4. Die verteilungs- und Rücklauforganisation für den Fragebogen ist mangelhaft.					
5. Es werden nicht ausreichend geeignete EDV-Auswertungsprogramme eingesetzt.					
6. Die Ergebnisse werden zu unspezifisch, zu unübersichtlich, zu anspruchsvoll, zu wenig interpretiert, ohne vergleichende Gegenüberstellungen dargestellt.					
7. Es findet keine oder eine nur unzureichende Diskussion der Ergebnisse und des erforderlichen weiteren Vorgehens mit der Unternehmensleitung statt..					
8. Der Führungskreis wird unzureichend über die Ergebnisse im Detail informiert und / oder ist nicht hinreichend motiviert, sie im Mitarbeiterkreis zu diskutieren und weiterzuverfolgen.					
9. Die Arbeitnehmervertreter werden nicht frühzeitig und / oder ausreichend informiert.					
10. Die Information aller Mitarbeiter über die Gesamtergebnisse und die Ergebnisse des eigenen Bereiches sowie über das weitere Vorgehen ist mangelhaft.					

1 = Aussage stimmt im vollen Umfang
5 = Aussage stimmt überhaupt nicht

Abb. 5b: Störfall-Check Mitarbeiterbefragung – Phase II
(F.G.H./MB-Projektmanagement)

F. G. H. - Störfall-Check Mitarbeiterbefragung

3. Phase Umsetzung

	1	2	3	4	5
1. Das MB-Projekt- und -Steuerungsteam ist nicht mehr zuständig für die Umsetzung, wird von der Unternehmensleitung nicht offiziell bestätigt bzw. eine neue Besetzung erfolgt nicht.					
2. Es wird kein MB-Umsetzungs-Koordinator mit den erforderlichen Kompetenzen eingesetzt.					
3. Es werden keine Moderatoren für die Umsetzung ausgebildet und eingesetzt.					
4. Die erforderliche Information, Motivation und Schulung für die weitere Behandlung der MB-Ergebnisse auf Vorgesetztenebene findet nicht oder nur mangelhaft statt.					
5. Die gemeinsame MB-Ergebnisdiskussion und MB-Maßnahmenplanung im jeweiligen Vorgesetztenbereich erfolgen nicht oder nur unzureichend.					
6. Die Abstimmung der geplanten Maßnahmen mit dem MB-Steuerungsteam und / oder dem MB-Koordinator findet nicht oder nur mangelhaft statt..					
7. Die MB-Maßnahmen gehen nicht oder nur unzureichend in individuelle und / oder gruppenbezogene Zielvereinbarungen ein.					
8. Probleme und Fortschritte bei der Umsetzung der geplanten MB-Maßnahmen werden nicht oder zu wenig transparent erfasst und diskutiert.					
9. Führungskräfte und Mitarbeiter werden nicht oder zu gering danach beurteilt, ob und inwieweit sie geplante MB-Maßnahmen auch tatsächlich umsetzen.					
10. Konkrete Informationen an alle betroffenen Mitarbeiter über abgeschlossene MB-Maßnahmen und weitere Überlegungen fehlen oder sind unzureichend.					

1 = Aussage stimmt im vollen Umfang
5 = Aussage stimmt überhaupt nicht

Abb. 5c: Störfall-Check Mitarbeiterbefragung – Phase III (F.G.H./MB-Projektmanagement)

9 Prozessmanagement

Um den Erfolg der Gesamtaktion zu unterstützen und sicherzustellen, ist es unabdingbar, eine Person oder ein Team – direkt an die oberste Führungsebene angebunden – für das weitere Prozessmanagement nach Bekanntgabe der Ergebnisse zu benennen. Diese Institution ist koordinierend und als Coach tätig, damit Informationen, Diskussionen, Aktionspläne und deren Umsetzung sowie Evaluierungen tatsächlich stattfinden. Darüber hinaus sind entsprechende Zielvereinbarungen mit Vorgesetzten und Umsetzungsteams durch die nächsthöheren Vorgesetzten abzuschließen. Das Top-Management ist kontinuierlich einzubeziehen.

10 Ausblick

Mitarbeiterbefragungen gehören heute zum Standardinstrumentarium einer modernen und erfolgreichen Personalarbeit. Dies ist auch die übereinstimmende Meinung der Mitglieder der „Projektgruppe Mitarbeiterbefragung", der 15 führenden Unternehmen verschiedener Branchen und Größenordnungen unter der Koordination der Autoren angehören.

Folgende wesentliche Trends sind zu beobachten:

1. Insbesonders internationale Unternehmen benutzen Mitarbeiterbefragungen, um weltweit mit dem gleichen Fragebogen „corporate culture" und „values" zu erfassen sowie diese länderbezogen zu vergleichen. Damit wird allerdings das wesentliche Anliegen eventuell verlassen, die Ergebnisse den konkreten Auswertungseinheiten für Change-Prozesse vor Ort zurückzuspielen und unter Beteiligung der dort beschäftigten Mitarbeiter Organisationsentwicklungsmaßnahmen umzusetzen.
2. Auf dem Gebiet „Organisationsentwicklung / Change Management / Kontinuierliche Verbesserungsprozesse" werden Mitarbeiterbefragungen zunehmend eingesetzt. Häufig werden konkrete Verbindungen zum Qualitätsmanagement und Kundenzufriedenheitsanalysen hergestellt.
3. Es werden zudem immer mehr auch Spezialbefragungen durchgeführt, bei denen Einzelaspekte (z. B. Arbeitszeit, interne Kundenzufriedenheit) im Mittelpunkt stehen.
4. Es besteht eine zunehmende Diskussion hinsichtlich der Verbindung von Mitarbeiterbefragungen zu verbindlichen Zielsystemen und –vereinbarungen speziell auch zu Balanced Scorecards im Rahmen des strategischen Managements. Dies ist nur zu sinnvoll, da Personalarbeit, Führungskultur und Führungsstil, speziell die Mitarbeiterzufriedenheit, anerkannt zu den Performance Drivern gehören.

5. Es bewährt sich zunehmend, für den Umsetzungsprozess mit Hilfe eines speziellen Moderationstrainings Moderatoren, z. B. aus den Auswertungseinheiten selbst, auszubilden und als Prozess-Promotoren / interne Umsetzungsberater einzusetzen.
6. Immer häufiger werden Mitarbeiterbefragungen mit einer internen Kundenzufriedenheitsanalyse verbunden. Dies ist sinnvoll, da viele Konflikte und geringe Zufriedenheit vom Kunden aus mangelnder Kooperation zwischen den Abteilungen resultieren.
7. In neuerer Zeit wird zunehmend über Online-Mitarbeiterbefragungen diskutiert. Mehrere erfolgreiche Anwendungen liegen bereits vor. Entsprechende EDV-Tools sind vorhanden. Der Beratermarkt bietet zum Teil diese Leistungen an. Unbestritten wird der Trend in diese Richtung gehen, um auch hierfür neue I & K-Technologien zu nutzen.

Mitarbeiterbefragungen liefern damit einen wertvollen Beitrag zur zeitgemäßen Führung und Zusammenarbeit. Da zu erwarten ist, dass partizipative Formen in Zukunft eher noch zunehmen, werden auch Mitarbeiterbefragungen national wie international ihren Stellenwert wesentlich ausbauen.

Literatur

- Auswahl deutschsprachiger Bücher -

Borg, I. (2003): Führungsinstrument Mitarbeiterbefragung : Theorien, Tools und Praxiserfahrungen. 3. Auflage, Göttingen.

Bruhn, M. (Hrsg.) (1999): Internes Marketing. Integration der Kunden- und Mitarbeiterorientierung. Grundlagen – Implementation – Praxisbeispiele. 2. Auflage, Wiesbaden.

Bungard, W. / Jöns, J. (Hrsg.) (1997): Mitarbeiterbefragung. Ein Instrument des Innovations- und Qualitätsmanagements, Weinheim.

Freimuth, J. / Kiefer, B.-U. (Hrsg.) (1995): Geschäftsberichte von unten: Konzepte für Mitarbeiterbefragungen, Göttingen.

Hofmann, K. / Köhler, F. / Steinhoff, V. (Hrsg.) (1995): Vorgesetztenbeurteilung in der Praxis. Konzepte, Analysen, Erfahrungen, Weinheim.

Jöns, J. (2000): Organisationales Lernen in selbstmoderierten Survey-Feedback-Prozessen, Lengerich.

Nummendey, H. D. (1995): Die Fragebogen-Methode. Grundlagen und Anwendungen in Persönlichkeitseinstellungs- und Selbstkonzeptforschung. 2. Auflage, Göttingen.

Rosenstiehl; L. von, Regnet, E. & Domsch, M. (Hrsg.) (2003): Führung von Mitarbeitern. Handbuch für erfolgreiches Personalmanagement, 5. Auflage, Stuttgart.

Stock, R. (2003): Der Zusammenhang zwischen Mitarbeiter- und Kundenzufriedenheit. Direkte, indirekte und moderierende Effekte. 2. Auflage, Wiesbaden.

Umfassende Mitarbeiterbefragungen

Mitarbeiterbefragung bei der Deutschen Apotheker- und Ärztebank eG

Claus Verfürth

1 Die Deutsche Apotheker- und Ärztebank - Kurzportrait -

Im Jahre 1902 gründeten Apotheker den Vorläufer der Deutschen Apotheker- und Ärztebank als Selbsthilfeeinrichtung zur Vergabe günstiger Kredite. Heute ist die Deutsche Apotheker- und Ärztebank (Apobank) eine Universalbank, deren Produktspektrum sich an den besonderen Erfordernissen der Heilberufe orientiert.

Diese üben - durch ihre gewählten Vertreter in den Gremien der als Genossenschaft organisierten Bank - Kontrollfunktionen aus. Die Apobank versteht sich nicht als reiner Finanzdienstleister; vielmehr sieht man sich dem satzungsgemäßen Auftrag verpflichtet, „die wirtschaftliche Förderung und Betreuung der Mitglieder und insbesondere der Heilberufsangehörigen, ihrer Organisationen und Einrichtungen". Folglich sind die Produkte in ein betriebswirtschaftliches Beratungskonzept eingebettet.

Aus der vor über 100 Jahren gegründeten Selbsthilfeeinrichtung der Apotheker wurde inzwischen der wohl bedeutendste Finanzdienstleister der Heilberufe. Als Partner der Apotheker, Ärzte, Zahnärzte und Tierärzte sowie ihrer Organisationen, Verbände und wirtschaftlichen Einrichtungen, präsentiert sich die Apobank heute mit einem Leistungsspektrum, das über den üblichen Service eines Kreditinstituts weit hinausgeht. Dabei gewährleistet die langjährige Erfahrung der Bank im Gesundheitswesen und ihr berufsspezifisches know how eine fundierte Betreuung der Kunden, gerade auch bei schwieriger werdenden Rahmenbedingungen.

Die Bank hat ca. 250.000 Privatkunden, die bundesweit in 47 Filialstandorten sowie über die modernsten Formen des electronic banking betreut werden. Trotz der Strukturkrise im deutschen Bankgewerbe weist die Apobank eine kontinuierliche gute Geschäftsentwicklung aus. So betrug das Bilanzvolumen zum Stichtag 31.12.04 über 27 Milliarden Euro. Neben den Filialstandorten stehen den Kunden weitere Beratungsangebote offen.

Die Tochterunternehmen apofinanz, apoconsult und apokom decken durch ihr spezielles know how alle Beratungsbedürfnisse der Heilberufsangehörigen ab. Die Bank beschäftigt zusammen mit den Töchtern insgesamt über 2.300 Mitarbeiterinnen und Mitarbeiter. Der Hauptsitz befindet sich in Düsseldorf.

Darüber hinausgehende Informationen sind im Internet abrufbar unter der Adresse:

http:\\www.apobank.de

2 Hintergründe für die Durchführung einer Mitarbeiterumfrage

Die Bank stellte erstmalig im Jahre 2000 Führungsgrundsätze auf, die in die Bank eingebracht wurden. Die durch eine groß angelegte Einführungskampagne manifestierten Grundsätze wurden durch eine Projektgruppe erarbeitet, die alle Funktionen in der Apobank repräsentierte. Der Vorstand definierte dann diese Führungsgrundsätze als Maxime seines Handelns und als Grundlage des Umgangs miteinander.

Die Mitarbeiterumfrage in der Apobank sollte dazu dienen, einerseits die Umsetzung der Führungsgrundsätze und deren Verwirklichung im Alltag zu hinterfragen, aber auch um ein grundsätzliches Spiegelbild der Zufriedenheit der Mitarbeiterinnen und Mitarbeiter zu erhalten.

Die Bank sah diese erstmalige Durchführung einer solchen Mitarbeiterumfrage als Standortbestimmung an, deren Ergebnisse auch auf die zukünftige Personalmanagementstrategie Einfluss haben sollte. Sie wollte somit die Einstellungen und Meinungen aller Mitarbeiterinnen und Mitarbeiter zum Unternehmen und zum Arbeitsumfeld eruieren. Gleichzeitig sollten Erkenntnisse aus der Umfrage dazu dienen, zukünftig alles Notwendige veranlassen zu können, um das Engagement und die Motivation der Mitarbeiterinnen und Mitarbeiter weiter zu erhöhen und als entscheidenden Erfolgsfaktor für das Unternehmen zu platzieren.

Mit der erstmaligen Durchführung der Mitarbeiterumfrage wurde vollkommenes Neuland betreten. Insofern – und in Unkenntnis der Ergebnisse – war dies sicherlich ein Wagnis, zumal die Bankenbranche zum damaligen Zeitpunkt in einer bisher nicht gekannten Strukturkrise steckte.

3 Die Mitarbeiterumfrage 2001

3.1 Auswahl des Anbieters und Zusammenstellung der Projektgruppe

Direkt im Anschluss an die grundsätzliche Entscheidung des Vorstandes, eine bankweite Mitarbeiterumfrage durchzuführen, erfolgte die Abstimmung mit dem Gesamtbetriebsrat der Bank. Beide Seiten einigten sich schnell, schon bei der

Vorbereitung zur Durchführung der Umfrage sehr eng zusammenzuarbeiten. Zu diesem Zwecke entsandte der Gesamtbetriebsrat zwei Mitarbeiterinnen, die von Anfang an die Mitarbeiterumfrage mit vorbereiteten, um spätere Zeitverzögerungen zu vermeiden, die eine nachgelagerte grundsätzliche Abstimmung mit dem Gesamtbetriebsrat hätte mit sich bringen können.

Die Bank hat sich dann entschieden, zur Durchführung der Umfrage mit einem Beratungsunternehmen zusammen zu arbeiten. Aus einer ganzen Reihe von Anbietern, die sich mit Mitarbeiterumfragen beschäftigen, wurde die Forschungsgruppe Hamburg (FGH) ausgewählt. Ausschlaggebend war hier, die langjährige Erfahrung der Forschungsgruppe Hamburg mit Mitarbeiterumfragen, die Art der Beratung vor der Durchführung, die Betreuung während und nach der Umfrage und nicht zuletzt die überzeugende Präsentation der Vorgehensweise und der daraus abzuleitenden Handlungsalternativen im Anschluss an die durchzuführende Befragung.

Für die Vorbereitung wurde eine Projektgruppe ins Leben gerufen, die alle Funktionen der Bank repräsentieren sollte. Sie bestand aus den bereits erwähnten Mitarbeiterinnen des Gesamtbetriebsrates, einem Filialleiter, mehreren Mitarbeiterinnen und Mitarbeitern aus dem Filialbereich und der Hauptverwaltung, sowie dem Bereichsleiter Personal.

Sehr frühzeitig wurde die bevorstehende Mitarbeiterumfrage in der Bank kommuniziert. Die Resonanz auf diese Veröffentlichung war durchweg positiv. Aber auch die vereinzelt geäußerten Zweifel daran, dass die aus einer solchen Mitarbeiterumfrage resultierenden Verbesserungspotentiale wirklich angegangen werden, waren durchaus ein zusätzlicher Ansporn für die gesamte Projektgruppe, mit der erstmaligen Durchführung einer solchen Mitarbeiterumfrage Standards zu setzen.

3.2 Erarbeitung des Fragebogens

Die Projektgruppe entschied sich, ausgehend von dem bewährten Standardfragebogen der Forschungsgruppe Hamburg, den Fragebogen an die individuellen Bedürfnisse und Gegebenheiten der Apobank anzupassen. Er beinhaltete insgesamt 9 Themenschwerpunkte mit zusammen 60 Fragen.

Themenschwerpunkte waren:

- Fragen zum Unternehmen selbst
- Fragen zum Thema Zusammenarbeit und Klima
- Fragen zum Thema Führung
- Fragen zum Thema Arbeitsplatz und Arbeitssituation
- Fragen zum Thema Weiterbildung und Förderung

- Fragen zum Thema Informationsweitergabe
- Fragen zum Thema Einkommen und Sozialleistungen
- Fragen im Bereich Sonstiges
- Fragen zur Statistik bezüglich Alter, Betriebszugehörigkeit etc.

Insbesondere wich die Frage nach der Umsetzung der im Jahre 2000 eingeführten Führungsgrundsätze im Hause vom Standardfragebogen ab. Dies war als Teilziel der Mitarbeiterumfrage zu Beginn des Projektes definiert worden. Aber auch die Beurteilung der Servicequalität der sogenannten „internen Dienstleister" in der Hauptverwaltung, wich von den üblichen Standards ab.

Grundsätzlich entschied sich die Projektgruppe für eine 5er Bewertungsskala. Zusätzlich wurden zwei Fragen zur offenen Beantwortung gestellt.

Die Projektgruppe stellte die erste Mitarbeiterumfrage in der Bank unter ein Motto, welches provokativ auf die Umfrage aufmerksam machen und gleichzeitig das Spannungsfeld zwischen Veränderung und Nichtveränderung beschreiben sollte: „Bleibt alles anders?"

3.3 Kommunikation der Mitarbeiterumfrage – Einführungskampagne

Ebenfalls direkt im Anschluss an die grundsätzliche Entscheidung des Vorstandes, eine Mitarbeiterumfrage in der Deutschen Apotheker- und Ärztebank durchzuführen, wurden die Führungskräfte der Bank über das Vorhaben informiert. Dies erfolgte anlässlich der einmal pro Quartal stattfindenden Sitzung des Vorstandes mit den Führungskräften, in der neueste Informationen hinsichtlich der wirtschaftlichen Lage und der Entwicklung der Bank präsentiert werden.

Anlässlich dieser Sitzung informierte der Vorstand die Führungskräfte über die bevorstehende Mitarbeiterumfrage und forderte nachdrücklich die aktive Mitarbeit der Führungskräfte bei der Durchführung der Mitarbeiterumfrage ein. Im zweiten Schritt informierte der Vorstand alle Mitarbeiterinnen und Mitarbeiter über das Vorhaben, eine Mitarbeiterumfrage durchzuführen. Gleichzeitig richtete die Projektgruppe im Intranet der Bank eine Plattform eigens für die Mitarbeiterumfrage ein, mit deren Hilfe alle Mitarbeiterinnen und Mitarbeiter Informationen rund um die Mitarbeiterumfrage erhalten konnten.

Neben der Einleitung zur grundsätzlichen Thematik der Mitarbeiterumfrage sind anhand von vier Themenblöcken FAQ's erarbeitet und gleichzeitig beantwortet worden. Die Informationen im Intranet zur Mitarbeiterumfrage gliederten sich in insgesamt 5 Themenblöcke:

Teil 1 – Die Ziele der Mitarbeiterumfrage

1. Warum macht die Bank eine solche Umfrage?
2. Wer nimmt an der Mitarbeiterumfrage teil?
3. Wie viel Zeit beansprucht das Ausfüllen des Fragebogens, und wo fülle ich ihn aus?
4. Warum ist Ihre Meinung für uns wichtig?
5. Wie lauten die Fragen?

Teil 2 – Der Ablauf der Mitarbeiterumfrage

1. Wer führt die Umfrage durch?
2. Wer ist die FGH, und warum wurde dieses Institut ausgesucht?
3. Wer hat den Fragebogen entwickelt?
4. Welche Kosten kommen auf Sie zu?
5. Was bedeutet das Motto „Bleibt alles anders“?

Teil 3 – Der Datenschutz bei der Mitarbeiterumfrage

1. Können Rückschlüsse auf den einzelnen Mitarbeiter gezogen werden?
2. Wozu ist die letzte Seite gut, die die persönlichen Angaben enthält?

Teil 4 – Die Ergebnisse der Mitarbeiterumfrage

1. Welche Auswertungen wird es geben?
2. Wer wertet die Fragebögen aus?
3. Wann kommt die Auswertung?
4. Wer erhält die Auswertungen?
5. Was kommt dann?

Im 5. Block wurden Ansprechpartner für die Mitarbeiterumfrage benannt. Hier handelte es sich um eine Mitarbeiterin des Gesamtbetriebsrates und eine Mitarbeiterin aus dem Personalbereich, die alle Fragen, die rund um die Mitarbeiterumfrage gestellt wurden, beantworten konnten.

Die Intranetplattform der Mitarbeiterumfrage wurde zusätzlich mit einem rücklaufenden count down versehen, aus dem zu entnehmen war, wann der Versand der Fragebögen erfolgen würde.

Um an der Anonymität der Befragung keinerlei Zweifel aufkommen zu lassen, entschied sich die Bank, die Fragebögen individuell an die Privatadressen der Mitarbeiterinnen und Mitarbeiter zu versenden. Zusätzlich bekam jeder Mitarbeiter einen frankierten Rückumschlag, um den Fragebogen direkt an die Forschungsgruppe Hamburg zurückzusenden. Somit war gewährleistet, dass die rücklaufenden Fragebögen nicht in die Apobank gelangten.

Obwohl durch diese Vorgehensweise nicht die Möglichkeit bestand, dass einzelne Fragebögen in die Apobank zurückgeschickt werden konnten, ist die Problematik der Anonymität von den Mitarbeitern als sehr hoch eingeschätzt worden. Viele Fragen an die genannten Ansprechpartner thematisierten Zweifel an der völligen Anonymität der Mitarbeiterumfrage, zumal der Fragebogen im Teilbereich „Statistik“ nähere Angaben über Alter, Betriebszugehörigkeit und Einsatzbereich enthielt, um daraus spezielle Auswertungen hinsichtlich der Bedürfnisse und Erwartungen von Mitarbeitern unterschiedlicher Betriebszugehörigkeit und unterschiedlichen Alters herzuleiten.

Dennoch gab es Befürchtungen von Mitarbeiterinnen und Mitarbeitern, dass eben aus diesen Angaben in einzelnen Fragebögen auch kritische Anmerkungen eindeutig einzelnen Mitarbeiterinnen oder Mitarbeitern zuzuordnen wären und daraus eventuell negative Konsequenzen erwachsen könnten. Vor diesem Hintergrund war die Wahrung der Anonymität ein sehr existenzieller Eckpfeiler der Umfrage.

Die Tatsache, dass die Bank im Rahmen der Mitarbeiterumfrage mit dem renommierten Institut der Forschungsgruppe Hamburg zusammenarbeitete, war ein Garant für die Mitarbeiterinnen und Mitarbeiter, dass eine Veröffentlichung von Einzelfragebögen nicht erfolgen würde und eine „Rückverfolgung“ auf einzelne Personen ausgeschlossen war.

Für das Ausfüllen und die Rücksendung der Fragebögen wurde ein Zeitrahmen von drei Wochen vorgegeben. Während dieser Frist erhielt die Bank ständig Rückmeldungen von der FGH über den Stand des Rücklaufes der Fragebögen. Nach zwei Wochen waren erst 50 % der Fragebögen an die FGH zurückgesandt worden.

Die Bank entschied sich, die Rückgabefrist um eine Woche zu verlängern. Mit der Verlängerung der Rückgabefrist wurden zeitgleich alle Leiter der Einheiten nochmals aufgefordert, bei ihren Mitarbeiterinnen und Mitarbeitern für die Teilnahme an der Mitarbeiterumfrage zu werben, um möglichst repräsentative Ergebnisse zu erlangen. Nach Ablauf der verlängerten Rückgabefrist erreichte die Bank eine Rücklaufquote von 70 %. Für die erstmalige Durchführung einer solchen Umfrage war dies aus Sicht der Bank ein gutes bis zufriedenstellendes Ergebnis.

Zusätzlich zu den Informationen im Vorfeld der Mitarbeiterumfrage wurde die letzte Gehaltsabrechnung vor dem Versand der Fragebögen mit einem Ankündigungsaufkleber versehen, der nochmals darauf hinwies, zu welchem Zeitpunkt der Versand der Fragebögen starten würde und wann jeder seinen Fragebogen erwarten kann.

Durch die unterschiedlichen Formen der Kommunikation im Rahmen des Intranetauftritts, der Informationsweitergabe durch Führungskräfte, des Ankündigungsschreibens durch den Vorstand, durch den rückwärts laufenden count down und auch letztendlich durch die Aufkleber auf der individuellen Gehaltsabrechnung hat die Bank erreicht, dass die Mitarbeiterumfrage ein ständiges Thema im Hause war und alle den Versand der Fragebögen mit Spannung erwarteten.

Aus Sicht der Bank war dies ein unverzichtbarer Bestandteil der Einführungskampagne, um nicht nur die Wichtigkeit des Themas für die Bank, sondern auch die Notwendigkeit der Teilnahme eines jeden einzelnen Mitarbeiters zu demonstrieren, die aktive Gestaltung von Veränderungsprozessen anzustoßen.

Zeitgleich mit allen Aktivitäten wurden an die einzelnen Einheiten Plakate zum Aushang verschickt, die zusätzlich auf die Durchführung der Mitarbeiterumfrage hinwiesen. Die Plakate enthielten provokative Fragestellungen, um die Sensibilität der Mitarbeiterinnen und Mitarbeiter zusätzlich für diese Umfrage zu stärken.

Es wurden drei unterschiedliche Motive gewählt, jeweils überschrieben mit dem Untertitel der Mitarbeiterumfrage „Bleibt alles anders?“

- Haben Sie Spaß an der Arbeit oder ist das Arbeitsklima schlecht?
- Werden Ihre Talente gefördert oder sitzen Sie nur die Zeit ab?
- Sind Sie motiviert oder werden Sie ausgebremst?
- Ist Teamarbeit in Ihrer Abteilung selbstverständlich oder sitzen Sie allein im Chaos?

Die Plakatmotive sind im Anhang abgedruckt.

3.4 Auswertung der Fragebögen

Die Fragebögen wurden durch den Freiumschlag direkt an die Forschungsgruppe Hamburg zurückgeschickt. Die FGH übernahm die Auswertung der Fragebögen und erstellte pro Auswertungseinheit (Filiale, Bereich, Abteilung) einen Ergebnisbericht. Diese Einzelergebnisberichte wurden nur dann erstellt, wenn mindestens 7 Fragebögen pro Auswertungseinheit zurückgesandt wurden. Ansonsten erfolgte eine Aggregration auf der nächsthöheren Stufe. Jede der 60 Fragen und die zum Teil vorkommenden Unterfragen wurden einem Bewertungsschema unterzogen. Die Antworten zu den einzelnen Fragen wurden nur dann dargestellt, wenn mindestens 7 MA diese Frage beantwortet hatten. Die Beurteilung erfolgte aufgrund des FGH-Einschätzungsmaßstabes, der sich aus den Erfahrungen der Forschungsgruppe Hamburg mit einer großen Anzahl von Mitarbeiterumfragen als praktikabel und nachvollziehbar herausgestellt hatte.

Für die Beantwortung der Fragen bzw. die Einschätzung der Mitarbeiter stand den Mitarbeitern folgende 5 bzw. 6-teilige Skala zur Verfügung:

Skalenwerte:

1	2	3	4	5	6
sehr stark	stark	teils/teils	wenig	sehr wenig	kann ich nicht beurteilen

bzw.

1	2	3	4	5	6
sehr gut	gut	durchschnittlich	schlecht	sehr schlecht	kann ich nicht beurteilen

Für die Bewertung, ob die Frage positiv oder kritisch durch die Mitarbeiterinnen und Mitarbeiter beurteilt wurde, wird die prozentuale Verteilung der Antworten auf die Skalenwerte 1 und 2 bzw. 4 und 5 addiert und nach folgendem Schema beurteilt:

Für die Skalenwerte 1 und 2 gilt:

✔	positiv	65 % - 74 %
✔ ✔	sehr positiv	75 % - 84 %
✔ ✔ ✔	außerordentlich positiv	85 % - 100 %

Für die Skalenwerte 4 und 5 gilt:

💣	kritisch	15 % - 24 %
💣💣	sehr kritisch	25 % - 34 %
💣💣💣	außerordentlich kritisch	35 % - 100 %
~	alle anderen Prozentwerte	

Alle Mitarbeiterinnen und Mitarbeiter erhielten die Ergebnisse für die Gesamtbank. Der Ergebnisbericht wurde als Broschüre – wie auch der Fragebogen - an die Heimatadresse der Mitarbeiterinnen und Mitarbeiter geschickt. Neben diesem Gesamtergebnisbericht wurde für jede Auswertungseinheit ein Einzelergebnisbericht erstellt. Dieser wurde in Vor-Ort-Präsentationen den Mitarbeiterinnen und Mitarbeitern vorgestellt. Für die Vor-Ort-Präsentationen hat sich die Bank entschieden, interne Moderatoren auszubilden, die dann in den einzelnen Auswertungseinheiten die Ergebnisse präsentieren und Aktivitäten aus den Ergebnissen mit den Mitarbeiterinnen und Mitarbeitern erarbeiten sollten.

3.5 Einsatz von internen Moderatoren

Nachdem die Umfrageergebnisse der Gesamtbank den Mitarbeiterinnen und Mitarbeitern bekannt gemacht worden sind, stand die Präsentation der Einzelergebnisse pro Auswertungseinheit an. Die Bank entschied sich, zu diesem Zweck 20 Mitarbeiterinnen und Mitarbeiter zu „Internen Moderatoren“ auszubilden. Grundlage für diese Entscheidung war der Wunsch des Hauses, die internen Veränderungsprozesse aus eigener Kraft anzustoßen und zu begleiten.

Gleichzeitig stellte dieses Vorgehen eine Art Personalentwicklungsmaßnahme für die internen Moderatoren dar, die nun die Möglichkeit hatten, das Handwerk der Moderation zu erlernen und sofort mehrfach in der Praxis anzuwenden.

Aufgrund der Tatsache, dass die Bank insgesamt ca. 100 Auswertungseinheiten besaß, kamen auf jeden Moderator ca. 5 Einheiten. Die Moderatorinnen und Moderatoren wurden in einem 2 ½-tägigen Workshop auf ihre Aufgabe vorbereitet. Dieser beinhaltete, neben der Vermittlung von grundsätzlichen Kenntnissen zu Moderationen und Präsentationen, auch die spezifischen Anforderungen an die Präsentation von Ergebnissen der Mitarbeiterumfrage und die daraus resultierenden eventuell aufkommenden kritischen Situationen und Problemfelder. Abgerundet wurde dieser Workshop durch die selbständige Präsentation und Moderation eines Mitarbeiterumfrageergebnisses in einer fiktiven Einheit.

Die Moderatorinnen und Moderatoren hatten folgende Aufgaben:

Zum einen sollten im ersten Schritt die Mitarbeiterumfrageergebnisse präsentiert werden; in einem zweiten Schritt wurden Optimierungsfelder verifiziert und darausfolgende Themensammlungen (Themenspeicher) ausgearbeitet.

Nach einer Priorisierung dieser Themenspeicher durch die Mitarbeiterinnen und Mitarbeiter vor Ort wurden für die einzelnen Themen Arbeitsgruppen installiert. Diese Arbeitsgruppen sollten nun innerhalb eines Zeitraums von ca. 4 – 6 Wochen zu dem festgelegten Thema „Aktivitätenkataloge" erarbeiten. Anlässlich eines weiteren Termins mit dem Moderator wurden diese Aktivitätenkataloge vorgestellt und für die einzelnen Handlungsfelder Verantwortliche bestimmt.

Für die Umsetzung dieser Aktivitäten wurden mit der Gruppe gleichzeitig Termine festgelegt, bis zu denen eine Abarbeitung dieser Punkte vollzogen sein sollte. Der Moderator hat dann für jede Auswertungseinheit die Aktivitätenkataloge zusammengestellt und dem Steuerungsteam zur Verfügung gestellt.

3.6 Das Steuerungsteam

Zur Koordination der Aktivitäten und zum Controlling der Mitarbeiterumfrage wurde ein Steuerungsteam gebildet. Dieses Steuerungsteam bestand aus dem für Personal zuständigen Vorstandsmitglied, dem Bereichsleiter Personal, dem stellvertretenden Bereichsleiter Personal und einem Repräsentanten der Forschungsgruppe Hamburg. Neben den bereits beschriebenen Aufgaben hatte das Steuerungsteam den Auftrag, eng mit den Gremien des Gesamtbetriebsrates zusammenzuarbeiten, und in regelmäßigen Treffen die Fortschritte des Projektes Mitarbeiterumfrage zu besprechen und zu diskutieren.

Gleichzeitig koordinierte das Steuerungsteam die Kommunikation sämtlicher Aktivitäten, die aus der Mitarbeiterumfrage hervorgegangen waren. Hierzu gehörte u.a. die Berichterstattung an den Gesamtbetriebsrat, die Berichterstattung im Rahmen von Aufsichtsratssitzungen und die regelmäßige Information der Mitarbeiterinnen und Mitarbeiter über den Projektstand und die jeweils folgenden Schritte. Insbesondere die Kommunikation der Aktivitäten aus der Mitarbeiterumfrage an alle Mitarbeiterinnen und Mitarbeiter wurde als existenzielle Aufgabe für das Steuerungsteam angesehen, um den Prozess der Mitarbeiterumfrage für alle Beteiligten nachvollziehbar und transparent zu machen.

Zu diesem Zweck hat das Steuerungsteam über ein halbes Jahr zu jedem Gehaltsabrechnungstermin einen Beileger erstellt, um aktuelle Informationen flächendeckend zu platzieren und den Mitarbeiterinnen und Mitarbeitern kontinuierliche Informationen zum Fortgang der Aktivitäten aus der Mitarbeiterumfrage zukommen zu lassen. Diese kontinuierlichen Informationen waren vor allen Dingen deshalb wichtig, weil zwischen der Präsentation der einzelnen Ergebnisse vor Ort, der Zusammenführung der Aktivitäten und der sich daraus ergebenden Handlungen einige Zeit vergangen war, ohne dass insbesondere in den übergeordneten Themenstellungen schon spürbare Veränderungen eintreten konnten.

Ohne die ständige Kommunikation und das Bemühen der Bank, das Thema Mitarbeiterumfrage aktuell zu halten, wäre leicht der Eindruck entstanden, dass nach der Präsentation der Ergebnisse zu wenige Aktivitäten aus der Umfrage abgeleitet worden wären. Ein so entstehender Eindruck bei den Mitarbeiterinnen und Mitarbeitern sollte unter allen Umständen vermieden werden, um die spätere Akzeptanz und das Mitwirken der Mitarbeiterinnen und Mitarbeiter an Veränderungen und nicht zuletzt für nachfolgende Mitarbeiterumfragen nicht zu gefährden.

Um die Präsenz des Themas Mitarbeiterumfrage in der Bank nachdrücklich zu gewährleisten, hat das Steuerungsteam ein „Mitarbeiterumfrage"-eigenes Logo entwickelt. Dieses Logo mit dem Text „Ihr? Wir!", zur Verdeutlichung der Verantwortung für Veränderungen, war dazu entwickelt worden, um alle Aktivitäten damit zu kennzeichnen, die aus der Mitarbeiterumfrage erwachsen sollten. So sollte deutlich gemacht werden, dass die Bank aktiv an der Verbesserung der Optimierungspotentiale arbeitet und durch die ständige Präsenz des Logos den Mitarbeiterinnen und Mitarbeitern klar wird, dass durch ihre Mitwirkung verschiedenste Prozesse angestoßen, die bestehenden Probleme aufgegriffen und an deren Verbesserung tatkräftig gearbeitet wird.

3.7 Zusammenführung der Aktivitäten

Die Aktivitätenkataloge aus den Auswertungseinheiten wurden durch das Steuerungsteam zentral gesammelt und ausgewertet. Jede Auswertungseinheit erhielt vom Steuerungsteam eine Bestätigung über die eingegangenen Aktivitätenkataloge, die dem Leiter der Einheit mit der Bitte, diese an seine Mitarbeiterinnen und Mitarbeitern weiterzuleiten, zur Verfügung gestellt wurden. Die Aktivitäten ließen sich grob in drei Gruppen gliedern:

- übergeordnete Themen
- Themen, die vor Ort gelöst werden sollten
- Aufträge für das Steuerungsteam

3.7.1 Übergeordnete Themen

Aus der Mitarbeiterumfrage und den daraus abgeleiteten Aktivitätenkatalogen kristallisierten sich fünf Themen heraus, die übergeordnet gelöst werden konnten.

Folgende Entwicklungsfelder wurden hier erkannt:

- Verbesserung der Kommunikation

- Verbesserung des Konfliktverhaltens
- Verbesserung der Administration bzw. der Arbeitsabläufe
- Verbesserung der EDV
- Verbesserung des Führungsverhaltens

Zur Erarbeitung von Konzepten zur Lösung dieser übergeordneten Entwicklungsfelder plante die Bank, Projektgruppen einzurichten, die sich aus Repräsentanten unterschiedlicher Funktionen und Bereiche zusammensetzen sollten. Um den Themen die notwendige Bedeutung beizumessen, haben Vorstandsmitglieder Patenschaften für die einzelnen Themen übernommen. Diese Vorgehensweise sollte sicherstellen, dass die Problemfelder möglichst zeitnah aktiv angegangen werden können, um eine höhere Akzeptanz im Unternehmen zu erreichen und um anhand der Vorschläge aus dem Unternehmen praxisnahe Lösungen erarbeiten zu können.

Die Durchführung des ersten Projektes wird an späterer Stelle beschrieben.

3.7.2 Aktivitäten vor Ort

Viele Themenstellungen, die anlässlich der Mitarbeiterumfrage als „verbesserungswürdig“ angesehen wurden, konnten vor Ort gelöst werden. Die Mitarbeiterinnen und Mitarbeiter der jeweiligen Arbeitsgruppen haben detaillierte Maßnahmenpläne für die Verbesserungen vor Ort erarbeitet, mit ihren Kolleginnen und Kollegen abgestimmt und mit dem jeweiligen Leiter der Einheit besprochen.

Diese Verbesserungen wurden zeitnah umgesetzt. Vielfach handelte es sich um Problemfelder in den Bereichen Kommunikation in der Einheit, Weitergabe von Informationen oder Zusammenarbeit von unterschiedlichen Bereichen in einer Einheit, die mit Hilfe von schon kleineren Verbesserungsmaßnahmen behoben werden konnten.

3.7.3 Aufträge für das Steuerungsteam

Die dritte Art von Aktivitäten waren weder vor Ort zu lösen noch übergeordneter Natur. Aus diesem Grunde hat das Steuerungsteam entschieden, diese Art der Aktivitäten zu bündeln und von sich aus die Lösung des Problems voranzutreiben. Es handelte es sich oftmals um Dinge, die von anderen Stellen in der Bank verantwortet werden, wie beispielsweise die Verbesserung von Rundschreiben, die Veränderung von Arbeitsrichtlinien, die Zusammensetzung von EDV-Listen, die Verbesserung des Intranets der Bank oder auch die Frage, inwieweit in einzelnen Auswertungseinheiten eine Klimaanlage eingebaut werden kann oder durch kleinere bauliche Maßnahmen eine Veränderung schwieriger Arbeitsplatzsituationen herbeigeführt werden könnte.

Um eine „Zerfaserung“ dieser Aktivitäten und der daraus abgeleiteten Handlungen zu vermeiden, hat das Steuerungsteam diese Anfragen gebündelt und an die jeweils zuständigen Einheiten in der Bank weitergegeben. Die Beantwortung der Anfragen aus den einzelnen Auswertungseinheiten wurde wiederum dem Steuerungsteam zugeleitet.

Das Steuerungsteam seinerseits leitete die Antworten der einzelnen Fachbereiche an die Auswertungseinheit zurück. Auf diese Weise kamen fast 60 einzelne Aufträge auf das Steuerungsteam zu, die allesamt an den zuständigen Bereich weitergeleitet, von diesem beantwortet und an die Auswertungseinheit zurückgemeldet wurden.

3.8 Einrichtung eines Chatforums zur Mitarbeiterumfrage

Im Vorfeld und nach der Durchführung der Mitarbeiterumfrage hat die Bank ein Chatforum mit dem Vorstand eingerichtet, in dem die Mitarbeiterinnen und Mitarbeiter die Möglichkeit hatten, Fragen zur Mitarbeiterumfrage und den daraus abzuleitenden Aktivitäten direkt dem für Personal zuständigen Vorstand zu stellen und sofort beantwortet zu bekommen.

Die Einrichtung dieses Chatforums mit dem Vorstand stieß auf eine hohe Resonanz bei den Mitarbeiterinnen und Mitarbeitern, die sich sowohl in der Anzahl der aktiv Beteiligten wie auch an der Anzahl derer ablesen ließ, die im Anschluss an den Chat das zur Verfügung gestellte Protokoll abriefen.

Die gestellten Fragen bezogen sich im Vorfeld der Umfrage häufig auf die Themengebiete „Anonymität“ und die hohe Erwartungshaltung, die durch eine solche Umfrage bei den Mitarbeiterinnen und Mitarbeitern geweckt wurde. Das durchgeführte Chatforum im Anschluss an die Durchführung der Mitarbeiterumfrage beinhaltete insbesondere die Frage nach den Rückschlüssen, die der Vorstand aus den Ergebnissen ziehen würde und die deutlich geäußerte Hoffnung, verbunden mit einzelnen Zweifeln an den Anstoß von Veränderungs- und Verbesserungsprozessen. Die Durchführung dieser Chatforen machte einmal mehr deutlich, mit welcher Nachdrücklichkeit die Mitarbeiterinnen und Mitarbeiter sich in Teilbereichen Veränderungen wünschten und welcher Druck durch die Durchführung der Umfrage entstanden war, tatsächlich Aktivitäten aus den Ergebnissen abzuleiten.

Durch die Möglichkeit für die Mitarbeiterinnen und Mitarbeiter direkt mit dem Vorstand die sie betreffenden Themen, Befürchtungen und Fragen äußern zu können, konnte aus Sicht der Bank ein engerer Kontakt zwischen der Basis der Mitarbeiterinnen und Mitarbeiter und dem Vorstand - über alle Hierarchiestufen hinweg - geschaffen werden. Durch die guten Erfahrungen mit dem Chatforum anlässlich der Mitarbeiterumfrage ist daraus in der Bank eine regelmäßige Einrichtung zum Austausch zwischen Mitarbeiterinnen und Mitarbeitern und dem Vorstand entstanden. Nachfolgend haben sich sämtliche Vorstandsmitglieder mit Themen aus ihrem Zuständigkeitsbereich den Fragen und Anregungen im Rahmen eines Chats gestellt. Bis heute haben diese Chattermine eine unveränderte Popularität bei den Mitarbeiterinnen und Mitarbeitern.

3.9 Controlling der Aktivitäten

Einhergehend mit der Umsetzung und der Kommunikation der unterschiedlichen Aktivitäten in den Auswertungseinheiten, war es dem Steuerungsteam ein Anliegen zu überprüfen, inwieweit die als kritisch angesehenen Punkte aus der Mitarbeiterumfrage auch in Aktivitäten umgewandelt worden sind. Zu diesem Zweck fand ein kompletter Abgleich zwischen kritisch beurteilten Teilfragen und den Aktivitätenkatalogen pro Auswertungseinheit statt. Dabei ergaben sich drei unterschiedliche Kategorien:

- Aktivitäten konnten direkt aus kritisch beurteilten Sachverhalten abgeleitet werden
- Aktivitäten wurden umgesetzt ohne dass diese besonders kritisch in der Mitarbeiterumfrage beurteilt wurden
- es wurden keinerlei Aktivitäten aus kritisch beurteilten Sachverhalten abgeleitet

Insbesondere der letzte Punkt war Anlass, sowohl bei den Moderatoren, die die Auswertungseinheit betreut hatten, wie auch bei den Betriebsräten und Mitarbeiterinnen und Mitarbeitern vor Ort zu eruieren, aus welchem Grund aus kritisch bewerteten Punkten keine Aktivitäten erarbeitet worden sind. Häufig kam es vor, dass sich diese Punkte auf das Thema Führung bezogen und anlässlich der Moderatorentermine, an denen der Leiter der Auswertungseinheit meist teilgenommen hatte, die Mitarbeiterinnen und Mitarbeiter sich nicht in der Lage fühlten, die Führungsproblematik zu besprechen und Verbesserungsmöglichkeiten aufzuzeigen.

Das Steuerungsteam hat diese Thematik jeweils mit den Vorgesetzten der Leiter der Auswertungseinheiten besprochen, um von dieser Seite her nochmals Möglichkeiten aufzuzeigen, doch noch Aktivitäten und Verbesserungen aus den kritisch beurteilten Fragestellungen abzuleiten.

Nach einem Zeitraum von ca. ein Jahr hat das Steuerungsteam nochmals sämtliche Aktivitäten zusammengestellt, um diese mit den Leitern der Auswertungseinheiten individuell zu besprechen, inwieweit die damalig angeschobenen Aktivitäten nach einem Jahr umgesetzt worden sind bzw. immer noch eingehalten werden.

Wenn z.B. in einer Auswertungseinheit problematisiert wurde, dass regelmäßige Mitarbeiterbesprechungen nicht stattgefunden haben, konnte das Steuerungsteam auf diese Weise feststellen, ob auch ein Jahr nach der Implementierung einer regelmäßigen Mitarbeiterbesprechung diese Aktivität immer noch regelmäßig stattfindet. Um vor diesem Hintergrund noch mehr die Vorgesetzten der Leiter der Auswertungseinheiten einzubeziehen, haben diese die Gespräche mit den Leitern der Auswertungseinheiten geführt, um eventuell aus den Aktivitäten oder noch nicht völlig umgesetzten Veränderungsprozessen Zielvereinbarungen für die nachfolgenden Jahre zu erarbeiten, und dadurch nochmals den Prozess der Veränderung in Gang zu setzen.

3.10 Individuelle Maßnahmenpläne

In einigen wenigen Auswertungseinheiten waren insbesondere die Ergebnisse in den Bereichen Führung und Kommunikation so verbesserungswürdig, dass sich das Steuerungsteam dazu entschlossen hat, mit den Leitern dieser Auswertungseinheiten den Ergebnisbericht nochmals detailliert zu besprechen und individuelle Maßnahmenpläne zu erarbeiten, um die sichtbar gewordenen Schwachpunkte nachhaltig verbessern zu können.

Zu diesem Zwecke wurden die Leiter aufgefordert, ein eigenes Konzept zur Verbesserung dieser Punkte zu erarbeiten und in einem persönlichen Gespräch darzustellen, wie sie sich die Umsetzung dieser Aktivitäten vor Ort vorstellen. Die überwiegende Anzahl der zu diesem Gespräch eingeladenen Leiter lieferte zum Gesprächstermin ein komplettes Konzept und ein „Drehbuch" für die Umsetzung dieses Konzeptes ab und präsentierte dies nachvollziehbar und überzeugend. Den Leitern wurden anlässlich der Gespräche von Seiten des Steuerungsteams Anregungen und Ideen als Ergänzungen zu ihrem Konzept geliefert. Diese Ideen und Anregungen konnten insofern als bereits hausintern erprobt und erfolgreich angesehen werden, da sie oftmals aus den Aktivitätenkatalogen der anderen Auswertungseinheiten stammten und dort bereits erfolgreich umgesetzt worden waren.

Somit war die Möglichkeit gegeben, auch auf diesem Wege best-practise-Vorgehensweisen von der einen in eine andere Einheit unternehmensweit zu übertragen. Im Anschluss an das individuelle Gespräch haben die Leiter der Einheiten ihr fertiges Konzept und den Umsetzungsfahrplan nochmals zusammengefasst und dem Steuerungsteam übergeben. Um den Stand der Umsetzung von Aktivitäten zu veranschaulichen, wurden die Einheiten, mit denen das Steuerungsteam ein individuelles Gespräch und individuelle Maßnahmen besprochen hatte, nach dem Ablauf von einem ¾ Jahr besucht. Anhand der Aktivitätenkataloge und der - zum damaligen Zeitpunkt – kritisch bewerteten Fragen aus dem Fragenkatalog der Mitarbeiterumfrage, wurde eine Mitarbeiterversammlung initiiert, um den Stand der Umsetzungen zu erfragen und gleichzeitig Vereinbarungen zu treffen, die zu einer weiteren Optimierung führen könnten. Insbesondere der nochmalige Besuch der Auswertungseinheiten durch das Steuerungsteam wurde von den Mitarbeiterinnen und Mitarbeitern als sehr positiv empfunden, da die Bank dadurch die Ernsthaftigkeit ihrer Absicht unterstreichen konnte, Verbesserungen aus der Mitarbeiterumfrage voranzutreiben und Lösungen anzubieten.

3.11 Kommunikation als gesamtbankweites Projekt

Die ersten beiden Themen der fünf übergeordneten gesamtbankweiten Projekte waren Kommunikation und Konfliktmanagement, die in einem Großprojekt gestartet wurden. Ziel dieses Projektes sollte es sein, die aus der Mitarbeiterumfrage identifizierten Verbesserungspotentiale durch bankweit festgelegte Standards für alle Beteiligten verbindlich zu machen. Ein Vorstandsmitglied übernahm die Patenschaft für dieses Projekt. Es wurde ein „Workshop"-Team mit angeschlossenen Arbeitsgruppen gebildet, das funktional den gesamten Querschnitt der Bank repräsentierte.

Im ersten Schritt ist ein Wertesystem der Kommunikation, die „APO-Spielregeln der Kommunikation" erarbeitet worden, die als Grundsatz und Handlungsmaxime für alle Mitarbeiterinnen und Mitarbeiter der Bank zukünftig gelten sollten. Die APO-Spielregeln beinhalten die Themen

A Anerkennung und Akzeptanz

P Persönliche Wertschätzung

O Offenheit und Ehrlichkeit

Die APO-Spielregeln und die daraus folgenden operativen Handlungsempfehlungen für die Führungskräfte und Mitarbeiterinnen und Mitarbeiter wurden durch den Vorstand verabschiedet und anschließend veröffentlicht. Die Vorstände und Führungskräfte wurden in zweitägigen Workshops mit den erstellten Themen vertraut gemacht und aufgefordert, die aufgestellten Regeln in die Praxis umzusetzen. Daran anschließend nahmen alle Mitarbeiterinnen und Mitarbeiter der Bank an ½-tägigen Workshops zum Thema „Kommunikation" teil, um auf diese Weise das Thema flächendeckend in der Bank zu verankern und zu verdeutlichen, dass Kommunikation nicht alleine ein Führungsthema sein kann, sondern das tägliche Miteinander bestimmt.

In einem zweiten Schritt wurden Standards für regelmäßig stattfindende Besprechungen eingeführt. Diese Besprechungsstandards beinhalten sowohl die Themen „Regelmäßigkeit von bestimmten Besprechungen", „vorherige Bekanntgabe der Tagesordnung", „Einbeziehung von Vorschlägen zur Tagesordnung", als auch Regelungen zur Vereinheitlichung der Protokollführung, der Moderation und der Dauer.

Flankierend wird die Einhaltung der Besprechungsstandards in die Bewertungen der Beurteilungsgespräche der leitenden Mitarbeiter einfließen, um auf diese Weise eine erhöhte Verbindlichkeit der verabschiedeten Regelungen zu gewährleisten.

In einem weiteren Schritt wurden dann Standards zum Konfliktmanagement in der Bank erarbeitet. Nach Abschluss des Projektes Kommunikation und Konfliktmanagement wird ein gesamtbankweites Projekt zum Thema „Führung" in Angriff genommen.

Die Mitarbeiterinnen und Mitarbeiter erhalten über die stattfindenden Workshops und über die regelmäßig veröffentlichten Artikel in der Mitarbeiterzeitschrift dacAPO zeitnah und lückenlos alle Informationen und Entscheidungen, die sich aus dem Projekt ergeben.

3.12 Abschlussbericht mit Feedback-Abfrage

Während und nach der Umfrage haben die Mitarbeiterinnen und Mitarbeiter eine Fülle von Informationen zu den Aktivitäten bezüglich der Mitarbeiterumfrage erhalten. Der Bank war es ein Anliegen, diese Informationen nochmals zusammengefasst in einem Abschlussbericht darzustellen und somit einen vorläufigen Schlusspunkt unter die Mitarbeiterumfrage zu setzen.

Verbunden mit dem Abschlussbericht wurde eine kurze Feedback-Abfrage gestartet, um grundsätzlich die Einschätzung der Mitarbeiter bezüglich der ersten Mitarbeiterumfrage zu erhalten. Die Feedback-Abfrage umfasste vier Fragen:

1. Waren Sie mit der Durchführung der Umfrage zufrieden?
2. Wurden Ihre Erwartungen an die Mitarbeiterumfrage erfüllt?
3. Haben Sie seit der Durchführung schon Veränderungen in Ihrem Bereich wahrgenommen?
4. Gibt es Themenbereiche, die in der nächsten Mitarbeiterumfrage zusätzlich oder ausführlicher behandelt werden sollten?

Die Resonanz auf diese Feedback-Umfrage war mit einem Rücklauf von über 10% aus Sicht der Bank nicht vollends zufriedenstellend. Ursache dafür könnte der relativ lange Zeitraum zwischen Ankündigung der Mitarbeiterumfrage und Erstellung des Abschlussberichtes gewesen sein. Dennoch waren die Rückmeldungen der Mitarbeiterinnen und Mitarbeiter überaus aufschlussreich und werden sicherlich Berücksichtigung bei der Durchführung einer weiteren Mitarbeiterumfrage finden.

Insbesondere bemerkenswert war die Tatsache, dass trotz einer objektiv großen Anzahl von durchgeführten Veränderungen, die anhand von Arbeitserleichterungen, Veränderungen von Kommunikationsprozessen und Durchführung von Aktivitäten vor Ort stattgefunden hatten, die Wahrnehmung von Veränderungen bei den Mitarbeiterinnen und Mitarbeitern nicht so ausgeprägt war, wie sich die Bank dies gewünscht hätte. Dies wird dazu führen, dass die Bank bei einer zukünftigen Umfrage die daraus abgeleiteten Veränderungsprozesse und Aktivitäten noch deutlicher kommunizieren wird und insbesondere die Wahrnehmung der Mitarbeiterinnen und Mitarbeiter durch nachhaltige Kommunikation verstärkt werden muss, dass viele Veränderungen aufgrund der Mitarbeiterumfrage zustande gekommen sind.

Der Abschlussbericht als solcher umfasste neben einem Anschreiben des Gesamtvorstandes bezüglich der Umfrage und der daraus entwickelten Veränderungen eine Chronologie der Aktivitäten zur Mitarbeiterumfrage. Der Vorstand versicherte, dass es sich bei diesem Abschlussbericht nicht um einen Schlusspunkt, sondern um einen Meilenstein auf dem Weg des Verbesserungsprozesses handelt. Daneben wurden die aus der Umfrage abgeleiteten Aktivitäten, die vor Ort stattgefunden haben, dargestellt, die Themen, die durch das Steuerungsteam voran getrieben wurden und die übergeordneten Themen verdeutlicht. Somit hatten die Mitarbeiterinnen und Mitarbeiter eine kompakte Zusammenfassung der abgeleiteten Maßnahmen der Mitarbeiterumfrage in Händen, die in dieser Form deutlich machte, welche Vielzahl von Verbesserungen und Veränderungen aus der Umfrage zustande gekommen waren.

Den Schlusspunkt des Abschlussberichtes setzte ein Ausblick auf die vor der Bank liegenden Herausforderungen und die noch nicht angegangenen übergeordneten Projekte. Gleichzeitig wurden die Mitarbeiterinnen und Mitarbeiter dazu aufgefordert, aktiv den Veränderungsprozess zu unterstützen und gemeinsam noch mehr Verbesserungen mitzugestalten bis zur Durchführung einer zweiten Mitarbeiterumfrage.

3.13 Zusammenfassung des Kommunikationsprozesses

3.13.1 Vor der Umfrage

- Bekanntgabe der Entscheidung des Vorstandes, eine Mitarbeiterumfrage durchzuführen an die Leitenden, die Mitarbeiterinnen und Mitarbeiter und den Gesamtbetriebsrat
- Erstellung und Veröffentlichung eines Zeitplans
- Einrichtung einer Intranetplattform zur Umfrage
- Benennung von zentralen Ansprechpartnern
- Erarbeitung einer „Werbekampagne“ mit
  - Postern
  - Aufklebern
  - Ankündigungsschreiben
  - rücklaufendem Countdown bis zum Versand der Bögen

3.13.2 Nach der Umfrage

- Versand des Ergebnisberichts an alle Mitarbeiterinnen und Mitarbeiter
- Präsentation des bereichseigenen Ergebnisberichts vor Ort
- Rückmeldung über erstellte Aktivitätenkataloge
- monatliche Darstellung der zwischenzeitlichen Aktivitäten über einen Gehaltsbeileger
- Entwicklung eines umfrageeigenen Logos
- Herstellung von „post it"-Blöcken
- Rückversicherung über die Umsetzung von Aktivitäten
- Darstellung von best-practice-Aktivitäten aus verschiedenen Bereichen der Bank
- Mehrfache Thematisierung in der Mitarbeiterzeitung dacAPO
- Einrichtung eines Chatforums mit dem Vorstand
- Erstellung eines Abschlussberichts
- Kontinuierliche Informationen über den Fortgang der übergeordneten Projekte

Mitarbeiterumfrage
Bleibt alles anders?
Mit unserer Mitarbeiterumfrage können wir die Zukunft gemeinsam gestalten. Was ist gut, was kann besser gemacht werden? Ihre Meinung hat Gewicht.
Sind Sie motiviert?
Oder werden Sie ausgebremst?
Nähere Informationen finden Sie im apoweb oder bei
Britta Jansen (BR/Hamburg) Tel.: 040/2 28 04-287
E-Mail: britta.jansen@apobank.de
und Natascha Probst (HV/PA) Tel.: 02 11/59 98-441
E-Mail: natascha.probst@apobank.de
apodata
Deutsche Apotheker- und Ärztebank

Mitarbeiterumfrage
Bleibt alles anders?
Mit unserer Mitarbeiterumfrage können wir die Zukunft gemeinsam gestalten. Was ist gut, was kann besser gemacht werden? Ihre Meinung hat Gewicht.
Ist Teamarbeit in Ihrer Abteilung selbstverständlich?
Oder sitzen Sie allein im Chaos?
Nähere Informationen finden Sie im apoweb oder bei
Britta Jansen (BR/Hamburg) Tel.: 0 40/2 28 04 - 287
E-Mail: britta.jansen@apobank.de
und Natascha Probst (HV/PA) Tel.: 02 11/59 98 - 441
E-Mail: natascha.probst@apobank.de
apodata
Deutsche Apotheker- und Ärztebank

Mitarbeiterumfrage

Bleibt alles anders?

apodata

Deutsche Apotheker- und Ärztebank

Mitarbeiter-
umfrage 2001:
Rückblick
Einblick
Ausblick
IHR?
WIR!
Wissen was zählt
Deutsche Apotheker-
und Ärztebank

5 Minuten für
Ihr Feedback zur
Mitarbeiterumfrage
Wir freuen uns auf Ihre Anregungen mit einer Einladung zu einer Tasse Cappuccino.
Füllen Sie dabei den umseitigen Fragebogen aus.
Meinung ist uns wichtig!
Cappuccino

Ihre Meinung ist uns wichtig!

Nur mit Ihrer Unterstützung wird es uns auch in Zukunft gelingen, Veränderungsprozesse anzustoßen und im Sinne aller Mitarbeiterinnen und Mitarbeiter weiterzuentwickeln.

Senden Sie den ausgefüllten Fragebogen per Hauspost an Ihren Personalbereich.
Vielen Dank!

1. Waren Sie mit der Durchführung der Umfrage zufrieden?

sehr zufrieden ☐ ☐ ☐ ☐ sehr unzufrieden

Anregungen: ____________________

2. Wurden Ihre Erwartungen an die Mitarbeiterumfrage erfüllt?

ja, alle ☐ ☐ ☐ ☐ nein, keine

Anregungen: ____________________

3. Haben Sie seit der Durchführung schon Veränderungen in der Bank/Ihrer Filiale/Ihrem RKS/Ihrem Bereich wahrgenommen?

ja, viele ☐ ☐ ☐ ☐ nein, keine

Anregungen: ____________________

4. Gibt es Themenbereiche, die bei der nächsten Mitarbeiterumfrage zusätzlich oder ausführlicher behandelt werden sollten?

☐ ja, und zwar ____________________

☐ nein

Einfach abtrennen und per Hauspost an Ihren Personalbereich senden.

Bleibt alles anders?
Die Ergebnisse

Sehr geehrte Damen und Herren,
liebe Mitarbeiterinnen und Mitarbeiter,

im Zusammenhang mit der Mitarbeiterumfrage war immer mal wieder zu hören: „Es ändert sich ja doch nichts." Wir hoffen, jene Pessimisten unter Ihnen werden inzwischen zugestehen, dass eben nicht „alles beim alten" geblieben ist.

Denn die vielen positiven Reaktionen, die guten Ideen und Anregungen, die wir erhalten haben, zeigen uns, dass in unserer Bank auf allen Ebenen ein Prozess des Umdenkens eingesetzt hat. Die Bereitschaft, Veränderungen einzuleiten und mitzugestalten, ist überall spürbar. Das ist auch deshalb wichtig, weil sich Verbesserungen - insbesondere, wenn sie den Umgang miteinander betreffen - nicht per Arbeitsrichtlinie durchsetzen lassen. Hier ist das Engagement jedes einzelnen gefragt.

Der eingeschlagene Weg ist zweifellos richtig, davon sind wir überzeugt. Aber wir sind erst am Anfang dieser Strecke. Wenn wir jedoch den Verbesserungsprozess als ständige Aufgabe sehen, die jeden angeht und die uns allen ein konstruktives Mitwirken abverlangt, dann sind Fortschritte sicher. Darin liegt für unsere Bank eine ganz große Chance, die wir unbedingt nutzen sollten.

Vor diesem Hintergrund ist der Abschlussbericht der Mitarbeiterumfrage 2001, den wir Ihnen heute zusenden, denn auch kein Schlusspunkt, sondern ein Meilenstein. Wir würden uns freuen, wenn Sie diesen Unterlagen die erforderliche Aufmerksamkeit widmen und den kurzen Fragebogen ausgefüllt zurücksenden.

Wir freuen uns auf den weiteren gemeinsamen Weg mit Ihnen. Für heute verbleiben wir

mit freundlichen Grüßen

Werner Wimmer | Gerhard K. Girner | Jürgen Helf

Günther Herion | Günter Preuß | Werner Albert Schuster

Rückblick: 15 Monate gemeinsame Arbeit

Februar 2001	Entscheidung des Vorstands zur Durchführung einer Mitarbeiterumfrage
März 2001 - Juni 2001	Auswahl des Anbieters und Zusammenstellung der Projektgruppe (Arbeitnehmervertreter, Mitarbeiter aus verschiedenen Funktionen, Führungskräfte und die Forschungsgruppe Hamburg F.G.H.)
Juli 2001 - September 2001	Erarbeitung und Anpassung des Fragebogens aufgrund des bewährten und mehrfach erprobten Standardfragebogens der F.G.H.
September/Oktober 2001	Produktion des Fragebogens und der begleitenden Kampagne und Versendung des Fragebogens an die Privatanschriften aller Mitarbeiter
Oktober/November 2001	Rücklauf der ausgefüllten Fragebögen direkt an die F.G.H.
November 2001 - Februar 2002	Auswertung der Fragebögen und Erstellung von insgesamt 98 Ergebnisberichten für die Auswertungseinheiten
Februar 2002	Vorstellung des Gesamtbankergebnisses für den Vorstand, die Leitenden und den Gesamtbetriebsrat
März 2002	Produktion und Versand des Gesamtbankergebnisses an die Privatanschriften aller Mitarbeiter
März 2002 - Juni 2002	Vorstellung und Moderation der Einzelergebnisse durch interne Moderatoren mit dem Ziel, die Aktivitätenkataloge zu erarbeiten
Oktober 2002	Eingang der Aktivitätenkataloge beim Steuerungsteam (Werner Wimmer, Prof. Dr. Michel E. Domsch, Claus Verfürth, Miriam Balzer) und Bearbeitung der Anfragen an das Steuerungsteam
Oktober 2002 - heute	Umsetzung der erarbeiteten Verbesserungsvorschläge

IHR?
WIR!
lich
Willkommen
zum
Ergebnis-Workshop
in der Filiale

Einblick: Ihre Meinung hat gezählt

Themen vor Ort

Die Präsentation der Einzelergebnisse war die Basis für die Bildung von Arbeitsgruppen zu Themen, die nach Meinung der Mitarbeiter dringend angegangen werden sollten. Die Arbeitsgruppen haben Aktivitätenkataloge erstellt und an das Steue-

rungsteam weitergeleitet. Bei der überwiegenden Mehrzahl der Aktivitäten handelte es sich um Maßnahmen, die in der Auswertungseinheit umgesetzt werden sollten. So lag auch die Zuständigkeit in der Regel bei den Mitarbeitern vor Ort, zum Teil wurde auch der Moderator einbezogen. Jeder Absender hat vom Steuerungsteam eine Eingangsbestätigung erhalten. Oft sind dort schon erste Anforderungen geprüft und Fragen beantwortet worden.

Die Bandbreite der Themen reichte von Ideen zur Verbesserung der Kommunikation und Informationsweitergabe untereinander, z.B. durch regelmäßige Besprechungen mit Protokoll, über die Neuorganisation von Arbeitsabläufen vor Ort und Überlegungen, wie die Zusammenarbeit z.B. zwischen Filiale und RKS verbessert werden kann bis zu Maßnahmen zur Verbesserung des Wir-Gefühls, z.B. durch gemeinsame Aktivitäten „nach Feierabend".

Vorbildliche Aktivitäten kamen z.B. aus der Niederlassung Frankfurt: Hier wird für jeden neuen Mitarbeiter oder Azubi eine Begrüßungsmappe erstellt und es gibt interne Patenschaften für Produkte und EDV-Programme. In der Filiale Aachen wurden „10 Gebote der Kommunikation" entwickelt, in der Niederlassung München wurde ein Kummerkasten eingerichtet und die Filiale Regensburg hat eine Checkliste erstellt, die Kundenberater und RKS-Mitarbeiter bei der Bearbeitung von Kreditanträgen heranziehen können.

Themen für das Steuerungsteam

Insgesamt gab es 57 Anforderungen, die das Steuerungsteam zu bearbeiten hatte. Es wurde der entsprechende Fachbereich angeschrieben und nach Rückantwort ist die Auswertungseinheit über die Stellungnahme informiert worden. Oft gab es auch einen direkten Kontakt zwischen den Bereichen der Hauptverwaltung und den Niederlassungen / Filialen / RKS.

Die Themen, die am häufigsten an das Steuerungsteam herangetragen wurden, waren Probleme, Fragen, Anregungen zur EDV, zu Arbeitsabläufen und zur Umorganisation der RKS. Insbesondere die Anforderungen zum Thema EDV sind in ein neues Projekt geflossen, das seine Arbeit inzwischen aufgenommen hat bzw. sind in das Projekt Kreditprozeßoptimierung eingebunden worden.

Anforderungen an den Vertrieb bezogen sich z.B. auf eine frühzeitigere Ankündigung von Produkteinführungen und HV-Aktionen, eine Vereinfachung des Bestellverfahrens von Prospekten und Broschüren oder die Überarbeitung der TE-Formulare, die inzwischen realisiert ist. Auch zum Vorschlagswesen gab es Anregungen. Inzwischen ist es neu strukturiert und das Verfahren in der Broschüre „APO-up“ bankweit bekannt gegeben worden. Eine Arbeitsgruppe hat den Wunsch nach Workshops zu den Führungsgrundsätzen geäußert. Hierzu wird jetzt im apotrain ein neues Seminar angeboten, das sich an erfahrene Führungskräfte richtet und u.a. Hilfestellungen für die Umsetzung der Führungsgrundsätze gibt. Einige Anforderungen an das Steuerungsteam betrafen auch die Räumlichkeiten: bei Anfragen zur Installation einer Klimaanlage oder Einrichtung von Sozialräumen wurden in Gesprächen vor Ort mit der Bauabteilung Lösungen erarbeitet.

Eine besondere Anregung kam aus der Filiale Osnabrück. Die Kollegen dort schlugen vor, eine APO-Bank-Tasse für alle Mitarbeiter zu entwickeln, um das Zusammengehörigkeitsgefühl auch nach außen zu demonstrieren. Dem Steuerungsteam gefiel diese Idee so gut, daß sie sofort umgesetzt wurde. Mit der Weihnachtstüte 2002 hat jeder Mitarbeiter eine blaue APO-Bank-Tasse erhalten. Auf dem Karton war das Logo Ihr/Wir zu sehen, welches extra für Maßnahmen, die sich aus der Mitarbeiterumfrage ergeben haben, kreiert wurde.

Übergeordnete Themen

Folgende Themen wurden als übergeordnete Entwicklungsfelder erkannt:
> Kommunikation
> Konfliktverhalten
> Administration/Arbeitsabläufe
> EDV
> Führung

Zur Erarbeitung von Konzepten zur Lösung der übergeordneten Entwicklungsfelder werden jeweils Projektgruppen gebildet, die sich aus Repräsentanten unterschiedlichster Funktionen und Bereiche zusammensetzen. Um den Themen die notwendige Bedeutung beizumessen, übernehmen die Vorstandsmitglieder Patenschaften für einzelne Themen. Diese Vorgehensweise soll sicherstellen, daß die Problemfelder möglichst zeitnah aktiv angegangen werden können, eine höhere Akzeptanz im Unternehmen erreicht wird und Ideen aus dem Unternehmen für das Unternehmen gewonnen werden können.

Die Themen „Kommunikation und Konfliktverhalten" sind wegen der vielen Schnittstellen zusammengelegt und von einer Projektgruppe aus Mitarbeitern des Nachwuchsförderkreises, Leitenden der Bank, zwei Externen und Mitarbeitern aus dem Bereich Personal bearbeitet worden. Die Patenschaft hat Herr Preuß übernommen. Im Februar 2003 ist dem Gesamtvorstand das neue Kommunikationskonzept präsentiert worden. Nachdem er der Umsetzung der vorgeschlagenen Maßnahmen zugestimmt hat, starten nun Workshops zum Thema „Erfolgreich kommunizieren" für alle APO-Banker.

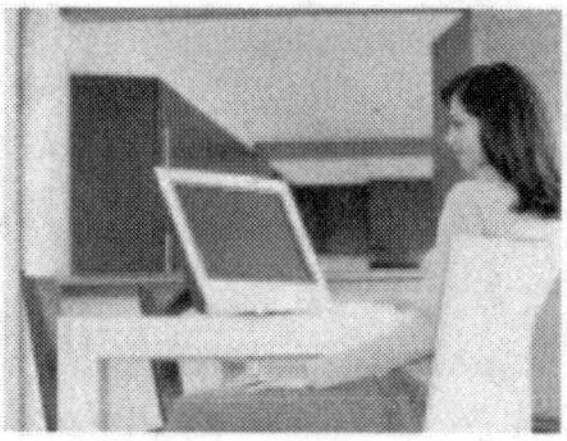

Die Themen „Administration/Arbeitsabläufe" und „EDV" werden durch die zur Zeit laufenden Projekte der Bank abgedeckt, wie z.B. die Kreditprozeßoptmierung, apoworkplace, d.h. die schrittweise Einführung einer webbasierten Oberfläche oder das Thema „single sign on", d.h. ein Kennwort für alle Anwendungen. Im apoweb werden aktuelle Informationen zum Fortgang der Projekte veröffentlicht. Der IO-Bereich hat eine Übersicht aller IO-Projekte erstellt, aus der die Priorisierung, der Stand der Umsetzung und aktuelle Nachrichten ersichtlich sind.

Beim Thema „Führung" sind erste Schritte zur Verbesserung der Führungskultur in der APO-Bank getan: In den Einheiten, in denen das Umfrageergebnis zu den Themen Führung, Kommunikation und Konfliktverhalten eher schlecht ausgefallen ist, wurden mit den Führungskräften individuelle Maßnahmenpläne entwickelt, um die Führungsqualität, das Kommunikations- und Konfliktverhalten zu verbessern. Künftig werden Führungskräfte über ein strukturiertes Auswahlverfahren ermittelt und auf ihre Aufgabe durch eine individuelle Ausbildung gezielter vorbereitet.

Weitere Themen, die häufig genannt und für die bereits Lösungen erarbeitet und umgesetzt wurden:

> Teilzeit: Die notwendige Betriebsvereinbarung ist unterzeichnet und veröffentlicht. Hier werden einzelne Modelle explizit unterstützt.

> Altersteilzeit: Die Betriebsvereinbarung ist unterschrieben und veröffentlicht. Viele Mitarbeiterinnen und Mitarbeiter haben bereits ihre Verträge unterschrieben.

> Informationsfluss/Kaskade: Der Vorstand informiert über das apoweb neben den Terminen und Themen der Kaskadensitzungen auch über die Geschäftspolitik und Strategie der Bank, die Vorstandsmitglieder und deren Ressorts sowie über aktuelle Themen.

> Aus- und Weiterbildung: im Oktober 2002 ist der apotrain in neuer Gestalt ins apoweb gestellt worden. Die Überarbeitung erfolgte mit Hilfe von Anregungen aus einem Workshop mit Mitarbeitern der Bank.

> Betriebliches Vorschlagswesen: Das überarbeitete Vorschlagswesen „APO-up" wurde mit einer Einführungskampagne vorgestellt.

Organisationsentwicklung durch Mitarbeiterbefragungen bei der AXA

Alexandra H. Hey

1 „Scope“ – die weltweite Mitarbeiterbefragung der AXA Gruppe

Heute kann kein großes Unternehmen mehr darauf verzichten, seine Mitarbeiter regelmäßig nach ihrer Zufriedenheit zu fragen, denn damit brächte es sich letztlich um eine wertvolle Gelegenheit zur Qualitäts- und Leistungsverbesserung. Bei einem Finanzdienstleister wie der AXA sind die Mitarbeiter, ihre Kompetenz, aber auch ihre Zufriedenheit und ihre Motivation ausschlaggebendes Kriterium für die Konkurrenzfähigkeit des Konzerns.

Mit rund 10.000 fest angestellten Mitarbeitern und 6,4 Milliarden Euro Beitragseinnahmen zählt die AXA mit ihrer Hauptverwaltung in Köln und 13 weiteren Niederlassungen in Deutschland zu den größten und profitabelsten Versicherern und Finanzdienstleistern. Hervorgegangen aus den deutschen Gesellschaften Colonia, Nordstern und Albingia ist sie seit 1997 der deutsche Part der weltweit ca. 130.000 Mitarbeiter umfassenden AXA Gruppe mit Sitz in Paris, die weltweit ca. 50 Millionen Kunden versichert. Im Jahr 2003 führte die AXA Gruppe bereits zum 6. Mal ihre weltweite Mitarbeiterbefragung Scope durch, der AXA Konzern in Deutschland ist daran zum vierten Mal beteiligt. Ziel dieser anonymen Befragung ist die Erhebung und kontinuierliche Verbesserung der Mitarbeiterzufriedenheit. Mitarbeiter der AXA Gruppe aus über 150 Gesellschaften in ca. 60 Ländern nehmen daran teil. Der umfassende Fragebogen zur Zufriedenheit im Unternehmen wird in 15 Sprachen übersetzt.

Die regelmäßigen Mitarbeiterbefragungen sind zum einen ein wichtiges Führungsinstrument. Die durch die regelmäßigen „Scope“-Befragungen gemessene Mitarbeiterzufriedenheit geht als einer der Haupterfolgsfaktoren (KPI) der AXA Gruppe in die Balanced Scorecard sowie in die Zielvereinbarungen der Führungskräfte ein.

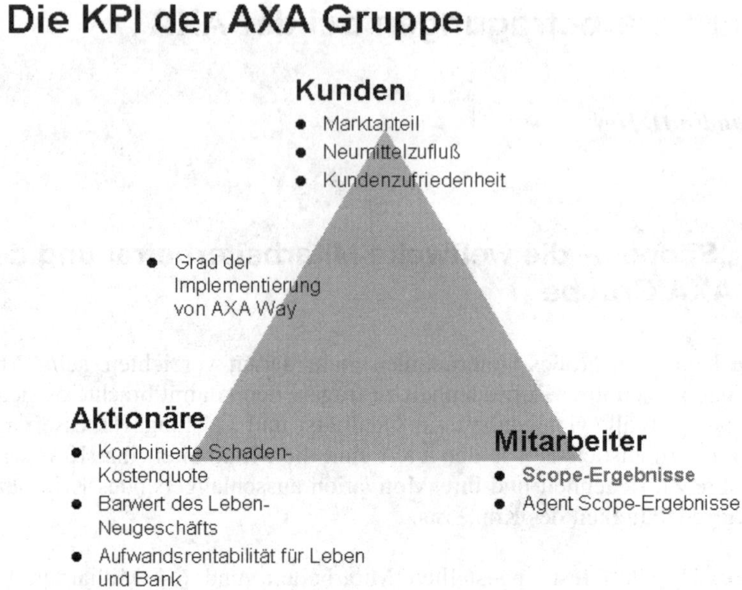

Abb. 1: Die KPI der AXA Gruppe

Die Ergebnisse werden aber auch als Ausgangsbasis für die Organisationsentwicklung im Unternehmen genutzt. Durch sie ergeben sich messbare Veränderungen im Arbeitsumfeld jedes Einzelnen, denn sie zeigen, wo es Probleme am Arbeitsplatz gibt, wie diese zu bewältigen sind und wie Veränderungen im Unternehmen von den Mitarbeitern wahrgenommen werden. Mit der Aufforderung an jeden einzelnen Mitarbeiter, zu sagen, „wo der Schuh drückt", trägt Scope dazu bei, eine offene Unternehmenskultur zu stärken, die einen fundamentalen Bestandteil der AXA-Philosophie bildet.

Dem Mitarbeiter bietet sich die Möglichkeit, sein eigenes Arbeitsumfeld aktiv mit zu gestalten, denn die Mitarbeiterbefragung selbst ist nur die Initialzündung des Scope-Prozesses. In den nächsten Schritten geht es darum, dass die Mitarbeiter gemeinsam mit ihren Kollegen und ihren Führungskräften aus den Ergebnissen der Befragung heraus Vorschläge und Maßnahmen zur Verbesserung der festgestellten Probleme entwickeln und umsetzen. Dabei wird jeder, unabhängig von seiner Position, in die Pflicht genommen, seinen Beitrag in diesem kontinuierlichen Verbesserungsprozess zu leisten. Ergebnisse aus den vorausgegangenen Mitarbeiterbefragungen der AXA zeigen, dass sich die Zufriedenheit der Mitarbeiter mittels dieses Prozesses nachhaltig verbessern lässt.

2 Organisation und Durchführung der Befragung

Bevor jedoch über die Einleitung von Verbesserungsprozessen gesprochen werden kann, gilt es zunächst, von den Mitarbeitern aussagekräftige Antworten zu bekommen. Dazu müssen Befragungsinhalte genau definiert und weltweit abgestimmt sowie ein reibungsloser Befragungsablauf organisiert werden.

2.1 Umfang und Häufigkeit der Befragung

Grundsätzlich nehmen alle fest angestellten Mitarbeiter der AXA Gruppe an Scope teil, das sind weltweit ca. 90.000, davon in Deutschland ca. 10.000 Mitarbeiter. Die Mitarbeiter werden in allen Gesellschaften zeitgleich per Intranet befragt. Hierbei wird selbstverständlich die Anonymität jedes Einzelnen gewährleistet. Vor der Befragung 2002 fand Scope in einem zweijährigen Rhythmus statt. Durch eine stärkere Einbeziehung der Ergebnisse in die Unternehmenssteuerung findet die Befragung seit 2002 jährlich mit einem wesentlich verkürzten Fragebogen statt. Die Beteiligungsquoten lagen 2002 bei weltweit 74% (Deutschland: 78%) und 2003 bei 76% (Deutschland: 70%).

2.2 Kommunikation vor der Befragung

Eine begleitende Kommunikationsoffensive vor der Befragung ist unabdingbar, um die Mitarbeiter zur Teilnahme zu motivieren und damit eine hohe Beteiligungsquote zu erreichen, die wiederum die Repräsentativität der Daten sicherstellt. Unterschiedliche interne Medien und Massnahmen informieren die AXA-Mitarbeiter über den organisatorischen Ablauf sowie über die Ziele der Befragung.

Die AXA weist bereits im Vorfeld der Befragung in den internen Medien auf die kommende Befragung hin. Wer schon neugierig ist, findet im Intranet Informationen zum Ablauf und zu den Hintergründen der Befragung. Der Takt der Meldungen zu Scope nimmt zu, je näher der Befragungsbeginn rückt. Rund einen Monat vor dem eigentlichen Befragungsbeginn startet eine großangelegte Kommunikationsoffensive. Es wird aus der vergangenen Befragung und den abgeleiteten Maßnahmen Resümee gezogen, um den Mitarbeitern vor Beginn der neuen Befragung nochmals die erreichten Erfolge in Erinnerung rufen sowie die kommende Befragung angekündigt.

Die Hervorhebung der Bedeutung des Instrumentes seitens der Unternehmensleitung ist ein weiterer zentraler Erfolgsfaktor in der Kommunikation. So erhält jeder Mitarbeiter einen Brief vom Vorstandsvorsitzenden, in dem dieser auf die Bedeutung der Befragung für das Unternehmen hinweist und jeden Einzelnen bittet, sich an ihr zu beteiligen. Über Email-Aktionen werden auch die Führungskräfte, in deren Verantwortung der Scope-Prozess liegt, alle weiteren Scope-Beteiligten sowie auch die Personalverantwortlichen über den Ablauf und die Bedeutung der anstehenden Befragung informiert und eingebunden.

In Zusammenarbeit mit der internen Kommunikation und einer Werbeagentur wird eine Kampagne für den kommenden Scope-Prozess entworfen. In den Jahren 2002 und 2003 dominierte unter dem Motto „Wer ernten will, muss säen!“ bzw. „Aus Ihrer Meinung wachsen Erfolge!“ die Pflanzenthematik, deren Zentralmotiv das Vergiss-Mein-Nicht darstellt, welches symbolisch dafür steht, unbedingt an das Ausfüllen des Fragebogens zu denken. Dieses Design wiederholte sich beispielsweise auf Plakaten, in der Mitarbeiterzeitschrift oder in Form eines Bildschirmschoners, der sich während der Befragung automatisch auf allen PCs installierte.

Jeder Mitarbeiter erhält dann kurz vor der Befragung seine Befragungsunterlagen, die aus einem Anschreiben, einer Instruktion zum Ausfüllen des Fragebogens im Intranet sowie der „ScopeCard“ mit dem persönlichen Passwort des Mitarbeiters bestehen. Da die Karten zufällig auf die Anschreiben geklebt werden, sind der Name des Mitarbeiters und das Passwort nirgendwo registriert. Um diese Anonymität zu unterstreichen, können die Mitarbeiter einer Konzerngesellschaft ihre ScopeCards ausdrücklich jederzeit untereinander tauschen.

2.3 Vorbereitung der Befragung

Zur Vorbereitung der Befragung setzt die AXA seit Scope 2003 ein intranetbasiertes, weltweites Administrationstool ein. Dieses erlaubt den Scope-Verantwortlichen der verschiedenen Länder, weitgehend selbständig die Befragung vorzubereiten und gewährt gleichzeitig internationale Einheitlichkeit. Das Tool erfüllt folgende Funktionen:

Abb. 2: Werbeplakat für Scope

- Eingabe der Berichtseinheiten mit ihren jeweiligen Mitarbeiterzahlen
- Eingabe der Übersetzungen des Fragebogens
- Generierung von Passwörtern
- Abruf der aktuellen Beteiligungsquoten während der Befragung
- Download der Ergebnisberichte nach der Befragung

2.4 Befragung per Intranet

Intranetbasierte Mitarbeiterbefragungen werden im AXA Konzern seit 2000 durchgeführt. Aufgrund der Vollausstattung mit PC-Arbeitsplätzen wurde es inzwischen sogar möglich, die Befragung ohne zusätzliche Papierbögen ausschließlich per Intranet durchzuführen. Für die intranetbasierte Befragung war zu Beginn zwar sowohl beim Betriebsrat als auch bei den Mitarbeitern einiges an Überzeugungsarbeit zu leisten, spätestens nach der dritten derartigen Befragung existieren aber auf keiner Seite mehr Vorbehalte. Hierfür sprechen auch die hohen Beteiligungsquoten.

Entscheidend für den Erfolg von Scope ist die Auswahl der Inhalte des Fragebogens. Durch die Verkürzung der Befragungsintervalle von 2 Jahren auf 1 Jahr erschien es notwendig, den Fragebogens von 130 Items (2002) auf 50 (2003) zu verkürzen. Hierbei boten Korrelationsanalysen die Möglichkeit, redundante Fragen zu identifizieren und zu eliminieren. Die Dimensionen der weltweit identischen Fragen reichen von den Themen Wahrnehmung der Strategie, Organisatorische Effizienz, Direkter Vorgesetzter, Mitarbeiterbeteiligung, Unterstützung und Arbeitsbedingungen, Anerkennung und Entwicklungsförderung bis hin zu Engagement und Vertrauen. Jede nationale Gesellschaft hat darüber hinaus die Möglichkeit, einige eigene Fragen hinzuzufügen, die die aktuelle Situation vor Ort oder spezielle Projekte, Instrumente etc. beleuchten. Zudem hat sich die Einbindung eines offenen Feldes bewährt, das den Mitarbeitern die Chance gibt, am Ende des Fragebogens freie, individuelle Kommentare einzutragen.

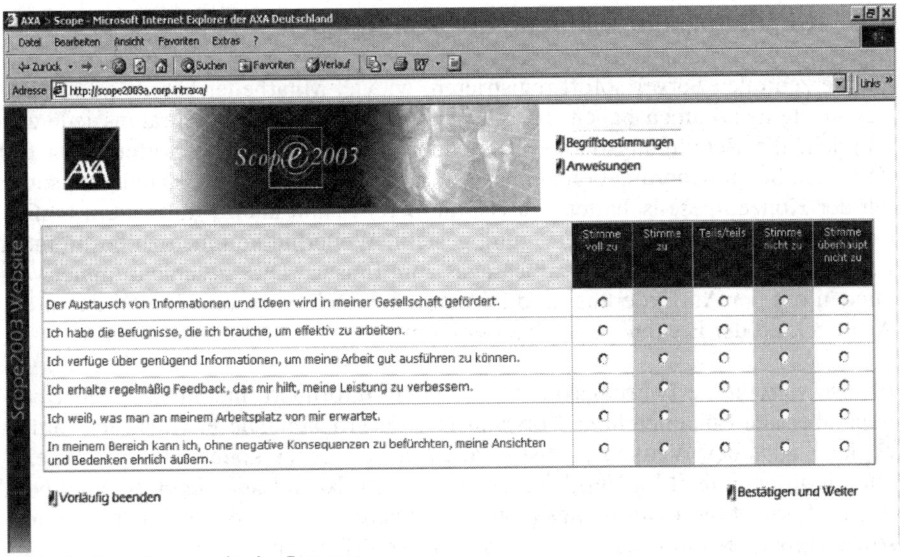

Abb. 3: Fragebogenseite im Intranet

So komplex die Technik hinter dem elektronischen Fragebogen ist, so einfach muss er auszufüllen sein. Bei Aufruf des Intranets kommt der Mitarbeiter mit einem Klick zum Fragebogen. Nach Eingabe des Passwortes ordnet sich jeder Mitarbeiter selbst seinem Vorstandsressort und seinem Unternehmensbereich zu und beantwortet anschließend die Fragen per Mouseklick.

Selbstverständlich steht den Mitarbeitern während der Befragung eine Hotline zur Verfügung, an die sie sich jederzeit mit technischen oder inhaltlichen Problemen wenden können.

Der ausgefüllte Fragebogen wird vom individuellen Arbeitsplatz aus in den zentralen Server der AXA in Paris eingespeist. Mit dem Schließen der Webseite, auf der der Fragebogen vom Mitarbeiter ausgefüllt wird, ist auch die Verbindung zum Server unterbrochen. Ein Fragebogen, der einmal abgespeichert wurde, kann daher auch nicht mehr verändert werden.

Eine zentrale Datenbank nimmt die Antworten aus aller Welt auf und speichert sie direkt ab. Dies ist zum einen bezüglich Zeit und Kosten sehr ökonomisch, da ein zusätzliches Eingeben bzw. Einscannen der Daten nach der Befragung entfällt, zum anderen verringert sich die Wahrscheinlichkeit von Falscheingaben oder Lesefehlern dadurch dramatisch. Zudem hilft die elektronische Methode, logistische Probleme, die bei der herkömmlichen Befragung durch den Transport von rund elf Tonnen Papierfragebögen über alle fünf Kontinente leicht entstehen können, zu vermeiden und sie stellt auch ein Mittel dar, um die Arbeit mit elektronischen Medien wirksam im Unternehmen zu etablieren.

2.5 Kommunikation während der Befragungen

Da die zentralen Server sofort registrieren, wieviel Mitarbeiter bereits an der Befragung teilgenommen haben, ist es während des Befragungszeitraums jederzeit möglich, die Beteiligungsquoten für jede beliebige Einheit abzurufen. Von der Zentralen Scope-Koordination bei AXA Deutschland werden die Beteiligungsquoten der Konzerngesellschaften grafisch aufbereitet und allen Mitarbeitern täglich aktualisiert im Intranet zur Verfügung gestellt. Weiterhin kommen zu bestimmten Zeitpunkten Mailings oder Startmessages zum Einsatz. Dies geschieht immer verbunden mit der Aufforderung an die Mitarbeiter, sich zu beteiligen und damit die Aussagekraft der Ergebnisse noch zu steigern.

Ebenso werden die Führungskräfte regelmäßig informiert, indem sie einen Überblick über alle Einheiten ihres Vorstandsressorts erhalten. Dieser Überblick fördert zugleich auch den Wettkampfgeist, da die Manager sehen können, wie die Beteiligung in ihrer Einheit im Vergleich zu anderen ist. Nach Ende der Befragung werden im Intranet die Beteiligungsquoten mit einem Dankeschön an alle Teilnehmer sowie Hinweise zum weiteren Prozessablauf veröffentlicht.

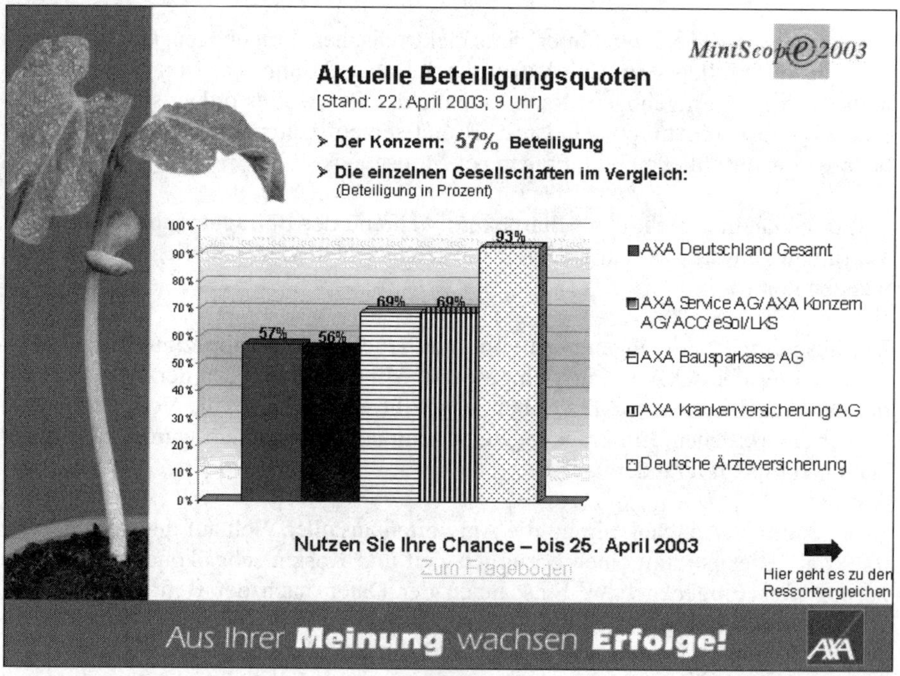

Abb. 4: Laufende Rückmeldung der Beteiligungsquoten

2.6 Kommunikation nach den Befragungen

Eine möglichst zeitnahe Information der Vorstände und des Betriebsrates sowie aller Mitarbeiter im Unternehmen über die Konzernergebnisse steht an erster Stelle. Dies geschieht durch Präsentationen im Vorstand, im Betriebsrat sowie über das konzernweite Intranet. Weiterhin wird eine Ergebnisbroschüre für alle Mitarbeiter erstellt und die Mitarbeiterzeitschrift als Kommunikationsmedium genutzt. Parallel sind allein für den deutschen Konzern die insgesamt ca. 300 Ergebnisberichte zu prüfen und an alle Berichtseinheiten zu verteilen. Dieser detaillierte Auswertungsgrad ermöglicht es, gezielt pro Unternehmensbereich die Zufriedenheit der Mitarbeiter zu betrachten und zu steigern. Die Nivellierung und Durchschnittsbetrachtung, die auf Konzernebene zwangsläufig gegeben ist und die einen Nachteil in vielen Mitarbeiterbefragungen darstellt, ist damit aufgehoben und Probleme können dort ausgemacht werden, wo sie täglich spürbar sind – im unmittelbaren Arbeitsumfeld.

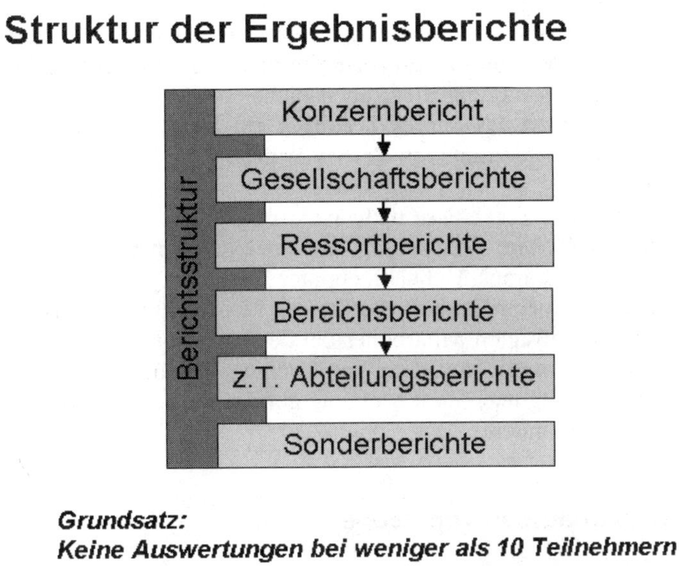

Abb. 5: Struktur der Ergebnisberichte

Die Ergebnisberichte bieten neben der detaillierten Darstellung der absoluten Bewertung der betrachteten Organisationseinheit bei jeder Frage zusätzlich den Vergleich zu übergeordneten Organistionseinheiten, zur AXA in Deutschland und zur AXA Gruppe weltweit. Wo die Vergleichbarkeit gegeben ist, werden außerdem die Vergleichswerte der vorangehenden Befragung der betreffenden Einheit als Benchmarks dargestellt. Neben der detaillierten Darstellung der Einzelfragen werden diese inhaltlich zu Fragen-Dimensionen zusammengefasst und mit aggregierten Indizes versehen. Dies ermöglicht im Rahmen der Ergebnisanalyse einen zügigen Überblick über die komplexe Gesamtheit der Ergebnisse.

Wird eine Mitarbeiterbefragung regelmäßig durchgeführt, ist die konstante kommunikative Begleitung ein weiterer Erfolgsfaktor. So lässt sich sicherstellen, dass auch in den Zeiträumen zwischen den Befragungen der kontinuierliche Verbesserungsprozess nicht in Vergessenheit gerät. In einer eigenen Scope-Rubrik in der Mitarbeiterzeitschrift, auf einer eigenen Scope-Seite im AXA-Intranet, in Form von Scope-Wandzeitungen pro Unternehmensbereich oder auf eigenen Scope-Veranstaltungen berichten Beteiligte – Vorstände, die Zentrale Scope-Koordination oder Mitarbeiter – regelmäßig über Massnahmen und Projekte, die aus der Ergebnisanalyse der letzten Befragung heraus entstanden sind.

3 Scope als Prozess der Organisationsentwicklung

Weitaus wichtiger als die Kommunikation der Ergebnisse auf Konzernebene ist bei Scope allerdings der Follow-up-Prozess in den einzelnen Unternehmensbereichen. Die Mitarbeiterbefragung dient eben nicht nur der Sammlung von Daten, sondern sie ist im Sinne des Survey-Feedback ein Instrument zur Identifikation von Defiziten und zur Ableitung von Verbesserungen.

Schließlich werden die Ergebnisse nicht nur mit großem organisatorischen, sondern auch mit erheblichem finanziellen Aufwand gewonnen. Sinnvoll verwertet werden sie nur, wenn daraus Maßnahmenpläne abgeleitet werden. Wird der Follow-Up-Prozess bei einer Mitarbeiterbefragung vernachlässigt, so ist es nur verständlich, wenn die befragten Mitarbeiter bei der nächsten Befragung schlechtere Bewertungen abgeben und damit ihrer Enttäuschung darüber Ausdruck verleihen, dass sie zwar regelmäßig nach ihrer Meinung gefragt werden, sich dadurch im Unternehmen aber nichts ändert.

3.1 Der Strukturaufbau von Scope

Die Definition von klaren Rollen und Verantwortlichkeiten ist ein ausschlaggebendes Kriterium für den Erfolg einer Mitarbeiterbefragung. Bevor auf den Ablauf des Follow-Up-Prozesses eingegangen wird, soll daher zunächst dargestellt werden, wer die Beteiligten sind. Abbildung 6 zeigt die auf den ersten Blick recht komplexe Struktur, die nachfolgend im einzelnen erläutert wird.

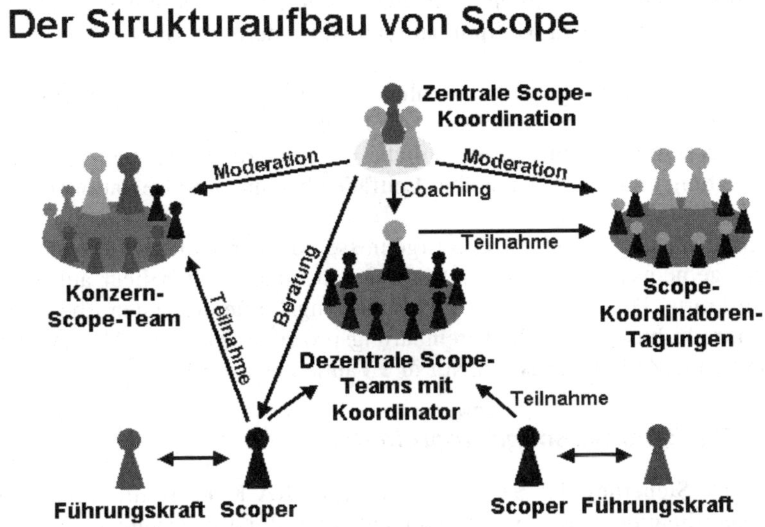

Abb. 6: Der Strukturaufbau von Scope

3.1.1 Scoper und Führungskraft

Bei der AXA sind die Führungskräfte für den Scope-Prozess verantwortlich. Zu ihrer Unterstützung und zur stärkeren Einbeziehung der Mitarbeiter in den Follow-Up-Prozess stellen alle Unternehmensbereiche, die aufgrund ihrer ausreichenden Teilnehmerzahl einen Auswertungsbericht erhalten, aus ihren Reihen mindestens einen Mitarbeiter, der den Scope-Prozess in seinem Bereich moderiert und begleitet. Dieser sogenannte „Scoper“ muss Interesse daran haben, sich in seinem Arbeitsumfeld über seine eigentliche Tätigkeit hinaus freiwillig für Scope zu engagieren. Er wird in der Regel auf ein bis zwei Jahre von seinen Kollegen und der Führungskraft gemeinsam ausgewählt.

Aufgabe der Scoper ist es, in Kooperation mit ihren jeweiligen Führungskräften die Ergebnisse der Mitarbeiterbefragung für ihre Organisationseinheit zu analysieren, aufzubereiten und Vorschläge für die Umsetzung der Ergebnisse zu erarbeiten. In die Umsetzung der Ergebnisse werden dann alle Mitarbeiter eingebunden. Ist der Prozess einmal in Gang gebracht, hat der Scoper vor allem beratende Funktion und nimmt die Begleitung und das Controlling des Prozesses wahr.

Denjenigen, die sich als Scoper engagieren, bringt diese Tätigkeit Projekterfahrung, die Möglichkeit, sich fachübergreifend auszutauschen und so Netzwerke zu bilden. Sie entwickeln sich damit im Rahmen von Scope zu dezentralen Change

Agents. Langfristig ist durch das Rotationsprinzip die Einbindung möglichst vieler Mitarbeiter in die Scope-Arbeit angestrebt, wodurch der kontinuierliche Verbesserungsprozess immer mehr Multiplikatoren und Förderer gewinnt.

Da die Scoper ihre Aufgaben neben ihrer eigentlichen Tätigkeit im Unternehmen leisten und auch nicht notwendigerweise Erfahrung in Projektarbeit haben, erhalten sie von zentraler Seite größtmögliche Unterstützung, die von der Qualifizierung, Beratung und Supervision über Leitfäden bis hin zu Präsentationen reicht.

Die Verantwortung für die Scope-Ergebnisse sowie für die erfolgreiche Umsetzung der gemeinsam erarbeiteten Verbesserungsmaßnahmen liegt auf Seiten der Führungskräfte. Diese sind in der Regel Führungskräfte der ersten Ebene und vereinbaren im Rahmen ihres Zielvereinbarungsprozesses mit ihren Vorständen jedes Jahr ein Scope-Ziel, welches sich auf ihre Tantieme auswirkt.

3.1.2 Die Zentrale Scope-Koordination

Die zentrale Steuerung des Scope-Prozesse im AXA Konzern nimmt die Zentrale Scope-Koordination wahr. Sie besteht aus zwei Mitarbeiterinnen, die fast ausschließlich für Scope eingesetzt sind und untersteht direkt dem Leiter des Bereiches „Personal- und Organisationsentwicklung". Die Ansiedlung dieser Funktion innerhalb der Organisationsentwicklung bringt zwei entscheidende Vorteile. Zum einen wird dadurch die Abstimmung auf andere PE-/OE-Instrumente (z.B. Mitarbeitergespräch, Zielvereinbarungen, 360-Grad-Feedback) gewährleistet und zum anderen kann durch den Kontakt mit allen Unternehmensbereichen PE-/OE-Bedarf unmittelbar erkannt werden.

Zu den Aufgaben der Zentralen Scope-Koordination gehört zunächst die eindeutige, konzernweite Definition von Strukturen und Verantwortlichkeiten sowie das zeitliche und organisatorische Management des Prozessablaufs von Scope. In Zusammenarbeit mit der französischen Zentrale der AXA Gruppe, die die Befragung weltweit vorbereitet, plant und organisiert die Zentrale Scope-Koordination die Befragung in Deutschland.
Dazu gehören in erster Linie die Vorbereitung und Durchführung der umfangreichen Kommunikationsmaßnahmen vor, während und nach der Befragung, die Vorbereitung des Fragebogens, die Festlegung der Berichtseinheiten und deren Mitarbeiterzahlen und die spätere Datenanalyse und -aufbereitung. Die Zentrale Scope-Koordination ist Ansprechpartner für alle relevanten Zielgruppen im Konzern, für den Vorstand, die Führungskräfte, den Betriebsrat und nicht zuletzt die Scoper. Diese werden durch speziell entwickelte Tools und Veranstaltungen in ihrer Arbeit unterstützt.

So finden noch vor dem Versand der Ergebnisberichte für alle ca. 300 Scoper sogenannte „Kick-Off-Veranstaltungen" statt, in denen diese auf ihre Rolle und ihre Aufgaben gezielt vorbereitet werden. Hierzu gehört sowohl eine Einführung in die Auswertungssystematik und das Projektmanagement sowie eine erste Qualifizierung in Präsentations- und Moderationstechniken. Im laufenden Scope-Prozess werden die Scope-Teams von der Zentralen Scope-Koordination gecoacht und einzelne Scoper bei Bedarf beraten und unterstützt. Die Scoper erhalten diverse Vorlagen, die vom PC-Tool für die Erstellung von Ergebnispräsentationen bis zu Druckvorlagen für eine Scope-Wandzeitung gehen.

Außerdem ist die Zentrale Scope-Koordination für das konzernweite Controlling der Verbesserungsmaßnahmen zuständig. Dies geschieht einerseits dadurch, dass alle Scoper die Maßnahmen ihres Bereichs in eine konzernweite Maßnahmendatenbank im Intranet einstellen. Sie ist Controlling-Instrument und Kommunikationsmedium zugleich, da sie für alle Mitarbeiter einsehbar ist und sich damit über verschiedene Suchfunktionen jeder darüber informieren kann, welche Maßnahmen in den verschiedenen Ressorts, Niederlassungen und Bereichen oder zu bestimmten Themengebieten noch laufen oder bereits abgeschlossen sind.

Abgesehen davon geben die Scoper der Zentralen Scope-Koordination zweimal pro Jahr in Form eines Statusberichts Feedback zum laufenden Scope-Prozess. Um die Aussagen des einzelnen Scopers (beispielsweise zum Grad der Unterstützung des Scope-Prozesses durch die eigene Führungskraft) anonym zu halten, werden diese Berichte ressortweise ausgewertet und in Management-Summaries zusammengefaßt, die jeder Vorstand dann wiederum mit seinen Bereichsleitern bespricht.

Nicht zuletzt bemüht sich die Zentrale Scope-Koordination um die stete Weiterentwicklung und Verbesserung des Scope-Prozesses. Um sich nicht nur bezüglich der Befragungsergebnisse, sondern auch bezüglich der Gestaltung des Prozesses zu benchmarken, steht die AXA im Austausch mit anderen Unternehmen.

3.1.3 Das Konzern-Scope-Team

Um die Scope-Ergebnisse des Gesamtkonzerns kümmert sich das Konzern-Scope-Team. Es besteht aus ca. 7 Führungskräften der ersten Ebene, z.B. aus dem Vertrieb, der internen Kommunikation, der Betriebsorganisation, der IT, den Niederlassungen und dem Personalressort sowie aus 2 Scopern und 2 Betriebsräten. Dieses Team trifft sich im Durchschnitt alle 2 Monate. Die Zentrale Scope-Koordination beruft diese Treffen ein und moderiert die Sitzungen.

Die Gruppe hat die Aufgabe die Konzernergebnisse zu analysieren und zu interpretieren und daraus Verbesserungsmaßnahmen auf Konzernebene abzuleiten. Die sich daraus ergebenden Handlungsfelder werden an die jeweiligen Verantwortungsbereiche zur detaillierten Umsetzung weitergeleitet und die Fortschritte regelmäßig verfolgt.

Außerdem dient das Konzern-Scope-Team als Sounding Board für die Zentrale Scope-Koordination, mit dem diese im Vorfeld geplante Kommunikationsmaßnahmen, Veranstaltungen oder Prozessänderungen bespricht.

3.1.4 Dezentrale Scope-Teams

Alle (Bereichs-)Scoper eines Ressorts bzw. einer Niederlassung sind in dezentralen Scope-Teams zusammengefaßt. Diese treffen sich durchschnittlich alle ein bis zwei Monate und sind ein wichtiges Gremium zum Erfahrungsaustausch der Scoper untereinander. Die Scope-Teams bearbeiten außerdem bereichsübergreifende Ressort- bzw. Niederlassungsthemen auf der Grundlage der entsprechenden Ergebnisberichte. Bei Bedarf werden diese Teams von der Zentralen Scope-Koordination unterstützt und gecoacht.

Die Teamtreffen werden dezentral organisiert und gesteuert. Hierzu wählt jedes Team seinen Scope-Koordinator, der auch gleichzeitig Vertreter des Teams bei den Scope-Koordinatoren-Tagungen (s. 3.1.5) ist.

3.1.5 Scope-Koordinatoren-Tagungen

Alle ca. 30 Scope-Koordinatoren treffen sich quartalsweise zu den Scope-Koordinatoren-Tagungen, die von der Zentralen Scope-Koordination einberufen und moderiert werden. Diese Treffen haben zum einen den praktischen Nutzen, dass die Scope-Koordinatoren als Multiplikatoren Informationen aus der Zentralen Scope-Koordination an ihre Scope-Teams weitergeben können und umgekehrt Informationen und Feedback aus ihren Teams an die Zentrale weitergeben. Dieses Multiplikatorenkonzept reduziert den Aufwand von regelmäßigen Zusammenkünften aller Scoper und hat sich in der Vergangenheit gut bewährt.

Die Tagungen dienen dem Erfahrungsaustausch der Koordinatoren über den laufenden Scope-Prozess sowie der gemeinsamen Erarbeitung bestimmter Scope-relevanter Themen.

Neben der klaren Festlegung von Rollen und Zuständigkeiten in einer Mitarbeiterbefragung ist es wichtig, einen allgemein gültigen Prozessablauf zu definieren. Dieser ist nachfolgend dargestellt.

3.2 Der Prozessablauf von Scope

Der zwischen zwei Befragungen liegende Zeitraum dient der Analyse, Aufbereitung und Kommunikation der Ergebnisse, der Planung und Umsetzung von Verbesserungsmaßnahmen sowie dem Controlling des Veränderungsprozesses. Nur dieser kontinuierliche Verbesserungsprozess unter Einbindung möglichst vieler Mitarbeiter des Konzerns ermöglicht es, dass die Mitarbeiterzufriedenheit gesteigert werden kann.

Abb. 7: Der Prozessablauf von Scope

3.2.1 Analyse und Aufbereitung der Ergebnisse

Nach Erhalt der Ergebnisberichte, die für die gesamte AXA Gruppe zentral in Frankreich erstellt werden, werden diese von der Zentralen Scope-Koordination überprüft und versandt. Die Berichte gehen an die Leiter der Bereiche und an deren Scoper. Beide analysieren und interpretieren die Ergebnisse und tauschen ihre Eindrücke aus. Der Scoper erstellt aus dem Bericht mit Hilfe eines speziellen PC-Tools eine Ergebnispräsentation und stimmt diese mit seiner Führungskraft ab. Auf diese Weise bereiten sich beide gemeinsam auf die Präsentation der Ergebnisse vor den Kollegen vor.

3.2.2 Rückmeldung der Ergebnisse

In einem ersten Scope-Workshop mit Führungskraft, Scoper und allen Befragten der betreffenden Berichtseinheit werden die Ergebnisse des Bereichs präsentiert und mit den Ergebnissen des eigenen Vorstandsressorts und des Konzerns sowie mit den Bereichsergebnissen bei der vorangegangenen Befragung verglichen. Zur Interpretation und Diskussion der Ergebnisse gehört das Herausarbeiten von Gründen für besonders auffällige Ergebnisse. Aus den Ergebnissen heraus werden zunächst Verbesserungsthemen festgelegt. Am Ende des Workshops werden alle Teilnehmer aufgefordert, sich bis zum zweiten Workshop zu überlegen, mit welchen Maßnahmen diese Verbesserungsthemen angegangen werden sollen. Dies setzt auch einen informellen Diskussionsprozess im Bereich in Gang.

3.2.3 Ableitung und Umsetzung von Verbesserungsmaßnahmen

In einem zweiten Scope-Workshop im selben Teilnehmerkreis, der idealerweise 2-4 Wochen nach dem ersten stattfindet, werden die Verbesserungsthemen konkretisiert und Verbesserungsmaßnahmen festgelegt. Die konkreten Maßnahmen werden in Form eines Aktionsplanes schriftlich festgehalten und mit Verantwortlichkeiten und Terminen versehen. Wichtig ist hierbei, einen weiten Kreis von Mitarbeitern in die Maßnahmenumsetzung einzubeziehen, damit diese nicht nur Sache der Führungskraft und des Scopers ist.

Die Maßnahmen werden dann in Form von kleinen Projekten von ein, zwei oder mehreren Mitarbeitern bearbeitet und mit der Führungskraft abgestimmt. Bereichsübergreifende Themen, die sich z.B. auf Instrumente des Personalmanagement oder Personalentwicklung beziehen und die nicht in einem Bereich gesondert verfolgt werden können, werden, wenn es sich um ressort- oder niederlassungsbezogene Themen handelt, entweder an das entsprechende dezentrale Scope-Team oder bei Themen, die für den ganzen Konzern relevant sind, an das Konzern-Scope-Team als Vorschläge weitergeleitet. Auf diese Weise ist gewährleistet, dass alle Mitarbeiter Maßnahmenvorschläge für den Gesamtkonzern machen können.

Als wichtig hat sich bei der Ableitung von Maßnahmen auch die Information und Einbeziehung der Betriebsräte erwiesen, da es durchaus Anliegen gibt, die die Mitarbeiter im Rahmen von Scope formulieren, die vom Betriebsrat bereits verfolgt werden. Um Doppelarbeiten oder gar Konkurrenz zwischen Scopern und Betriebsräten zu vermeiden, ist hier die Kooperation beider Seiten sehr wichtig.

3.2.4 Begleitung und Controlling des Veränderungsprozesses

Im weiteren Prozess ist es für Scoper und Führungskraft wichtig, eine fortlaufende Kommunikation über die Maßnahmenfortschritte aufrecht zu erhalten. Um keine Sonderveranstaltungen für Scope zu machen, kann der Aktionsplan im Rahmen der Regelkommunikation (z.B. in Bereichsrunden) immer wieder überprüft werden. Während des laufenden Prozesses ist es durchaus möglich, den Aktionsplan um weitere notwendige Maßnahmen zu ergänzen oder Maßnahmen zu repriorisieren.

Im Maßnahmencontrolling übernimmt der Scoper die Funktion eines Projektmanagers, die Führungskraft ist letztlich Entscheider über die Maßnahmen und trägt die Verantwortung für deren Umsetzung. Aufgabe des Scopers ist es auch, die Maßnahmen seines Bereiches in der Maßnahmendatenbank im Intranet zu veröffentlichen und den Umsetzungsstatus an die Zentrale Scope-Koordination zu berichten.

Mit der erneuten Befragung und der erneuten Ableitung und Umsetzung von Verbesserungsmaßnahmen bzw. deren Weiterverfolgung, schließt sich dann für alle Beteiligten der Kreislauf der Organisationsentwicklung.

4 Ausblick

Scope genießt bei der AXA einen hohen Bekanntheitsgrad, und bei den Befragungen werden regelmäßig hohe Beteiligungsquoten erzielt. Die bisher gemachten Erfahrungen zeigen, dass ein Instrument wie Scope selbst in einem großen, komplexen Konzern etwas verändern kann. Die aktuelle Situation macht jedoch deutlich, dass auch bei einem inzwischen fest etablierten Instrument immer wieder neue Herausforderungen zu meistern sind.

Eine Herausforderung besteht bei der AXA darin, den derzeitigen Übergang von einem zweijährigen Befragungsrhythmus zu einem einjährigen so zu gestalten, dass bei den Mitarbeitern und deren Führungskräften keine „Befragungsmüdigkeit" entsteht und dass trotz des höheren Zeitdrucks bei der Ableitung und Umsetzung der Maßnahmen keine Oberflächlichkeit entsteht.

Eine andere liegt darin, Scope auch in turbulenten Zeiten, die von Restrukturierungen und Kosteneinsparungen geprägt sind, genügend Aufmerksamkeit zu widmen. Dies kann nur Erfolg haben, wenn die Mitarbeiterbefragung mit dem Veränderungsmanagement bei Reorganisationen noch enger verknüpft wird. Ausschlaggebend für den Erfolg von Scope wird auch in Zukunft sein, dass der gesamte Prozess nachhaltig ist und von Unternehmensführung und Mitarbeitern gleichermaßen getragen wird.

Projektmanagement im internationalen Kontext – die Internationalisierung der Mitarbeiterbefragung bei Bertelsmann

Carsten Tams

1 Bertelsmann – ein Überblick

Bertelsmann macht Medien, leistet Dienste rund um die Medien und vertreibt Medien. Die herausragenden Inhalte kommen von RTL Group, der Nummer eins im europäischen Rundfunkgeschäft, von Random House, der größten Buchverlagsgruppe der Welt, von Gruner + Jahr, dem stärksten Zeitschriftenhaus Europas, sowie von BMG, Dach von Sony BMG Music Entertainment und BMG Music Publishing. Mediendienstleistungen steuert Arvato bei, und die Direct Group Bertelsmann ist der weltweit führende Betreiber von Buch- und Musikclubs. Der Geschäftsbericht 2004 weist einen Umsatz von rund 17 Mrd. Euro aus; weltweit wurden 76.266 Mitarbeiter beschäftigt.[1]

2 Ausgangsituation

Bertelsmann führt seit 1977 konzernweite Mitarbeiterbefragungen durch. Bis zur vorletzten Befragung im Jahr 1997 nahmen hieran im wesentlichen Firmen in Deutschland teil. Erst die sechste Mitarbeiterbefragung im Jahr 2002 fand weltweit statt. 406 Firmen in 46 Ländern nahmen daran teil. Die Zahl der Sprachen, in denen der Fragebogen angeboten wurde, stieg zwischen 1997 und 2002 von 5 auf 20. Die Zahl der Befragungseinheiten stieg von rund 879 auf über 8.572 (s. Abbildung 1).

---

[1] Aktuelle Informationen zu Bertelsmann, einschließlich Geschäftsfelder, Finanz- und Miarbeiterzahlen, stehen unter folgender Webadresse zur Verfügung: http://www.bertelsmann.de

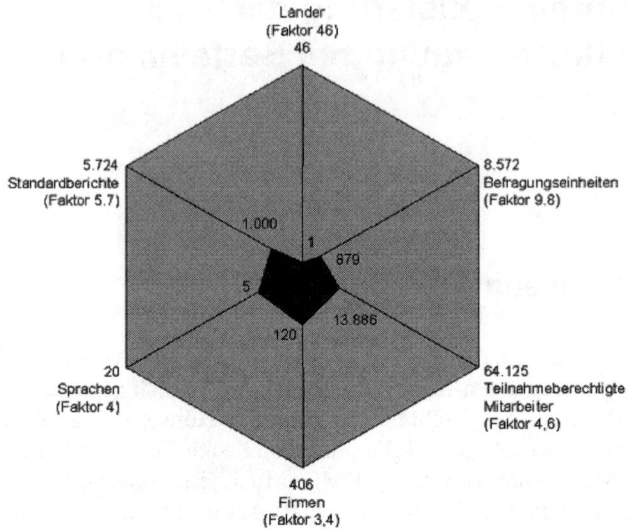

Abb. 1: Die Reichweite der Mitarbeiterbefragung: 1997 und 2002 im Vergleich

Aus der Skalierung der Mitarbeiterbefragung von der nationalen auf die globale Ebene ergeben sich drei für das Projektmanagement wesentliche Voraussetzungen:

- Die Mitarbeiterbefragung muss in einem Umfeld umgesetzt werden, dass durch eine größere kulturelle Vielfalt gekennzeichnet ist.

- An der Projektumsetzung ist eine größere Zahl von Akteuren beteiligt.

Diese beiden Voraussetzungen wirken sich als erschwerende Herausforderung aus.

Bei der Internationalisierung einer Mitarbeiterbefragung kommt andererseits eine erleichternde Voraussetzung ins Spiel, die es erleichtert, diese Herausforderungen zu meistern:

- Durch Skaleneffekte kommen Investitionen in Reichweite, die für Befragungen kleineren Maßstabs nicht in Frage kämen.

Im folgenden werden diese Voraussetzungen näher erläutert sowie aufgezeigt, welche Strategien unter diesen Voraussetzungen geeignet sind, um den Erfolg einer weltweiten Mitarbeiterbefragung zu gewährleisten. Das Strategiebündel besteht aus drei Elementen:

- Bei der Umsetzung Befragung muss auf teilweise divergierende lokale Anforderungen eingegangen werden.
- Durch die Wahl geeigneter Projekt-Prozesse und -Strukturen muss eine aktive Einbindung der Projektpartner gewährleistet werden.
- Es müssen hochleistungsfähige, IT-intensive Befragungssysteme bereitgestellt werden, welche variable an unterschiedliche Anforderungen angepasst werden können.

3 Erste Voraussetzung: Kulturelle Vielfalt

Grossunternehmen sind oft diversifiziert und vereinigen heterogene demographische Gruppen unter ihrem Dach, dies trifft in besondere Weise für Bertelsmann als dem internationalsten Medienunternehmen zu. Zwischen 1997 und 2002 hat diese Heterogenität zugenommen. Durch Auslandsakquisitionen, beispielsweise von Random House im Jahr 1998, ist die Mitarbeiterzahl außerhalb Deutschlands gestiegen. Firmen aus allen Bertelsmann-Divisionen und 46 Länder wurden an dem Projekt beteiligt. Die Internationalisierung der Mitarbeiterbefragung bringt insofern eine hohe kulturelle Vielfalt der an der Mitarbeiterbefragung teilnehmenden Personen und Gruppen mit sich. Auch die Geschäftsfelder von Bertelsmann umfassen ein breites Spektrum und tragen damit zur demographischen Heterogenität bei.[1]

Diese Heterogenität des Mitarbeiterprofils verursacht Herausforderungen für die Projektsteuerung einer Mitarbeiterbefragung. Um erfolgreich zu sein, muss die Umsetzung einer Mitarbeiterbefragung unterschiedliche lokale Gegebenheiten zur Kenntnis nehmen und auf sie eingehen. Dies gilt beispielsweise für den Fragebogen. Die Mitarbeiter müssen relevante Aspekte ihrer tägliche Arbeitswelt in dem Fragebogen wiederfinden, wenn sie die Befragung als ein für sie relevantes Instrument zur Mitwirkung annehmen sollen. In einem Fragebogen, der zu einseitig die tägliche Arbeitswelt eines Buchlektors abbildet, wird ein Mitarbeiter aus der Lagerverwaltung nicht ohne weiteres seinen Arbeitsalltag wiederfinden. Ob Mitarbeiter diesen Fragebogen als Papierfragebogen oder Online beantworten soll-

---

[1] RTL Group: Werbefinanziertes Privatfernsehen und -radio, Produktion und Rechtehandel, TV und Radio; Random House: Publikumsverlage; Gruner+Jahr: Zeitschriften, Zeitungen, Druck; BMG: Musiklabel, Musikverlage und Musikvertrieb; arvato: Druckereien, Dienstleistungen, Multimedia- und IT-Services, Kalender- und Spezialverlage, Speichermedien, Wissensmanagement; DirectGroup: Medien-Direktkundengeschäfte: Buchclubs, Musikclubs, eCommerce.

ten, wird zum Beispiel davon beeinflusst, ob der Mitarbeiter als Drucker eine Maschine bedient, oder als Verleger an einem mit PC ausgestatten Schreibtisch sitzt.

Mit der Internationalisierung der Mitarbeiterbefragung ist eine weitere Herausforderung verbunden: Wer den Versuch unternimmt, ein im Stammland eines Grossunternehmens erfolgreich umgesetztes und fest etabliertes Instrument im Ausland einzuführen, wird nicht selten an manchen Orten außerhalb des Stammlandes auf Skepsis stoßen. Worin liegt diese Skepsis begründet?

Im Hause Bertelsmann gehört die Mitarbeiterbefragung innerhalb Deutschlands zu den fest etablierten, seit 25 Jahren erfolgreich eingesetzten Instrumenten zur Entwicklung der Unternehmenskultur. Die Firmen in Deutschland sind mit der Mitarbeiterbefragung vertraut, kennen ihren Nutzen, und weil das zentrale Projektteam die Mitarbeiterbefragungen der vergangenen 25 erfolgreich gesteuert hat, sind sie bereit, auch dem amtierenden zentralen Projektteam einen Vertrauensvorschuss zu gewähren. Daher konnte das zentrale Projektteam und die dezentralen Firmen sehr schnell an die operative Umsetzung der Befragung gehen, statt deren Notwendigkeit im Vorfeld ausführlich begründen zu müssen.

Die in einem Stammland gewonnene langjährige Erfahrung kann sich jedoch bei der Ausweitung eines Projekts auf das Ausland als zweischneidiges Kapital erweisen. Einerseits wirkt auch hier die durch langjährige Erfahrung angesammelte Kompetenz vertrauensbildend; andererseits resultiert gerade aus der im Stammland gewonnenen Erfahrung eine ursprüngliche Skepsis: „Soll hier ein in Deutschland, von Deutschen, für deutsche Firmen geschaffenes Instrument blind auf Firmen außerhalb Deutschlands transplantiert werden, ohne dass hierbei auf lokale Kulturunterschiede Rücksicht genommen wird?“ Für diese Skepsis haben die Angelsachse den treffend Begriff des „Not invented here“-Syndroms geprägt.

Hierzu gesellte sich eine zweite Skepsis: „Handelte es sich bei der Mitarbeiterbefragung um eine dieser zentral verordneten Initiativen, die wenig mit den operativen Notwendigkeiten vor Ort zu tun haben und uns nur vom Geschäft ablenken?“ Hierin kommt eine Spannung zwischen dem peripheren Firmen und dem zentralen Headquater zum Ausdruck, die in allen Grossunternehmen mehr oder weniger stark ausgeprägt zu finden ist.

Das zentrale Projektteam kann in diesem Kontext in ein Spannungsfeld zwischen Beharrungs- und Veränderungsdruck geraten: Während die Projektpartner im Ausland auf eine möglichst weitgehende Anpassung des Instruments der Mitarbeiterbefragung an ihre spezifischen lokalen Bedürfnisse drängen, wird dadurch die Vertrautheit in Frage gestellt, die die Projektpartner im Stammland mit dem Instrument entwickelt haben.

4 Zweite Voraussetzung: Die Zahl der Projektpartner

Mit der Zahl der Länder, in denen eine Mitarbeiterbefragung organisiert wird, steigt die Zahl der an ihrer Umsetzung beteiligten Akteure. Dies hat Konsequenzen für die Projektsteuerung. Das richtige Design der Strukturen und Prozesse zur Projektsteuerung werden in einem solchen Kontext zu einem kritischen Erfolgsfaktor.

Auswahl der geeigneten Projektstruktur
Bei einer Befragung, die an wenigen Standorten in einem Land durchgeführt wird, kann der Erfolg einer Mitarbeiterbefragung u.U. von einem kleinen, zentral verankerten Projektteam gewährleistet werden, etwa indem es persönlich vor Ort sicherstellt, dass genügend Plakate zur Ankündigung der Mitarbeiterbefragung aufgehangen wurden, Fragebögen an alle Mitarbeiter verteilt wurden, oder die Führungskräfte als Coaches bei der Interpretation ihrer Ergebnisbericht unterstützt. Um so mehr Standorte an einer Mitarbeiterbefragung teilnehmen und um so größer deren geographische Distanz zum Projektteam, desto schwieriger wird die Aufgabe für das zentral agierende Projektteam, den Projekterfolg allein über den Weg der zentralen Steuerung zu kontrollieren. Es wächst die Notwendigkeit, Projektverantwortung auf eine größere Zahl von Schultern zu verteilen.
Es gibt Unternehmen, die hierzu permanente Organisationen mit einer beträchtlichen Mitarbeiterzahl aufbauen, deren Kernaufgabe darin besteht, die erfolgreiche Umsetzung der Mitarbeiterbefragung unternehmensweit zu gewährleisten.[2] Der Aufbau einer großen, zentral verankerten Organisation hat den Nachteil, dass sie einen erheblichen Geldaufwand erfordert; auch erscheint fraglich, ob sich ein solcher Ansatz für Firmen eignet, die Mitarbeiterbefragungen zwar regelmäßig, aber in längeren Abständen durchführen; denn was soll in Interimsphasen, in denen keine Mitarbeiterbefragungen stattfinden, mit dem hier gebundenen Personal geschehen? Der Vorteil dieser Variante ist, dass das Projektteam eindeutig auf eine Aufgabe fokussiert ist.

Ein alternative Möglichkeit besteht darin, unter dem bestehenden Personal in den verschiedenen Teilen des Unternehmens Partner zu gewinnen, die bereit sind, neben ihrer existierenden Linienverantwortung zusätzlich Verantwortung für den Erfolg des Konzernprojekts innerhalb ihrer Einheit zu übernehmen; bei Mitarbeiterbefragung kommen für diese Aufgabe in der Regel Mitarbeiter aus den Personalabteilungen in Betracht. Bertelsmann hat sich für diesen Weg entschieden. Jeder der sechs Unternehmensbereiche von Bertelsmann hat einen Beauftragten für die Mitarbeiterbefragung nominiert. Ebenso wurden 240 Projektverantwortlichen mit der Verantwortung für die lokale Projektumsetzung in einer oder mehren der rund 400 Bertelsmann-Firmen betraut.

---

[2] Vgl. Don Cohen und Laurence Prusak: In good company: how social capital makes organizations work, Harvard Business School Press, Boston, MA, 2001, S. 151.

Das zentrale Projektteam hatte Verantwortung für die folgenden Bereiche:

- Übergreifende Prozesssteuerung: Benennung der Aufgaben für alle Projektpartner und Monitoring der fristgerechten Umsetzung dieser Aufgaben. Zu diesen Aufgaben zählte zum Beispiel die Auswahl der bereichsspezifischen Zusatzfragen oder die Definition der Befragungseinheiten.

- Bereitstellung aller für die Durchführung einer Mitarbeiterbefragung erforderlichen Befragungssysteme: Hierunter sind z. Bsp. die Fragebögen, Poster oder die Berichtsysteme zu fassen.

- Definition von Mindestanforderungen zur Gewährleistung einer erfolgreichen Mitarbeiterbefragung: Hierbei ist zum Beispiel an die Gewährleistung der Anonymität der Antworten von Mitarbeitern zu denken. Mit diesen Mindestanforderungen wurde ein Rahmen gesteckt und eine Richtung vorgegeben.

Wie diese Anforderungen lokal umgesetzt werden, wurden jedoch in vielen Fällen den lokalen Projektverantwortlichen überlassen. Das zentrale Projektteam hat sie hierbei unterstützt, indem es Alternativen aufgezeigt hat und bei Bedarf die Projektpartner bei der Auswahl geeigneter Alternativen beraten hat.

Dieses Steuerungsprinzip lässt sich an der Auswahl der Durchführungsmethode verdeutlichen. Das zentrale Projektteam hat drei unterschiedliche Szenarien zur Durchführung der Mitarbeiterbefragung definiert:

- Die individuelle Durchführung: Diese Methode wurde häufig für Büroangestellte gewählt. Der Mitarbeiter erhält seinen Fragebogen innerhalb der Abteilung ausgehändigt, häufig durch den direkten Vorgesetzten; es bleibt dem Mitarbeiter überlassen, wann und wo er den Fragebogen ausfüllt; der Mitarbeiter wird instruiert, dass er den Fragebogen entweder in einem mitausgehändigten, voradressierten Umschlag direkt an die externe Datenerfassungsfirma schicken oder in eine in der Firma aufgestellte Urne einwerfen kann.

- Gruppendurchführung: Diese Methode wurde häufig für Mitarbeiter gewählt, deren Arbeitsplatz sich nicht zum konzentrierten Ausfüllen des Fragebogens eignet. Eine Gruppe von Mitarbeiter findet sich in einem Großraum ein; dort wird ihnen der Fragebogen ausgehändigt und sie erhalten Gelegenheit, diesen vor Ort auszufüllen und anschließend in die bereitgestellte Urne einzuwerfen. Wenn sie es vorziehen, können sie den Fragebogen aber auch mitnehmen und an einem Ort und zu einer Zeit ihrer Wahl individuell ausfüllen.

- Remote-Durchführung: Diese Methode erlaubte es, auch solche Mitarbeiter an der Befragung zu beteiligen, die bspw. im Außendienst tätig sind oder sich im Mutterschaftsurlaub befinden. Hier erhalten die Mitarbeiter ihren Fragebogen per Post. Sie können diesen in einem voradressierten und -frankierten Rückumschlag direkt an die externe Erfassungsfirma schicken.

Die Entscheidung, für welche Firmen sich welche Methode am besten eignet, wurde nicht vom zentralen Projektteam getroffen, sondern den dezentralen Projektpartnern überlassen. Hierdurch wurde einerseits gewährleistet, dass die Projektumsetzung lokalen Besonderheiten angepasst werden konnte. Noch tiefgreifender ist aber eine andere Wirkung. Für den Erfolg einer Sache kann sich nur verantwortlichen fühlen, wer mitgestalten kann und Einfluss hat. Damit sich Projektpartner für den Erfolg der Befragung in ihrer Organisation verantwortlich fühlen konnten, musste ihnen Entscheidungsspielräume überlassen werden. Die Internationalisierung der Mitarbeiterbefragung zwang dazu, die Steuerungskontrolle relativ vom zentralen Projektteam zu den dezentralen Projektpartnern zu verlagern. Vielleicht liegt hierin die Erklärung für das zunächst paradox erscheinende Phänomen, dass die Beteiligungsquote bei der ersten internationalen Mitarbeiterbefragung bei Bertelsmann höher ausfiel als bei allen in den letzen 25 Jahren in Deutschland durchgeführten Befragungen.

Eine stark dezentral ausgerichtete Projektsteuerung ist besonders in Grossunternehmen geeignet, die unternehmensweite Befragungen zwar regelmäßig, aber in längeren Zeitabständen durchführen. Es muss weniger Personal aufgebaut und entsprechend weniger Geld eingesetzt werden. Außerdem entsteht ein enges Netzwerk zwischen dem zentralen Projektteam und den dezentralen Projektpartnern, das sich bei Folgebefragungen reaktivieren bzw. für die Umsetzung anderer Konzernprojekte nutzen lässt.

Allerdings ergibt sich aus dieser Variante eine bedeutende Erschwernis für das zentrale Projektteam: Für die Projektpartner in den Firmen ist die Umsetzung der Mitarbeiterbefragung nur eine neben anderen Aufgaben, für die sie in ihrer Organisation die Verantwortung tragen. Sie sind disziplinarisch in keiner Weise dem zentralen Projektteam unterstellt, sondern berichten in der Regel an den Geschäftsführer innerhalb ihrer Firma. Dies macht sich für das zentrale Projektteam negativ spürbar, wenn der lokale Projektverantwortliche vor einem Zeitengpass steht. Dann gerät der lokale Projektverantwortliche in einen Konflikt zwischen seiner lokalen Linienverantwortung und seiner Verantwortung für die vom Gesamtunternehmen initiierte Mitarbeiterbefragung.

Das bedeutet, dass das zentrale Projektteam – im Vergleich zur ersten Variante – bei der Projektsteuerung gegenüber den Projektpartnern ohne formale Autorität auskommen muss. Um das Gesamtprojekt in einem solchen Kontext zum Erfolg zu führen, kommt es in einem solchen Kontext entscheidend auf weiche Einflussfaktoren an. Die dezentralen Einheiten dürfen nicht als ausführende Organe der Unternehmenszentrale betrachtet werden; vielmehr muss das Verhältnis zwischen dem zentralen Projektteam und den dezentralen Firmen als eines zwischen Dienstleister und Kunde gestaltet werden. Um als Dienstleister angenommen zu werden, muss das zentrale Projektteam hierbei drei Herausforderungen meistern:

- **Die Mitarbeiterbefragung als Mehrwert für die dezentralen Firmen:** Es gilt, die dezentralen Firmen davon zu überzeugen, dass die Teilnahme an der unternehmensweiten Mitarbeiterbefragung für sie vorteilhaft ist. Mit Blick auf die Projektziele muss die Mitarbeiterbefragung als ein Instrument positioniert werden, das es den dezentralen Firmen ermöglicht, sowohl die Mitarbeiterzufriedenheit als auch ihren wirtschaftlichen Erfolg zu verbessern.

- **Hohe Qualitätsstandards:** Mit Blick auf die Projektumsetzung muss das zentrale Projektteam die dezentralen Firmen davon überzeugen, dass es bei der Umsetzung der Mitarbeiterbefragung hohe Qualitätsansprüchen an sich setzt und in der Lage ist, diesen gerecht zu werden.

- **Auf lokale Besonderheiten eingehen:** Bei den dezentralen Firmen muss Vertrauen geschaffen werden, dass das zentrale Projektteam bereit und in der Lage ist, auf wichtige lokale Belange der dezentralen Einheiten einzugehen. Das Zauberwort in diesem Zusammenhang lautet „Customization". Hierzu wurden die Befragungssysteme in einer Reihe von Teilaspekten auf eine hohe Flexibilität angelegt. Hierzu wurden weitaus stärker als in der Vergangenheit die Möglichkeiten der Informationstechnologie nutzbar gemacht.

Auswahl der geeigneten Projektprozesse
Bei der Bertelsmann-Mitarbeiterbefragung 2002 hat zum gegenseitigen Vertrauen unter anderem der gewählte Projektprozess beigetragen. Die dezentralen Firmen wurden aktiv in die Gestaltung und Umsetzung der Mitarbeiterbefragung einbezogen.

Ein anschauliches Beispiel hierfür ist der Prozess zur Revision des eingesetzten Fragebogens. Mit Blick auf die Internationalisierung der Mitarbeiterbefragung bei Bertelsmann stellte sich die Frage, ob der in mehr als 20 Jahren in Deutschland eingesetzte Fragebogen auch für den Einsatz in anderen Ländern und Kulturkreisen geeignet sein würde. Deckte dieser Fragenkatalog die wichtigen Belange der Mitarbeiter auch außerhalb Deutschlands ab? Entsprach die Fragenformulierung dem nunmehr internationalen Kontext der Befragung?

Um diese Fragen zu klären, wurde ein umfassende Revision des Fragebogens initiiert. Zunächst wurden 54 Fokusgruppen in 9 Ländern und 18 Standorten und mit rund 640 Mitarbeitern durchgeführt. In diesen Fokusgruppen wurden Themen erarbeitet, die für den Arbeitsalltag der Mitarbeiter von besonderer Bedeutung sind und daher im Fragebogen abgebildet sein sollten. Die Teilnahme an einer Fokusgruppe war für Mitarbeiter freiwillig. Bei der Zusammensetzung wurde darauf geachtet, dass die Teilnehmer die verschiedenen demographischen Gruppen innerhalb von Bertelsmann abbildeten. Diese Fokusgruppen wurden von Mitarbeitern einer externen, hierauf spezialisierten Organisation geleitet, um eine möglichst offene und ehrliche Diskussion zu unterstützen. Auf der Grundlage des gesammelten Mitarbeiterfeedbacks wurde der Fragebogen überarbeitet. Als Folge der in den Fokusgruppen gesammelten Anregungen hat der Fragebogen zunächst eine Erweiterung erfahren. Auch der in Deutschland eingesetzte Fragebogen wurde hierdurch um Themen bereichert, die im ursprünglich in Deutschland eingesetzten Fragebogen nicht berücksichtigt waren. Dies trifft zum Beispiel für das Thema der Gleichberechtigung zu. Insbesondere in der amerikanischen Arbeitswelt spielt das Thema der Chancengleichheit eine besonders wichtige Rolle. Angeregt in den USA fand die Frage „Ihre Firma behandelt Mitarbeiter fair – unabhängig von Geschlecht, ethnischer Zugehörigkeit, Nationalität, Alter, Religion, Behinderung, sexueller Orientierung usw.„ Eingang in den weltweit eingesetzten Kernfragebogen.

Das zentrale Projektteam hat diesen Fragebogenentwurf anschließend den dezentralen Projektpartnern zur Diskussion gestellt. Hierzu wurden diese zu Meetings auf Länderebene eingeladen. Diese Meetings brachten insbesondere landesspezifische Besonderheiten zu Tage, die Anpassungen an der Fragebogen erforderlich machten. Beispielsweise erwiesen sich einzelne Fragen für den Gebrauch außerhalb Deutschlands als ungeeignet, etwa weil sie sich auf konkrete Instrumente bezogen, die außerhalb Deutschlands nicht oder nur begrenzt eingeführt waren. In den USA erwies sich die demographische Frage danach, ob Mitarbeiter befristet oder unbefristet beschäftigt werden, als wenig relevant. Solche landespezifischen Besonderheiten wurden im Fragebogendesign berücksichtigt; entsprechende Fragen wurden aus dem Kernfragebogen entnommen und nur in einschlägigen Ländern als Landeszusatzfragen berücksichtigt. Schließlich wurde den Bertelsmann-Divisionen angeboten, dem in ihren Firmen eingesetzten Fragebögen Zusatzfragen hinzuzufügen. Von diesem Angebot haben die meisten Divisionen Gebrauch gemacht.

Die lokale Handlungsrelevanz des Fragebogens wurde durch diese Möglichkeit der landes- und bereichsspezifischer Zusatzfragen gestärkt. Aus der Kombinatorik aus Kernfragebogen sowie landes- und divisionsspezifischen Zusatzfragen ergaben sich 21 Fragebogenversionen. Wird zusätzlich berücksichtigt, dass der Online-Fragebogen in 15 Sprachen angeboten wurde, so ergeben sich hieraus 315 mögliche Versionen, in denen der Fragebogen von Mitarbeitern abgerufen wurde.

Wäre den Partikularwünschen aller Projektpartner hundertprozentig Rechnung getragen worden, hätte jede Firma einen maßgeschneiderten Fragebogen bekommen, der nur wenige, über alle Firmen hinweg identische Kernfragen enthält. Damit wäre die Möglichkeit des Vergleichs mit anderen Organisationen zu stark eingeschränkt worden. Insofern ist die Fragebogenentwicklung ein gutes Beispiel für eine Schwierigkeit bei der Steuerung großangelegter Befragungen: Das Projektteam muss erkennen, an welchen Stellen zu viel Customization zur Einbusse von möglichen Synergieeffekten führt und hier für die richtige Balance sorgen. Der von Bertelsmann endgültig verabschiedete Fragebogen trägt daher zwar vielen, aber nicht allen Bedenken und Wünschen der vielen Prozessbeteiligten Rechnung. Trotzdem haben diese ihn schließlich vorbehaltlos akzeptiert. Der Fragebogen wurde einem internationalen Pretest unterzogen und auch bei der internationalen Befragung hat er sich international bewährt. Die Projektpartner wurden aktiv in den Prozess der Fragebogen Revision einbezogen und konnten dessen endgültige Form beeinflussen. Wären die Projektverantwortlichen mit dem identischen Fragebogen als ein *fait accompli* konfrontiert worden, wäre diese hohe Akzeptanz nicht erzielt worden.[3] Diese positive Erfahrung hatte kumulative Wirkungen über den Kontext der Fragebogenrevision hinaus. Durch die Zusammenarbeit bei der Fragebogenrevision wurde ein gutes Arbeitsverhältnis zwischen dem zentralen Projektteam und den dezentralen Projektpartnern in einer frühen Projektphase etabliert; auf das hierdurch gewonnen Vertrauenskapital konnte bei nachfolgenden Phasen der Projektumsetzung aufgebaut werden.

5 Dritte Vorraussetzung: Positive Skaleneffekte

Die Reichweite einer Mitarbeiterbefragung hat Konsequenzen auf das Kapital, dass zu deren Umsetzung bereitgestellt wird. Der Umfang des investierten Kapitals korreliert i.d.R. positiv mit dem Transaktionsvolumen, sei es dass hierbei die Zahl der teilnehmenden Firmen oder der teilnahmeberechtigten Mitarbeiter zugrunde gelegt wird. Indem die Zahl der teilnahmeberechtigten Mitarbeiter von 1997 bis 2002 von rund 14.000 auf rund 64.000 und die Zahl der teilnehmenden Firmen von 120 auf über 400 anstieg, kamen auch Investitionen in Reichweite, die einen hohen Fixkostenanteil beinhalten.

Bei Befragungen kleineren Umfangs machen sich Investitionen oft nicht bezahlt, die einen hohen Fixkostenanteil haben. Dies trifft z.B. auf hochleistungsfähige und maßgeschneiderte IT-Systeme zur Unterstützung einer Mitarbeiterbefragung zu. Diese erfordern zunächst einen hohen Kapitaleinsatz. Der variable, von der Zahl der Nutzer abhängige Kostenanteilen ist bei solchen System allerdings sehr gering. Bei Befragungen kleineren Umfangs werden solche Investitionen häufig unterlassen. Stattdessen greifen Firmen auf einfachere Systeme zurück, die einen niedrigen Fixkostenanteil haben. Wegen des geringen Transaktionsvolumens kann der mit „Lowtech"-Systemen verbundene hohe Anteil variabler Kosten billigend in Kauf genommen werden.

Ein gutes Beispiel für diese Problematik ist die Wahl zwischen einer Papier- bzw. Online-gestützten Erhebung. Die mit papiergestützten Befragungen verbundenen Fixkosten sind vergleichsweise gering. Allerdings ist eine papiergestützte Erhebung mit hohen Erfassungskosten verbunden. Nimmt man eine Zahl von 50.000 zu erfassenden Fragebögen und Erfassungsstückkosten kosten von 2 Euro an und addiert die übrigen Kosten für Fragebogendruck und -versand hinzu, resultiert hieraus ein sechsstelliger Euro-Betrag. Sofern ein Unternehmen über eine entsprechende Zahl von Mitarbeitern verfügt und diese an ihrem Arbeitsplatz über die er-

---

[3] W. Chan Kim und Renee A. Mauborgne haben überzeugend argumentiert, dass durch Prozessbeteiligung die Akzeptanzbereitschaft von Akteuren für ein Ergebnis gefördert werden kann; ein Ergebnis, das für eine Person *ceteris paribus* nicht akzeptabel ist, kann für sie akzeptabel werden, indem sie am Zustandekommen dieses Ergebnisses beteiligt wird. Siehe W. Chan Kim und Renee A. Mauborgne: Fair Process: Managing in the Knowledge Economy, Harvard Business Review; Juli 1997, S. 65-75.

forderlichen technischen Voraussetzungen verfügen, macht es sich bezahlt, in eine Online-gestützte Befragung zu investieren. Diese ist zwar mit hohen Fixkosten für Programmierung, Design, Software-Lizenzen und Hosting-Hardware verbunden, allerdings gehen die variablen Kosten gegen null. Da die Mitarbeiter ihre Antworten über Mausklick direkt in einer Datenbank ablegen, entfallen die mit einer papiergestützten Befragung verbundenen Erfassungskosten. Die variablen Kosten sind damit verschwinden gering (s. Abbildung 2).

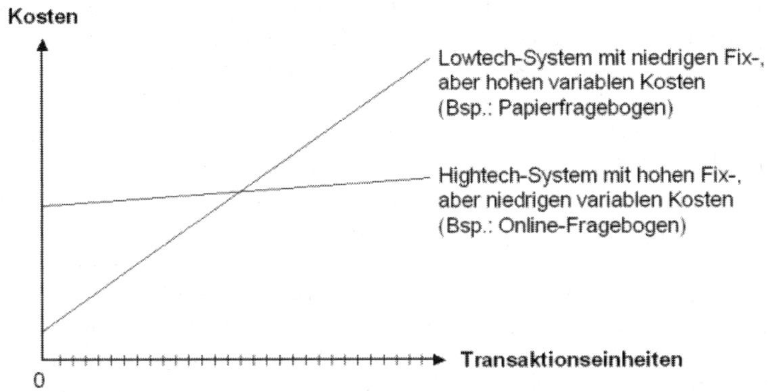

Abb. 2: Bei Mitarbeiterbefragungen von großer Reichweite machen sich hohe IT-Investitionen bezahlt

Statt auf externe Systemanbieter zurückzugreifen, hat Bertelsmann einen siebenstelligen Euro-Betrag in die Entwicklung eigener Befragungssysteme investiert. Im Wettbewerb mit externen Wettbewerbern hat sich eine Tochterfirma der Bertelsmann AG, die AZ Direkt, als IT-Partner für die Mitarbeiterbefragung durchgesetzt. Diese Lösung gab Bertelsmann nicht nur volle Kontrolle über die System- und Qualitätsanforderungen. Auch kostenseitig erwies sich diese Wahl im Vergleich zu externen Angeboten auf vergleichbarem Leistungsniveau als vorteilhaft. Ein intensiver Einsatz von Informationstechnologie ist für die erfolgreiche Umsetzung einer internationalen Mitarbeiterbefragung unverzichtbar. Erst durch Einsatz dieser Technologie wird es möglich, den teilweise divergierenden Anforderungen der Projektpartner in flexibler Weise gerecht zu werden. Die Befragungssysteme haben hierbei drei Hauptfunktionen zu erfüllen:

1. Unterstützung der Projektsteuerung

2. Unterstützung der Datenerhebung

3. Unterstützung der Berichterstattung

Instrumente zur Projektsteuerung
Zur Unterstützung der Vorbereitung der Mitarbeiterbefragung hat Bertelsmann eine Internetplattform, die „Survey Toolbox", geschaffen. Wie ein Werkzeugkasten stellt sie für alle Phasen der Befragung die benötigten technischen Instrumente zur Verfügung. Die folgenden Module veranschaulichen die Leistungsfähigkeit der Suvey Toolbox:

- Dialog zur Definition von Befragungseinheiten: Hier legen die Projektbeauftragen der über 400 teilnehmenden Firmen die Befragungseinheiten für alle ihre Abteilungen und Teams fest, für die im Anschluss an die Befragung Auswertungen erstellt werden. Insgesamt mussten für die Befragung Tausende von Befragungseinheiten definiert werden. Hierbei wurden alle Vorgesetzte und ihr Berichtsverhältnis zueinander angegeben. Dieser Dialog ist Internet-basiert, d.h. alle dezentralen Projektpartner griffen bei der Definition von Befragungseinheiten für ihre Firma auf dieselbe Datenbank zu. Angefangen vom CEO wuchs auf dieser Datenbank schrittweise ein integrierter und in sich schlüssiger, aus über 8.572 Einheiten bestehender Berichtsbaum. Hierdurch konnte eine fehlerlose Aggregation der Mitarbeiterantworten für die Zwecke der Berichterstattung gewährleistet werden. Hätte das Projektteam für jede der 406 Firmen separate Dateien mit den jeweiligen Befragungseinheiten erhalten und diese dann zu einem Berichtsbaum zusammensetzen müssen, so hätte dies viele Schnittstellen und damit Fehlerpotentiale verursacht.

- Übersetzungsdialog: Hier sehen Übersetzer den Quelltext eines Fragebogenelements und können in ein daneben liegendes Feld die Übersetzung in der Zielsprache eintragen. Auf die hieraus entstehende Datenbanktabelle wird bei der automatischen Generierung des Online-Fragebogens sowie der Druckvorlagen für den Papierfragebogen zugegriffen.

- Fragebogendialog: Hier können aus einem Fragenkatalog per Mausklick Fragebögen zusammengestellt werden. Auch wenn dies praktisch wenig erstrebenswert ist, kann hierüber theoretisch für jede Befragungseinheit ein maßgeschneiderter Fragebogen generiert werden.

- Ein Bestelldialog: Hier konnten die dezentralen Projektbeauftragen Fragebögen, Poster und andere Kommunikationsmaterial in der erforderlichen Menge bestellen.

- Dialog zur Protokollierung abgegebener Fragebögen: Dieser Dialog ermöglichte den Projektbeauftragten während des Befragungszeitraums, täglich eine Rückmeldung über Beteiligungsquoten zu erhalten. Sie konnten in diesen Dialog die Anzahl der in den Firmen abgegebenen und versandten Papierfragebögen angeben; über das Passwort zur Online-Befragung war die Zahl der in einer Firma abgegebenen Online-Fragebögen bekannt und wurde automatisch hinzuaddiert. Hierdurch bekamen die Projektbeauftragten eine möglichst präzise Angabe über die Beteiligung in ihrer Firma und konnten – wo erforderlich – reagieren und ergänzende Mobilisierungsmaßnahmen ergreifen.

Die Survey Toolbox ist ein wahres Nervenzentrum, in dem alle Datenströme zusammenlaufen. Herkömmliche Kommunikationsmittel wie E-Mail, Telefon oder Fax hätten eine Vielzahl von Schnittstellen verursacht, die in Anbetracht von 406 teilnehmenden Firmen kaum mehr zu überschauen gewesen wären. In dem durch die Survey Toolbox Schnittstellen im Datenfluss automatisiert wurden, konnte das Risiko von Datenverarbeitungsfehlern deutlich gemindert werden.

Instrumente zur Datenerhebung
Auf Knopfdruck können automatisch die auf einzelne Unternehmensbereiche, Länder und Sprachen maßgeschneiderten Fragebögen generiert werden. Bei Bertelsmann gab es 315 Fragebogenversionen, deren Elemente sich abhängig von Unternehmensbereich, Land und Sprache unterscheiden. Im Rahmen der Online-Befragung ist es beispielsweise auch ohne weiteres möglich, für jede der teilnehmenden Firmen eine Einstiegsseite mit dem eigenen Firmenlogo bereitzustellen. Manche Mitarbeiter identifizieren sich stärker mit ihrer lokalen Firma als mit dem Grossunternehmen zu dem diese gehört; die Befragung mit dem Logo der lokalen Firma zu „branden“, kann daher die Akzeptanz der Befragung bei den Mitarbeiter stärken. Entsprechend der von Bertelsmann gewählten Co-branding-Strategie hatten die Bertelsmann-Divisionen die Möglichkeit, die Befragung neben dem Bertelsmann-Logo mit ihrem eigenen Logo zu branden.

Bertelsmann hat sich entschieden, neben dem Online-Fragebogen allen Mitarbeitern weiterhin einen Papierfragebogen anzubieten. Dieser duale Ansatz erhöhte zwar die Kosten, allerdings wurde erwartet dass ohne die Papierfragebögen nicht die erwünschte Beteiligungsquote erreicht würde. Sei es, weil Teile der Mitarbeiter nicht über einen Online-Zugang am Arbeitsplatz verfügten, sei es aus Sorge um die Anonymität ihrer Antworten. Vor die Wahl gestellt haben sich nur etwa 15% der teilnehmenden Mitarbeiter für die Online-Teilnahme entschieden.

Um Doppelabgaben herausfiltern zu können, wurde jeder Papierfragebogen mit einer einmaligen Kennziffer versehen, die gleichzeitig als Login für die Online-Befragung diente. Über diese Kennziffer konnte identifiziert werden, wenn Mitarbeiter sowohl ihren Papierfragebogen als auch einen Onlinefragebogen ausgefüllt hatten.

Die Erfassung sowohl der Papier- als auch der Online-Fragebögen findet aus Gründen der Anonymitätssicherung durch externe Firmen statt.

Instrumente zur Berichterstattung der Befragungsdaten
Das dritte wichtige Modul der Survey Toolbox sind die Berichtssysteme, über die alle Bertelsmann-Firmen samt ihrer Abteilungen mit maßgeschneiderten Ergebnisberichten versorgt wurden. Insgesamt wurden 5.724 Standardberichte gedruckt und an Vorgesetzte verschickt. Die graphische Aufbereitung dieser Berichte unterstützt deren leichte Lesbarkeit und zeigt jeweilige Stärken und Handlungsfelder auf. Vorgesetzte können sich die Ergebnisse Ihrer Abteilung auch in Form eines Web-Berichts anschauen. Über 40% der berechtigten Vorgesetzten haben zur Analyse ihrer Ergebnisse nicht nur ihren Papierbericht genutzt, sondern die erweiterten und sehr flexiblen Möglichkeiten zur Ergebnisbetrachtung im Rahmen des Web-Reporting genutzt. Die Sortierung der Fragen kann z.B. umgestellt oder aus einer Liste ergänzende Vergleichseinheiten ausgewählt werden. Der so maßgeschneiderte Bericht kann vom Nutzer im HTML-Format betrachtet werden oder als PDF-Dokument aufgerufen, abgespeichert und -wenn gewünscht- einfach per Email versandt werden. Durch eine intelligente Benutzerführung wird der Web-Bericht dabei den Bedürfnissen von unterschiedlichen Anwendergruppen gerecht. Die Nutzer des Web-Reportings haben im Durchschnitt 5,8 maßgeschneiderte Berichte generiert. Das spricht für die Anwenderfreundlichkeit dieses Web-Reportings.

Diese IT-Systeme zur Unterstützung der Mitarbeiterbefragung wurden von Anfang an mit der Absicht der Weiterverwertung im Anschluss an die Konzernbefragung entwickelt. Sie werden derzeit von vielen internen Firmen für eigene Befragungszwecke auf Verrechnungsbasis genutzt. Die Systeme können hierbei durchaus auch für andere Themen wie zum Beispiel Kundenbefragungen eingesetzt werden. Auch externe Firmen gehören inzwischen zu den Nutzern der von Bertelsmann entwickelten Systeme.

Wie diese Beispiele zeigen, ermöglichen IT-gestützte Befragungssysteme eine große Flexibilität im Umgang mit unterschiedlichen lokalen Anforderungen, die sich aus der kulturellen Vielfalt eines global agierenden und diversifizierten Unternehmens zwangsläufig ergeben. Die schlechte Nachricht ist: Große Organisationen, die der inneren Heterogenität durch Flexibilität der eingesetzten Befragungssysteme Rechnung tragen wollen, kommen um den Einsatz teurer Informationstechnologie nicht umhin. Sie können diese, wie Bertelsmann, selber entwickeln, mit dem Vorteil eine wirklich maßgeschneiderte Lösung zu erhalten. Soweit sich Unternehmen entscheiden, auf externe Systemanbieter zurückgegriffen, sind sie gut beraten, sich über die Leistungs- und Anpassungsfähigkeit der angebotenen Befragungssystem zu vergewissern, bevor sie einen Vertrag unterschreiben. Die gute Nachricht ist: Durch die beschriebenen Skaleneffekte können Unternehmen ihren Mitarbeitern nicht nur eindrucksvollerer Befragungssysteme bereitstellen, diese machen sich sogar ab einer bestimmten Größenordnung der Befragung bezahlt, weil die mit ihnen verbundenen variablen Kosten oft niedriger sind als bei einfacher ausgelegten Systemen.

6 Zusammenfassung

Ob eine Mitarbeiterbefragung in einem Land oder weltweit durchgeführt werden soll wirkt sich entscheidend auf die Voraussetzungen der Projektsteuerung aus. Die Strategie der Projektumsetzung muss an diese Voraussetzungen angepasst sein.

- Ein Anstieg der kulturellen Heterogenität erfordert Bereitschaft zu differenzierten Lösungen bei der Projektumsetzung.

- Der Anstieg der beteiligten Projektpartner erfordert eine verstärkt dezentralen Steuerungsansatz.

- Die kostenseitigen Skaleneffekte ermöglichen Investitionen in IT-intensive und damit anpassungsfähige Befragungssysteme.

Das Verhältnis von Projektvoraussetzungen zu Projektstrategien lässt sich – stark schematisiert – anhand der folgenden Achsendiagramme veranschaulichen.

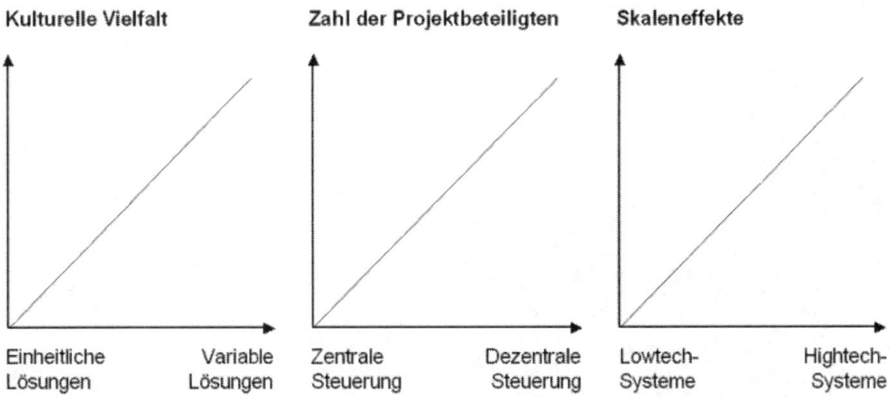

Abb. 3: Das zur Umsetzung einer Mitarbeiterbefragung ausgewählte Strategiebündel muss den Projektvoraussetzungen entsprechen

Die strategischen Optionen sind hierbei nicht binär, sondern stellen ein Kontinuum dar; für Unternehmen wird die ideale Strategie nur in den seltensten Fällen auf den extremen Polen diese Kontinuums liegen. Vielmehr kommt es für den Erfolg der Projektsteuerung darauf an, die durch die Struktur des Unternehmens vorgegebenen Projektvoraussetzungen richtig einzuschätzen und innerhalb des zur Verfügung stehenden Strategiespektrums den optimalen Punkt im Kontinuum auszuwählen.

Verbesserungsarbeit als wichtigster Erfolgsfaktor einer Mitarbeiterbefragung – am Beispiel der Gothaer

Barbara Weidenbrück und Tobias Kauer

1 Die Gothaer

Die Gothaer gehört mit über 3,8 Millionen Mitglieder und mehr als vier Milliarden Euro Beitragseinnahmen zu den großen deutschen Versicherungskonzernen. Zudem ist sie einer der größten Versicherungsvereine auf Gegenseitigkeit in Deutschland. Der Konzern setzt sich aus den Risikoträgern Gothaer Allgemeine, Gothaer Leben und Gothaer Kranken, dem Vertrieb sowie den unterstützenden Konzerndienstleistern, Töchtern und Beteiligungen zusammen.

Die Mitglieder der Gothaer bestehen im Kern aus Privatkunden und dem unternehmerischen Mittelstand. Für sie werden individuell gestaltete, innovative Lösungskonzepte für Versicherungsschutz, Vermögensberatung und Vorsorgestrategien entwickelt. Dabei versteht sich die Gothaer als Dienstleister mit persönlichem Service.

Die selbstständigen Außendienst-Agenturen sowie ausgewählte Makler helfen bei der Analyse und Konzeption von individuellen Lösungen. Und sie betreuen die Mitglieder langfristig bei Anpassungen, Ergänzungen oder im Leistungsfall. Zahlreiche Spezialisten stehen dabei unterstützend zur Verfügung. Bestimmt wird das Handeln in allen diesen Bereichen vor allem durch einen einzigen Leitgedanken: Faire Partnerschaft – heute und in der Zukunft.

Die Unternehmensphilosophie wird mit Leben erfüllt durch persönliche Beratung aus einer Hand, Fairness in der Zusammenarbeit, innovative Produkte und Leistungsangebote sowie Verlässlichkeit bei Service und Leistung. Denn im Fall der Fälle zählt vor allem eines: Ein jederzeit erreichbarer, persönlicher Ansprechpartner, dem man vertraut.

Die Ziele erreicht der Gothaer Konzern mit seinen ca. 6000 angestellten Mitarbeiterinnen und Mitarbeitern und den mehr als 2000 selbstständigen Gothaer-Beratern, die Mitglieder bzw. Kunden bei der Analyse und Konzeption in Versicherungs-, Vorsorge- und Vermögensfragen unterstützen.

2 Erfahrung mit Mitarbeiterbefragungen bei der Gothaer

1997 wurde bei der Gothaer die erste Mitarbeiterbefragung - das „Gothaer Barometer“ – durchgeführt. Es beteiligten sich 45% aller Mitarbeiterinnen und Mitarbeiter. Die Ergebnisse wurden professionell ausgewertet und den Vorständen und Managern vermittelt. Ein systematischer Verbesserungsprozess, an dem sich Mitarbeiterinnen und Mitarbeiter beteiligen konnten, war seinerzeit jedoch nicht geplant. Wertvolle Verbesserungspotenziale, die durch die Befragung sichtbar wurden, konnten daher nicht konsequent umgesetzt werden.

3 Die Mitarbeiterbefragung 2002

Die Idee einer erneuten Mitarbeiterbefragung entstand 2001 im Rahmen der „Aktion 2004“, der Restrukturierung der Gothaer Allgemeine Versicherung AG, dem größten Risikoträger des Gothaer Konzerns. Der Grad der Zufriedenheit, Verbundenheit mit dem Konzern, Loyalität wurden als wichtige Prädiktoren für den Erfolg der geplanten Veränderungen angesehen. So war es wesentlich, etwas über die Einschätzungen der Mitarbeiterinnen und Mitarbeiter zu den anstehenden Veränderungen zu erfahren, deren Stimmungen einzufangen und somit relevante Daten zur Mitarbeiterzufriedenheit zu erhalten. Daraus sollten in der Folge Ansätze für Verbesserungsarbeit entworfen werden.

Der Vorstand entschied, das in der Vorstandsvorlage noch auf die Gothaer Allgemeine bezogene Konzept, auf den gesamten Konzern zu übertragen. Nun ging es also um die Befragung aller angestellten Mitarbeiterinnen und Mitarbeiter des Gothaer Konzerns (Gothaer Allgemeine, Gothaer Kranken, Gothaer Leben, Vertrieb sowie diejenigen Mitarbeiterinnen und Mitarbeiter, die als Konzerndienstleister die Risikoträger und den Vertrieb unterstützen). Ausgenommen waren die Mitarbeiterinnen und Mitarbeiter der Töchter und Beteilungen.

Diese Entscheidung basierte darauf, dass sich der Konzern seit der letzten Befragung in 1997 stark verändert hatte: Der Umbau des Konzerns von einem Gleichordnungs- in einen Unterordnungskonzern wurde in 2002 vollendet. Diese Struktur stellte eine tragfähige Ausgangsbasis für die Befragung und zukünftige Wiederholungsbefragungen dar. Dies besonders in Zeiten stetiger Veränderung und Fortentwicklung des Marktes und der damit verbundenen steigenden Anforderungen an Mitarbeiterinnen und Mitarbeiter.

Die für die Leistungsfähigkeit der Gothaer Allgemeine wichtigen Prädiktoren „Grad der Mitarbeiterzufriedenheit, Grad der Verbundenheit der Mitarbeiter mit dem Konzern, Ausmaß der Loyalität“ konnten 1:1 auf die erweiterte Zielgruppe übertragen werden, waren sie doch in der noch vor dem Konzernumbau formulierten Personalstrategie neben anderen wichtigen Elementen in 2001 festgeschrieben worden.

Folgende Zielsetzung und damit verbundene Chancen der Mitarbeiterbefragung wurden formuliert:

- Förderung der Leistungsmotivation und Identifikation der Mitarbeiterinnen und Mitarbeiter mit dem Konzern durch Beteiligung an der Befragung und dem Verbesserungsprozess
- Erfolgskontrolle früher implementierter Programme und Veränderungsmaßnahmen, Identifikation von Fortschritten
- Identifikation von Verbesserungspotenzialen und Anregung innovativer Entwicklungen
- Solide Planungsgrundlage für Maßnahmen der Qualitätssicherung und -steigerung (Optimierung der Arbeitsprozesse, fachliche Qualifizierung für künftige Erfordernisse des Marktes)
- Positionierung im Vergleich zu anderen Unternehmen

3.1 Zielgruppe

Zielgruppe der Mitarbeiterbefragung waren die 5573 angestellten Mitarbeiterinnen und Mitarbeiter (inkl. deren Managerinnen und Manager) der Gothaer Allgemeine, Gothaer Leben, Berlin-Kölnische Kranken (heute Gothaer Kranken), des Vertriebes und der diese Einheiten betreuenden Konzerndienstleister.

3.2 Konzeption der Befragung

Bei der Konzeption der Mitarbeiterbefragung 2002 wurden nun alle Aspekte, die den Erfolg eines solchen Projektes determinieren, mit einbezogen.

3.2.1 Rollen und Funktionen während der Konzeption

Es wurde ein „**Kernteam**" bestehend aus zunächst vier (später zwei) Mitarbeiterinnen und Mitarbeitern der Personalabteilung zusammengestellt, verantwortlich für das „Gesamtprojekt" - für die Konzeption und Durchführung der Befragung, für die Analyse und Kommunikation der Ergebnisse, für die Konzeption der Verbesserungsarbeit und des Controllings sowie der Kommunikation der Fortschritte.
Dem Kernteam wurde ein „**Fachausschuss**" zur Seite gestellt. Dieser bestand aus 8 Managern der oben beschriebenen Konzernbereiche, aus denen sich die Zielgruppe der Befragung rekrutierte. In bezug auf ihre Rolle im Arbeitskreis, waren sie in allen Fragen im Rahmen der Mitarbeiterbefragung „Entscheider" für den von ihnen vertretenen Konzernbereich.
Ihre Aufgabe bestand darin, die Arbeit des Kernteams in den Phasen der Konzeption und auch Durchführung der Mitarbeiterbefragung vor einer jeweiligen Vor-

standsvorlage qualitätszusichern und die Vorstandsentscheidungen bei ihren Manager-Kolleginnen und Kollegen zu vertreten.

Ein **externer Dienstleister** wurde mit der inhaltlichen und technischen Beratung bei der Fragebogenerstellung und dem gesamten auswertungstechnischen Support (Layout der Fragebögen, Datenerfassung, Auswertung und Interpretationen, Erstellung von Ergebnispräsentationen, ...) beauftragt.

3.2.2 Grundparameter der Befragung

Die Konzeption sah ein Vorgehen in 2 Phasen vor, jeweils aufgeteilt in die dargestellten Meilensteine.

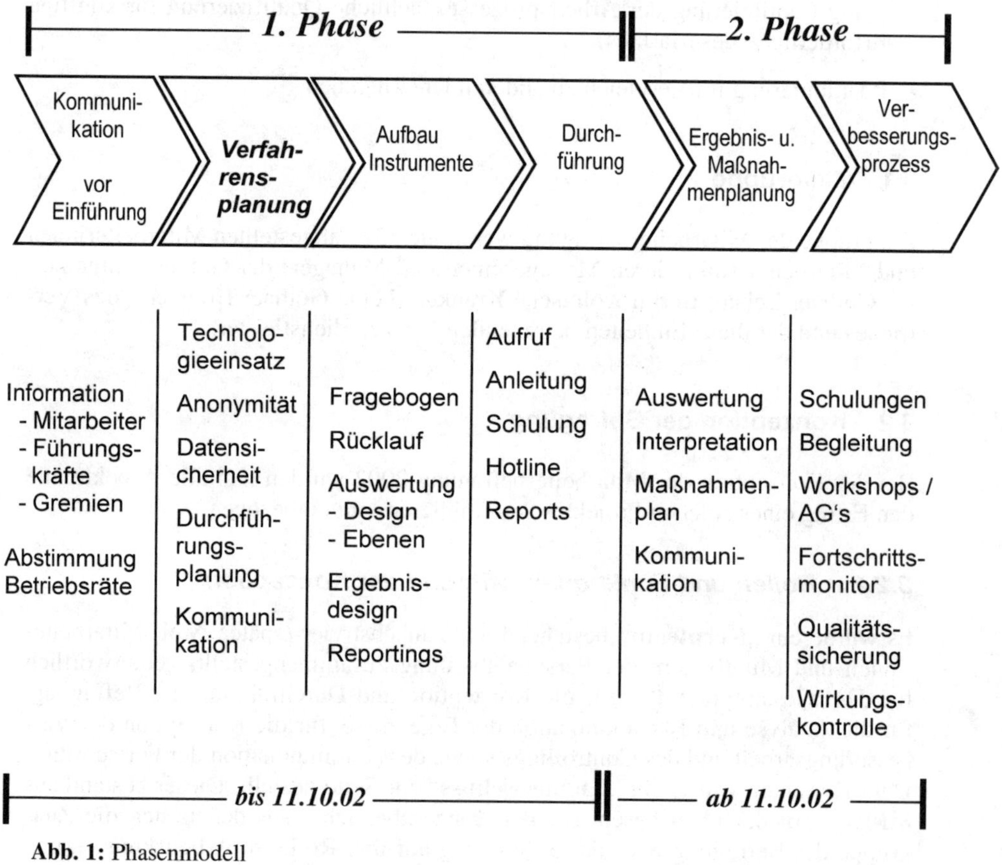

Abb. 1: Phasenmodell

Auf Phase 1 wird hier nur insofern eingegangen, als es für die Darstellung der Phase 2, insbesondere der Verbesserungsarbeit, von Relevanz ist.

3.2.3 Datensicherheit

Die Befragung erfolgte elektronisch. Es wurden alle Vorkehrungen getroffen, um der Anforderung der Datensicherheit Rechnung zu tragen (Verschlüsselung der Daten, temporäres Speichern, regelmäßiges Übertragen der Daten auf das durch eine Firewall gesicherte Netz des externen Dienstleisters bei gleichzeitigem Löschen der Daten vom Webserver). Über die Internetanschrift des externen Dienstleisters konnte der Fragebogen aufgerufen und dort auf dem externen Server gespeichert, die Daten ausgewertet und verarbeitet werden. Das Webformular war nur für Browser im Adressraum der Gothaer freigeschaltet – kein Unbefugter hatte eine Zugriffsmöglichkeit.

3.2.4 Auswertungsebenen und Mitbestimmung

Die Auswahl der Auswertungsebenen war durch das Mitbestimmungsverfahren festgelegt. Danach liegt mit der Auswertung einer Mitarbeiterbefragung grundsätzlich eine mitbestimmungspflichtige Leistungs- und Verhaltenskontrolle vor. Wird diese Auswertung über den geschützten Personenkreis nach dem Betriebsverfassungsgesetz erhoben, so ist die Mitbestimmung einzuholen. Beschränkt sich die Auswertung auf Bereiche „Leitender“ im Sinne des Betriebsverfassungsgesetzes, so unterliegt dieser Personenkreis nicht den Schutzbestimmungen und die Gremien sind lediglich zu informieren.

Im Falle der vorliegenden Befragung wurde diese letzte Variante gewählt, da die Aussagekraft einer Auswertung bis zu dieser Ebene als ausreichend bewertet wurde und sich auch im nachhinein bewährt hat. Wenn sinnvoll, wurde der Rat der Gremien eingeholt.

Es wurde außerdem die Vereinbarung mit den Betriebsräten getroffen, nach der nur Personengruppen mit mindestens 5 Rückläufern auszuwerten sind, um Rückschlüsse auf Einzelpersonen auszuschließen.

3.2.5 Themenfelder der Befragung

Arbeit und Entwicklung	**Arbeitsumfeld und Rahmenbedingungen**	**Information und Kommunikation**
Arbeitsorganisation	Einkommen	Informationen zur Arbeit
Arbeitsbelastung	Arbeitszeit	Informationen über Unternehmen und Konzern
Arbeitsinhalte	Arbeitsbedingungen	Informationsquellen
Handlungs- und Entscheidungsspielräume	Kantine	Kollegen
Möglichkeit, eigene Fähigkeiten einzubringen		Zusammenarbeit mit anderen Abteilungen
Fort- und Weiterbildungsmöglichkeiten		Betriebsklima
Chancengleichheit		
Aufstiegsmöglichkeiten		

Markt und Innovation	**Führung**	**Unternehmen und Konzern**
Qualitätsorientierung	Mitarbeiterförderung	Unternehmensziele
Kundenorientierung	Rückmeldung	Unternehmensimage, Ansehen des Unternehmens
Vertriebsorientierung	Transparenz	Identifikation mit dem Unternehmen
Nutzung neuer Ideen	Delegation	Unternehmens- und Konzernkultur
Möglichkeit, eigene Fähigkeiten einzubringen	Entschlusskraft	Sicherheit des Arbeitsplatzes
Fort- und Weiterbildungsmöglichkeiten	Führungsgrundsätze	Bewertung des Gesamtkonzerns
Chancengleichheit	Leistungsbeurteilung	Bewertung eines idealen Unternehmens
Aufstiegsmöglichkeiten	Entscheidungsprozesse im Unternehmen	

Abb. 2: Themenfelder der Befragung

Der Fragebogenaufbau wurde auf einem bestehenden Grundstock von üblichen Fragen einer Mitarbeiterbefragung vom externen Dienstleister auf die Gothaer zugeschnitten. So wurde ein externer Benchmark möglich.

Der interne Abstimmungsprozess der Inhalte war gekennzeichnet von Interessenskonflikten verschiedener Bereiche, die aber innerhalb der Erwartungen standen und gelöst werden konnten.

3.3 Durchführung der Befragung

Die Grafik verdeutlicht die Meilensteine der Befragungsdurchführung mit den Kommunikationsaktionen, die zur Teilnahme aufforderten.

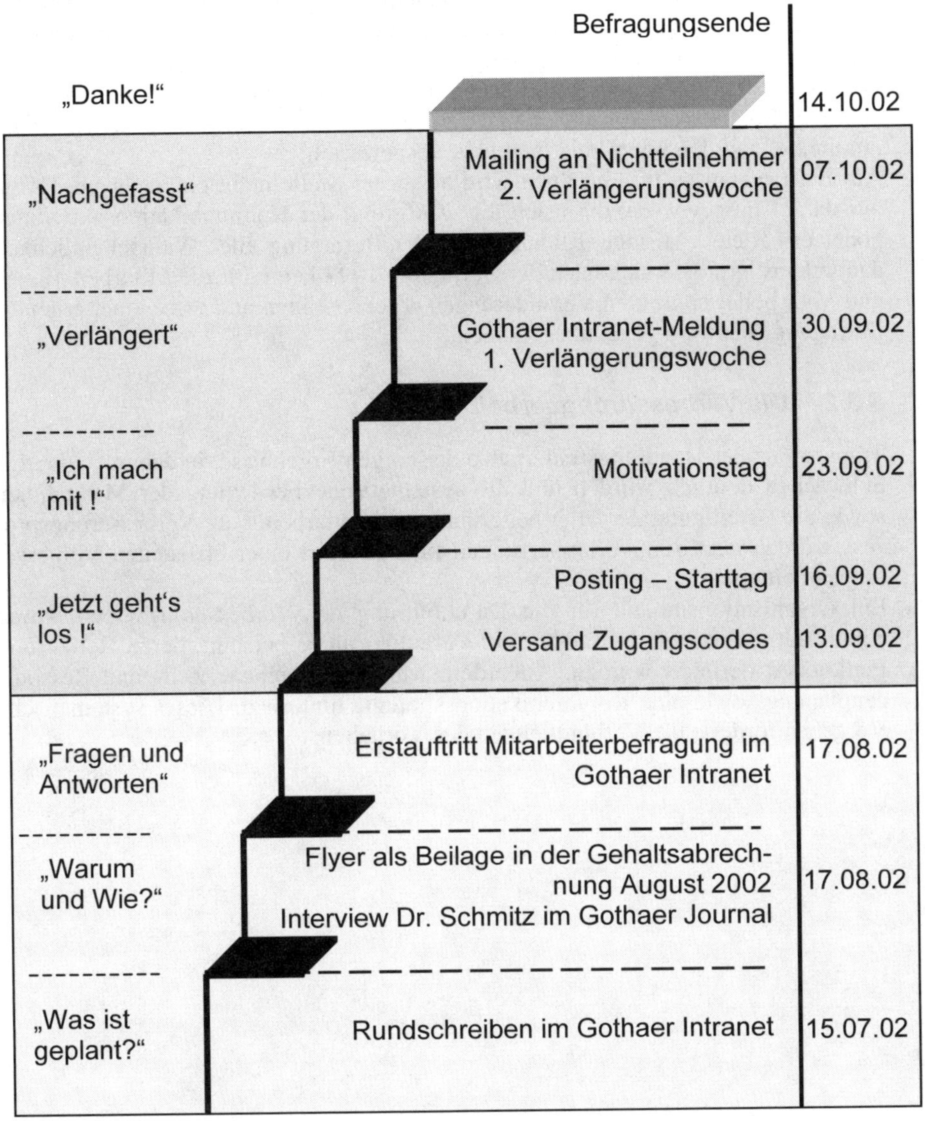

Abb. 3: Meilensteine der Befragung

3.3.1 Auswertung und Interpretation der Daten

Es konnten 3239 Mitarbeiterinnen und Mitarbeiter, das sind ca. 60%, für eine Teilnahme an der Befragung gewonnen werden.
Die Ergebnisse wurden qualitativ und quantitativ von dem externen Dienstleister ausgewertet. Er verarbeitete die Daten in Ergebnisberichten pro Auswertungseinheit und lieferte Interpretationshilfen.
Die Mitarbeiterinnen und Mitarbeiter konnten in den Fragebögen zudem Kommentare, Meinungen, Einschätzungen zu jedem Themenbereich eintragen. Diese „Freitexte" wurden intern rein qualitativ ausgewertet.
Auf die Ergebnisse im einzelnen wird an dieser Stelle nicht eingegangen. Es sei nur darauf hingewiesen, dass sich die - aufgrund der Kommunikationsaktivitäten höher erwartete - geringe Teilnahme an der Befragung aller Wahrscheinlichkeit dadurch erklärt, dass sich nach der Befragung 1997 keine für die Mitarbeiterinnen und Mitarbeiter spürbaren Veränderungen ergeben hatten und diese einer erneuten Befragung skeptisch gegenüber standen.

3.3.2 Die Verbesserungsarbeit

Transparenz der Handlungsfelder, also derjenigen Ergebnisse, in denen eindeutige Schwächen deutlich wurden und die systematische Festlegung der Maßnahmen sowie die Beteiligung der Mitarbeiterinnen und Mitarbeiter am Verbesserungsprozess wurden als Grundvoraussetzungen für den Start einer effizienten Verbesserungsarbeit erkannt.
Ein Organisationsmodell für die Durchführung der Verbesserungsarbeit wurde entwickelt, es wurden Beteiligte und Verantwortliche benannt, deren Rollen und Funktionen definiert wurden. Außerdem wurde eine genaue Zeit- und Ressourcenplanung sowie eine Kommunikationsstrategie hinterlegt. Dieses systematische Vorgehen förderte die Verbindlichkeit des Vorhabens.

3.3.3 Rollen und Funktionen während der Verbesserungsarbeit

Struktur und Anzahl	Rollen und Funktionen
Kernteam 2	• Zwei Mitarbeiter aus dem Bereich Personal • trägt die Verantwortung für den Gesamtprozess der Verbesserungsarbeit • koordiniert Dienstleister und Koordinatoren, z. B. durch regelmäßige Meetings • unterstützt die Umsetzung der Konzernmaßnahmen
Koordinator 7	• Manager aus dem jeweiligen Konzernbereich mit sehr guten Kenntnissen des Ressorts, einer hohen Akzeptanz bei Vorständen, Manager-Kollegen, Mitarbeiterinnen und Mitarbeitern sowie Integrationsfähigkeit • Planung und Steuerung Maßnahmenplanung des Ressorts und der Bereiche; Reporting an Kernteam • Koordinierung der Umsetzungsplanung; Qualitätssicherung der Ergebnisse und Fortschrittsmaßnahmen
Dienstleister 7	• Interner Mitarbeiter/in von Personal • Plant zusammen mit der Führungskraft und dem Moderator das Vorgehen und die Umsetzung • ist verantwortlich für einzusetzende Verfahren und Methoden (Workshop-Modulation, Arbeitsgruppen) • unterstützt Moderatoren in den Bereichen durch Moderation der Arbeitsgruppen
Moderator ca. 76	• Mitarbeiter/in des jeweiligen Bereiches mit hoher sozialer Akzeptanz, Methoden Know-how, ausgeprägten Kenntnissen über den Bereich • koordiniert und moderiert die Arbeitsgruppen; sichert Ergebnisqualität und Fortschritt in Abstimmung mit der Führungskraft, dem Kernteam und den Koordinatoren • verantwortlich für das Reporting an Manager/innen und Kernteam (Meilensteine, Fortschritte)
Manager/Innen ➔ Verantwortlich für die Umsetzung in ihren Bereichen	

Abb. 4: Das Organisationsmodell

Auf die speziellen Aufgaben wurden Moderatoren, Dienstleister und Koordinatoren in Schulungen vorbereitet. Während die Koordinatoren im besonderen das „Lesen" der Ergebnispräsentationen erlernten, ging es bei der Vorbereitung der Moderatoren stärker darum, sie auf die schwierige Aufgabe der Maßnahmenrealisierung im Spannungsfeld zwischen ihrer Führungskraft und den Mitarbeiterinnen und Mitarbeitern einzustimmen. Die Aufgabe der Koordinatoren und Dienstleister bestand u. a. darin, ihnen hierbei zur Seite zu stehen.

3.3.4 Offene Kommunikation der Ergebnisse und Entwicklung von Verbesserungsmaßnahmen

Der erste Schritt war eine offene Ergebnisrückmeldung an die Teilnehmer der Befragung und ein damit verknüpftes eindeutiges Bekenntnis zur Veränderungsarbeit, also immer auch eine Transparenz über das weitere Vorgehen. Damit wurden die Erwartungen der Teilnehmer genau getroffen.

Bei der Ergebnisrückmeldung wurde nach Zielgruppen kaskadenartig vorgegangen: Gesamtvorstand, Ressortvorstand, Managerinnen und Manager, Gremien, Mitarbeiterinnen und Mitarbeiter erhielten in dieser Reihenfolge Kenntnis über die Ergebnisse der Befragung, jeweils bezogen auf die ihnen zugeordneten Verantwortungsbereiche.

Für alle Mitarbeiterinnen und Mitarbeiter wurde eine Ergebnisbroschüre im Intranet bereitgestellt, in der die Ergebnisse gesamthaft über alle Bereiche hinweg in wesentlichen Punkten zusammengefasst waren.

Die „Freitexte" wurden in einer aggregierten Form auf der Intranetseite „Mitarbeiterbefragung" allen Mitarbeiterinnen und Mitarbeitern zur Verfügung gestellt. (s. auch Kapitel „Kommunikation der Fortschritte")

Sie ergaben nützliche Rückmeldungen, die den jeweiligen Adressaten (Vorstand, Kernteam, Managerinnen und Manager,..) zugeführt und in sinnvolle Verbesserungsmaßnahmen umgesetzt wurden. Z. B. werden die Hinweise der Mitarbeiterinnen und Mitarbeiter zur Mitarbeiterbefragung (Kritik an Fragen, Ausfüllhinweise, positive Rückmeldungen) bei der Konzeption der neuen Mitarbeiterbefragung in 2005 genutzt. Der Wunsch nach intensiverem Austausch mit dem Vorständen wurde von diesen sofort aufgegriffen und in die Maßnahme „Roundtable-Gespräche" umgesetzt, s. weiter unten.

Kurz zusammengefasst ging man dann wie folgt vor: Nach jeder Ergebnisdarstellung wurden von den Zielgruppen Stärken und Schwächen in den Auswertungseinheiten herausgearbeitet, Handlungsfelder abgeleitet und Maßnahmenvorschläge entwickelt. Diese wurden dann in der nächst untergeordneten Zielgruppe heruntergebrochen.

Bei diesem Vorgehen ergaben sich insgesamt 16 Konzernmaßnahmen (Maßnahmen, die den gesamten Konzern angehen und die daher konzernübergreifend in Angriff genommen wurden, s. u.) und je 3-5 Bereichsmaßnahmen für jede der 76 Auswertungseinheiten (s. Beispiele unter „Verbesserungsarbeit“).

3.3.5 Konzernmaßnahmen

Die Analyse der Ergebnisse der Mitarbeiterbefragung ergab zunächst Vorschläge für die Verbesserungsarbeit in den einzelnen Bereichen. Die Analyse führte aber ebenfalls zu der Erkenntnis, dass es notwendig war, Maßnahmen zu initiieren, die nicht auf Bereichsebene in Angriff genommen werden konnten, sondern den gesamten Konzern betrafen.

Folgende Auswahl der im Gesamtvorstand verabschiedeten Konzernmaßnahmen verdeutlicht beispielhaft die Forderungen der Mitarbeiterinnen und Mitarbeiter:

- Konsequente Beschwerdebearbeitung von Kundenbeschwerden
- Regelmäßige, systematische Rückmeldung über Arbeitsergebnisse und Leistung
- Informationsmanagement - Verbesserung der Mitarbeiter-Information über ein gezieltes Intranetportal
- Einführungsprogramm für neue Mitarbeiter
- Standard-TOP auf allen regelmäßigen Meetings: Information über Konzernziele und aktuelle Konzernentscheidungen (s. auch weiter unten: TED-Befragung bzgl. der Umsetzung dieser Konzernmaßnahme)
- Einführung eines betrieblichen Gesundheitsmanagements für Mitarbeiter mit Rückenproblemen

Jeder Konzernmaßnahme wurden verantwortliche Bereiche zugeordnet, die die jeweilige Maßnahme konkretisierten, deren Machbarkeit, die Kosten und Nutzen prüften.

Das Kernteam holt alle 3 Monate einen aktuellen Stand der Konzernmaßnahmen bei den jeweils Verantwortlichen ein und stellt die neuen Informationen auf der Intranetseite „Mitarbeiterbefragung“ ein. Gleichzeitig controllt das Kernteam die Fortschritte der Maßnahmen und Meilensteine und berichtet diese an den Vorstand.

3.3.6 Bereichsmaßnahmen

Im November 2003 wurden 320 Maßnahmen im Fortschrittsmonitor geführt. Viele der Maßnahmen waren bereits abgeschlossen und gefolgt von Folgemaßnahmen, die noch bearbeitet wurden.

Hauptthemen der Maßnahmen waren „Führung, Information, Qualifizierung, Arbeitsabläufe".

Hier einige Beispiele:

- „Kontakt mit Vertrieb verbessern – wir reden miteinander"
- „Word/Excel-Kurse für Mitarbeiter/innen anbieten, die Bedarf haben"
- „Regelmäßige Mitarbeiter-Gespräche durchführen"
- „Gruppenspezifische Brennpunkt-Themen konsequent in Meetings diskutieren"
- „Klare Aufgaben- und Zieldefinition bei Aufgabenübertragung durch die Führungskräfte"
- „systematische Bildungsbedarfserhebung im Bereich"
- „regelmäßige Kapazitätenüberprüfung im Bereich"
- „Teamentwicklung"

3.4 Controlling der Verbesserungsarbeit in den Bereichen durch den Fortschrittsmonitor

Infolge der erwarteten Menge an Verbesserungsmaßnahmen (76 Bereiche x 3-5 Maßnahmen) wurde ein Medium notwendig, welches die Maßnahmensteuerung und Koordinierung, das Berichtswesen und die Qualitäts- und Ergebnissicherung für alle Beteiligten unterstützen würde.

Dazu wurde gemeinsam mit dem externen Dienstleister ein Instrument entwickelt, das die Arbeit mehrerer Prozessbeteiligten an den Maßnahmen durch standardisierte Berichtsinhalte unterstützt. Es schafft Transparenz über den Status und den Fortschritt und ist geeignet, aktuelles Handeln, Ergebnisse und Entscheidungen für die jeweiligen Beteiligten darzustellen und so ein gemeinsames Bild des Vorgehens zu schaffen. Das Instrument wird im folgenden „Fortschrittsmonitor" (FoMo) genannt.

Eine wichtige Bemerkung vorab: Der Fortschrittsmonitor unterstützt mechanisch, wirkliche Transparenz entsteht jedoch erst durch die Kommunikation und Interaktion der Beteiligten miteinander.

3.4.1 Die Systemlandschaft

Die Anwendung ist webbasiert, d.h. als formulargestütztes System auf dem Webbrowser des externen Dienstleisters abgelegt. Durch eine https-Verbindung aus dem Adressraum der Gothaer ist gewährleistet, dass keine Unbefugten Zugriff auf die Website haben.

Mittels SSL Verschlüsselung werden die Daten direkt in das geschützte Netz des Dienstleisters übertragen und verarbeitet. Auf der Festplatte des Anwenders bleiben keine Daten zurück.

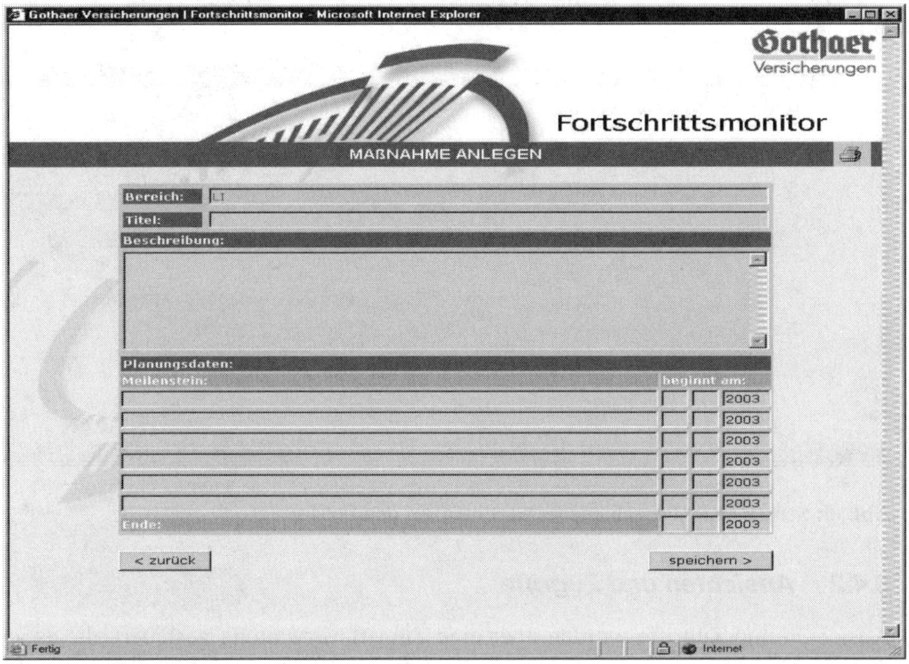

Abb. 5: Screenshots - verschiedene Ansichten auf den FoMo

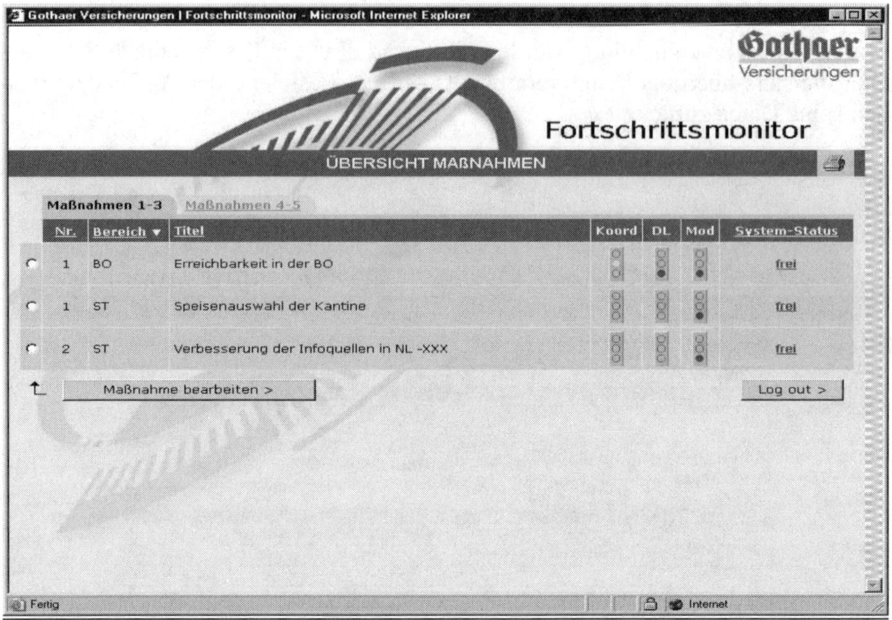

Abb. 6: Screenshots - verschiedene Ansichten auf den FoMo

3.4.2 Ansichten und Zugriffe

Ansichten und Zugriffe wurden über eine Zugriffsverwaltung gesteuert, die es jedem User (Moderator, Dienstleister, Koordinator, Führungskraft, Vorstand) erlaubte, den Bereich einzusehen oder zu bearbeiten, den er verantwortete.

Rolle	Ansicht
Moderator	Alle Maßnahmen seines Bereiches, die er moderiert
Dienstleister	Alle Maßnahmen des Ressorts, welches er unterstützt
Koordinator	Alle Maßnahmen des Ressorts, welches er koordiniert
Manager	Alle Maßnahmen seines Bereiches
Vorstand	Alle Maßnahmen des Konzerns
Kernteam	Alle Maßnahmen des Konzerns

3.4.3 Arbeit mit dem Fortschrittsmonitor („FoMo“)

Per email erhielten alle zugriffsberechtigten Beteiligten den Adresslink der Anwendung und ihren persönlichen Zugangscode vom externen Dienstleister.
Mit dem Fortschrittsmonitor arbeiteten zuallererst die Moderatoren. Der Moderator loggte sich über seinen Zugangscode ein, gab die während der Bereichsmeetings vereinbarten Maßnahmen und die dazugehörigen Planungsdaten (Meilensteine und Zeitziele) in die Maske ein, beschrieb in kurzen Worten die Zielsetzung

der Maßnahme und führte fortan für seinen Bereich die Meilensteine, Fortschritts- und Ergebnisberichte der Maßnahmen auf standardisierten Formularen.

Im Anschluss an die Aktionen des Moderators wurden Koordinator und Dienstleister aktiv. Beide hatten über ihren Zugangscode Zugriff auf die von den Moderatoren eingestellten Maßnahmen. Sie prüften die Qualität und Realisierbarkeit der Maßnahmen und vereinbarten Meilensteine und vergaben entsprechend ihrer Prüfung grüne (Annehmen), gelbe (Kritisch) oder rote (Ablehnen) Ampeln. Sie erläuterten ihre Bewertung den Moderatoren zudem in Form von Textkommentaren.

Führte der Moderator eine Bearbeitung oder Aktualisierung durch, so erloschen die „alten" Bewertungen von Koordinator und Dienstleister. Das signalisierte, dass von diesen eine erneute Qualitätssicherung der Moderator-Aktion erwartet wurde.

Eine rote oder gelbe Ampel des Koordinators oder Dienstleisters hatte zusammen mit den Textkommentaren, die dem Moderator eine kurze Begründung lieferten, immer zur Folge, dass sich Moderator, Dienstleister und Koordinator (ggf. auch die Führungskraft) über die unterschiedliche Sichtweise persönlich austauschten, sich berieten und einen Konsens fanden. Die Aufgabe des Moderators bestand daraufhin darin, die Maßnahme im Fortschrittsmonitor zu optimieren und Dienstleister und Koordinator durch die elektronische Eingabe erneut zur Qualitätssicherung aufzufordern. Gaben Koordinator und Dienstleister eine grüne Ampel, so konnte die Maßnahme ohne weitere Abstimmung durchgeführt werden.
Wurde eine Maßnahme abgeschlossen, so mündete dies in den Ergebnisbericht des Moderators, der von Koordinator und Dienstleister erneut abgenommen werden musste.

Geht man von einer Gruppe von ca. 10 Moderatoren für Dienstleister und Koordinatoren aus, die je 3-5 Maßnahmen eingestellt haben, so bezog sich der oben beschriebene Aufwand auf 30-50 Maßnahmen pro Dienstleister und Koordinator. Da sich die Arbeit an den Maßnahmen ca. 12 Monate hinzog, war der Aufwand de facto nur zu Beginn des Verbesserungsprozesses größer, in der 2. Hälfte des betrachteten Zeitraumes wesentlich geringer. Sowohl Moderatoren als auch die Dienstleister und Koordinatoren bekamen Übung im Zusammenspiel ihrer Rollen und die Abstimmungen gingen zunehmend reibungslos.

Das Kernteam erhielt auf der Ansichtsebene ein Fortschritts- und Ergebnismonitoring aller Bereichsmaßnahmen. Dieser Überblick über den Stand aller Maßnahmen im Konzern ermöglichte es, Maßnahmendopplungen frühzeitig zu erkennen, Auswertungen nach speziellen Fragestellungen zu fahren und auch über Dienstleister einzugreifen, wenn dies inhaltlich notwendig erschien.

Wurde eine Maßnahme von einem der Beteiligten bearbeitet, führte das zur Sperrung der Maßnahme für die Zeit der Bearbeitung für die anderen Prozessbeteiligten. Arbeitete z. B. ein Moderator an einer Maßnahmen, so war es dem Dienstleister oder Koordinator nicht möglich, die Maßnahme ebenfalls zu bearbeiten. Dies schützte vor Überschneidungen und Missverständnissen. Die Aufhebung der Sperrung erfolgte durch ausloggen aus dem System durch den entsprechenden Nutzer.

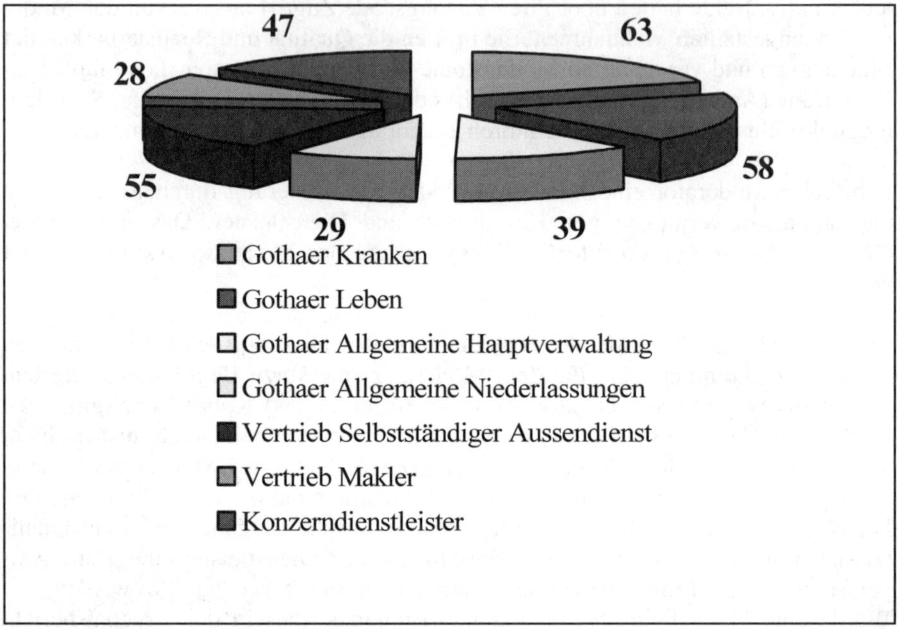

Abb. 7: Anzahl der Verbesserungsmaßnahmen der Bereiche Stand 26.11.2003

3.4.4. Der neue Fortschrittsmonitor

Bedingt durch die Nutzung des externen Servers des Dienstleisters und der stetig zunehmenden Menge der Maßnahmen wurde die Arbeit mit dem „alten FoMo" zunehmend umständlich. Es wurde nach Alternativen gesucht und beschlossen, das Lotus Notes Tool des hauseigenen Servers zu nutzen. Mit nur wenig Programmierungsaufwand nach identischem Muster des „alten FoMo" entstand eine bedienerfreundliche Datenbank mit den Zugriffsbestimmungen wie der „alte FoMo" sie vorsah. Auf die laufenden Kosten hatte diese Umstellung ebenfalls eine positive Wirkung, da nun keine Leasinggebühren und externe Administration mehr nötig waren. Da die Lotus Notes Oberfläche im gesamten Konzern bekannt ist, entstand keinerlei Schulungsaufwand.

Aufgrund der Bedienerfreundlichkeit des Instruments war die Bereitschaft bei den Moderatoren vorhanden, die Datenmigration vorzunehmen. Außerdem handelte es sich pro Moderator um 3-5 Maßnahmen, eine Menge, die leicht zu handhaben war. Vor der Migration wurde vom Kernteam ebenfalls auf die Chance hingewiesen, Maßnahmen auszudünnen. Es war aufgefallen, dass einige Maßnahmen aus ein und demselben Bereich zu einer zusammengefasst werden konnten. Einer Schätzung zufolge könnten die 320 Maßnahmen auf ca. 280-290 wesentliche Maßnahmen zusammengeführt werden. Dies bleibt abzuwarten.

Ein wichtiger Vorteil des neuen FoMo's ergibt sich aus den vielfältigen Auswertungsmöglichkeiten, die auf Knopfdruck vom Kernteam, also hausintern, erstellt werden können.

Der Wirkungsgrad einer Maßnahme ist ein Aspekt, der in den neuen FoMo mit aufgenommen wurde. Natürlich ist von elementarem Interesse, ob die Mitarbeiterinnen und Mitarbeiter das Gefühl haben, dass sich das Engagement für die Maßnahme gelohnt, ob sich etwas zum Besseren verändert hat. Gefragt wird nach „sehr stark, stark, mittel, schwach, keine Wirkung". Die Moderatoren müssen, um hierüber eine Aussage treffen zu können, mit den Mitarbeiterinnen und Mitarbeiter, mit der jeweiligen Führungskraft ein Votum erarbeiten, ob per email Befragung und Mittelung aller Antworten oder über ein Punkte-Verfahren an der Metaplanwand während eines Bereichsmeetings. Einschlägige Erfahrungen müssen hier noch gesammelt werden. In jedem Fall steigert diese Abfrage einmal mehr die Awareness der Mitarbeiterinnen und Mitarbeiter bezüglich der Ernsthaftigkeit des Verbesserungsprozesses. Je nach Einschätzung des Wirkungsgrades müssen in den Bereichen Konsequenzen gezogen werden und Maßnahmen neu überdacht werden.

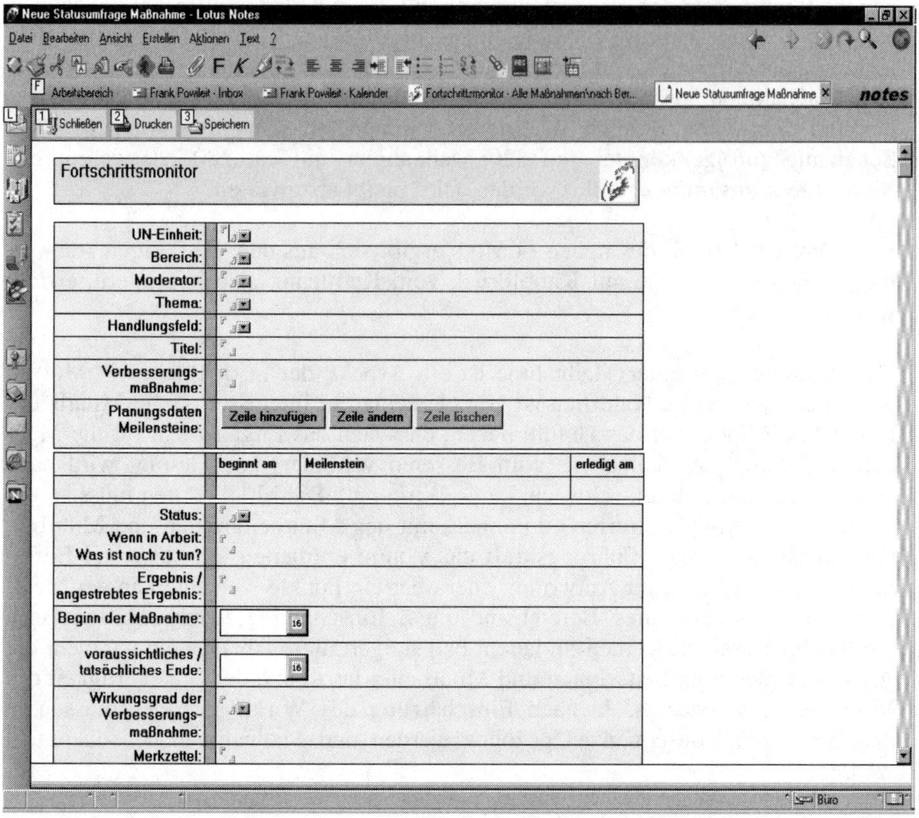

Abb. 8: Screenshot „Neuer FoMo"

Ein Aspekt wurde bewusst aus dem neuen FoMo herausgelassen, das gegenseitige Ampel-Controlling. War es für die Anfangsphase ein wichtiges Element, um Verbindlichkeit herzustellen und die Ernsthaftigkeit des Vorhabens zu dokumentieren, haben sich innerhalb eines Jahres alle Beteiligten an die Kommunikation und direkte Interaktion über Maßnahmen und Meilensteine gewöhnt.

3.5 Kommunikation der Fortschritte

Die Mitarbeiterinnen und Mitarbeiter der einzelnen Bereiche werden über die Moderatoren, Dienstleister und ihre Führungskräfte laufend über den Stand ihrer Bereichsmaßnahmen informiert, arbeiten selbst mit an der Realisierung und spüren unmittelbare Verbesserungen. Über die Verbesserungsmaßnahmen der anderen Bereichen erhalten sie im einzelnen keine Informationen. Dies ist im Fachausschuss und mit den Gremien so vereinbart worden.

Eine durch das Kernteam initiierte intensive PR des Verbesserungsprozesses nach innen veranschaulicht den Mitarbeiterinnen und Mitarbeitern, dass überall im Konzern am Verbesserungsprozess gearbeitet wird, dass sich die Teilnahme an der Befragung gelohnt hat, dass Veränderungen eingeleitet werden, der Konzern also veränderungsbereit ist, sich bewegt und flexibel ist.

3.6 Veröffentlichungen

Um dies zu realisieren, informiert das Kernteam regelmäßig über alle Medien (Print und e-Medien) des Konzerns darüber, welche Aktivitäten, besondere Leistungen, Erfolge gerade aktuell oder in Planung sind.
Durch gezielte Artikel, Intranetmeldungen oder auch Aktionen des Vorstandes wird den Mitarbeiterinnen und Mitarbeitern verdeutlicht, dass sich die Vorstände nachhaltig für die Resultate der Aktivitäten interessieren. Zum Jahreswechsel 2003 bedankte sich z. B. der Personalvorstand ausdrücklich über den Intranetticker bei den Moderatoren und würdigte deren schwierige Aufgabe.
Es wurde zudem eine Intranetseite „Mitarbeiterbefragung“ entwickelt, die aufgrund ihres einfachen Aufbaus stets auf dem neuesten Stand gehalten werden kann. Auf ihr werden auch Statistiken des Fortschrittsmonitors veröffentlicht, ohne Rückschlüsse auf Einzelmaßnahmen der Bereiche zuzulassen.

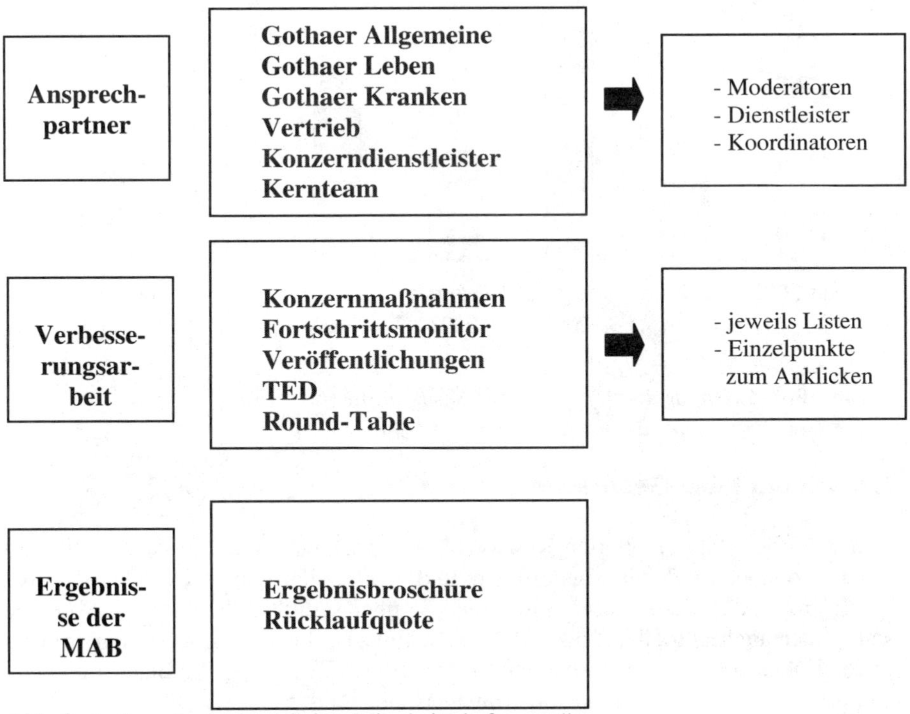

Abb. 9: Aufbau der Intranet-Seite „Mitarbeiterbefragung“

Insgesamt besuchten in dem betrachteten Zeitraum 1882 unterschiedliche Besucher die Intranetseite Mitarbeiterbefragung.

Absolute Zahlen

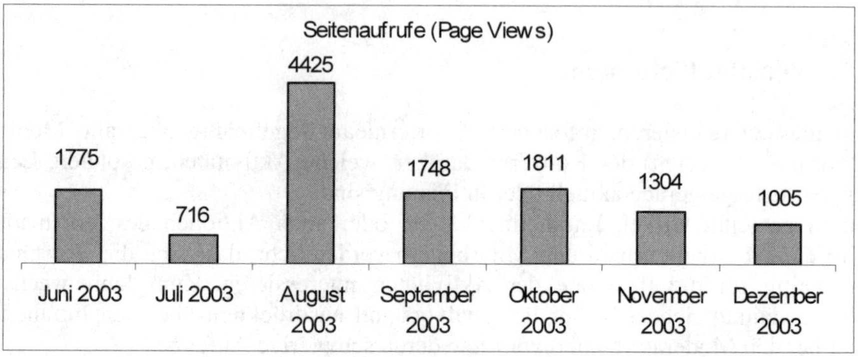

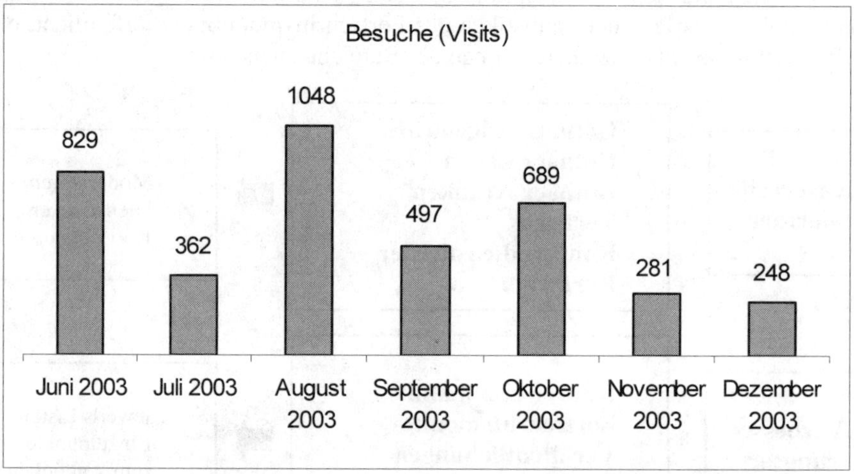

Abb. 10: Auswertung der Pageviews und Visits auf Intranet-Seite

3.7 Roundtable-Gespräche

In den mittlerweile etablierten Roundtable-Gesprächen findet ein Austausch zwischen Vorstand und Mitarbeiterinnen und Mitarbeitern über die Qualität und Wirksamkeit der Verbesserungsarbeit sowie über schnittstellenrelevante Themen statt. Aber auch aktuelle, konzernrelevante Entscheidungen kommen zunehmend in den Fokus. So erhält der Vorstand Informationen direkt von der Basis, und kann handlungsrelevante Tipps an die Managerinnen und Manager weiterleiten. Der

Vorstand lädt über das Intranet ein und ab dem Moment können sich die Mitarbeiterinnen und Mitarbeiter per email zu den Gesprächen anmelden.
Die Resonanz nach den beiden ersten Gesprächen ist überwältigend. Die Vorstände bereiten sich auf die Diskussionen sehr gut vor und die Mitarbeiterinnen und Mitarbeiter haben ausreichend Raum für eigene Beiträge.
Eine neue Idee wird nun weiterverfolgt: Die „After Work Party" mit Vorständen und Mitarbeitern.

3.8 TED-Abfragen

In 2003 implementierte die Gothaer in seinem Intranet ein elektronisches Instrument, dass TED-Votings ermöglicht. Um den laufenden Verbesserungsprozess bei den Mitarbeiterinnen und Mitarbeitern in Erinnerung zu rufen und ihnen zwischen zwei großen Befragungen (2002 und 2005), die Möglichkeit für Einschätzungen zu geben, werden in regelmäßigen Abständen Fragen auf die Titelseite des Intranets eingestellt. Mit einem Klick antworten die Mitarbeiterinnen und Mitarbeiter anonym – und zwar hat jeder nur einmal die Möglichkeit innerhalb des Befragungszeitraumes - und können einem Säulendiagramm unmittelbar das aktuellste Befragungsergebnis entnehmen.
Wichtig für diese Befragungsart ist es, genau wie für die große Mitarbeiterbefragung, dass die Mitarbeiterinnen und Mitarbeiter erkennen, dass das Ergebnis der Befragung Folgen hat. Auf der Intranetseite wird das Ergebnis nach Abschluss der Befragung analysiert und es werden ggf. Maßnahmen ergriffen, die den kritisierten Aspekt verbessern.

Voting 1

„Wie gut fühlen Sie sich über den Umsetzungsfortschritt der Mitarbeiterbefragung im Konzern informiert?"

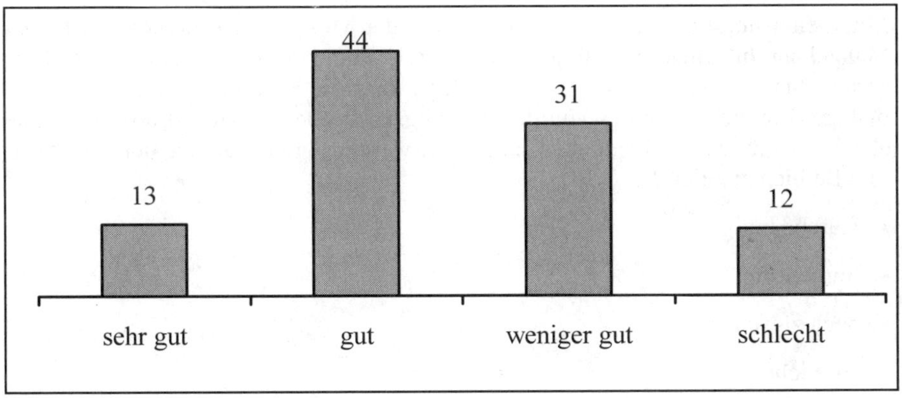

Abb. 11: Ergebnis TED-Befragung

Aktionen aufgrund des Ergebnisses:

- Aktueller Hinweis auf alle Informationsmöglichkeiten
- Angebot an Ansprechpartnern aktualisiert

Voting 2

„Wie bewerten Sie die Roundtable-Gespräche ‘Vorstand im Austausch mit Mitarbeitern‘?“

Angaben in % **Teilnehmer insgesamt: 209**

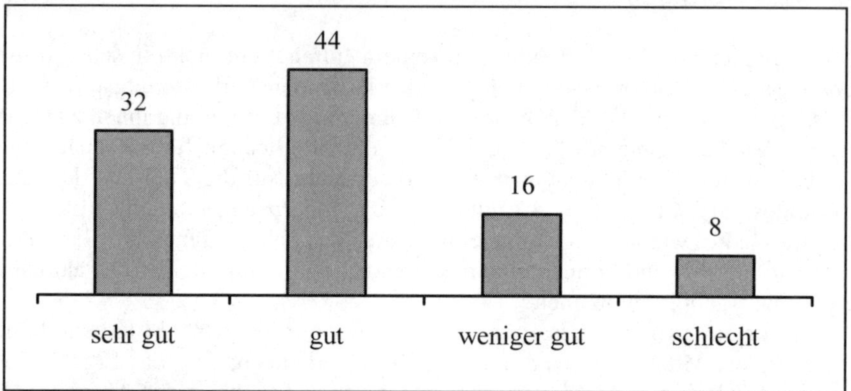

Abb. 12: Ergebnis TED-Befragung

Aktionen aufgrund des Ergebnisses:

Befragung am 10.10. beendet; aufgrund der positiven Bewertung wurde vom Vorstand neues Roundtable-Gespräch am 21.11. angeboten und durchgeführt.

Folgende Frage wird in Kürze eingestellt:

Mitarbeiter und Führungskräfte beklagten in der Mitarbeiterbefragung 2002 einen Mangel an Informationen über Konzernziele und Konzernstrategien. Als Konzernmaßnahme wurde daraufhin festgelegt, dass die Mitarbeiter auf allen regelmäßigen Bereichsmeetings von der Führungskraft über Konzernstrategien, -ziele, aktuelle Konzernentscheidungen informiert werden. Inwieweit hat sich dies in Ihrem Bereich etabliert?

- Durchgängig
- immer öfter
- noch zu selten
- gar nicht

3.9 Kritische Würdigung

Absolut wichtig für den Erfolg der Mitarbeiterbefragung war es, dass die Konzernleitung sich einheitlich für die Konzeption und die anschließende Verbesserungsarbeit aussprach. Die Systematik des entwickelten Organisationsmodells im Rahmen der Verbesserungsarbeit und die konsequente Umsetzung der beschlossenen Konzeption waren das Erfolgsrezept. Dies wurde von regelmäßigen, meilensteinorientierten Abstimmungen mit Vorstand und Gremien flankiert.

Eine sorgfältige Kapazitäten- und Ressourcenplanung, das regelmäßige Kostencontrolling führte zu Akzeptanz bei den Entscheidern und schützte das Projekt vor plötzlich notwendigem Umdisponieren.

Die Einrichtung eines Fortschrittsmonitors, d. h. einer Möglichkeit der elektronischen Verwaltung der Verbesserungsmaßnahmen hat bei allen Beteiligten das Gefühl der Verbindlichkeit und die Kommunikation über die Maßnahmen und den Prozess gefördert. So war es auch möglich Synergien frühzeitig zu erkennen und z. B. die Arbeit zweier Arbeitsgruppen an derselben Verbesserungsmaßnahme zu bündeln. Die während der Arbeit mit dem Fortschrittsmonitor des externen Dienstleistern entwickelten Optimierungsvorschläge flossen schließlich in die Entwicklung eines neuen Fortschrittsmonitors innerhalb der Lotus Notes Datenbank des Konzerns ein. Die Optimierungen sowie die hausinterne Führung des Fortschrittsmonitors führten zu Effizienz, Kostenersparnis und gesteigerter Benutzerfreundlichkeit.

Jeder Manager, Vorstand, Koordinator, Dienstleister, Moderator konnte sich zu jeder Zeit über seinen Zugangscode über den Stand der in seinen Verantwortungsbereich fallenden Maßnahmen informieren, eingreifen oder Bericht erstatten.

Die Vertraulichkeit der Daten war zu jeder Zeit durch die gestaffelten Zugriffsberechtigungen auf die Datenbank gewährleistet.

Dem Kernteam war es ebenso jederzeit möglich, aus dem Fortschrittsmonitor aktuelle Berichte für den Vorstand, Aufsichtsrat oder auch im Rahmen von Managementkonferenzen zu erstellen.

Alle Anstrengungen konnten nur optimal wirken, weil sie durch gezielte, offene Kommunikationsprozesse bei der Zielgruppe spürbar wurden. Dieser Aufwand hat sich unbedingt gelohnt.

Energie und Beharrlichkeit, mit der die Verbesserungsarbeit durchgeführt wurde, entwickelten sich bei der Gothaer zu einer Initialzündung für nachfolgende Veränderungsprozesse. Aus der Gothaer Personalstrategie abgeleitet, ist die Mitarbeiterbefragung ein wertvolles Change Management Instrument und gehört in jeden modernen HR Management Ansatz.

4 Ausblick

Voraussichtlich in 2005 wird die zweite Mitarbeiterbefragung der Gothaer durchgeführt, zeitlich abgestimmt auf eine gleichzeitig geplante Kundenbefragung. Zusammen mit der Gothaer Marktforschung wird ein Zufriedenheitsindex entwickelt, der Veränderungen messbar machen wird.

Für die Konzeption und Durchführung der neuen Befragung werden die beschriebenen Erfahrungen sehr nützlich sein. Zudem werden die Hinweise, welche die Mitarbeiterinnen und Mitarbeiter in den „Freitexten" gaben, bei der Neukonzeption bedacht.

Ein wichtiges Ergebnis aus der zweiten Befragung wird der Vergleich der Ergebnisse mit der ersten Befragung ergeben. Es wird sich zeigen, ob die Anstrengungen der Verbesserungsarbeit und der systematischen Kommunikation darüber eine signifikant positive Wirkung auf die Zufriedenheit der Mitarbeiterinnen und Mitarbeiter der Gothaer ausübt.

Und Mitarbeiterzufriedenheit ist ein wichtiger kritischer Erfolgsfaktor für die Bewältigung zukünftiger Herausforderungen des Marktes.

Mitarbeiterbefragung bei der Merz Pharma KGaA

Doris Schaaf

1 Das Unternehmen

Das Unternehmen Merz Pharma

Merz Pharma ist ein innovatives und internationales Healthcare Unternehmen. Die drei Tochterfirmen Merz Pharmaceuticals, Merz Consumer Care und Merz Dental bieten Produkte, die von verschreibungspflichtigen Medikamenten über freiverkäufliche Produkte zur Förderung von Gesundheit und Wohlbefinden bis zu Materialien für Zahnärzte und Zahntechniker reichen.

Mit weltweit mehr als 1.000 Mitarbeitern erzielte Merz Pharma im Geschäftsjahr 2003/2004 rund 300 Millionen Euro Umsatz. Merz Pharma ist Teil der Merz Gruppe.

Merz Pharmaceuticals: Ethische Arzneimittel

Merz Pharmaceuticals konzentriert sich mit seiner eigenen Forschung und Entwicklung auf die Entwicklung von Medikamenten für die Behandlung von neurologischen und psychiatrischen Erkrankungen wie die Alzheimer-Demenz, die Parkinson-Krankheit und neuromuskuläre Störungen wie Dystonie und Spastik. Das Unternehmen entwickelt patentgeschützte innovative Originalsubstanzen von der Synthese bis zur weltweiten Zulassung und verfügt über eine führende Marktposition und spezielles Know-how bei der Vermarktung von Medikamenten in den Bereichen Neurologie/Psychiatrie, Dermatologie sowie Stoffwechsel/Hepatologie. Ein Beispiel für die Innovationskraft des Unternehmens ist die Entwicklung des ersten weltweit zugelassenen Medikaments Axura für mittelschwere bis schwere Alzheimer-Krankheit im Jahr 2002.

Merz Consumer Care: Beauty- und Wellness-Produkte

Die Marken „Merz Spezial“ und „tetesept“ stehen für innovative Gesundheits-, Schönheits- und Wellnessprodukte, die von Merz Consumer Care entwickelt und vertrieben werden. Mit seinem ‚Sinnenkonzept‘ und der ‚Anti-Age‘-Produktlinie erschließt sich Merz kontinuierlich neue Märkte und ist zum führenden Anbieter von Gesundheitsbädern außerhalb der Apotheke avanciert.

Merz Dental: Produkte für Zahnärzte und Zahntechniker

Merz Dental mit seinem Sitz in Lütjenburg/Schleswig-Holstein entwickelt und produziert vollanatomische Zähne und bietet dem Zahnarzt und Zahntechniker darüber hinaus hochwertige Füllmaterialien, Zemente und Abdruckmassen, aber auch Produkte zur Prophylaxe und Hygiene.

2 Die Mitarbeiterbefragung

Die Rolle der Mitarbeiterbefragung im Personal- und Organisationsentwicklungsprozess

Das wirtschaftliche Umfeld für Merz befindet sich in einem starken Wandel. Im Bereich Consumer Care spürt man die rückläufige konjunkturelle Entwicklung und die damit verbundene Konsumzurückhaltung. Das Pharmageschäft wird durch die Gesundheitsreformen stark beeinflusst. Gleichzeitig forciert Merz seine internationalen Aktivitäten und expandiert in neue Märkte. Das Unternehmen reagiert darauf durch zukunftsorientierte Veränderungen seiner Unternehmensstruktur und Optimierung der Geschäftsprozesse.

Im Bereich Human Resources beschlossen wir, die bereits vorhandenen Prozesse zur Mitarbeiterführung und –förderung zusammen zu führen. Diese Abläufe sollten gegebenenfalls angepasst und ergänzt und in ein systematisches Personalentwicklungskonzept eingebunden werden.

Ein Leitgedanke bei der Erstellung unseres Konzeptes war, dass die positive Entwicklung des Unternehmens in unmittelbarem Zusammenhang mit der Qualifikation, Motivation und Arbeitszufriedenheit der Mitarbeiter steht. So tragen die Ziele des inzwischen verabschiedeten Personal- und Organisationsentwicklungskonzeptes auch zum wirtschaftlichen Erfolg des Unternehmens bei.

Themenschwerpunkte sind die Verbesserung der Mitarbeiterqualifikation, die Erhöhung der Leistungsbereitschaft, die Stärkung der Mitarbeiterbindung und die effektive Nutzung der vorhandenen Personalressourcen.

Bei der Gestaltung der Prozesse zur Mitarbeiterführung beschäftigten uns vor allem diese Fragen: Welche fachlichen und persönlichen Qualifikationen benötigen unsere Mitarbeiter? Welche Informationen, Arbeitsmittel und persönliche Unterstützung braucht jeder Einzelne, um seine Aufgaben erfüllen zu können? Wie müssen wir unsere Arbeitsprozesse aufbauen, damit die Arbeitskraft optimal eingebracht werden kann? Und wie können wir positive Effekte auf die Unternehmenskultur verstärken?

In der konkreten Umsetzung des Konzeptes achten wir darauf:

- Mitarbeiter verstärkt in die Konzeption unserer neuen PE-Prozesse einzubeziehen,
- die direkte Kommunikation zwischen Mitarbeitern und Vorgesetzten zu fördern und zu fordern (z.B. im Rahmen von regelmäßigen und strukturierten Mitarbeitergesprächen),
- Die Möglichkeiten zum offenen Dialog zwischen Unternehmensleitung und Belegschaft zu optimieren.

Um umfassende Informationen ‚von der Basis' zu sammeln, beschlossen wir unsere Mitarbeiter direkt zu befragen.

Ziele der Mitarbeiterbefragung

In erster Linie ging es darum, ein internes **Stärken- / Schwächenprofil des Unternehmens** aus Sicht der Mitarbeiter zu erheben: Wie zufrieden sind unsere Mitarbeiter an ihrem Arbeitsplatz? Was macht uns aus ihrer Sicht als Arbeitgeber attraktiv? An welchen Stellen gibt es Änderungsbedarf und –wünsche? Die gesammelten Daten sollten eine **Grundlage für systematische Veränderungen** bilden. Gleichzeitig wollten wir durch den Befragungsprozess die **Mitarbeiter aktivieren und in die Veränderungsprozesse einbinden.**

Kritische Erfolgsfaktoren

Vor einigen Jahren bereits gab es zwei Befragungen zum Thema Mitarbeitergespräch. Die Rücklaufquote lag damals bei 43 und 33 Prozent. Das Ergebnis dieser Befragungen und daraus abgeleitete Schlüsse und Maßnahmen, wurden nicht umfassend an die Mitarbeiter zurück gemeldet. Deshalb sind diese Befragungen den damals beteiligten Mitarbeitern nicht in positiver Erinnerung geblieben. Wir wollten in der nun geplanten Betriebsklimaanalyse mit Vollerhebung eine repräsentative und aussagekräftige Datenbasis erhalten. Dafür identifizierten wir folgende Punkte als kritische Erfolgsfaktoren:

- Transparenz der Ziele und Nutzen der MAB für alle Beteiligten,
- firmenspezifischer Zuschnitt der Themen und Fragen,
- sichtbare Unterstützung durch Geschäftsleitung, Führungskräfte und Betriebsrat,
- hohe Beteiligungsquote (unsere Wunschmarke lag bei 60 - 70 Prozent),
- Transparenz und Verständlichkeit der Ergebnisse,

- Dokumentation der Ergebnisse,
- Verabschiedung verbindlicher Umsetzungsmaßnahmen auf allen Unternehmensebenen,
- kontinuierliche Kontrolle und Evaluierung des Prozesses der MAB.

Das Projektmanagement

Oberste Entscheidungsebene war der **Projektausschuss**. Er bestand aus Vertretern der Geschäftsleitung und dem Personalleiter. Aufgabe des Ausschusses war die Festlegung der Befragungsthemen und die Begleitung und Verabschiedung der vom Projektteam vorgeschlagenen Handlungspunkte. Außerdem sollten die Mitglieder des Ausschusses auf der Geschäftsleitungsebene für Akzeptanz und Unterstützung der einzelnen Prozessschritte sorgen.

Das **Projektteam**, koordiniert von der Leitung der Personalentwicklung, kümmerte sich um die Auswahl und Formulierung der Fragen sowie die Steuerung und Ausgestaltung der einzelnen Prozessschritte. Bei der Auswahl der Teammitglieder achteten wir darauf, dass alle Unternehmensbereiche, unterschiedliche Hierarchieebenen und der Betriebsrat berücksichtigt wurden. Die Mitarbeit im Team erfolgte auf freiwilliger Basis.

Zur Unterstützung des Projektteams zogen wir einen **externen Berater** hinzu, die F. G. H. Forschungsgruppe Hamburg.

Die Befragungsergebnisse der verschiedenen Abteilungen sollten in **Ergebnis-Workshops** vor Ort kommuniziert und sofort bearbeitet werden. Dafür bildeten wir ein internes Team von Moderatoren aus. Selbstverständlich waren auch in diesem Team alle Geschäftsbereiche vertreten. Teilweise übernahmen auch Mitglieder des Projektteams Moderationsaufgaben.

Der **Zeitraum** (Abb. 1) zwischen Befragung und Dokumentation der Umsetzungsergebnisse sollte 18 Monate nicht überschreiten.

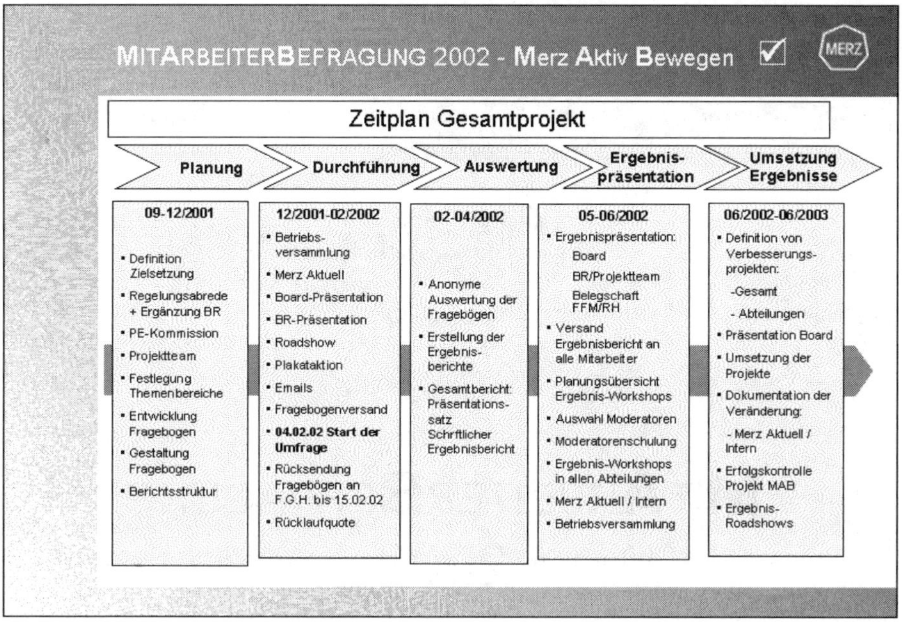

Abb. 1: Zeitplan Gesamtprojekt

Der Fragebogen

In der Gestaltung und dem Aufbau des **Fragebogens** (Abb. 2) orientierten wir uns weitestgehend an der Standardvorlage der F. G. H. Forschungsgruppe Hamburg.

Vor einem schwierigen Zielkonflikt standen wir bei der Gliederung der **Berichtsstruktur** (Abb. 3). Einerseits wollten wir besonders den ausdrücklichen Wunsch der Mitarbeiter nach Anonymität berücksichtigen. Andererseits hatten die Mitarbeiter natürlich das Bedürfnis, möglichst genaue Ergebnisse zu erhalten, welche die tatsächlichen Gegebenheiten der Abteilung widerspiegeln. Wir entschieden uns, zugunsten der Anonymität Abstriche bei der Detailgenauigkeit hinzunehmen. Kleinere Abteilungen konnten deshalb keinen eigenen Ergebnisbericht erhalten. Ihre Ergebnisse gingen in der jeweils übergeordneten Einheit auf. Diese Entscheidung wurde von den Mitarbeitern akzeptiert.

Die Mitarbeiter erhielten die Fragebögen per Post an ihre Privatadresse und konnten die ausgefüllten Bögen im vorfrankierten Umschlag direkt an die F. G. H. Forschungsgruppe Hamburg übersenden.

MERZ

MITARBEITERBEFRAGUNG
2002

MerzAktivBewegen

Bitte ausgefüllten Fragebogen zurücksenden bis 15.02.2002

Abb. 2: Fragebogen

1. In welchem Bereich des Unternehmens arbeiten Sie?

(Sofern Ihre Organisationseinheit, die Sie unten ankreuzen, weniger als sieben Personen umfasst bzw. davon weniger als sieben auswertbare Fragebögen vorliegen, werden Ihre Antworten der nächsthöheren Organisationseinheit zugeordnet.)

- ☐ Merz Pharma GmbH & Co. KGaA
  - ☐ A & O
    - ☐ Administration (inkl. Hausverwaltung)
      - ☐ Human Resources/ Infosysteme
    - ☐ Einkauf/ ECR/ Auftragsabwicklung
    - ☐ Lager/ Versand
    - ☐ Technical operations
      - ☐ Technik + Werksverwaltung, Konfektionierung, Betriebslogistik, Produktion
      - ☐ Auftragsherstellung, Packmitteltechnik
      - ☐ Qualitätskontrolle/ TQM Frankfurt und Reinheim
  - ☐ FCR Finanzen, Controlling, Recht
  - ☐ Merz Pharmaceuticals GmbH (inkl. Corp. Development und Health Care Relations)
    - ☐ F + E
      - ☐ Präklinische F + E
      - ☐ Klinik (Clin. Res. CNS, CRA, MBDM)
      - ☐ Arzneimittelsicherheit, Clin. QA, DRA, SFE
    - ☐ Marketing + Vertrieb International
    - ☐ Marketing + Vertrieb Deutschland
      - ☐ Innendienst (Non-SGE, SGE ZNS, SGE Stoffwechsel/ Derma)
      - ☐ AD Stoffwechsel/ Derma
      - ☐ AD ZNS/ AD BOTOX
  - ☐ Merz Consumer GmbH
    - ☐ F + E
    - ☐ Marketing, Vertrieb Innendienst
    - ☐ Aussendienst

Abb. 3: Berichtsstruktur

III. Führung/Vorgesetzte*

18. Wie schätzen Sie insgesamt das Führungsverhalten Ihres Vorgesetzten ein?

☐ sehr gut ☐ gut ☐ durchschnittlich ☐ schlecht ☐ sehr schlecht

19. Wie zufrieden sind Sie mit dem persönlichen Nutzen Ihres letzten Mitarbeitergesprächs im Hinblick auf:

☐ ein Mitarbeitergespräch ist mit mir in den letzten zwei Jahren nicht geführt worden

	sehr zufrieden	zufrieden	teils, teils	unzufrieden	sehr unzufrieden	wurde nicht angesprochen
Abgleich der Unternehmens-/Abteilungsziele mit Ihren persönlichen Zielen	☐	☐	☐	☐	☐	☐
Anerkennung Ihrer Leistung	☐	☐	☐	☐	☐	☐
konstruktive Kritik zur Leistungsverbesserung	☐	☐	☐	☐	☐	☐
Förderung Ihrer Leistungsmotivation	☐	☐	☐	☐	☐	☐
Erkennen Ihrer Neigungen und Potenziale	☐	☐	☐	☐	☐	☐
individuelle Beratung und Förderung Ihrer beruflichen Entwicklung sowie Anstoß zu Weiterbildungsmaßnahmen	☐	☐	☐	☐	☐	☐

20. Sorgt Ihr Vorgesetzter für eine gute Zusammenarbeit in seinem Verantwortungsbereich?

☐ ja, sehr gut ☐ ja, gut ☐ es geht so ☐ nein, schlecht ☐ nein, sehr schlecht

21. Wie zufrieden sind Sie mit der Anerkennung für gute Leistungen durch Ihren Vorgesetzten?

☐ bin sehr zufrieden ☐ bin zufrieden ☐ teils, teils ☐ bin unzufrieden ☐ bin sehr unzufrieden

22. Werden Sie bei der Vereinbarung von Arbeitszielen ausreichend durch Ihren Vorgesetzen beteiligt?

☐ (fast) immer ☐ meistens ☐ manchmal ☐ selten ☐ (fast) nie

* (gemeint ist hier der direkte disziplinarische Vorgesetzte)

Abb. 4: Fragebogenauszug ‚Führung'

Das Kommunikationskonzept für Phase I und II

Uns war bewusst, dass sich Mitarbeiter und Vorgesetzte nur dann rege an der Befragung beteiligen würden, wenn jeder möglichst offen und umfassend informiert würde.

Geschäftsleitung und Betriebsrat agierten als Projekt-‚Promoter'. Deshalb war es wichtig, diese beiden Gruppen immer vor Durchführung der einzelnen Schritte mit einzubeziehen.

Die Erstinformation der Mitarbeiter im Innendienst erfolgte auf einer **Betriebsversammlung**. Hier stellten wir die wesentlichen Projektmerkmale vor: Warum erfolgt die Befragung, wie und wann laufen die einzelnen Phasen ab, wer ist wofür verantwortlich? Mit der Betriebsversammlung konnten wir aber nicht alle Mitarbeiter erreichen. Auch war hier der Außendienst nicht vertreten.

Deshalb wählten wir als nächstes Informationsinstrument eine schriftliche **Mitarbeiterinformation** (Abb. 5) aus. Diese spezielle Ausgabe zur ‚MAB 2002' verteilten wir an alle Mitarbeiter im Innen- und Außendienst.

Abb. 5: Merz Aktuell

In dem vierseitigen Faltblatt erklärte ein Projektmitglied die wichtigsten Punkte im Frage – Antwort Modus (‚FAQ', - ‚frequently asked questions'):

1. *Warum wird eine Mitarbeiterbefragung durchgeführt und welches Ziel hat sie?*
2. *Wer soll an der Befragung teilnehmen?*
3. *Welchen Nutzen habe ich von der Mitarbeiterbefragung?*
4. *Wer organisiert die Befragung?*
5. *Wer unterstützt die Befragung?*
6. *Wie wird die Befragung durchgeführt?*
7. *Ist die Anonymität meiner Antworten sichergestellt?*

8. *Was sind die Themen der Befragung?*
9. *Wer wertet die Ergebnisse der Befragung aus?*
10. *Was passiert mit den Ergebnissen der Befragung?*
11. *Welche Maßnahmen werden nach Vorlage der Ergebnisse eingeleitet?*
12. *Wie sieht der Zeitplan für das MAB-Projekt aus?*
13. *Was passiert, wenn ich mich nicht an der Mitarbeiterbefragung beteilige?*
14. *Was muss ich tun, wenn ich Anfang Februar 2002 keinen Fragebogen in der Post habe oder mich zu diesem Zeitpunkt im Urlaub befinde?*
15. *An wen wende ich mich, wenn ich noch Fragen zum Projekt MAB habe?*

Die einzelnen Mitglieder des Projektteams stellten sich mit Bildern und Kontaktdaten vor. Außerdem gaben wir die neu eingerichtete e-mail Kontaktadresse ‚Mitarbeiterbefragung' bekannt.

Als nächste Aktion führten wir in allen Abteilungen des Innendienstes eine Kommunikationskampagne im Rahmen sogenannter ‚**Roadshows**' durch. Alle Mitarbeiter und der Vorgesetzte der jeweiligen Abteilung waren eingeladen. Als Referenten standen die dem jeweiligen Bereich entstammenden Mitglieder des Projektteams zur Verfügung. Zur Vertiefung des Themas wiederholte die Präsentation im wesentlichen die bereits schriftlich verteilten Informationen in plakativer Form. Der große Nutzen der Roadshows lag darin, dass die Mitarbeiter die Möglichkeit hatten, in kleinerer Runde Bedenken und Fragen zu klären. Den Vorgesetzten bot sich in dieser Veranstaltung die Gelegenheit, öffentlich ihre Unterstützung zu bekunden. Im Außendienst gab es eine separate Veranstaltung für die Gebietsleiter. Nach deren Teilnahme erhielten sie die gesamten Unterlagen, um die Roadshow selbst in ihren jeweiligen Bereichen durchzuführen.

Die Roadshows

Wir erläuterten die **Themen der Befragung** (Abb. 6) ...

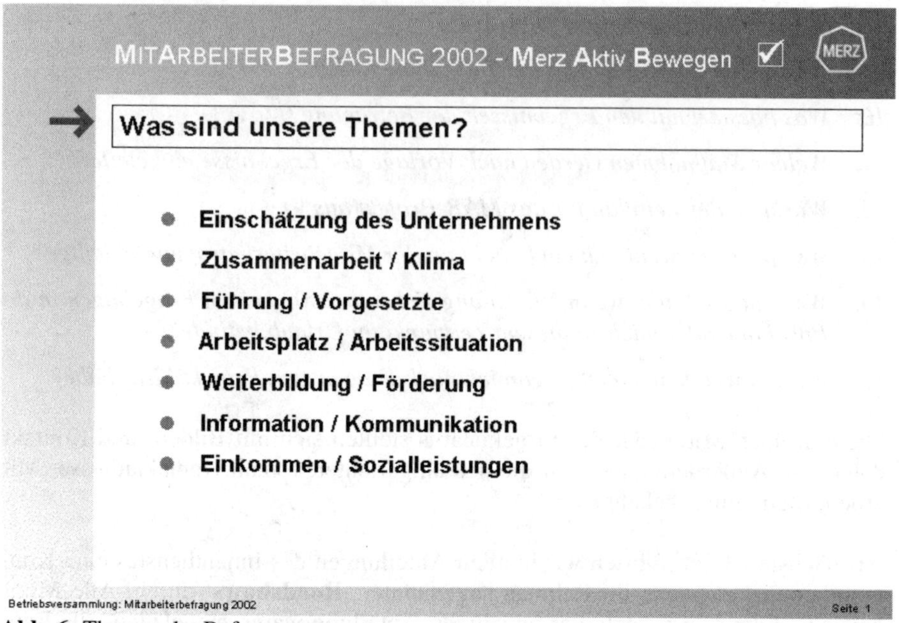

Abb. 6: Themen der Befragung

stellten heraus, welchen **Nutzen** aus unserer Sicht die **Mitarbeiter**.(Abb. 7)..

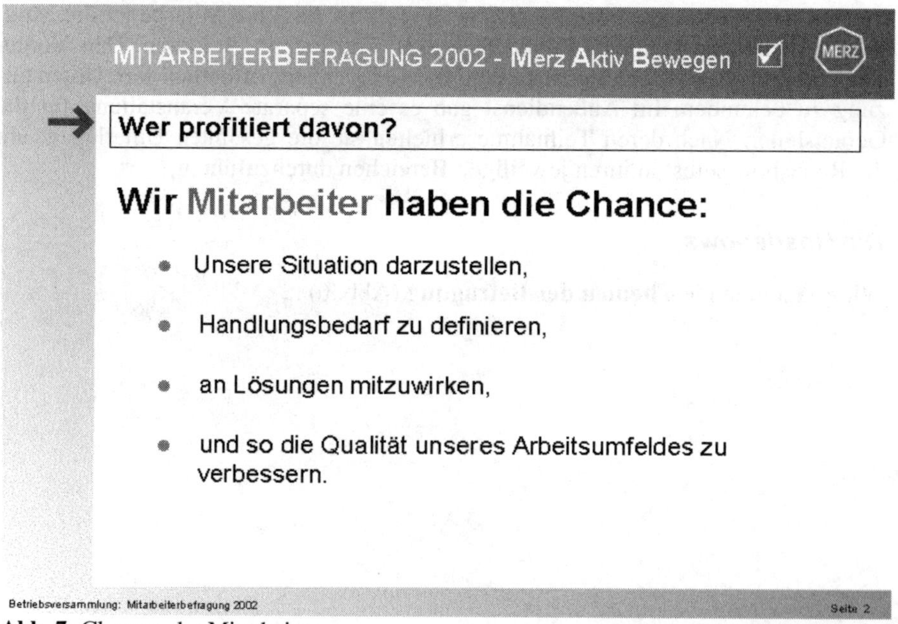

Abb. 7: Chancen der Mitarbeiter

...und welchen Nutzen das **Unternehmen** (Abb. 8) von dieser Befragung haben.

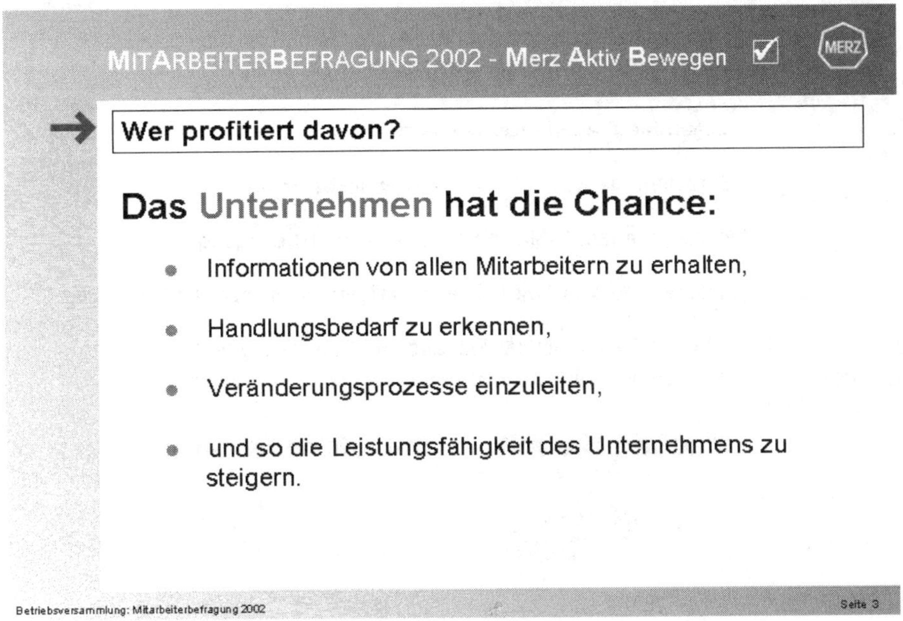

Abb. 8: Nutzen für das Unternehmen

Wir erklärten die **Berichtstruktur** und erläuterten, welche Kompromisse wir zugunsten der Anonymität der Aussagen geschlossen hatten. Der zeitliche Ablauf des gesamten Projektes und die Projektverantwortlichen wurden noch einmal vorgestellt. Und wir appellierten an jeden Mitarbeiter (Abb. 9), sich zu beteiligen.

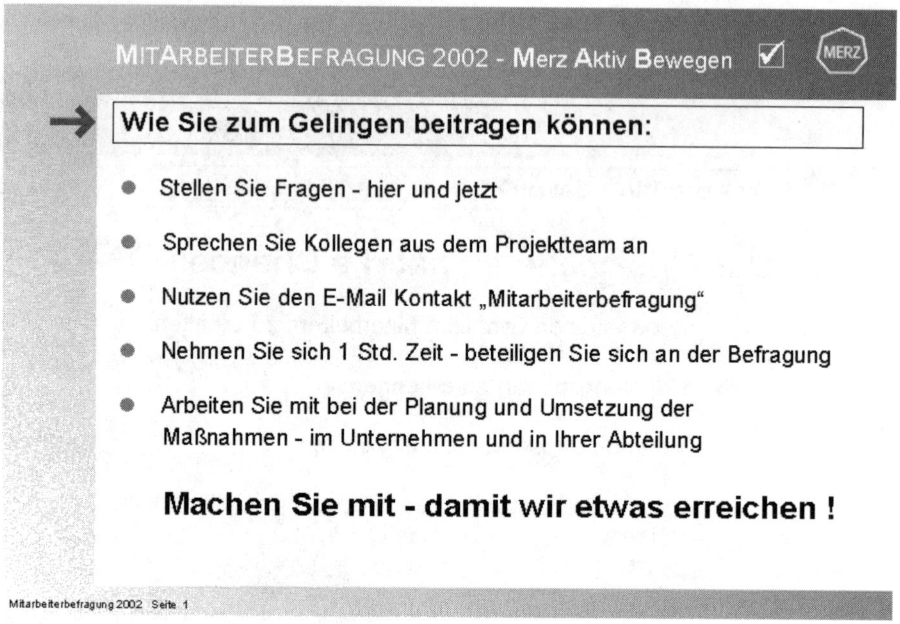

Abb. 9: Mitarbeiterbefragung

Damit war die erste große Informationskampagne abgeschlossen und der Versand der Fragebögen stand unmittelbar bevor. Jetzt ging es darum, zeitnah die Mitarbeiter zum Ausfüllen des Bogens zu animieren.

Unsere konzertierte Marketingkampagne in Phase II bestand aus dem Versand einer Serie von **E-mails** und dem Aushang von **Plakaten** (Abb. 10 und 11).

Zeitplan für Plakat- und E-mail – Aktion

KW 1	1. E-mail an alle Mitarbeiter	Hinweis auf die E-mail-Adresse ‚Mitarbeiterbefragung'
KW 3	Aushang Plakat 1 an allen wichtigen Standorten (z.B. Eingang Kantine)	Ankündigung MAB 2002
KW 4	2. E-mail	Ankündigung des Fragebogenversands plus FAQ's (aus Roadshow-Feedback)
KW 5 + 6	offizielle Laufzeit der Befragung	
KW 5	Aktualisierung des Ankündigungsplakates	mit ‚Start Heute!'
KW 6	3. E-mail	Hinweis auf Einsendeschluss plus 1. Rücklaufquote gesamt
KW 6	Aushang Plakat 2	mit aktueller Rücklaufquote
KW 6	4. E-mail	mit aktueller Quote nach Bereichen und Hinweis auf Verlängerungswoche
KW 6 + 7	Plakat 2	3 x Aktualisierung Rücklaufquote gesamt
KW 8	5. E-mail	mit letzten Quoten und Dank für Beteiligung
KW 8	Plakate entfernen	

Tabelle 1: Zeitplan für Plakat- und Email - Aktion

Plakate zur Ankündigung der MAB und zur Quotenrückmeldung

Abb. 10: Plakat zur Ankündigung der Mitarbeiterbefragung

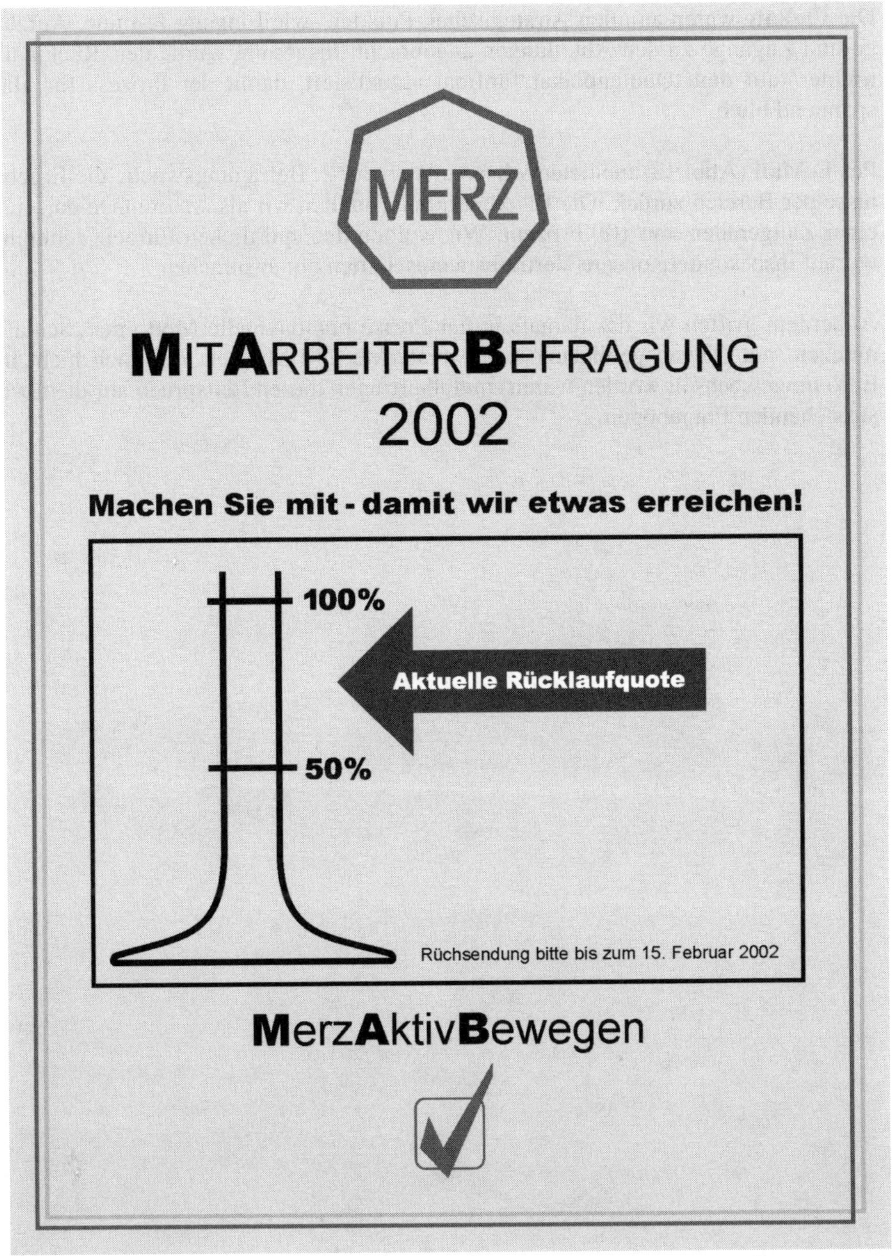

Abb. 11: Rücklauftrichter

Die **Plakate** waren an allen ‚strategischen Punkten' wie Eingang Kantine, Aufzüge und Zugänge zu den Abteilungen angebracht. Insgesamt wurde der ‚Rücklauftrichter' auf dem Quotenplakat fünfmal aktualisiert, damit der Prozess für alle spannend blieb.

Per **E-Mail** (Abb. 12) meldeten wir bereits ab der 2. Befragungswoche die Ergebnisse per Bereich zurück. Die Rücklaufquoten stellten wir als Autorennen dar, mit einer Zielgeraden von 100 Prozent. Wir wollten den sportlichen Ehrgeiz schüren, worauf insbesondere unsere Vertriebsmannschaften gut ansprachen.

Außerdem griffen wir das damals in der Presse brandaktuelle Motto der ‚Schlafmünzen' auf (liegen gebliebene oder versteckte DM-Münzen, die noch nicht in Euro umgewechselt worden waren) und übertrugen diesen Leitspruch auf die noch ausstehenden Fragebögen.

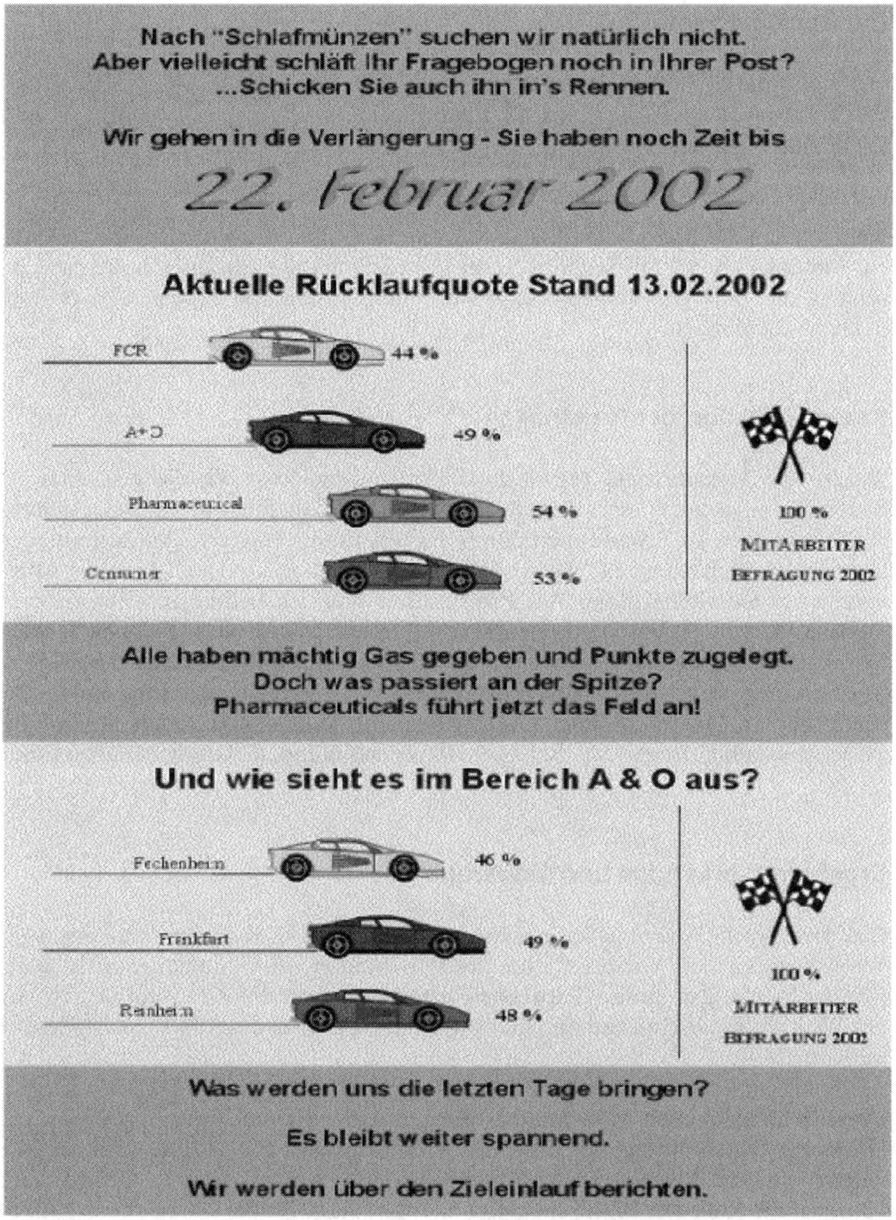

Abb. 12: E-Mail zur Erinnerung an noch nicht zurück geschickte Fragebögen

Die Rücklaufquote

Der Lohn dieser Mühen überwältigte das ganze Projektteam. Wir erzielten eine **Rücklaufquote** von insgesamt **88 Prozent.** Einige Bereiche hatten sogar eine Quote von 100 Prozent erreicht.

Dieses Ergebnis versandten wir schriftlich an alle Mitarbeiter. Dabei kündigten wir auch den Termin für eine Belegschaftsversammlung zur Ergebnisrückmeldung an. Außerdem beschrieben wir in dieser Information die nächsten Schritte zur Umsetzung der Befragungsergebnisse – die Durchführung von Ergebnis-Workshops in allen Abteilungen.

Kommunikation der Ergebnisse

Knapp drei Monate nach Beginn der Befragung meldeten wir die von allen mit Spannung erwarteten Gesamtergebnisse zurück. Dazu führten wir Belegschaftsversammlungen an 2 Standorten durch. Es war unser Anliegen, den Mitarbeitern sichtbar Wertschätzung für ihre Offenheit zu vermitteln. Deshalb fand die Information der Geschäftsleitung, des Projektteams und des Betriebsrats am gleichen Tag statt wie die Belegschaftsversammlung für alle Mitarbeiter des Innendienstes. Der Außendienst wurde in der gleichen Woche durch die Gebietsleiter per Telefonkonferenz über die Ergebnisse informiert. Alle Mitarbeiter erhielten einige Zeit später noch einen schriftlichen Ergebnisbericht. Außerdem konnten sie sich die Präsentationsunterlagen der Belegschaftsversammlung elektronisch übermitteln lassen.

Ergebnis-Workshops und Moderatoren

Die jeweiligen Abteilungsergebnisse stellten wir im Rahmen von Ergebnis-Workshops vor, die wir bereits bei der Präsentation der Gesamtergebnisse angekündigt hatten. Bei dieser Gelegenheit hatten wir auch die Ziele und den Ablauf der Workshops beschrieben und die Projektbeteiligten und zukünftigen Moderatoren vorgestellt.

Diese betriebsinternen Moderatoren bildeten wir mit Unterstützung der F. G. H. eigens zur Durchführung der Ergebnis-Workshops aus. Für die Auswahl der Moderatoren galten folgende Kriterien: Jeder Bereich ist repräsentiert, die Kandidaten vertreten die Ziele der MAB engagiert und motiviert. Da die Moderationstätigkeit für die Mitarbeiter eine Zusatzaufgabe darstellte, war es wichtig, dass jeder für sich einen persönlichen Nutzen ziehen konnte – z.B. Schulung des persönlichen Auftritts, Ausbau des eigenen Kompetenzprofils, andere Bereiche kennen lernen, in anderen Abteilungen bekannt werden, netzwerken im Unternehmen.

Insgesamt fanden über 50 Ergebnis-Workshops statt, die meisten davon innerhalb eines Zeitfensters von 2 Monaten. Die Moderatoren hatten die Aufgabe, die Abteilungsergebnisse zu präsentieren und mit den Mitarbeitern der jeweiligen Abteilung darauf aufbauend Handlungsschwerpunkte zu erarbeiten. Jeder Workshop endete mit einem konkreten Aktionsplan. Moderiert wurde im Tandem, was für jeden Moderator einen Einsatz von 6 – 8 Moderationen bedeutete. Der einzelne Ergebnis-Workshop dauerte in der Regel ca. 4 Stunden.
Die Koordination der Termine und Einsatzplanung aller verfügbaren Moderatoren war eine große logistische Aufgabe. Immer wieder kam es zu Terminkollisionen und –verschiebungen. Gleichwohl berichteten die Moderatoren, dass die Begleitung der Ergebnis-Workshops für sie – trotz der zusätzlichen Arbeitsbelastung – eine Bereicherung war.

Als Dankeschön für den enormen Einsatz des Moderatorenteams arrangierten wir einen gemeinsamen Kochkurs – moderiert von einem Spitzenkoch.

Kommunikation in der Umsetzungsphase (Phase III)

Nach Durchführung aller Ergebnis-Workshops informierten wir die Mitarbeiter in unserer **Hauszeitschrift** über den erfolgreichen ‚Vollzug' dieser Prozessphase, und die Moderatoren berichteten über die dabei gewonnenen Erfahrungen. Schwieriger war es, nun über den Stand der Umsetzungsmaßnahmen in den Abteilungen Rückmeldungen zu erhalten. Wir hatten geplant, monatlich ‚**Erfolgs- und Erfahrungsgeschichten**' aus den Abteilungen zu veröffentlichen. Das überforderte allerdings die Betroffenen, weshalb wir diese Rückmeldungen auf die Hälfte reduzierten.
In diesen Sonderausgaben zur MAB 2002 berichteten Mitarbeiter aus den jeweiligen Abteilungen über die bearbeiteten Themen und deren Umsetzung. Gleichzeitig veröffentlichten wir einen **Umsetzungsbericht** zu bereichsübergreifenden Themen.

Abschluss des Projektes MAB 2002 (Phase IV)

Bereits zu Beginn des Projektes hatten wir dessen offiziellen Abschlusstermin angekündigt. So lag zwischen dem Start der Ergebnis-Workshops und der abschließenden Bewertung des Nutzens mit Prozessevaluierung rund ein Jahr.

Statt einer großen Belegschaftsversammlung für alle Mitarbeiter wählten wir wieder den Weg individueller **Roadshows** (Abb. 13 und 14) in den Abteilungen. Auf diesem Weg konnten wir besser auf Fragen eingehen und die Informationen individueller auf die Abteilungen zuschneiden. Außerdem konnten wir auf diese Weise die jeweiligen Vorgesetzten leichter in die Pflicht nehmen, die angestoßenen Veränderungsprozesse auch fortzusetzen.

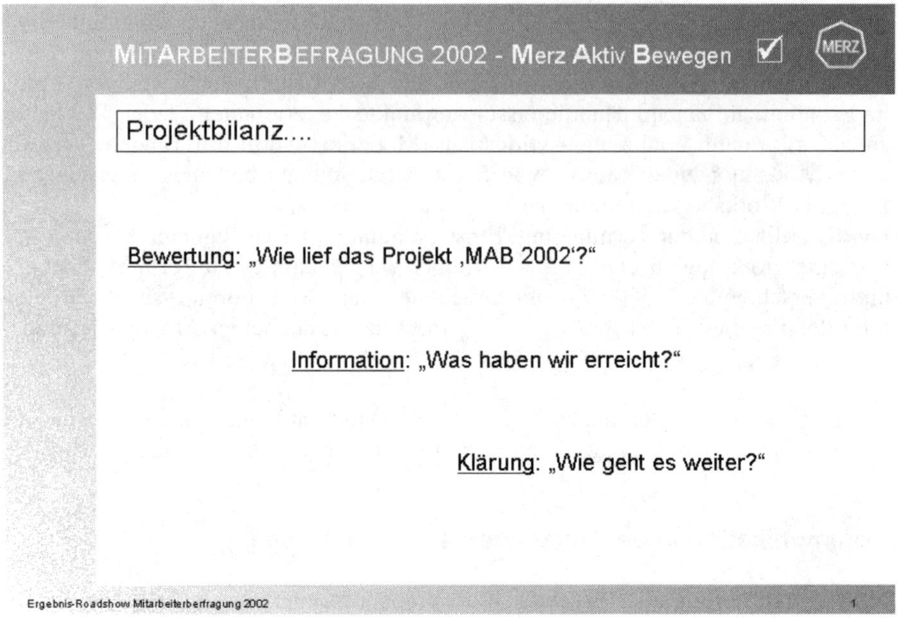

Abb. 13: Projektbilanz

Im Rahmen der Roadshow informierten wir die Mitarbeiter, wie das Projekt aus Sicht der Projektorganisatoren verlaufen war, was wir aus Sicht des Unternehmens erreicht, oder nicht erreicht hatten und wie die angestoßenen Prozesse weitergeführt werden sollten und konnten.

Dazu teilten wir die Roadshow in zwei Teile, nämlich den standardisierten allgemeinen, unternehmensspezifischen und den individuellen Part, der sich auf die jeweilige Abteilung bezog.

Im ersten Teil zog das für diesen Bereich zuständige Geschäftsleitungsmitglied zunächst ein Resümee zum Ablauf des Projektes an sich – was lief gut, was lief anders als erwartet (‚lessons learnt'). So hatten wir die Erfahrung gemacht, dass wir die Mitarbeiter äußerst gut dazu ermuntern konnten, Meinungen abzugeben und Ergebnisse zu bewerten. Ungleich schwieriger war es, die Teilnehmer auch zu bewegen, selbst konsequent an Veränderungen mitzuwirken.
Zugunsten eines besseren Gesamtüberblicks fassten wir die Schwerpunktthemen der Befragung nochmals zusammen. Die Darstellung enthielt auch die aus der Befragung abgeleiteten Umsetzungsmaßnahmen. Wir beschrieben den aktuellen Realisierungsgrad und gaben einen Ausblick auf beabsichtigte, weitere Maßnahmen.

Im zweiten Teil zogen wir abteilungsbezogen zunächst einen Rückblick auf die jeweils bedeutsamen Inhalte. Durch den eingetretenen Zeitablauf – seit den Ergebnis-Workshops war in den meisten Fällen bis zu einem Jahr verstrichen -

mussten wir zunächst eine Brücke zur Ausgangslage schlagen: Welche Themen waren im Ergebnis-Workshop priorisiert und welche Maßnahmen waren daraus abgeleitet worden. Danach stellten Mitarbeiter der einzelnen Projektgruppen und/oder der Abteilungsleiter vor, was sie bisher in den jeweiligen Teams erreicht hatten und wie noch offene Punkte weitergeführt werden sollten.

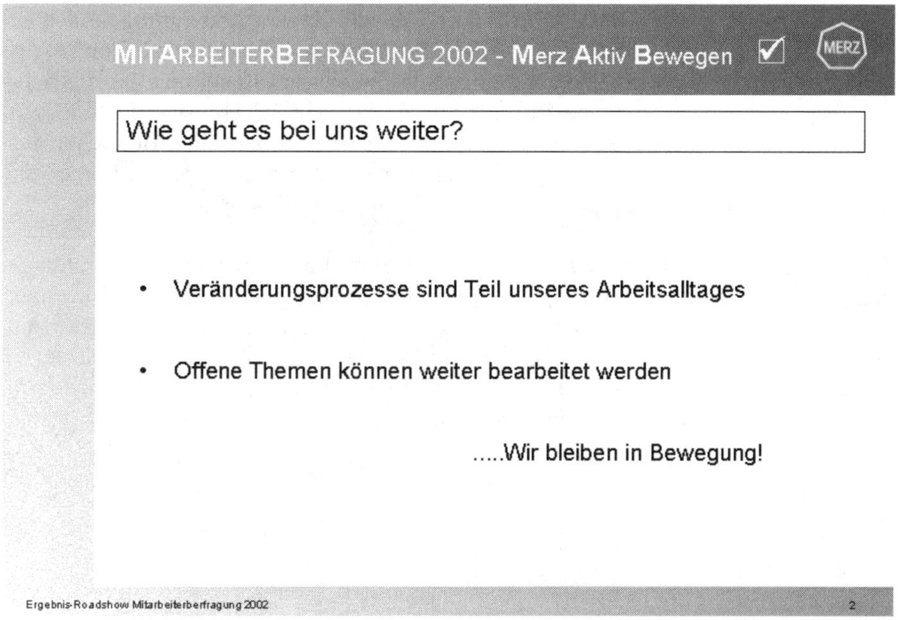

Abb. 14. Wie geht es weiter?

Natürlich konnten wir weder bereichsübergreifend noch in den einzelnen Abteilungen alle Punkte umsetzen. Teils hatten wir unsere Kräfte überschätzt und uns zu viel vorgenommen. Teils hatten sich in der Zwischenzeit die Rahmenbedingungen geändert, und die vereinbarten Maßnahmen waren nicht mehr zeitgemäß. Oft dauert es auch länger als ein Jahr, bis eine Veränderung spürbar wird. Trotzdem wurden bereits sichtbare und spürbare Erfolge erzielt und eine Menge kleiner und großer Veränderungen in Gang gesetzt. Deshalb lautete auch das abschließende Fazit für beide Teile der Ergebnis-Roadshow: „Das Projekt MAB 2002 ist offiziell abgeschlossen – die Veränderungsprozesse laufen weiter!"

Bewertung des Kommunikationskonzeptes

Wir haben durch die verschiedenen Aktionen unsere Ziele erreicht. Ziel Nummer 1 war eine hohe Beteiligungsquote. Der tatsächliche Rücklauf von 88 Prozent hat unsere kühnsten Erwartungen übertroffen. Maßgeblich für diesen Erfolg war sicher das Zusammenspiel der unterschiedlichen Kommunikationsinstrumente. Den größten Nutzen haben dabei aus unserer Sicht die Roadshows beigetragen. Diese Art der Präsentation in kleinem Rahmen ermöglicht eine wesentlich intimere Ansprache und den Mitarbeitern fällt es leichter, Fragen zu stellen und Bedenken zu äußern. Auch der Anteil der spielerisch aufgebauten E-mail-Aktion ist nicht zu unterschätzen, weil hierbei Verstand und Emotionen angesprochen werden.

Ziel Nummer 2 bestand darin, alle Mitarbeiter zur aktiven Beteiligung an den Ergebnis-Workshops zu animieren, was wir flächendeckend geschafft haben. In erster Linie verdanken wir dies der Unterstützung von Geschäftsleitung und Betriebsrat. Beide sprachen sich positiv für diese Art der Ergebnisbearbeitung aus. Zusätzlich wirkten unsere Projektteammitglieder (die wir aus allen Bereichen ausgewählt hatten) als hilfreiche ‚Botschafter' vor Ort. Sie beantworteten Fragen und wickelten die logistische Planung für ihre jeweilige Abteilung ab.

Für uns hat sich die intensive Einbindung aller Prozessbeteiligten bezahlt gemacht. Die einzelnen Zielgruppen wurden ihrem Bedarf entsprechend informiert (wo nicht, haben wir das sofort in den Ergebnissen gespürt). Unsere Projektteammitglieder verstanden ihr abteilungsübergreifendes Wirken auch als Chance zur persönlichen Entwicklung und waren nicht zuletzt aus diesem Grunde hoch motiviert, den gesamten Prozess engagiert zu begleiten.

Die IT Survey Group: Das weltweit führende Benchmarking Konsortium für Mitarbeiterbefragungen der IT Industrie

Franz G. Deitering

Einleitung

„Wo stehen wir denn mit diesen MAB Ergebnissen im Vergleich zu anderen IT Konzernen im Markt? Sind diese Ergebnisse gut oder weniger gut zu bewerten? Was machen vergleichbare Konzerne, wenn sie Herausforderungen wie wir haben?“ Diese oder ähnliche Fragen von Vorständen führen dazu, dass relevante und aktuelle Benchmarks erforderlich sind. Deswegen war ich als MAB-Projektleiter der SAP im Jahre 1997 sehr dankbar, von der ITSG kontaktiert zu werden. Nach einem stringenten Auswahlprozess und einer Vorstellung des SAP MAB-Programms im ITSG Meeting wurde die SAP 1998 als neues Mitglied in die IT Survey Group aufgenommen. Heute habe ich die Ehre der Gruppe als Chairman dienen zu dürfen. In diesem Artikel möchte ich die ITSG vorstellen und einen Einblick in das Leben dieses Benchmarking Konsortiums für MAB geben.

1 Geschichte: 10 Jahre ITSG

Die IT Survey Group (ITSG) ist 1994 als Spin-off der Mayflower Group (vgl. Johnson, 1996) von MAB-Verantwortlichen aus acht IT Konzernen gegründet worden. Das Hauptmotiv der Gründermütter und -väter war, frische und relevante Benchmarkingdaten von Keyplayern der IT Industrie zu erhalten. Heute - 10 Jahre später - hat sich die Gruppe von den Mitgliedern her verdoppelt.

2 Vision und Ziele

Das Gründungsteam hat sich selbst eine Art Verfassung gegeben mit einer Reihe von wichtigen Eckdaten und Regeln, die weiter unten beschrieben sind. Das Herz der sogenannten „Bylaws“ ist die Vision und sind die Ziele der ITSG.

Vision Statement

The Information Technology Survey Group is an organization of private sector companies in the Information Technology Industry (e.g., hardware, software, R&D, services, I/T consulting, networking) who administer employee opinion survey programs. The Information Technology Survey Group provides norms, research, and education to foster the development of survey programs relevant to the business needs of member companies.

3 Objectives

The objectives of the organization shall be:

1. To study, support research in, and to disseminate information concerning the art, science and practice of employee opinion assessment and data utilization.
2. To cooperate with professionals in allied fields for the purpose set forth above.
3. To develop a set of core survey questions useful in the study of employee attitudes and provide a mechanism by which data on the questions can be collected, compared.
4. To do and perform every and anything which may be necessary, advisable, suitable or proper to carry out the objectives and purposes heretofore expressed and also to exercise all implied powers and rights which the Corporation may posses as a non-stock, non-profit corporation organized under the laws of the State of Delaware.

Die ITSG ist eine Non-Profit Organisation bestehend aus Wirtschaftsunternehmen der IT Industrie, die regelmäßig MAB durchführen. Der Zweck der ITSG ist es in erster Linie seinen Mitgliedern relevante Normen anzubieten, um damit das Business der Mitgliedsunternehmen zu unterstützen.

4 Mitglieder

Die Mitlieder werden aus führenden Konzernen der IT Industrie nach einem stringenten Auswahlprozess rekrutiert. Da die IT Branche sich selber sehr schnell weiterentwickelt gilt es auch die möglichen neuen Konzerne immer wieder neu zu überprüfen. Der Hauptfokus liegt auf Konzernen, die Hardware, Software, Services, IT-Beratung oder auch Netzwerktechnik als ihr Kerngeschäft definiert haben.

Momentan gehören 16 IT Konzerne zu der ITSG. Die aktuellen Mitglieder sind auf der Webpage der ITSG unter www.itsg.org zu finden.

Abb. 1: Mitglieder der IT Survey Group (Stand September 2004)

Die Mitglieder verpflichten sich mindestens alle 24 Monate aus einem Set von 33 ITSG Items mindestens 18 auszuwählen und hierzu repräsentative Daten für ihren Konzern aus der MAB zu liefern. Darüber hinaus muss mindestens einer der zwei Vertreter der Firmen an den zweimal pro Jahr stattfindenden ITSG-Meetings teilnehmen. Natürlich müssen auch die jährlichen Gebühren von 2.000 US Dollar pünktlich bezahlt werden. Falls eines dieser Kriterien über längere Zeit nicht erfüllt wird spricht der Chairman eine Verwarnung aus und es werden keine Normen mehr geliefert. Falls nach dieser Verwarnung besonders im Fall nicht gelieferter Daten nach einem weiteren Jahr weiterhin keine Daten geliefert werden droht der Abschied aus der ITSG. Dieses war in der 10-jährigen Geschichte der ITSG drei Mal der Fall. Wobei sich ein Konzern nach einer Zeit von zwei Jahren wieder bewerben kann. Dieses führte in einem Fall auch zum erfolgreichen Wiedereinstieg.

Alle Mitglieder unterschreiben ein so genanntes „Non disclosure agreement" worin sie sich verpflichten, die Normen der ITSG vertraulich zu behandeln und nicht außerhalb des eigenen Konzerns zu verwenden.

5 Benchmarking Items

Die „Bank“ eines jeden MAB Benchmarking Konsortiums sind die Items und die Normen. Gerade bei den Items sind die Qualität und klare Regeln und Prozesse für das Hinzunehmen neuer Items und das Entfernen von Items aus dem Pool wichtig. In Tabelle 1 bis 3 sind die wichtigsten Regeln und Prozesse definiert.

Rule	Rationale
Max 35 Core Items (currently 33 are in Core)	Gives members more choice, and lets them "vote with their feet" (interest).
Max 2 added and 2 retired each year. Retirement voting is done first, since additions are contingent on the number of Core Items.	Establishes a reasonable level of circulation (churn).
Establish Core Item review and vote as standard agenda at Spring meeting. Pre-work to inform and involve full membership covers time between Fall and Spring meetings.	Keeps this a standard order of business. Ensures that members understand and contribute to any changes to Core Items.
Decisions taken at Spring meeting are effective for data collected during the following year (e.g., Spring '00 decisions apply to data collected during '01, which is submitted Jan '02). Early adoption of changes will be accepted (i.e., data collected during the same year as the decision can be submitted). "Carry over" submissions will not be penalized (i.e., programs on a two-year submission cycle will not be considered out of compliance if item retirement reduces their submission to less than 18 items).	Gives time for survey programs to adjust, as well as allowing for faster data sharing among interested companies.
Data from retired items will be accepted for norm reports.	Members can still share data on items not in Core.

Tabelle 1: Regeln zum Umgang mit den Items der ITSG

Step	Owner
1) Prior to Meeting, identify item usage rates, and distribute to members. Identify two items that are being submitted by the fewest companies to be considered for retirement (excluding Core Items less than 3 years old).	Norms Chair
2) After Meeting discussion, items are given separate votes. Members not in attendance are expected to submit absentee ballot to Norms Chair. Items not receiving majority votes are moved into retirement.	Full Membership

Tabelle 2: Prozeß der ITSG des Entfernens von Items

Step	Owner
1) Define topics of interest and identify current and potential items. Submit to Norms Chair as first draft.	Topic Champions (interested members)
2) Consolidate first draft(s) and submit to full membership for first round voting and more item suggestions.	Norms Chair
3) First round voting. Select a maximum of 2 items from each topic and submit more item suggestions. One set of votes per company. Return to Norms Chair.	Full Membership
4) Review first round results, and choose 1 or 2 from each topic (maybe drop topics for lack of interest) for member discussion and vote for entry.	Norms Chair and Topic Champions
5) Distribute slate of candidates for entry to members 2 weeks prior to meeting.	Norms Chair
6) Review slate of candidates	Full Membership

7) After Meeting discussion, each member votes for 2 items from slate. Members not in attendance are expected to submit absentee ballot to Norms Chair. The two items receiving the most votes are added to Core.	Full Membership

Tabelle 3: Prozeß der ITSG der Hinzunahme von Items

Die Items decken die folgenden Themengebiete ab:

1. Customer Satisfaction
2. Empowerment
3. Process Improvement & Quality
4. Team & Work Group Cooperation
5. Personal, Professional Development & Growth
6. Leadership
7. Change Management
8. Decision Making, Information Flow, Communication
9. Goals & Strategy Alignment
10. Overall Satisfaction, Retention
11. Recognition & Reward
12. Fair Treatment, Diversity, Work/Personal Balance

Folgende Skalierung wird bei den Items zugrunde gelegt.

Strongly Agree 1	Agree 2	Neutral 3	Disagree 4	Strongly Disagree 5

6 Anonymität, Qualität und Nutzung der Normen

Für das Funktionieren eines Benchmarking Konsortiums wie die ITSG ist es wichtig, einige Grundregeln einzuhalten, die in den o.g. „Bylaws" festgehalten sind. Zum einen muss die Anonymität der Werte eines jeden Konzerns gewährleistet sein. Zum anderen müssen die Normen der ITSG absolut vertraulich behandelt werden. Das heißt, dass diese Normen ausschließlich in der ITSG und ihren Mitgliedskonzernen genutzt werden dürfen. Um die Qualität der gelieferten Daten zu erhöhen gibt es sehr strikte Richtlinien wie und in welchem Format die Daten geliefert werden. Der „Norms Chairman" wacht nicht nur über die Qualität der Items, sondern auch über den Prozess der Lieferung der Daten an die externe Beratungsfirma, die dann die Daten aller Mitglieder aufbereitet und zweimal pro Jahr zur Verfügung stellt. Der Norms Chairman – innerhalb der ITSG auch liebevoll „Norms Guru" genannt- überwacht auch, dass die gelieferten Daten repräsentativ sind.

7 Benchmarking

Neben dem Benchmarking der Normen, wird innerhalb der ITSG sehr intensiv über best practices bzgl. MAB diskutiert. Die ITSG Meetings stehen gewöhnlich unter einem Schwerpunktthema (z.B. Linkage Research, Folgeprozesse in MAB, CEO Faktor bei MAB, E-Surveys) zu dem sich die Gruppe austauscht und Spezialisten aus Forschung und Praxis einlädt. Neben diesem MAB-spezifischen Benchmarking laufen während und zwischen den ITSG Meetings sehr viele Benchmarks, die oft im Umfeld von HR liegen oder Spezifika der IT-Industrie sind (z.B. offshoring).

8 Wie funktioniert ein Konsortium wie die ITSG?

Die IT Survey Group „funktioniert" aus meiner langjährigen Erfahrung in erster Linie aus einem besonderen „Spirit" heraus. Die ungeschriebenen Werte in dieser Gruppe sind

- high technology solutions
- surveys with a strong focus on business improvement
- speed
- fun
- state of the art research of practical brain-workers

- flexibility
- intercultural and global team

In den “Bylaws” sind verschiedene Rollen in der ITSG festgeschrieben. Der Chairman ist der Vorsitzende der Gruppe und ist für die Führung des Konsortiums und der anderen „Officers“ verantwortlich. Ein „Secretary“ unterstützt den Chairman bei der operativen Vor- und Nachbereitung der Meetings und Telefonkonferenzen. Zum anderen ist er für die Pflege der Website verantwortlich. Der „Vice Chairman“ ist für das Rekrutieren von neuen Mitgliedern verantwortlich. Er wird dabei von allen Mitgliedern unterstützt. Der „Norms Chairman“ hat die Verantwortung für die Normen, die Items, den Prozess der Datenlieferung und arbeitet eng mit dem externen Beratungsunternehmen zusammen. Last but not least ist der „Treasurer” der Finanzminister in der Runde der Officer. Er sorgt dafür, dass in der ITSG als Non-Profit Organisation immer genügend Geld in der Kasse ist. Diese Officers stellen sich alle zwei Jahre zur Wahl.

Eine wichtige Institution sind die zwei Mal pro Jahr stattfindenden ITSG Meetings. Sie finden jeweils bei einem der Mitgliedskonzerne als Gastgeber statt. Neben dem operativen Geschäft um Normen/Items, Rekrutierung oder Bewerbung neuer Mitglieder, Finanzsituation ist hier vor allem das o.g. Benchmarking wichtig. Bei diesen Meetings werden zum Beispiel folgende Themen besprochen:

- The business –> the HR-strategy –> the survey
- How to run surveys in tough times?
- The CEO–Factor in surveys
- The evolution of the MS, IBM, SAP... Survey
- How to ensure that the survey survives a merger?
- Highly effective Follow Up Processes
- The top ten quality criteria for survey vendors
- E-Surveys – the next generation
- …

Das folgende Bild zeigt ein Meeting im Jahr 2000 bei dem wir uns selbstkritisch mit folgenden Fragen auseinander gesetzt haben:

- Who are our customers? Or...Are we stuck in HR-Stuff?
- How can we support the business? Or…Do we know how IT business ticks?
- How to run surveys in a global company? Or… Do we just *administer* on a global level?

Abb. 2: Meeting der IT Survey Group im Jahre 2000

Zwischen den Meetings finden je nach Bedarf 1-3 Telefonkonferenzen mit allen Mitgliedern von ca. 1-2 Stunden und ggf. mit den Officers zusätzliche Telefonkonferenzen statt. Darüber hinaus laufen auch zwischen den Meetings auf der Basis von E-Mails sehr viele Benchmarks zu unterschiedlichsten Themen.

Alle zwei bis drei Jahre veranstaltet die ITSG ein offenes Symposium unter dem Motto „Know to grow". Die ITSG öffnet hier branchenübergreifend die Tore für MAB interessierte Firmen. MAB Experten erfahren hier von den Praktikern der ITSG wie auch von renommierten Professoren führender Universitäten was in Sachen MAB state of the art ist. Das erste ITSG Symposium fand in Seatlle bei Microsoft statt. Das zweite fand im Juni 2004 bei SAP in Deutschland statt. Das dritte wird voraussichtlich in Asien durchgeführt werden. Das Hauptziel ist es die ITSG außerhalb der USA noch bekannter zu machen und gerade aus Europa und Asien neue Mitglieder zu gewinnen.

9 Welche Vorteile bietet die ITSG?

Die Mitglieder der IT Survey Group genießen eine Reihe von Vorteilen.

1. Alle sechs Monate aktuelle, kostengünstige und qualitativ hochwertige Normen zu MAB aus der IT-Industrie
2. Benchmarking zu aktuellen MAB Themen
3. Zugriff zu Best Practices (Tools, Material, Forschungsergebnisse...) der ITSG
4. Die Chance unter hervorragenden MAB Experten ein Netzwerk aufzubauen
5. Zweimal pro Jahr die Chance von den Besten in Meetings zu lernen
6. Austauschmöglichkeit auch zu Themen wie HR oder anderen Gebieten
7. Der einzigartige Spirit in der IT Survey Group

10 Herausforderungen der Zukunft

Auch für die ITSG gibt es eine Reihe von Herausforderungen. Deitering (2003b) hat diese in einem Practioner Forum mit Leitern von anderen MAB Konsortien wie der MIDAS Group für Banken und der altehrwürdigen Mayflower Group diskutiert. Eine ständige Herausforderung ist die Aktualität der Daten. Die ITSG liefert seit 2003 statt alle 12 Monate jetzt alle sechs Monate Benchmarking Daten. Die Gruppe möchte ganz gezielt durch qualitativ hochwertige Firmen wachsen und gleichzeitig den Spirit der Gruppe erhalten. Die Gruppe soll aber überschaubar bleiben und nicht in bürokratischen Komitees und Unterkomitees untergehen. Eine der Kernherausforderungen der ITSG ist es die Rolle als Global Player noch weiter auszubauen. In den Gründerjahren war die ITSG ein reines US-Konsortium. 1996 kam ein kanadisches Unternehmen dazu, 1997 mit SAP ein erstes europäisches Unternehmen. In den letzten zwei Jahren konnte wir mit Siemens und T-System weitere große IT Konzerne aus Deutschland hinzugewinnen. Um dem Ziel der ITSG als Global Player in MAB Konsortien näher zu kommen haben wir uns für die Zukunft folgende fünf Ziele gesetzt:

1. At least every 2nd year is the ITSG meeting is on another continent
2. Every CEO of the top 100 IT companies globally knows about *THE* ITSG
3. More than 30 % of member companies have headquarters outside US
4. At least two member companies are headquartered in Asia Pacific

5. At least two of five members of the board of officers come from outside of the US

Die Kernaussagen zur Positionierung und zur zukünftigen Ausrichtung sind in der folgenden Abbildung 3 enthalten.

Abb. 3: Positionierung und Ziele der IT Survey Group

Für mich ist es eine Ehre und eine Freude der IT Survey Group als Chairman dienen zu dürfen. „It is a unique team of very special people." Ich wünsche der ITSG nach dem 10-jährigen Bestehen in 2004 eine spannende zweite Dekade bis 2014.

Literatur

Deitering, F.G. (2003a): Zehn Erfolgsfaktoren für die Gestaltung von effektiven Folgeprozessen in Mitarbeiterbefragungen. In K.-Ch. Hamborg & H. Holling (Hrsg.), *Innovative Personal- und Organisationsentwicklung* (pp. 424-446). Göttingen: Hogrefe.

Deitering, F.G. (2003b): IT Survey Group: Best Practices and Challenges in sharing survey data among high tech companies. Paper presented as Chairman of the ITSG in a symposium at the annual conference of the Society for Industrial and Organizational Psychology (SIOP) in Orlando.

Johnson, R. H. (1996): Life in the consortium. The Mayflower Group. In A. Kraut (Hrsg.). *Organizational surveys* (pp. 285-309). San Franciso: Jossey-Bass.

Items der ITSG

Category	Quest Numb	Item Wording	Scale	Columns
Customer Satisfaction	1_95	[My work group] has a clear understanding of our customers' needs.	SD/SA*	1
	2_95	Processes and procedures allow me to effectively meet my customers' needs.	SD/SA*	2
	32_00	At [company name], we deliver products/services that successfully fulfill our customers' needs.	SD/SA*	41
Empowerment	3_95	I feel free to take {informed} risks in getting my work done.	SD/SA*	3
	4_95	I feel encouraged to come up with new and better ways of doing things.	SD/SA*	4
Process Improvement & Quality	6_95	I have the authority to make decisions that improve the quality of my work.	SD/SA*	6
	7_95	[My work group] looks for ways to change processes to improve productivity.	SD/SA*	7
	33_00	Conditions at [company name] allow me to be about as productive as I can be.	SD/SA*	42
Team & Work Group Cooperation	8_95	[The people in my work group] cooperate to get the job done.	SD/SA*	8
	9_95	[My work group] cooperates with other work groups to achieve business objectives.	SD/SA*	9
	30_95	[My work group] gets the cooperation it needs from	SD/SA*	30

		other [work groups] to achieve [our/its'] [business/group] objectives.		
Personal, Professional Development & Growth	10_95	I know what skills I will need in the future to be a valuable contributor in [company name].	SD/SA*	10
	11_95	In the last 12 months, I was able to take advantage of opportunities to enhance my skills.	SD/SA*	11
	12_95	I receive on-going feedback that helps me improve my performance.	SD/SA*	12
Leadership	13_95	My manager is available to me when I have questions or need help.	SD/SA*	13
	14_95	[Company specific level] management communicates a clear sense of direction [{for my entity}].	SD/SA*	14
	34_00	I have confidence in the ability of [company name][company defined senior leadership] to help us achieve our goals and objectives.	SD/SA*	43

Category	Quest Numb	Item Wording	Scale	Columns
Change Management	15_95	The changes made in our [company specific level] in the last year will help us achieve our business objectives.	SD/SA*	15
	16_95	[My work group] uses [name of employee survey] feedback to make improvements.	SD/SA*	16
Decision Making, Information Flow, Communication	17_95	I can get the information I need to do my job.	SD/SA*	17
	18_95	I am appropriately involved in decisions that affect my work.	SD/SA*	18
	19_95	[The people in my work group] speak openly and honestly, even when the news is bad.	SD/SA*	19
Goals & Strategy Alignment	20_95	I can clearly explain to others the [3-5 year business strategy] of [company name/the company].	SD/SA*	20
	21_95	I can see a clear link between my work and [company name/the company's] objectives.	SD/SA*	21
Overall Satisfaction, Retention	22_95	I would recommend [my work group] as a good place to work.	SD/SA*	22
	23_95	I like the kind of work I do.	SD/SA*	23

	24_95	Considering everything, how satisfied are you with your job?	5-Very satisfied 4-Satisfied 3-Neither satisfied nor dissatisfied 2-Dissatisfied 1-Very dissatisfied	24
	25_95	How would you rate [company name/this company] as a company to work for compared to other companies?	5-One of the best 4-Above average 3-Average 2-Below average 1-One of the worst	25
	31_98	{Even} if I were offered a comparable position with similar pay and benefits at another company, I would [not leave/stay at] [company name]	SD/SA *	40
Recognition & Reward	26_95	I understand how my performance is evaluated.	SD/SA*	26
	27_95	When I do an excellent job, my accomplishments are recognized.	SD/SA*	27
	28_95	In [company name/this company] people are rewarded according to their job performance {and accomplishments}.	SD/SA*	28
Fair Treatment, Diversity, Work/Personal Balance	29_95	[My work group] has a climate in which diverse perspectives are valued.	SD/SA*	29

Mitarbeiterbefragungen bei Shell: Harte Fakten über weiche Faktoren – der „People Index“ als Zielgröße in der Balanced Scorecard

Henning Patzke und Heinz-Jörg Huwe

1 Einleitung

1.1 Überblick

> In an increasingly competitive and demanding business environment it is people that can make the lasting difference. ... The unique diversity of Shell people – linked by a strong business culture and shared values – is an important competitive advantage.
> ***Sir Philip Watts, Chairman of the Committee of Managing Directors, Royal Dutch/Shell Group (2004)***

Shell hat sehr früh den Zusammenhang zwischen Motivation, Zusammenarbeit und Leistung der Mitarbeiter[1] erkannt. Nur Unternehmen, die dafür die genauen Ansatzpunkte ermitteln, daraus herausfordernde und messbare Ziele ableiten und diese diszipliniert verfolgen, können im harten Wettbewerb bestehen. Mitarbeiterzufriedenheit ist also kein Luxus, sondern eine zwingende Voraussetzung für Kundenzufriedenheit und damit für den Unternehmenserfolg.

Shell ist davon überzeugt, dass der systematische und periodisch wiederkehrende Dialog mit den Mitarbeitern (z.B. durch Mitarbeiterbefragungen) im Rahmen einer strukturierten und ausgewogenen Unternehmens- und Personalstrategie zu mehr Leistungsbereitschaft und damit zu einem nachhaltig besseren Unternehmenserfolg führen wird. Dazu ist ein sehr konsequent gesteuertes Controlling, in dem sowohl harte wie auch weiche Faktoren berücksichtigt werden, unerlässlich.

1.2 Shell Firmenporträt

Die Royal Dutch / Shell Gruppe ist als globale Organisation eine der größten Unternehmensgruppen der Welt, sie ist in der Ölindustrie einzigartig. Auch wenn Shell Außenstehenden als ein Unternehmen erscheint, besteht die Gruppe in Wirk-

---

[1] Zur besseren Lesbarkeit wird im Folgenden Mitarbeiter als Sammelbegriff für Mitarbeiterinnen und Mitarbeiter verwandt.

lichkeit aus über 1.700 Unternehmen weltweit. Sie entstand im Jahr 1907 aus einem Zusammenschluss der N.V. Koninklijke Nederlandsche Petroleum Maatschappij (Royal Dutch Petroleum Company), Den Haag und The "Shell" Transport and Trading Company p.l.c., London. Die beiden Unternehmen kamen überein, ihre Interessen zu bündeln, gleichzeitig aber ihre jeweilige Identität beizubehalten.
Mit ihren Aktivitäten erwirtschaftete die Royal Dutch/Shell Gruppe im Jahr 2004 einen Gewinn nach Steuern von 18,5 Mrd. US $. Die Erträge und Beteiligungen teilen sich im Verhältnis 60:40 für Royal Dutch und Shell Transport and Trading auf.

Die Royal Dutch/ Shell Gruppe hat

- folgende Geschäftsbereiche: Exploration und Förderung von Öl und Erdgas, Verarbeitung und Vertrieb von Mineralöl und Chemieprodukten, Erdgas/Strom und erneuerbare Energien
- rund 125.000 Mitarbeiterinnen und Mitarbeiter weltweit
- rund 600.000 Aktionäre der Royal Dutch und etwa 283.000 der Shell Transport
- Betriebsgesellschaften in über 145 Ländern
- mehr als 46.000 Tankstellen mit täglich über 25 Mio. Kunden weltweit

Die Royal Dutch/ Shell Gruppe ist

- an Explorations- und Förderprojekten in über 45 Ländern beteiligt und fördert etwa drei Prozent des Ölaufkommens der Welt
- beteiligt an rund 50 Raffinerien in 33 Ländern mit einem Durchsatz von täglich rund 3,3 Millionen Barrel (ein Barrel entspricht 159 Liter) Rohöl
- weltweit einer der größten Vertreiber von Kraft- und Schmierstoffen und eine der bekanntesten Marken der Welt

Der überwiegende Teil des Geschäftsbereichs **„Verarbeitung und Vertrieb von Mineralöl“ (Oil Products)** war bis Ende 2004 in vier geografische Zonen aufgeteilt:

- Middle East and Asia Pacific
- South (Africa, South & Latin America)
- North America
- Europe (Shell Europe Oil Products, kurz SEOP)

Anfang 2005 wurden die regionalen Strukturen aufgelöst und in globale Strukturen übergeleitet. Andere Teilbereiche von Oil Products (Handel, Transport, For-

schung und Entwicklung, Schmierstoffe, Luftfahrt, Marine und Flüssiggas) waren schon seit längerem global organisiert.
SEOP trug rund 30% zum weltweiten Umsatz von Mineralölprodukten der Royal Dutch/Shell Gruppe bei.

Die Aktivitäten der Royal Dutch/Shell Gruppe in Deutschland sind unter dem Dach der **Deutsche Shell Holding**, Hamburg, zusammengefasst.

Shell ist in Deutschland seit mehr als 100 Jahren tätig. Im Jahr 2002 wurde das Öl-Geschäft der Deutschen Shell in das Gemeinschaftsunternehmen Shell & DEA Oil GmbH eingebracht. Mitte 2002 übernahm Shell 100% dieses Unternehmens, das zum 1. Januar 2004 in **Shell Deutschland Oil GmbH** umbenannt wurde. Mit einem Beitrag von rund 40% zum europäischen Umsatz stellt die Shell Deutschland Oil GmbH einen wesentlichen Bestandteil der Royal Dutch/Shell Gruppe dar. Einschließlich der Tochter- und Enkelgesellschaften beschäftigte Shell in Deutschland zum Jahresende 2004 rund 6300 Mitarbeiter.

2 Die konzeptionelle Verankerung von Mitarbeiterbefragungen in der Firmenstrategie von SEOP

Mitarbeiterbefragungen sind für die Steuerung des Geschäfts in der Royal Dutch/Shell Gruppe innerhalb weniger Jahre zu einem erfolgreichen und deshalb wichtigen Element geworden. Ihre Gestaltung, ihr Einsatz und die Nutzung ihrer Ergebnisse basiert auf

- den Unternehmensgrundsätzen der Royal Dutch/Shell Gruppe
- der Personalstrategie der Royal Dutch/Shell Gruppe
- dem Balanced Scorecard Konzept
- theoretischen Modellen und externem Benchmarking bei Mitarbeiterbefragungen

2.1 Die Unternehmensgrundsätze der Royal Dutch/Shell Gruppe

Die Unternehmensgrundsätze der Royal Dutch/Shell Gruppe setzen den Handlungsrahmen für die Aktivitäten jeder Shell Gesellschaft. Alle Gesellschaften sind dem Ansehen der Shell Gruppe verpflichtet. Jede einzelne Shell Gesellschaft behält dabei jedoch einen weitreichenden eigenen Handlungsspielraum für die konkrete lokale Umsetzung.

Aufrichtigkeit, Integrität sowie Achtung und Respekt vor den Menschen sind zentrale Werte aller Shell Gesellschaften. Außerdem ist Shell der festen Überzeugung, dass Vertrauensbildung, Offenheit, Teamarbeit und Professionalität sowie der

Stolz auf die eigenen Leistungen von entscheidender Bedeutung sind. Diese Werte gelten für alle gesellschaftlichen Aktivitäten und beschreiben das Verhalten, das von jedem Mitarbeiter erwartet wird. Ein verbindlicher Rahmen sowie festgeschriebene Maßnahmen zur Einführung und Umsetzung dieser Grundsätze stellen für jede Shell Gesellschaft sicher, dass die Mitarbeiter diese Grundsätze kennen, verstehen und sich nach ihnen richten.

> Das Vermögen des Unternehmens ist das, was die Mitarbeiter vermögen.
> **Deutscher Wirtschaftsdienst**

Shell Gesellschaften sind sich der Tatsache bewusst, dass der wirtschaftliche Erfolg der Unternehmensgruppe vom engagierten Einsatz aller Mitarbeiter abhängt.

Shell achtet die Persönlichkeitsrechte seiner Mitarbeiter. Shell will seinen Mitarbeitern gute und sichere Arbeitsbedingungen bieten, ihnen ein gutes und stabiles Umfeld schaffen und sie ihren Begabungen entsprechend bestmöglich einsetzen und fördern. Dabei soll das Prinzip der Chancengleichheit gewahrt bleiben. Shell will die Eigenständigkeit der Mitarbeiter bei der Gestaltung ihrer Arbeit fördern und jeden einzelnen von ihnen ermuntern, an der Umsetzung der Grundsätze mitzuwirken.

Die Royal Dutch/Shell Gruppe will sowohl durch Mitarbeiter als auch durch externe Personen als ein Unternehmen wahrgenommen werden, das Unterschiede wertschätzt und das für Männer und Frauen jedes ethno-kulturellen Hintergrundes erste Wahl als Arbeitgeber ist.

2.2 Die Shell Personalstrategie

Die Shell Personalstrategie ist seit dem Jahr 2000 wesentlicher und integraler Bestandteil der Gesamtstrategie. Sie basiert auf sieben grundlegenden Personalprinzipien, für die im Jahre 1999 in einer globalen Mitarbeiterbefragung eine erste Bestandsaufnahme gemacht wurde.

> „Unsere Personalprinzipien reflektieren unsere Hoffnung auf eine gute Zusammenarbeit bei Shell.
>
> Wir sind leistungsgetrieben, verantwortlich dafür, Ergebnisse zu erzielen und wir werden für unsere Beiträge wertgeschätzt.
>
> Wir fördern und übernehmen selbst Verantwortung für beständiges Lernen und persönliche Weiterentwicklung.
>
> Wir teilen eine gemeinsame Verpflichtung, Führungsfähigkeit aktiv zu entwickeln und einzusetzen.

Wir achten und bauen auf individuelle Unterschiede.
Wir unterstützen uns gegenseitig darin, unsere eigene Balance zwischen Arbeit und Privatleben zu finden.

Wir engagieren uns in häufiger, rechtzeitiger und offener Kommunikation miteinander.

Wir werden mit unserer Arbeit dazu beitragen, dass die Erwartungen der Gesellschaft, in der wir leben, verwirklicht werden."

Die Prinzipien sollten nicht nur dazu dienen, neue Personalprozesse und -systeme zu entwickeln bzw. vorhandene anzupassen, sondern sie sollen auch die Entwicklung und das Verhalten von Führungskräften lenken. Shell Mitarbeiter sollen darauf vertrauen können, dass diese Prinzipien in allen strategischen, operationellen und taktischen Aussagen und Handlungen befolgt werden.

Obwohl Shell innerhalb der eigenen Branche in den meisten Kategorien der Befragung führende Ergebnisse erzielte und von den Mitarbeitern als guter Arbeitgeber betrachtet wurde, lag Shell doch in nahezu allen Kategorien hinter den „best in class" Unternehmen. Die Führung des Personalbereichs, die Führungsgremien der Geschäftsbereiche und das oberste Führungsgremium der Shell Gruppe kamen übereinstimmend zu der Auffassung, dass eine schlüssige Shell Personalstrategie ein kritischer Erfolgsfaktor für die Gruppen- und Geschäftsstrategie in den folgenden Jahren sein würde.

Im Zuge der Umsetzung der weltweiten Personalstrategie wurde ein Modell entwickelt. Dieses sollte als Ausgangspunkt für Diskussionen und die Entwicklung von Ideen und „Personalprodukten" dienen. Die inneren Kreise des Modells enthalten die zwei Kernkonzepte der Personalstrategie, das Zugehörigkeitsgefühl zum Unternehmen („Affiliation") und die Vielfalt der Mitarbeiter („Diversity"). Mit Hilfe des dritten inneren Kreises – Führung – sollen diese Kernkonzepte ausgestaltet und umgesetzt werden. Dem Führungsverhalten der Führungskräfte kommt somit eine entscheidende Bedeutung zu, wenn es darum geht, die Personalstrategie umzusetzen.

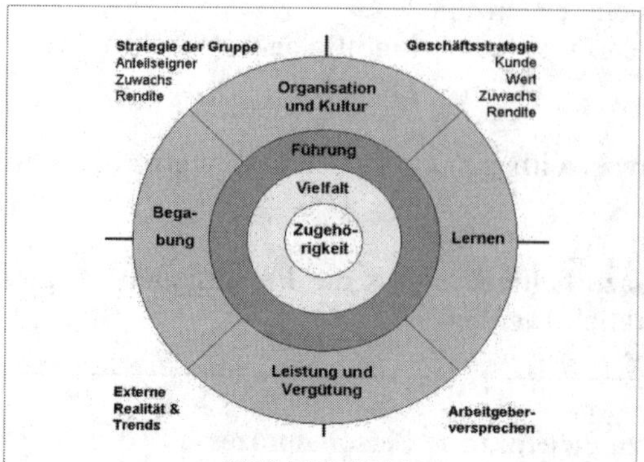

Konzepte der Personalstrategie

Dieses Modell soll deutlich machen, dass hohe Leistung nur erreicht werden kann, wenn die Mitarbeiter ein enges Zugehörigkeitsgefühl zu Shell entwickeln und wenn das Unternehmen die Vielfalt der Mitarbeiter wertschätzt und nutzt.

Weiterhin soll dieses Modell zeigen, dass sich die Personalstrategie an den Strategien der Gruppe und der Geschäftsbereiche orientieren muss und gleichzeitig mit diesen in Wechselwirkung steht.

Die Wirksamkeit der strategischen Ziele wird – soweit sie die Mitarbeiter betreffen – durch die Mitarbeiterbefragungen hinterfragt. Aus den Ergebnissen dieser Bestandaufnahmen können sich wiederum Justierungen der strategischen Ziele und insbesondere der jährlichen Aktionspläne ergeben.

2.3 Die Steuerung des Geschäfts mittels Balanced Scorecard

Shell steuert sein Geschäft mit Hilfe des Balanced Scorecard Konzepts. Dieses bereits 1992 von den beiden amerikanischen Wissenschaftlern Robert Kaplan und David Norton veröffentlichte Konzept eines „ausgewogenen Kennzahlensystems“ oder auch „übersichtlichen Berichtsbogens“ will erreichen, dass alle für den Erfolg eines Unternehmens wichtigen Faktoren – das sind nicht nur Resultate, sondern auch die Aktionen, mit denen die Resultate vorbereitet werden - abgebildet, messbar gemacht und kommuniziert werden.

> Die Zukunft ist nicht nur das, was eintreten kann oder was sich wahrscheinlich ereignen wird - die Zukunft wird auch in zunehmendem Maße das sein, was wir im voraus gewollt haben.
> **Gaston Berger**

Die Balanced Scorecard verspricht dabei einen ausgwogenen und umsetzungsorientierten Steuerungsansatz. Die Leistung einer Organisation wird hier als Gleichgewicht („Balance“) zwischen verschiedenen Perspektiven gesehen und auf einem übersichtlichen Berichtsbogen („Scorecard“) dargestellt. Zudem integriert das Instrument sowohl langfristige als auch kurzfristige, interne und externe Elemente zur Umsetzung der Geschäftsstrategie.

Die Kennzahlen werden im theoretischen Grundmodell vier verschiedenen Perspektiven zugeordnet, den Finanzen, Kunden, internen Prozessen und den Mitarbeiterpotenzialen. Diese Perspektiven bilden eine Rangfolge ab: Die auf den unteren Ebenen (Mitarbeiter und interne Prozesse) abgebildeten Ziele und Maßnahmen gelten im Balanced Scorecard Modell als Leistungstreiber. Ihr Erfolg ist Voraussetzung dafür, dass die Ziele auf den oberen Ebenen (Kunden und Finanzen) erreicht werden.

Bei SEOP wurde das Grundmodell zu einem Dreieck, dem **SEOP Dreieck** abgewandelt. Die drei Ecken stehen für „Kunden", „Mitarbeiter" und „Anteilseigner" (Finanzen). Die Fläche des Dreiecks wird mit den Querschnittsperspektiven Qualität, Gesundheit, Sicherheit, Umwelt (Quality, Health, Safety, Security, Environment = QHSSE) gleichgesetzt.

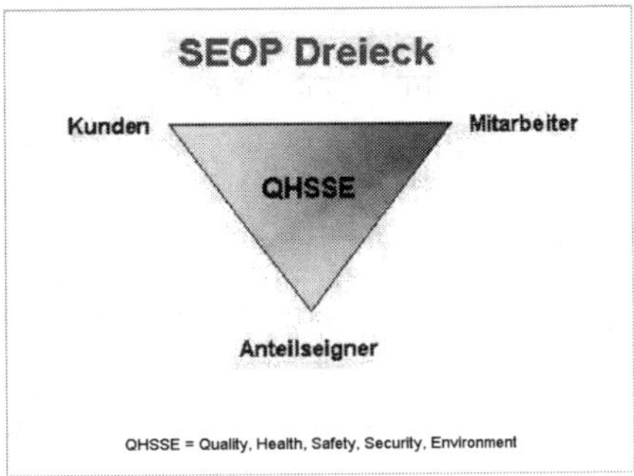

Das SEOP Dreieck veranschaulicht, dass die Personalaspekte gleichberechtigt mit den anderen Perspektiven sind. Die Ziele in Richtung Anteilseigner und Kunden sind nicht ohne entsprechende Maßnahmen auf der Mitarbeiterseite erreichbar – und umgekehrt.

Der Personalbereich, dessen Aktivitäten überwiegend auf die Mitarbeiter fokusiert sind, ist als Partner der Geschäftsbereiche integrierter Bestandteil des jährlichen Zielsetzungsprozesses. Geschäftsstrategien und jährliche Aktionspläne werden stets unter Berücksichtigung der Mitarbeiterdimension erstellt.

2.4 Theoretische Modelle und externes Benchmarking bei Mitarbeiterbefragungen

Die bei Shell durchgeführten drei Arten von Mitarbeiterbefragungen Shell People Survey (SPS), People Index (PI) und lokale Stimmungsbarometer (SB) haben unterschiedliche, sich ergänzende Ziele:

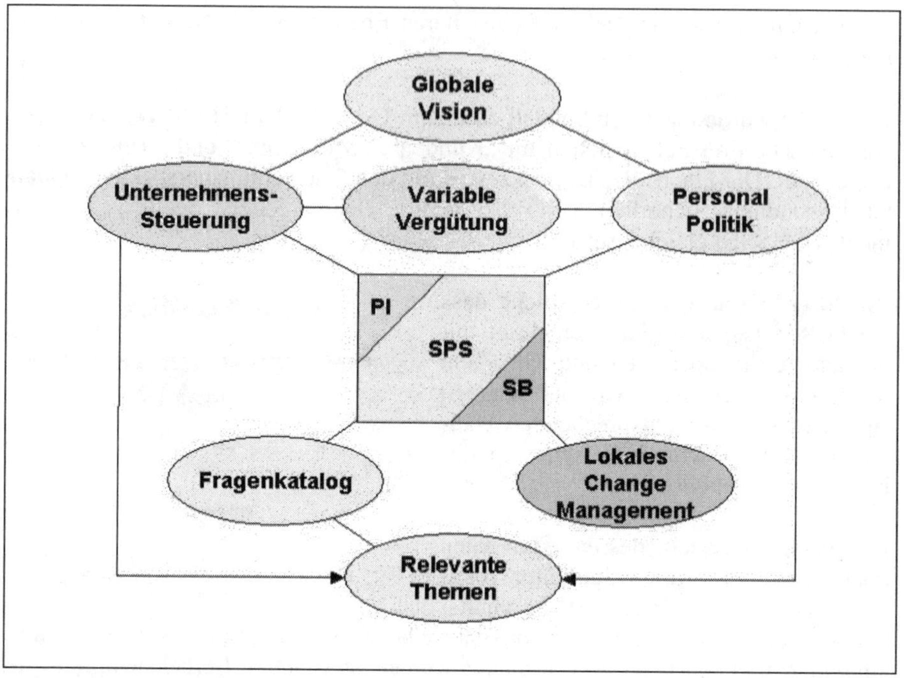

Abb. 1: Ziele der Mitarbeiterbefragung bei Shell

Alle drei Formen von Mitarbeiterbefragungen basieren auf ein und denselben Fragenkatalog, der von der Royal Dutch/Shell Gruppe gemeinsam mit der Firma ISR (International Survey Research) entwickelt wurde. Er umfasste bis Mitte 2004 insgesamt 69 Fragen zu allen Komplexen und Faktoren, von denen ein Einfluss auf die Einstellung der Mitarbeiter zum Unternehmen zu erwarten ist.

Alle drei Mitarbeiterbefragungen verwenden die gleiche Skalierung. Für jede der 69 Fragen werden 5 Antwortmöglichkeiten angeboten: Stimme zu, Stimme eher zu, ?, Stimme eher nicht zu, Stimme nicht zu. Zum „?" wird der Hinweis gegeben, dass diese Antwort anzukreuzen ist, wenn sich der Befragte bei einer Aussage oder Frage nicht entscheiden kann, oder diese nicht für ihn zutrifft.

Die Fragen werden im Fragebogen nicht nach Kategorien aufgelistet, sondern in einer bewusst gewählten Reihenfolge. Sie sind fortlaufend nummeriert. Erst im Auswertungsprozess werden die Fragen gruppiert und mit Kategorien / Themen in Verbindung gebracht.

Der Shell People Survey (SPS) ist die „Mutter" der Befragungen. Er wurde 1999 als Instrument der Shell Personalstrategie eingeführt, um auf *weltweiter* Basis zu erfahren, an welchen Themen gearbeitet werden muss, damit die Leistungsfähigkeit und die Leistungsbereitschaft der Mitarbeiter verbessert werden können. Er wird momentan alle zwei Jahre durchgeführt und mittlerweile ist die Beteiligungsrate auf rund 80% angestiegen.

Der SEOP People Index (PI) wurde im Jahre 2000 aus dem Shell People Survey abgeleitet und ist für das *europäische* Ölgeschäft entwickelt worden. Ziel war es, die Mitarbeiterzufriedenheit als Bestandteil der SEOP Scorecard in kürzeren Abständen – meist quartalsweise - messen zu können. Dazu wurden rund 10% der 14.000 Mitarbeiter von SEOP befragt. Die Rücklaufquote lag in der Regel bei rund 60%.

Lokale Stimmungsbarometer (SB) wurden Anfang 2002 ebenfalls aus dem Shell People Survey abgeleitet, um für lokale Einheiten in *Deutschland* kurzfristige Aussagen über die Wirkung von Projekten des Change Managements bzw. für neu zu initiierende Projekte zu erhalten.

Die globalen und europäischen Mitarbeiterbefragungen bei Shell wurden bis zum Jahr 2003 gemeinsam mit der Firma ISR (International Survey Research) entwickelt und durchgeführt. Shell nutzte die langjährige Erfahrung von ISR mit Mitarbeiterbefragungen und gleichzeitig die Möglichkeit, die eigenen Ergebnisse mit denen der vielen anderen Unternehmen, die auch ihre Mitarbeiterbefragungen mit ISR durchführen, in anonymisierter Form zu vergleichen.

ISR hat über Jahre die Mitarbeitermeinung zahlreicher Unternehmen erforscht. Dabei wurden Unterschiede zwischen "High Performing Unternehmen" und weniger erfolgreichen Unternehmen herausgearbeitet. Zudem wurde untersucht, wie sich bestimmte Bereiche der Mitarbeitermeinung im Zeitverlauf des Veränderungsprozesses in Unternehmen verändern. Die Ergebnisse sind in einem dynamischen Modell zusammengefasst.

> Die Auseinandersetzung hat rückblickend gezeigt, dass die soft facts gar nicht soft sind und dass es für die Betroffenen oft harte Arbeit ist, sie zu verändern.
> **Jochen Schmidt,**
> **Die sanfte Organisations-Revolution**

Dieses Modell der organisatorischen Veränderung (Mutation Model) von ISR stellt einen Bezug her zwischen "führenden", "latenten" und "folgenden" Kategorien der Mitarbeitermeinung und der Dynamik der organisatorischen Veränderung. Das Mutation Model spielt für die Auswertung der Ergebnisse der Befragungen und die Vorbereitung der Ergebnisbearbeitung eine besondere Rolle. Es ermöglicht, über die Mitarbeitermeinung zu erfahren, in welchem Veränderungsstadium sich ein Unternehmen befindet und es zeigt, auf welche Bereiche - nach Meinung der Mitarbeiter - man sich konzentrieren muss, um den Veränderungsprozess hin zu einer zufriedenen Belegschaft voranzutreiben.

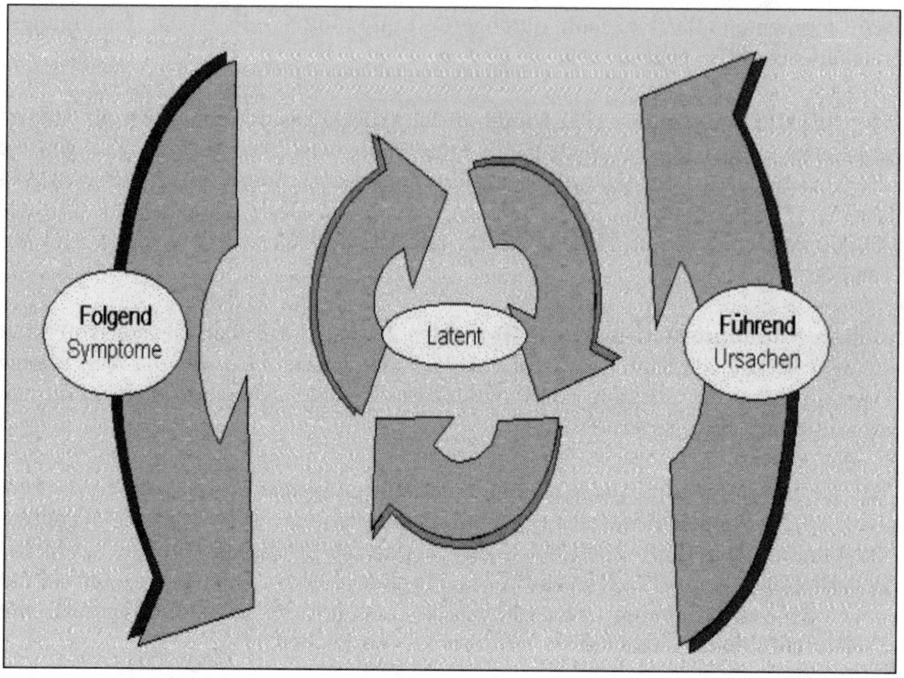

Abb. 2: Grundkonzept des Mutation Models von ISR

Die Fragen des Shell People Survey sind - zu Themen gruppiert - den Indikatoren des Mutation Models wie folgt zugeordnet:

Die Kategorie der *"führenden"* Indikatoren der organisatorischen Veränderung enthält die Untergruppen:

- Strategische Ausrichtung
- Führung
- Kommunikation
- Kultur und Klima
- Persönliche Entwicklung
- Kundenorientierung.

In leistungsstarken Organisationen sind die Einstellungen der Mitarbeiter zu diesen Indikatoren im allgemeinen signifikant positiv. Diese positiv ausgeprägten „führenden" Indikatoren ziehen meist positive Ergebnisse der „folgenden" Faktoren nach sich. Aus diesem Grunde werden die „führenden Indikatoren" als Schlüsselfaktoren für die Verbesserung der Leistung in Organisationen bezeichnet.

Zur Kategorie der *"**folgenden**"* Indikatoren von Change Prozessen in Organisationen gehören die Untergruppen

- Arbeitsdruck
- Effizienz und Qualität
- Arbeitsplatzsicherheit
- Arbeitsmotivation
- Identifikation.

Wie auch bei den führenden Indikatoren tendieren die Mitarbeitereinstellungen in diesen Untergruppen in leistungsstarken Organisationen signifikant positiv zu sein. Diese positiven Werte der „folgenden" Indikatoren resultieren jedoch meist aus einem Anstieg der Werte der "führenden". Eine Verbesserung der Werte der „folgenden" Indikatoren ist daher Konsequenz und nicht Ursache für eine gesunde und nachhaltige Organisationsverbesserung.

Die Kategorie der ***latenten*** Indikatoren beinhaltet die folgenden Untergruppen

- Arbeitsbeziehungen
- Teamleitung
- Arbeitszufriedenheit
- Bezahlung.

Bezüglich dieser Untergruppen des Arbeitslebens gibt es weniger Unterschiede in der Meinung der Mitarbeiter zwischen leistungsstarken und weniger leistungsstarken Organisationen. Die Werte dieser Variablen tendieren dazu, im Zeitverlauf relativ stabil zu bleiben.

Shell nutzt dieses Modell der organisatorischen Veränderung (Mutation Model) - neben mehreren anderen Modellen - für die Kommunikation, Analyse und Bearbeitung der Ergebnisse der Mitarbeiterbefragungen. Je nach Auswertungszweck werden dabei die zugrundeliegenden Modelle variiert. Ein besonderes Augenmerk liegt im Mutation Model auf Aktivitäten im Bereich der „führenden" Indikatoren, da dort der Wirkungsgrad von Interventionen am größten ist.

2.4.1 Globale Befragung (Shell People Survey)

Der Shell People Survey findet seit dem Jahr 1999 statt und richtet sich an alle Mitarbeiter weltweit. Er wird gegenwärtig in einem Zwei-Jahres-Rhythmus durchgeführt. Die Beteiligungsquote liegt bei rund 80%. Der Survey dient Kommunikations-, Diagnose-, Steuerungs- und Interventionszwecken.

- Kommunikation: Um den Dialog und die Diskussion zwischen Mitarbeitern und Vorgesetzten auf allen Hierarchieebenen in der Organisation anzuregen.
- Diagnose: Wo liegen unsere Stärken und Schwächen? Gibt es (neue) Problemfelder? Wie haben sich die Wahrnehmungen der Mitarbeiter in bestimmten Themen entwickelt?
- Steuerung: Entwicklung von Aktivitäten, um Schwachstellen zu verbessern.
- Intervention: Botschaft: „Wir hören zu." Anstoß von Diskussionsrunden mit den Mitarbeitern, um sie an den Entscheidungen für Maßnahmen zur Verbesserung zu beteiligen.

2.4.1.1 Analyse der Ergebnisse

Für die Auswertung der Befragungsergebnisse steht durch die Firma ISR ein sehr umfangreiches interaktives Auswertungssystem über das Internet zur Verfügung. Auf diese Weise können die globale Koordinierungsfunktion bei Shell und die lokalen Ansprechpartner sehr schnell auf die jeweiligen Bedürfnisse der Führungskräfte zugeschnittene Berichte erstellen.

Zielgruppen

Die Befragten werden aufgefordert, zu folgenden Aspekten Angaben zu machen:

- Geschäftsbereich (z.B. Oil Products, Exploration & Production, Chemicals, Gas & Power,…)
- Organisation (z.B. SEOP, Aviation, Marine, …)
- Bereich (z.B. Retail, Distribution, Human Resources, ...)
- Standort
- Funktion
- Personalverantwortung (ja, nein)
- Direkter Kundenkontakt (ja, nein)
- Gehaltsgruppe
- Expatriate (ja, nein)
- Dienstzeit
- Alter
- Geschlecht.

Entsprechend lassen sich diverse Zielgruppen definieren (z.B. Leitende Angestellte im Personalbereich von SEOP) und für diese diverse Vergleiche anstellen. Aus

Datenschutzgründen werden jedoch keine Auswertungen für Zielgruppen, die kleiner als 10 Personen sind, bereit gestellt.

Benchmarks

Für diese Zielgruppen lassen sich dann Vergleiche innerhalb der Royal Dutch/ Shell Gruppe für das jeweilige Jahr über alle Fragen anfertigen. Bei den Fragen, die in früheren Fragebögen enthalten waren, können auch historische Trends untersucht werden.

Darüber hinaus ist über die Kunden-Datenbank von ISR ein externes Benchmarking bei solchen Fragen möglich, die sinngemäß auch in den Fragen von anderen Unternehmen vorkommen.

- Die ISR nationalen Normen bilden sich aus Mitarbeitermeinungen aller ISR Kunden-Unternehmen im jeweiligen Land. So gibt es auch eine ISR German National Norm (GNN), mit der sich Shell in Deutschland mit anderen deutschen Unternehmen vergleichen kann.
- Die Global Oil & Chemicals Norm (GOCN) bildet sich aus Mitarbeitermeinungen der entsprechenden Unternehmen in der Öl- und Chemiebranche.
- Die Global High Performance Norm (GHPN) besteht aus Mitarbeitermeinungen der Unternehmen, deren wirtschaftliche und finanzielle Performance, gemessen an den ISR Kriterien, über dem Durchschnitt ihrer Branche liegen und die gleichzeitig ein exzellentes Ansehen als Arbeitgeber bei ihren Mitarbeitern genießen.

Der bislang letzte Shell People Survey zusammen mit ISR hat im Oktober 2002 stattgefunden. Die Ergebnisse wurden zum Jahreswechsel veröffentlicht, interpretiert und den Mitarbeitern vorgestellt. Im Dialog mit den Mitarbeitern wurden dann Aktionspläne zur Verbesserung von priorisierten Problemfeldern erarbeitet, die sich seit Mitte 2003 in der Umsetzung befinden.

Die Shell Gruppe hat in diesem letzten ISR-Survey bei den „führenden“ und „latenten“ Indikatoren die GHPN übertroffen und bei den „folgenden“ Indikatoren die GHPN erreicht.

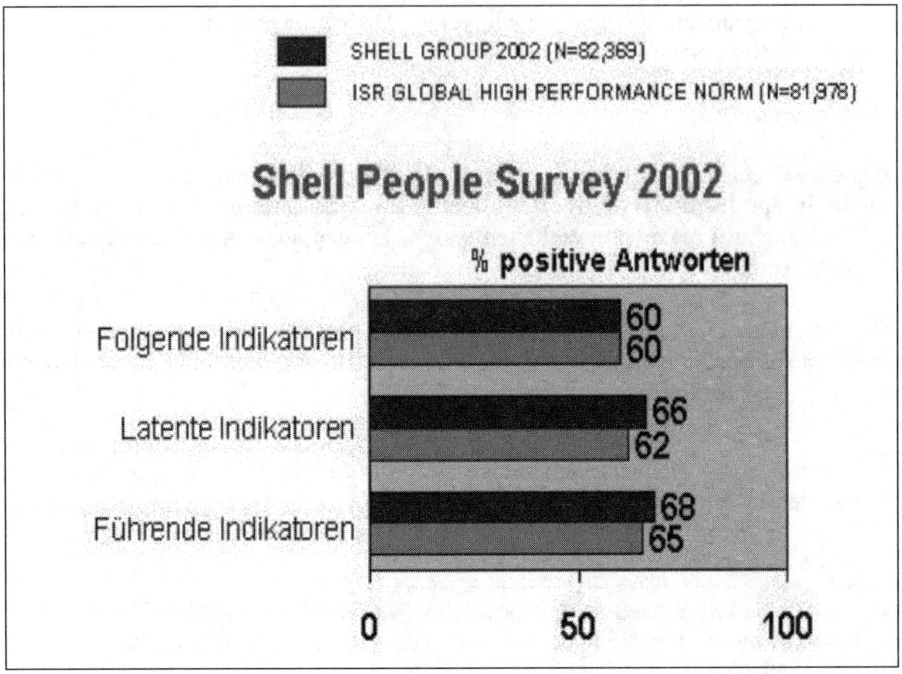

Abb. 3: Ergebnis des Shell People Survey 2002 für die Shell Gruppe gegenüber der GHPN nach Notation des Mutation Models

Im Vergleich zu den Vorjahren stellt dieses eine erhebliche Verbesserung der Mitarbeitermeinung dar und wird interpretiert als positive Auswirkung der deutlich verstärkten Aktivitäten zur Verbesserung des internen Arbeitgeberverständnisses (der sogenannten „Employee Value Proposition“). Interessanterweise hat sich parallel auch das Geschäftsergebnis der Shell Gruppe deutlich verbessert.

Themen

Die 69 Fragen sind thematisch entsprechend den People Principles der Shell Personalstrategie in 9 Kategorien gegliedert und hier exemplarisch am Beispiel der Ergebnisse in Deutschland dargestellt:

- Performance and Reward – Leistung und Vergütung
- Learning and Development – Lernen und Weiterentwicklung
- Leadership – Führung
- Valuing Differences – Unterschiede wertschätzen
- Work-Life Balance – Einklang von Arbeits- und Privatleben
- Communications – Kommunikation

- Shell in Society – Shell in der Gesellschaft
- Customer Focus – Kundenorientierung
- Integrity – Integrität (ergänzt in 2002).

Die Befragung wird standardmäßig nach diesen Kategorien ausgewertet. Interessant ist z.B., wie sich die Werte in den Kategorien gegenüber der letzten Befragung verändert haben.

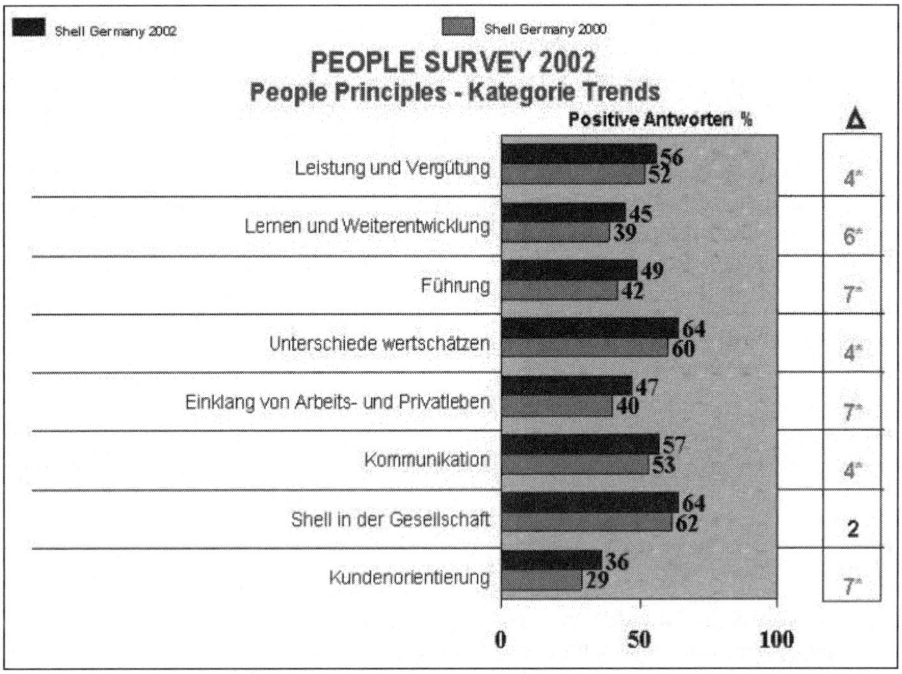

Abb. 4: Ergebnis des Shell People Survey 2002 für Shell in Deutschland gegenüber 2000 nach People Principles Kategorien

Für Shell in Deutschland wurde in allen Kategorien eine Verbesserung seit der letzten Befragung erreicht.

Dazu beigetragen hat eine Reihe von Projekten, die auf verschiedenen Ebenen – global, europäisch, lokal – als Reaktion auf die Befragungsergebnisse des Shell People Survey 2000 initiiert und eingeführt wurden. Kurzfristig wurden Maßnahmen auf drei Gebieten ergriffen:

- *Lernen und Weiterentwicklung*
  Oil Products initiierte ein strukturiertes Personalentwicklungskonzept für High Potentials, welches bestehend aus fünf Teilprogrammen (Integration, Auslandseinsatz, Karriere-Review, Kompetenz-Management und Leadership Entwicklungs-Assessment Center) sicher stellen soll, dass in jeder Phase der Karriere systematische Personalentwicklung stattfindet.
- *Kommunikation*
  1. In der SEOP Organisation wurden als sichtbarste Intervention regelmäßige Meetings mit dem European Management Team (EMT), so genannte Engagement Sessions, organisiert, in denen das EMT persönlich mit den Mitarbeitern in den einzelnen Ländern kommunizierte. Dies war ein wesentliches Element zur Verbesserung der Kommunikation in einer europäischen Organisationsstruktur, die überwiegend virtuell geführt wurde.
  2. SEOP setzte darüber hinaus zur Förderung der Kommunikation einen elektronischen EMT-Newsletter ein, welcher über SEOP Ergebnisse und Aktivitäten detailliert und möglichst zeitnah informierte.
  3. In den operativen SEOP Geschäftsbereichen wurd ein vergleichbarer Newsletter mit bereichsspezifischen Inhalten heraus gegeben.
- *Einklang von Arbeits- und Privatleben*
  1. Das SEOP EMT entwickelte eine „Charta“, um eine gesunde Balance zwischen Arbeit und Freizeit zu fördern.
  2. Zur Verbesserung der Lebensumstände bei Mitarbeitern, die in virtuellen Teams bzw. in europäischen Projekten arbeiten, wurde ein Trainingsprogramm (T3) entwickelt und seit dem Jahr 2003 in Pilotteams angewendet.

2.4.1.2 Follow-up

Für die weltweite Durchführung des Shell People Survey wurde eine straffe Aufbau- und Ablauforganisation eingerichtet. Damit konnte auch sicher gestellt werden, dass die Ergebnisse kommuniziert und konkrete Maßnahmen vereinbart und durchgeführt wurden. Das Committee of Managing Directors (CMD), oberstes Führungsgremium der Shell Gruppe, hatte sich zum Ziel gesetzt, die Zufriedenheit der Mitarbeiter weltweit zu verbessern und orientierte sich dabei an der GHPN.

Weltweite Fokus Gruppen

Sofern sich aus einer globalen Mitarbeiterbefragung neue globale Problemgebiete ergeben, werden sie in so genannten Fokus Gruppen „erforscht“. Diese Fokus Gruppen werden möglichst unterschiedlich zusammengesetzt und – je nach Bedeutung des Themas – möglichst international in entsprechenden Fokus-Gruppen-Treffen befragt. Erst dann werden Entwürfe für „Produkte“ erstellt, die wiederum mit Fokus Gruppen in Pilotveranstaltungen evaluiert werden, bevor sie dann endgültig produziert und ausgerollt werden.

„Produkte“ sind dabei zumeist Personalmaßnahmen, die unter einem globalen Branding implementiert werden und in den identifizierten Problemfeldern zielgruppengerecht Abhilfe schaffen sollen.

Aus dem Survey 2000 ergab sich eine ganze Reihe von globalen Problemfeldern. In mehreren Schritten wurden als besonders kritisch im Hinblick auf die hoch gesteckten Ziele der Mitarbeiterzufriedenheit drei Zielgruppen (die unterste Führungsebene, Mitarbeiter mit Kundenkontakt und operative Mitarbeiter in den Raffinerien) und vier Themengebiete (Führungsbefähigung, individuelle Leistungsfähigkeit, Veränderungsfähigkeit, Anerkennungskultur) identifiziert.

Nichts, was bleiben soll, kommt schnell.
Reinhard K. Sprenger,
Aufstand des Individuums

Im Jahr 2003 standen dann unter dem Projektnamen ENGAGE vier Produkte für die vorgenannten Themengebiete zur Verfügung, die weltweit in vielen Sprachen aber einheitlichem Inhalt und Layout und einheitlichem Implementierungsprozedere zentral gelenkt und unterstützt ausgerollt werden, um den identifizierten Defiziten strukturell Abhilfe zu leisten.

Action Dialogue Sessions

Als neuestes Mittel der Intervention wurden Anfang 2003 erstmalig in den lokalen Bereichen so genannte Action Dialogue Sessions durchgeführt. Ziel ist es, den Mitarbeitern die Ergebnisse des Shell People Survey nicht nur mitzuteilen, sondern sie mit ihnen im Dialog zu diskutieren. Durch Action Dialogue Sessions werden die Mitarbeiter auf diese Weise in die Entscheidungsfindung für die aus den Ergebnissen abzuleitenden Ziele und Maßnahmen einbezogen.

Die Ergebnisse der Action Dialogue Sessions wurden in Aktionsplänen festgehalten, im lokalen Management diskutiert und verabschiedet. Priorität erhielten jeweils die Aktionen, die lokal ohne großen zeitlichen Verzug umgesetzt werden konnten. Sie nehmen einen großen Anteil an den vereinbarten Aktionen ein, liegen durchweg im Bereich Information und Kommunikation und erfordern primär ein verbessertes Führungsverhalten.

2.4.2 Kontinentale Befragung im europäischen Oil Business: SEOP People Index

Die Einbeziehung der Mitarbeiterzufriedenheit als Schlüssel-Kennzahl in die SEOP Scorecard im Jahr 2000 machte eine Mitarbeiterbefragung in kürzeren Abständen als den Shell People Survey notwendig. Zur regelmäßigen Messung der Mitarbeiterzufriedenheit wurde im Juni 2000 der SEOP People Index (PI) eingeführt. Man startete damit, alle drei Monate einem bestimmten Prozentsatz der Mitarbeiter 23 „führende“ Fragen aus dem Shell People Survey Fragenkatalog zu stellen.

Die Mitarbeiterzufriedenheit wurde bis Ende 2004 drei mal pro Jahr ermittelt. (In den Jahren, in denen – jeweils im Herbst – der Shell People Survey durchgeführt wird, wurden dessen dem People Index entsprechende Fragen ausgewertet.) Dazu wurden 10% der europäischen Mitarbeiter aus allen 28 europäischen Ländern, in denen Shell vertreten ist, zufällig ausgewählt und befragt. Eine Zufallsauswahl in dieser Größenordnung erlaubte Aussagen für SEOP als Ganzes, nicht jedoch über kleinere Einheiten (z.B. Geschäftsbereiche oder Länder). Den ausgewählten Mitarbeitern wurde für einen Zeitraum von drei Wochen ein elektronischer Fragebogen über das Shell Intranet angeboten.

Der People Index fasste 23 Fragen zu drei „führenden" Kategorien des Arbeitgeberversprechens in einem Modell zusammen (Kultur & Werte; Persönliche Entwicklung, Geschäftlicher Erfolg & Ausrichtung). Das Modell wird wegen seiner graphischen Darstellung auch Puzzle Modell genannt:

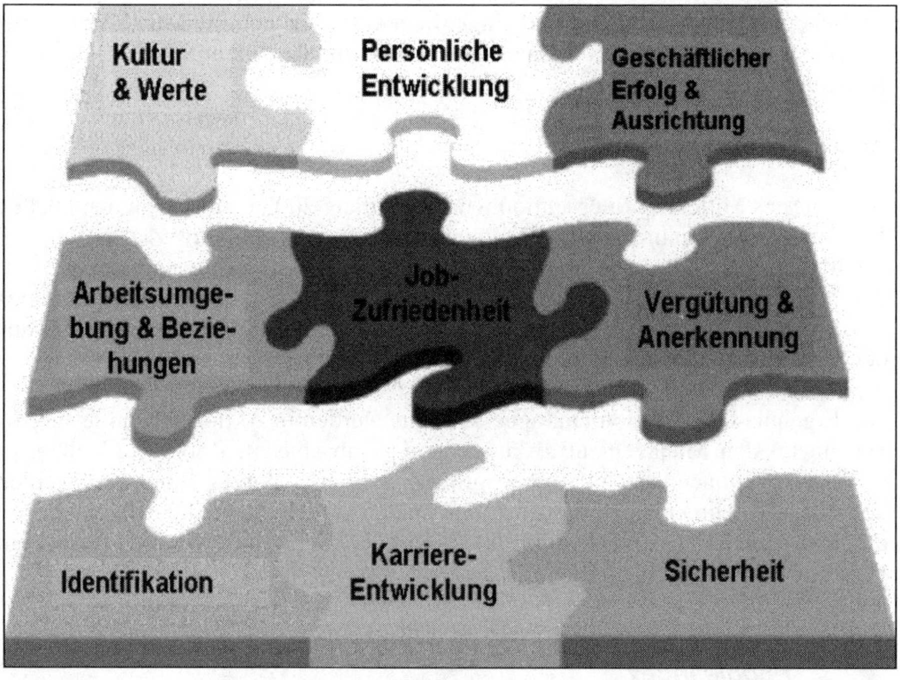

Abb. 5: Kategorien des Shell Arbeitgeberversprechens

Die „latenten" Kategorien (Arbeitsumgebung & Beziehungen, Job-Zufriedenheit und Vergütung & Anerkennung) sowie die „folgenden" Kategorien (Identifikation, Karriere-Entwicklung und Sicherheit) wurden im People Index nicht berücksichtigt. Zur Verbesserung der People Index Resultate konzentrierte sich SEOP auf Maßnahmen, die in den drei „führenden" Kategorien ansetzten.

Der SEOP People Index beinhaltete Fragen zu folgenden Fragenkomplexen:

- **Kultur und Werte**
  - Zusammenarbeit, Führungsstil, Information, Arbeitsmotivation, Arbeitsdruck, Umgang mit kulturellen Unterschieden etc.
- **Persönliche Entwicklung**
  - Teamleiterfeedback, Bezahlung, persönliche Entwicklung, Aufstiegsmöglichkeiten etc.
- **Geschäftlicher Erfolg und Geschäftsziele**
  - Kundenzufriedenheit, Kundenorientierung, Informationsverhalten etc.

Die Rückläufe lagen im Allgemeinen im Bereich von 55 – 65%. Sie waren also stabil für eine Befragung dieses Typs und produzierten valide Daten.

Der People Index war einer von mehreren Aspekten, die zur Ermittlung der Zielerreichung in der SEOP Scorecard herangezogen wurden. Das Ergebnis der Befragung wurde in Beziehung zum geplanten Ziel gesetzt und daraus der quartalsweise Status für die Mitarbeiter-Dimension abgeleitet. Das jeweilige unterjährige Ergebnis der Befragung hatte in der Regel keine größeren adhoc-Aktionen zur Folge. Allerdings konnte man aus der Entwicklung der Mitarbeitermeinungen schließen, welchen Fortschritt Initiativen, die in den Jahresplänen verankert sind und die Mitarbeiter berühren, gemacht haben.

Der SEOP People Index diente also direkt Evaluations- und indirekt Steuerungszwecken:

- **Evaluation:** Ermitteln des Index für die Scorecard Dimension „Mitarbeiter“.
- **Steuerung:** Hilfe bei der Ermittlung des Fortschritts von Unterzielen (Aktionen, Initiativen, Projekten), die sich auf Mitarbeiter beziehen.

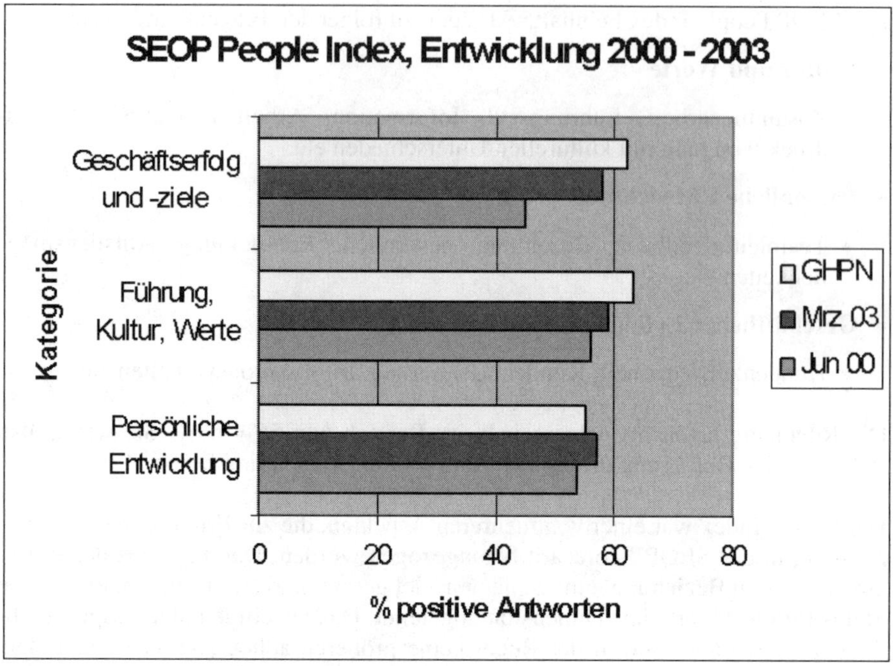

Abb. 6: Entwicklung des SEOP People Index im Vergleich zum GHPN nach Kategorien

Wie auch beim Shell People Survey wurd nur die Kombination der beiden positiven Antwortmöglichkeiten zur Ermittlung des People Index herangezogen.

Dann wurden die Werte der Einzelfragen pro Kategorie addiert und das Ergebnis durch die Anzahl von Fragen der Kategorie dividiert. Der People Index als solcher ergab sich aus der Summe der drei Kategoriewerte.

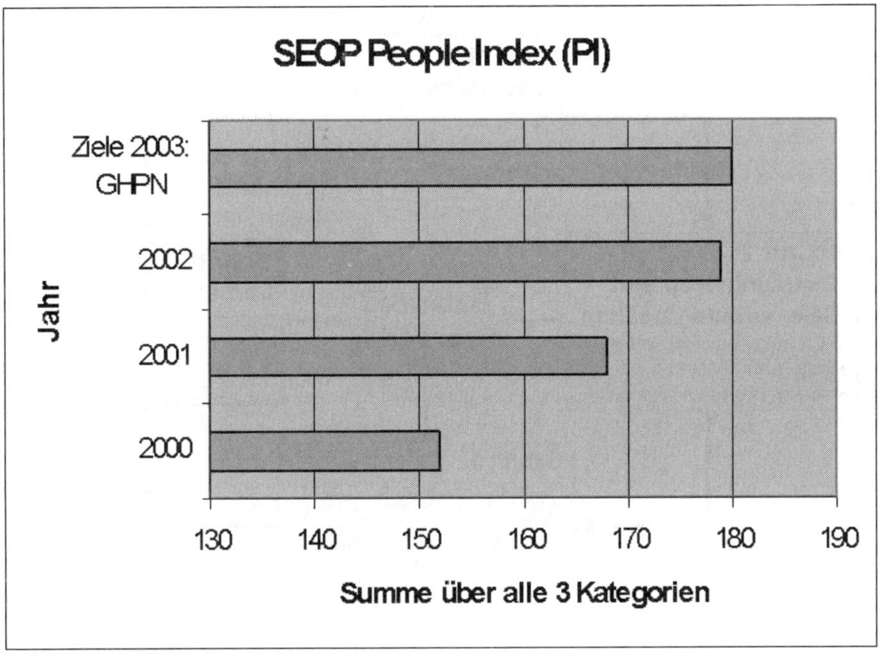

Abb. 7: Entwicklung des SEOP People Index Gesamtwertes

Bis zum Jahre 2002 wurde als Ziel für den People Index eine prozentuale Verbesserung gegenüber dem Vorjahr vorgegeben. Die Werte auf Kategorie-Ebene haben sich seit Beginn der Befragungen tendenziell - zum Teil sogar deutlich – verbessert. Ein klares Indiz dafür, dass die europäischen Aktionen und Projekte im Mitarbeiter-Bereich zielgerichtet waren und die Mitarbeitermeinung sehr positiv beeinflusst haben. Interessanterweise hat sich parallel auch das europäische Geschäftsergebnis deutlich verbessert.

3 Die praktische Bedeutung der Mitarbeiterbefragungen für die Geschäftssteuerung von SEOP

Der Prozess der Geschäftssteuerung mit Hilfe der Balanced Scorecard bei SEOP basiert auf folgendem Grundkonzept:

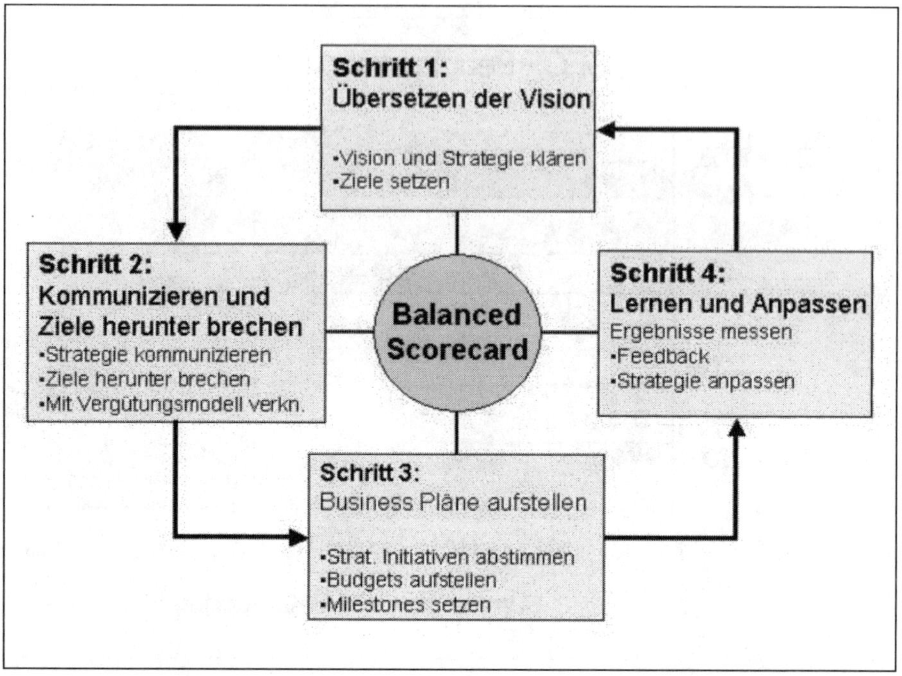

Abb. 8: Prozessschritte im Balanced Scorecard Grundkonzept

Das SEOP Management Team legt für jedes Jahr Zielvorgaben fest. Sie sollen sicher stellen, dass SEOP die Bedürfnisse und Erwartungen seiner wichtigsten Stakeholder – Kunden, Aktionäre und Mitarbeiter – erfüllt und dabei gleichzeitig in den Bereichen Qualität, Gesundheit, Sicherheit und Umweltschutz (QHSSE) höchsten Maßstäben gerecht wird. Die Zielvorgaben werden aufeinander abgestimmt, in der SEOP „Scorecard" festgehalten, publiziert und – wo immer sinnvoll möglich - bis in die jährlich abzuschließenden individuellen Zielvereinbarungen der Mitarbeiter herunter gebrochen.

Die aktuellen Ergebnisse werden quartalsweise mit den Zielen der Scorecard verglichen. Als Maß für die SEOP-Gesamtleistung wird ein so genannter Business Performance Factor (BPF) ermittelt. Dieser jeweils am Jahresende ermittelte BPF, der zwischen 0 und 2 variieren kann, wird dann zur Ermittlung der variablen Anteile der Vergütung der Mitarbeiter im Performance Management der Shell herangezogen.

3.1 Der jährliche Zielsetzungsprozess

Der Zielsetzungsprozess wurde in drei Schritten durchgeführt.

1. Zuerst wurden auf der Ebene des SEOP Management Teams Vereinbarungen über die wichtigsten europäischen Ziele und Leistungskennzahlen sowie deren zu erreichende Werte getroffen. Sie wurden konsequent um das SEOP Dreieck angeordnet. Anschließend wurden die Aktionen geplant, mit Hilfe derer diese Ziele bzw. Leistungskennzahlen erreicht werden sollten.

2. Der zweite Schritt war die Durchführung eines europäischen Zielsetzungsmeetings. Die Teilnehmer, Leiter der operativen Geschäftsbereiche und der Dienstleistungsfunktionen, besprachen die Vereinbarungen. Sie diskutierten im wesentlichen eine Reihe von den geschäftsbereichübergreifenden Angelegenheiten, die gemeinsam organisiert bzw. in Gang gebracht werden mussten, um die Ziele zu erreichen.

3. Der dritte Schritt war dann die 'Mikro' Detaillierung von unten nach oben, welche die verschiedenen 'Makro Vereinbarungen' ergänzte. Es wurden insbesondere die lokalen Budgets festgelegt, die erforderlich waren, um die geplanten Ergebnisse abzuliefern.

> Viele Führungskräfte mussten schon feststellen, dass es noch schwieriger ist, das Richtige zu tun, als zu erkennen, was das Richtige ist.
> **Kenneth Adelman, Norman Augustine "Folgt eurem Mut und stürmt!"**

Die Ziele, Unterziele und Maßnahmen, mit denen die Ziele erreicht werden sollen, werden den vier Perspektiven des Zielsystems zugeordnet:

- Für die Anteilseigner, also die finanzielle Perspektive, wurde die Leistung anhand des Schlüsselwerts der Kapitalrendite gemessen. Zudem verglich SEOP seine Ergebnisse mit denen der Wettbewerber. Die finanzielle Perspektive ging mit 60% in das Scorecard Ergebnis ein.
- Die Kundenperspektive ging mit 10% in das Scorecard Ergebnis ein. Hierzu wurden z.B. für das Tankstellengeschäft – unter anderem – Kundenzufriedenheitsziele vereinbart. Einmal im Jahr wurden die Rückmeldungen der Kunden erhoben und zum Kundenzufriedenheitsindex zusammengestellt.
- Ein wesentliches Teilziel der Mitarbeiterperspektive ist die Mitarbeiterzufriedenheit. Mittels der Kurzform der globalen Mitarbeiterbefragung, dem SEOP People Index (PI), wurde regelmäßig festgestellt, welche Fortschritte in den drei Schlüsselbereichen „persönliche Entwicklung", „Geschäftserfolg und –Ausrichtung" sowie „Kultur und Werte" erzielt wurden. Das Ergebnis der Mitarbeiterperspektive ging mit 10% in das Scorecard Ergebnis ein.

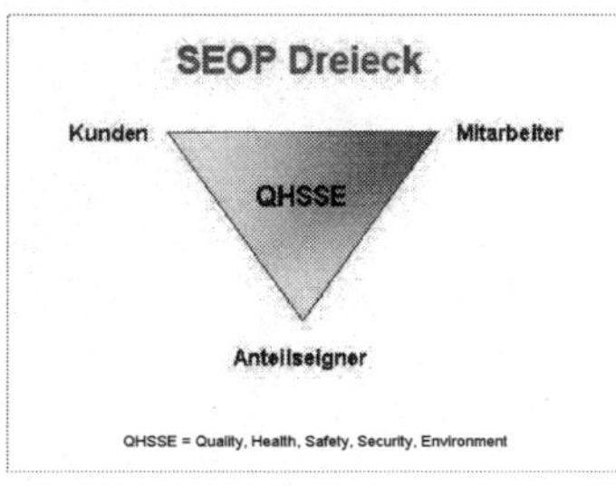

- Ein Beitrag von jeweils 10% wurde der QHSSE Perspektive sowie generellen Zielen, wie z.B. Portfolio Aktivitäten, zugeordnet.

Fiktives Beispiel:

Finanzielle Ergebnisse	Gewichtung 60%	
	Gewichtung	Ziel
Kapital-Rendite	20%	n%
Normalisierte Kapital-Rendite	20%	n%
Performance im Vergleich zum Wettbewerb (*)	20%	#n/5
(*) Reihenfolge nach Gewinn pro Barrel der globalen Wettbewerber		
Andere Werte		
	Gewichtung	Ziel
Kunden	10%	verschiedene
Mitarbeiter	10%	verschiedene
Nachhaltige Entwicklung (inkl. QHSSE)	10%	verschiedene
Geschäftsbereichsübergreifende Ziele	10%	verschiedene

Unter der „normalisierten Kapitalrendite" wird die Rendite verstanden, die erzielt worden wäre, wenn die für die Zielsetzung angenommenen Rahmenbedingungen, z.B. im Hinblick auf den prognostizierten Rohölpreis oder den Wechselkurs, eingetroffen wären.

3.2 Die Verbindung zum Performance Management Prozess

Die SEOP Scorecard wirkte in zweierlei Hinsicht auf den Performance Management Prozess ein:

- Ableitung der individuellen Ziele aus den SEOP-Zielen
- Ermittlung des leistungsabhängigen Bonus aus dem Geschäftsergebnis

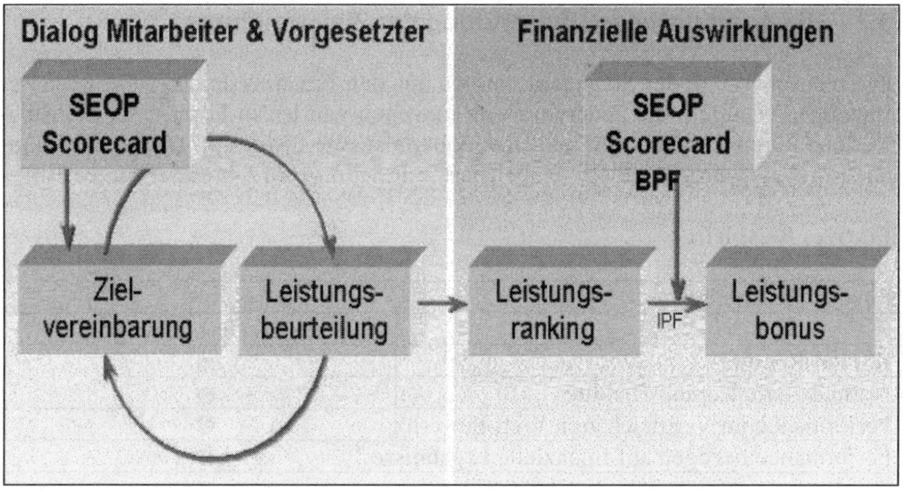

Abb. 9: Wirkung der SEOP Scorecard auf den Performance Management Prozess

Performance Management bei Shell ist ein kontinuierlicher Prozess und kein einmaliges Ereignis. Kern dieses Prozesses ist ein fortlaufender Dialog zwischen Vorgesetztem und Mitarbeiter, dessen Schwerpunkt auf Leistung und Entwicklung liegt.

> Am Anfang jeder guten Leistung stehen klare Ziele. Kollektive Teamziele zu erstellen ist ein wichtiges Instrument, um Mitarbeiter und Führungskräfte in einen Dialog einzubinden, der nicht nur zu klaren Zieldefinitionen führt, sondern das Team auch zu einer Einheit zusammen wachsen lässt.
> **Ken Blanchard „Kursbuch Selbstverantwortung"**

Zu Beginn des Prozesses werden im Dialog die individuellen Ziele an den Unternehmenszielen ausgerichtet und geeignete Maßnahmen bzw. geeignetes Verhalten vereinbart, mit denen gewährleistet werden kann, dass geplante Aktionen tatsächlich umgesetzt werden.

Dann wird untersucht, ob die zur Erreichung der Ergebnisse notwendigen Fähigkeiten und Fertigkeiten vorhanden sind bzw. welche Entwicklungsschritte im folgenden Planungszyklus unternommen werden müssen, um sie erreichen zu können.

Sowohl die auf den einzelnen Mitarbeiter herunter gebrochenen übergeordneten Ziele aus der SEOP Scorecard als auch seine individuellen Ziele und Maßnahmen zur persönlichen Weiterentwicklung werden in seiner Zielvereinbarung schriftlich festgehalten.

3.3 Die quartalsweise Überprüfung der Zielerreichung

Die meisten Werte der Scorecard wurden aus den Finanzsystemen bzw. über Befragungen ermittelt, die anderen Werte hingegen wurden in Form einer Selbstbewertung durch das Senior Management quartalsweise festgelegt. Das jeweils aktuelle Ergebnis wurde in einem Ampelchart in Relation zum Jahresziel dargestellt:

Fiktives Beispiel:

Finanzielle Ergebnisse	
	Zielerreichung
Kapital-Rendite	●
Normalisierte Kapital-Rendite	●
Performance im Vergleich zum Wett-bewerb	●
Performance bezogen auf finanzielle Ergebnisse	●
Andere Werte	
	Zielerreichung
Kunden	○
Mitarbeiter	●
Nachhaltige Entwicklung (inkl QHSSE)	●
Geschäftsbereichsübergreifende Ziele	○
Performance bezogen auf andere Werte (Gesamt)	○
Gesamt Performance	●
Legende für Zielerreichung: o = Unter, o erreicht, o = Übertroffen	

Die für „Andere Werte" dargestellten Wertungen sind jeweils Aggregationen aus mehreren Unterzielen, dazu zählt im Bereich „Mitarbeiter" insbesondere das Resultat aus dem People Index.

Somit wurde ein Weg gefunden, die „weiche" Dimension Mitarbeiterzufriedenheit quantitativ messbar zu machen, in das Zielgrößensystem einfließen zu lassen, um letztendlich als Einflussgröße der variablen Vergütung herangezogen zu werden. Da sich hohe Mitarbeiterzufriedenheit in der Vergütung der Mitarbeiter niederschlägt, haben insbesondere die Führungskräfte einen Anreiz, durch entsprechendes Führungsverhalten und durch Schaffung entsprechender personalpolitischer Rahmenbedingungen eine hohe Mitarbeiterzufriedenheit zu fördern.

3.4 Variable Vergütung der Mitarbeiter in Abhängigkeit vom Geschäftsergebnis (BPF)

Nach Ablauf eines Jahres erfolgt im Rahmen eines Beurteilungsgespräches zwischen Vorgesetztem und Mitarbeiter ein Austausch über die erbrachte Leistung. Diese Beurteilung bildet die Grundlage für das abschließende Leistungsranking.

Dieses Ranking soll die Leistungseinschätzung objektiver machen bzw. den „Nasenfaktor" verhindern. Dazu setzt sich der Vorgesetzte mit seinen Kollegen und dem nächst höheren Vorgesetzten in einem „Panel" zusammen und es werden die individuellen Leistungen der Mitarbeiter (z.B. von Nachbarabteilungen, ähnlichen Arbeitsgebieten, vergleichbaren Einstufungen) verglichen. Es werden also die Leistungen der einzelnen Mitarbeiter zueinander ins Verhältnis gesetzt und daraus der individuelle Leistungsfaktor (Individual Performance Factor = IPF) abgeleitet. Die Summe aller IPFs muss zur Budgetkontrolle im Durchschnitt 1,0 betragen.

Der Bonus für alle Mitarbeiter wird dann nach der Formel **IPF x BPF x Prozentsatz eines Monatsgehalts** errechnet. Der Prozentsatz des Monatsgehalts wird anhand von externen Gehaltsvergleichen ermittelt. Er ist unterschiedlich für den Tarifbereich (einheitlich 30%) und den außertariflichen Bereich (momentan 81%).

4 Fazit und Ausblick

Mitarbeiterbefragungen sollten nur dann durchgeführt werden, wenn ihre Ergebnisse Folgen haben. Ist das nicht der Fall, d.h. beschränkt sich das Management darauf, die Ergebnisse lediglich zu veröffentlichen, ist abzusehen, dass zwei Dinge passieren:

- die Beteiligung bei einer etwaigen weiteren Befragung wird geringer und
- die Stimmung an sich wird schlechter, was sich wiederum in schlechteren Ergebnissen ausdrückt.

Um Mitarbeiterbefragungen zu einem wirklichen Instrument der Organisationsentwicklung bzw. des Change Managements zu machen, ist es zwingend notwendig, die Ergebnisse mit den Mitarbeitern strukturiert und zielorientiert in moderierten Meetings zu bearbeiten. Zielorientiert heißt: In diesen Meetings müssen Aktionspläne entstehen, deren Abarbeitung kontrolliert und vor allem kommuniziert werden muss. Die Mitarbeiter müssen sich bei einer späteren Befragung daran erinnern, dass die voran gegangene positive Folgen hatte.

Die positive geschäftliche Entwicklung der Royal Dutch/Shell Gruppe in den letzten Jahren spiegelt sich in der Entwicklung der Ergebnisse der Mitarbeiterbefragungen wieder. Die Entwicklung ist so positiv verlaufen, dass die Royal Dutch/Shell Gruppe ab dem Jahr 2003 in den Kreis der Firmen aufgenommen wurde, welche die GHPN ausmachen und es SEOP ermöglichte, die eigene Vision zu erfüllen, das erfolgreichste Unternehmen in Europa zu werden.

> Das Königskriterium für alle unternhemerischen Entscheidungen lautet immer noch: Was bringt das in Mark und Pfennig? ...Jetzt und in Zukunft?
> **Johanna Joppe und Franz-Josef Ganowwski**

Shell ist ein positives Beispiel dafür, dass der systematische und periodisch wiederkehrende Dialog mit den Mitarbeitern im Rahmen einer strukturierten und ausgewogenen Unternehmens- und Personalstrategie mit einem sehr konsequent gesteuerten Controlling, in dem auch weiche Faktoren berücksichtigt werden, zu mehr Leistungsbereitschaft und damit zu einem nachhaltig besseren Unternehmenserfolg führen kann.

Die Siemens Mitarbeiterbefragung via Intranet / Internet

Cornelia Mertens

Erfahrungen mit Online-Befragungen

Als eines der ersten Unternehmen führt Siemens seit Mitte 1999 seine Mitarbeiterbefragung weltweit auch in Form der Online-Erhebung durch. Inhalt und Aufbau des Fragebogens sind identisch mit der Printversion. Auf diese Weise kann die gleiche Befragung sowohl online als auch in der gedruckten Fassung durchgeführt werden – je nach den technischen Kenntnissen und Möglichkeiten der Befragten. Die Ergebnisse werden dann in einer gemeinsamen Datenbasis zusammengeführt und ausgewertet.

Die Online-Befragung wurde von Siemens Learning Campus (LC) entwickelt. LC ist im Unternehmen der interne Aus- und Weiterbilder für Business Learning. Die Inhalte des LC Angebots sind konsequent auf die *top+* Unternehmensprogramme, die zentralen Standards und Methoden sowie die im Leitbild verankerten Werte ausgerichtet. LC unterstützt die Bereiche in der Vorbereitung, Durchführung und Auswertung der Siemens Mitarbeiterbefragung. Die Entscheidung für die Zusammenarbeit mit LC hat sich aus verschiedenen Gründen als sehr vorteilhaft erwiesen. Zum einen ist LC mit den Themen, Arbeitsstrukturen und Problemstellungen innerhalb der Siemens AG vertraut. Er verfügt damit über eine hohe Kompetenz für die Konzeption, Durchführung und Betreuung der Befragung. Zum anderen hat er durch seine Unabhängigkeit vom Siemens Konzern so viel Distanz, dass kein Problem hinsichtlich der Diskretion gesehen wird.

1 Entwicklung und Gestaltung des Fragebogens

Der Online-Fragebogen bietet wesentlich mehr Möglichkeiten einer ansprechenden, zielgruppengerechten Gestaltung als die Printversion. Bei der Entwicklung des Fragebogens ist zu beachten, dass er adressatengerecht nach mediendidaktischen und arbeitspsychologischen Aspekten aufbereitet wird.

Die mehrfarbige Präsentation am Bildschirm und der Einsatz von Motivationshilfen machen es dem Mitarbeiter leichter, den Befragungsprozess „durchzustehen". Wie im vorangegangen Beitrag beschrieben, werden im ersten Teil der Siemens Mitarbeiterbefragung die Leitsätze des Unternehmens operationalisiert. Damit wird gemessen, in welchem Umfang das Unternehmen die angestrebte Unternehmenskultur in die Praxis umsetzt. Im Online-Fragebogen wurden die Piktogramme des Leitbildes wieder aufgegriffen und die zusammenfassende Zufriedenheitsfrage mit einem Balken in der gleichen Farbe hinterlegt.

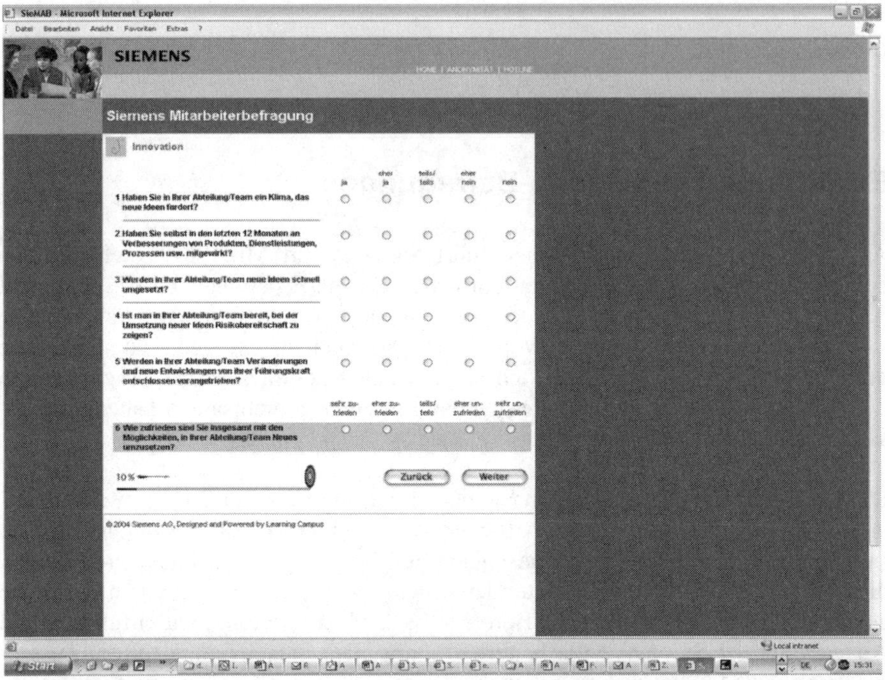

Abb. 1: Fragebogen

Eine kleine Zielscheibe am linken unteren Bildschirmrand zeigt dem Befragten an, wieviel er bereits „geschafft" hat und welcher Fragenumfang noch vor ihm liegt. Sollten Unklarheiten auftreten hat der Befragte auf jeder Bildschirmseite die Möglichkeit, den Button „Hotline" zur Hilfestellung anzuklicken. Dort findet er einen Ansprechpartner, der seine Fragen beantwortet.

Wie in der Printversion werden die Fragen zum Leitbild anhand einer 5-stufigen Likert-Skala beantwortet. Der Befragte markiert seine Antworten per Mausklick und ruft die nächste Seite mit dem Button „Weiter" in der unteren rechten Bildschirmecke auf.

Die Online-Befragung bietet den enormen Vorteil, dass die jeweils gewünschte Sprache ganz einfach per Mausklick auf jeder Seite aufgerufen werden kann. Damit entfallen die Organisation und der Versand verschiedener Sprachfassungen.

Für den Aufbau des Fragebogens entwickelte LC zunächst ein „Storyboard", in dem der Ablauf der einzelnen Bildschirmseiten mit Eingangs- und Endeseiten festgehalten wurde. Das Design, die Farb- und Layoutgestaltung des Fragebogens und die Plazierung des Buttons „Weiter“ sowie die Definition der aktuellen Links wie zum Beispiel „Hotline“ und „Home“ wurden dort ebenfalls beschrieben. Nach Abnahme des Gesamtlayouts wurde der gesamte Fragebogen in eine lauffähige Netzwerkversion mit den Fragevarianten Einfach- und Mehrfachauswahl, 5-stufige Antwortskala sowie offene Texteingaben realisiert und in das HTML-Format umgesetzt.

2 Durchführung der Befragung

Für die Durchführung der Siemens Mitarbeiterbefragung sind weltweit die Bereiche und Regionen zuständig. Der Basisteil des Fragebogens mit den Fragen zum Leitbild und dem Einsatz der Personalinstrumente ist immer gleich und bildet den Richtungsrahmen für die jeweilige Mitarbeiterbefragung. Darüber hinaus besteht die Möglichkeit, bereichs- oder länderspezifische Fragen einzufügen.

Die wichtigste Voraussetzung für die Online-Befragung ist der Anschluss der Befragungsteilnehmer an ein Computernetz, in diesem Falle zum Siemens Intranet bzw. zum Internet. Die Befragten sollten sowohl über Grundkenntnisse im Umgang mit PC und Netz als auch über einen Intranet-Zugang mit eigener Mailadresse verfügen. Die Serverlandschaft muss so eingerichtet sein, dass die Befragungsdaten der einzelnen Teilnehmer problemlos in der Ergebnisdatenbank zugeordnet werden können. Sowohl die Serverlandschaft als auch die Datenübertragung sind entsprechend den neuesten Datenschutzbestimmungen und Gesetzen eingerichtet.

Vor der Befragung sind zunächst die Adressaten zu definieren und eine Datenbank mit den Mailadressen anzulegen. Im zweiten Schritt erhält jeder Mitarbeiter seinen Fragebogen per E-Mail mit einem persönlichen Anschreiben. Im Mail wird der Inhalt der Befragung kurz beschrieben, die Anzahl der Fragen, die voraussichtliche Dauer der Bearbeitungszeit sowie die Feldzeit der Befragung. In der Regel haben die Befragten zwei bis drei Wochen Zeit für die Beantwortung. Das Mail schließt mit Hinweisen zur Handhabung des elektronischen Fragebogens ab.

Nach etwa 10 Tagen erhält jeder Adressat einen „Reminder“ zur Erinnerung an die Beantwortung des Fragebogens.

Die dreiwöchige Online-Befragungsphase wird durch „Schließen“ des Servers beendet. Danach können keine Fragebögen mehr abgeschickt werden.

Die Datenübertragung erfolgt verschlüsselt und daher kann die Abfrage sowohl über das Intranet als auch über das Internet erfolgen.

3 Anonymisierung

Gerade beim Versand des Fragebogens per E-Mail ist Diskretion ein wichtiges Thema für die Mitarbeiter. Die Anonymisierung bei der Online-Mitarbeiterbefragung wurde mit dem Gesamtbetriebsrat abgestimmt und in einer Betriebsvereinbarung festgehalten. Sie läuft folgendermaßen ab: Die Teilnehmerliste mit den Mailadressen wird geladen und damit eine Ergebnisdatenbank erzeugt. Dabei wird für jeden Adressaten eine eindeutige 24-stellige Zufallszeichenfolge - bestehend aus Zahlen und Buchstaben - (ID) generiert. Anschließend erhält jeder Teilnehmer seine E-Mail mit einer URL (Intranet-/ Internetadresse), die die zugeordnete Zufallszahl (ID) enthält. Sobald das E-Mail von LC abgeschickt wird, werden die Namen und Adressen der Teilnehmer gelöscht, und es bleiben nur die zugeordneten IDs in der Datenbanktabelle stehen. Die Daten der ausgefüllten Fragebögen werden nach der ID und ohne E-Mail-Adresse in der Ergebnisdatenbank gesammelt. Dadurch bleiben die Teilnehmer völlig anonym.

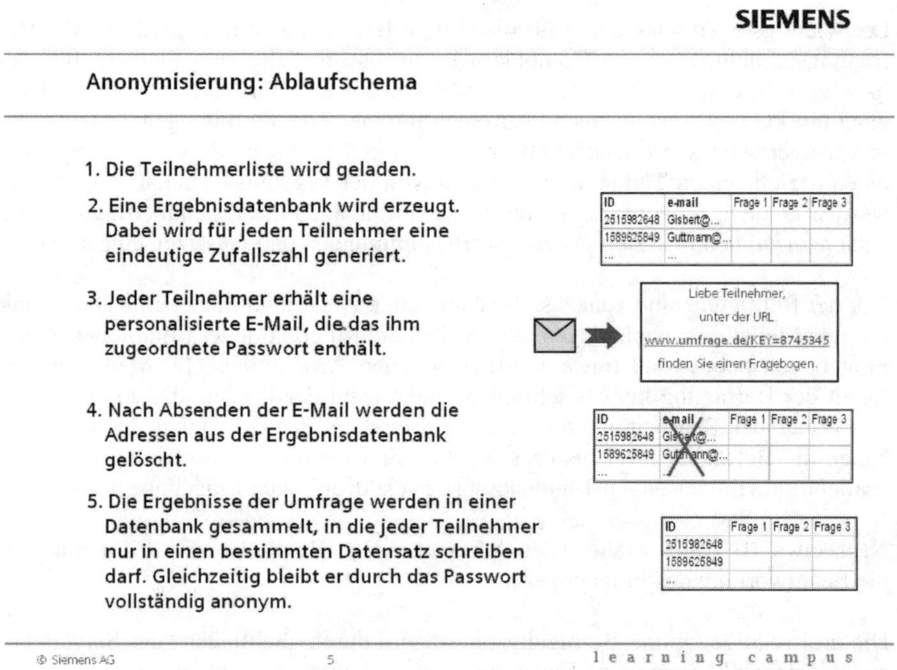

Abb. 2: Ablaufschema der Anonymisierung

4 Datenauswertung

Die Online-Befragung bietet den großen Vorteil, dass mit dem Absenden des Fragebogens die Daten direkt in die Auswertungsdatenbank einfließen. Damit ist die Weiterverarbeitung der Daten sofort und ohne Zeitverzögerung möglich. Über einen Link kann auf das Auswertetool Online-Standard-Auswertung OSA zugegriffen werden. So hat man beispielsweise die Möglichkeit, sich zwischenzeitlich über die Rücklaufquote zu informieren, die Gesamtteilnehmerzahl zu ermitteln, sowie die Anzahl der Teilnehmer, die mit der Befragung begonnen haben.

Mit weiteren Klicks erhält man in der OSA die aktuellen Ergebnisse im Fragebogendesign und Auskunft über die erzielten Häufigkeiten und Mittelwerte der Antwortkategorien, Vergleich der Mittelwerte sowie über die Summe der Befürworter, d. h. diejenigen, die im positiven Bereich geantwortet haben. Die relativen Häufigkeitsverteilungen werden als Balkendiagramm in den Ampelfarben (rot/ hellrot für negativ, gelb/ orange für „teils/teils“, grün/ hellgrün für positiv) dargestellt.

Eine Übersicht der Auswertungsdaten lässt sich im Fragebogendesign auch ausdrucken.

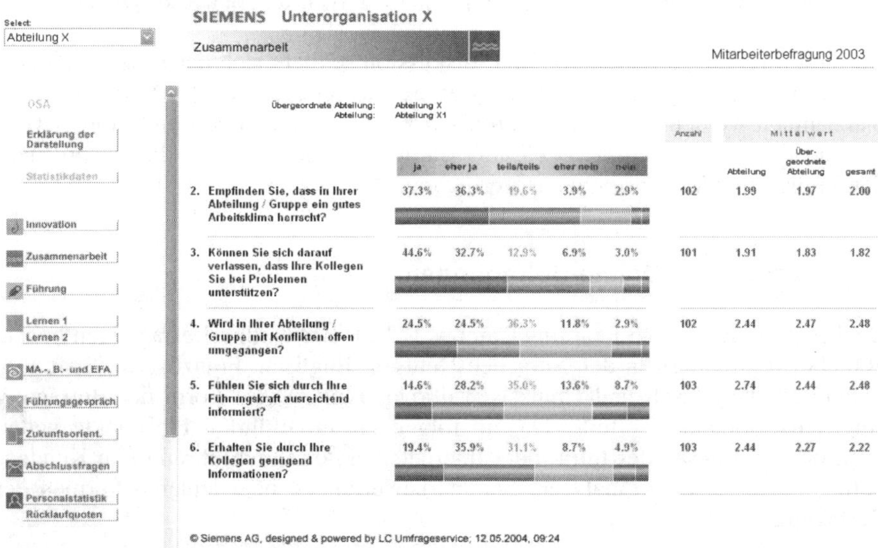

Abb. 3: OSA

Die Möglichkeit der Zwischenauswertung der Daten wird beispielsweise von den Projektverantwortlichen genutzt, um sich über die aktuelle Rücklaufquote und erste Ergebnisse zu informieren. Eine vorläufige Datenauswertung auf Abteilungsebene kann auch dazu dienen, andere Abteilungen zur Teilnahme zu motivieren.

Die Online-Auswertung reduziert den Zeitaufwand für deskriptiv-statistische Analysen und die Aufbereitung von Ergebnisfolien auf ein Minimum.

Ein weiterer Vorteil ist die Reduktion der Fehlerquote durch das Entfallen der manuellen Dateneingabe. Damit werden auch eventuelle Manipulationen oder Fehlinterpretationen verhindert.

Bei der Datenauswertung stehen die Berechnung von Mittelwerten, die Summe der Positivwerte und die Darstellung von Häufigkeitsverteilungen im Vordergrund. Aus Gruppenvergleichen sowie Stärken-Schwächen-Analysen werden Handlungsrelevanzmatrizen abgeleitet.

Anschließend werden alle beteiligten Mitarbeiter zügig über die Ergebnisse der Befragung informiert. Dies kann auf unterschiedliche Weise geschehen. In der Regel wird die Auswertung auf Folien zusammengefasst und als PDF-Datei im Intranet zur Verfügung gestellt. Es besteht aber auch die Möglichkeit, Mails zu verschicken und Ergebnisberichte oder Broschüren zu drucken. Die wirksamste Art der Ergebnisvermittlung sind Präsentationen und Workshops für die Mitarbeiter. Hier werden die wichtigsten Themen und Ergebnisse diskutiert und Aktionspläne ausgearbeitet. Basis für die Workshops ist eine Auswertung der Daten auf Abteilungsebene (mindestens sechs Personen zur Wahrung der Anonymität).

An diese Ergebnisinterpretation und -diskussion schließt sich der Prozess der Ableitung und Durchführung von Verbesserungsmaßnahmen an. Die Verbesserungsmaßnahmen werden in einem elektronischen Tool dokumentiert und in ihrer Umsetzung via Netz visualisiert. Learning Campus LC stellt hierfür die entsprechenden Trainer und Moderatoren zur Verfügung.

5 Vorteile der Online-Befragungen

Bis heute wurden durch Learning Campus LC ca. 100 Online-Befragungen bei ca. 100.000 Mitarbeitern in den Sprachen Deutsch, Englisch, Französisch, Spanisch, Italienisch, Ungarisch und Chinesisch durchgeführt. Diese Form der Befragung zeigt entscheidende Vorteile. Die im folgenden aufgeführten Pluspunkte gelten auch für den Einsatz des Intra- oder Internets bei der Durchführung von Kundenbefragungen, Resonanzanalysen, Seminarbewertungen oder anderen Formen der Befragung.

5.1 Fragebogen

Die Online-Befragung nutzt die neuesten Errungenschaften der Informationstechnologie und ist methodisch-didaktisch der postalischen Befragung durch ein ansprechendes, modernes Layout überlegen.

Änderungen hinsichtlich Inhalt oder Reihenfolge der Fragen und Themen lassen sich für unterschiedliche Befragungen rasch und individuell realisieren. Die Bereitstellung der Fragebögen in verschiedenen Sprachen auf „Knopfdruck“ erhöht die Flexibilität der Befragung und bringt eine wesentliche Arbeitserleichterung im internationalen Einsatz.

5.2 Qualität der Daten und Datentransfer

Aufgrund des geringeren Zeitaufwands bei der Beantwortung des Fragebogens und der leichteren Handhabung ist die Qualität der gewonnenen Daten höher als bei der postalischen Befragung. Das direkte Sammeln der Befragungsergebnisse in einer Datenbank verkürzt den Prozess der Dateneingabe, -aufbereitung und -auswertung. Die potenzielle Fehlerquelle einer ungenauen Übertragung der Daten entfällt. Des weiteren können die Schnittstellen beim Datenaustausch problemlos kontrolliert und überprüft werden, so dass eine Manipulierbarkeit weitgehend ausgeschlossen werden kann.

5.3 Zeitgewinn

Durch die direkte Einbindung des Fragebogens in die Datenbank wird eine aussagekräftige Auswertung durch deskriptive Statistik bereits direkt nach dem Schließen des Servers möglich. Die Zeit zwischen dem Ende der Befragung und der Auswertung reduziert sich auf ein Minimum. Geeignete Folgemaßnahmen können wesentlich schneller veranlasst und umgesetzt werden.

5.4 Reduktion der Kosten

Vor allem bei der Durchführung nachfolgender Befragungen mit dem gleichen Fragebogen reduzieren sich die Verwaltungskosten (Druckkosten, Postgebühren usw.) und Personalkosten auf ein Minimum. Durch die Zentralisierung der Datenbankverwaltung werden die Befragungsergebnisse effizient gespeichert und archiviert, so dass sich historische und vergleichende Analysen exakt und schnell durchführen lassen.

5.5 Akzeptanz

Die Reaktionen der Mitarbeiter, die an Online-Befragungen teilgenommen haben, waren sehr positiv. Sie haben diese Art der Befragung als interessanter und attraktiver erfahren als die schriftliche Form. Erfahrungen mit anderen Online-Befragungen haben gezeigt, dass viele Befragungsteilnehmer auch die Möglichkeiten der offenen Texteingabe stärker nutzen als bei traditionellen Fragebögen.

Zusammenfassend ist festzuhalten, dass bei Vorhandensein der notwendigen technischen Ressourcen und durch eine interessante Fragebogendramaturgie jede Art der Online-Befragung für die Beteiligten zu einem neuen, spannenden Erlebnis wird.

Führungsfeedback mit Hilfe von Mitarbeiterbefragungen

Das Mitarbeiterfeedback als Instrument der Weiterentwicklung der Unternehmenskultur der DaimlerChrysler Services AG

Jürgen Deller, Thomas Hartstein und Kirsten Wallmichrath

Der vorliegende Beitrag schildert verschiedene Aspekte zu dem seit mehreren Jahren durchgeführten Mitarbeiterfeedback der DaimlerChrysler Services AG. Das Unternehmen mit Sitz in Berlin wurde 1990 als Daimler-Benz InterServices (debis) gegründet. Es ist das Dienstleistungsunternehmen im DaimlerChrysler Konzern und beschäftigt sich schwerpunktmäßig mit produktbezogenen Finanzierungsleistungen.

Das Mitarbeiterfeedback der DaimlerChrysler Services AG

Der Auslöser für die Entwicklung des Mitarbeiterfeedbacks war die erste debis Mitarbeiterbefragung 1995. Anhand der Ergebnisse erkannten die Führungskräfte, daß einer der Grundwerte zur debis Unternehmenskultur, "Wir führen fair", in den Augen der Mitarbeiter nicht so deutlich wie erhofft zum Tragen kam. Konsequenter Weise adressiert das dann entwickelte Mitarbeiter-Feedback vor allem das Führungsverhältnis zwischen Mitarbeitern und Vorgesetzten, wird aber auch häufig genutzt, um die Zusammenarbeit der Mitarbeiter untereinander zu thematisieren und weiter zu entwickeln.

Das Mitarbeiterfeedback ist vor allem ein Instrument zur Einschätzung des Führungsverhaltens des Vorgesetzten durch die direkt zugeordneten Mitarbeiter mit Hilfe eines systematisierten Verfahrens. Kernpunkt des Verfahrens ist, der Führungskraft ein Feedback zu geben und den Dialog zwischen Mitarbeitern und Führungskraft, aber auch unter den Mitarbeitern zu fördern. Es dient als Anstoß für intensive Gespräche über die Führungssituation, wodurch die Führungskraft die Chance erhält, ihre Stärken und Entwicklungsfelder zu erkennen und gegebenenfalls gemeinsam mit den Mitarbeitern Maßnahmen zur Verbesserung zu entwickeln und umzusetzen. Der Schwerpunkt des Verfahrens liegt deutlich auf dem Dialog, das Mitarbeiterfeedback ist also keine Vorgesetztenbeurteilung im eigentlichen Sinne. Zudem werden die Mitarbeiter stärker in die Teamentwicklung eingebunden und ermutigt, ihre Vorstellungen zu artikulieren. Langfristiges Ziel ist, auch über die in der Regel alljährlichen Feedbacks hinaus einen direkten Austausch zwischen Führungskräften und Mitarbeitern zu unterstützen. Verbesserungspotentiale im Miteinander können erkannt werden und innerhalb jeder einzelnen Abteilung gemeinsame Ziele erarbeitet und vereinbart werden.

1 Ablauf und Instrumente des Mitarbeiterfeedbacks

- Die Mitarbeiter erhalten Feedback-Formulare, auf denen sie ihre Einschätzung zum Führungsverhalten ihres Vorgesetzten anonymisiert abgeben[1]. Das Formular besteht aus zwei Seiten, wobei auf der Vorderseite der Mitarbeiter das Vorgesetztenverhalten mittels einer Beurteilung von dreizehn Items einschätzen soll, auf der Rückseite hingegen besteht die Möglichkeit, Rückmeldungen frei zu formulieren, um somit Punkte, die durch die Items nicht abgedeckt werden, ansprechen zu können.

- Die Formulare werden dann extern von einem vorab bestimmten Institut ausgewertet und die Ergebnisse anonymisiert an die jeweilige Führungskraft rückgemeldet.

- Innerhalb der nächsten vier Wochen führt die Führungskraft das Feedback-Gespräch mit der Gesamtheit der direkt zugeordneten Mitarbeiter. Dabei werden die Ergebnisse der Formulare diskutiert und gegebenenfalls verbessernde Maßnahmen abgeleitet. Dieses Gespräch wird zumeist von einem erfahrenen internen (z.B. aus dem Personalbereich) oder externen Moderator geleitet. Es ist die freie Entscheidung der Mitarbeiter, den vom Formular vorgesehenen Schutzraum der Anonymität im Gespräch zu verlassen.

- Darauf folgend führt die Führungskraft ein weiteres Gespräch mit ihrem Vorgesetzten über die Ergebnisse und die abgeleiteten Maßnahmen - Ziel ist die Unterstützung der Führungskraft durch den Vorgesetzten.

- Die Geschäftsführung kann eine Zusammenfassung aller Feedback-Ergebnisse erhalten. Fokus ist auch hier nicht Kontrolle, sondern Unterstützung zu verbesserten Führungsprozessen.

- Nach einem festgelegten Zeitraum findet das Mitarbeiterfeedback erneut statt und ist damit ein ständig fortlaufender Prozess.

---

[1] Teilweise verzichten Mitarbeiter auf die Anonymisierung und vermerken ihren Namen auf dem Formular.

Mitarbeiterfeedback-Formular

Name der Führungskraft

	Meine Führungskraft...	trifft voll zu					trifft nicht zu
Arbeitsklima	... fördert eine Arbeitsatmosphäre, die von Offenheit und gegenseitiger Wertschätzung geprägt ist.						
Teamarbeit	... fördert durch ihr Verhalten Teamgeist und effiziente Zusammenarbeit innerhalb unserer Abteilung.						
Konfliktlösung	... erkennt mögliche Spannungen in der Zusammenarbeit frühzeitig und löst sie konstruktiv unter Beteiligung der Betroffenen.						
Zielvereinbarung	... vereinbart mit herausfordernde Ziele und berücksichtigt dabei meine Interessen und Fähigkeiten.						
Information	... gibt mir rechtzeitig und umfassend die für meine Aufgabe wichtigen und erforderlichen Informationen.						
Handlungs-spielräume	... gewährt mir im Rahmen meiner Aufgabenbereiche die erforderlichen Freiräume.						
Unterstützung	... schafft die Voraussetzungen dafür, daß ich erfolgreich arbeiten kann.						
Mitarbeiter-beteiligung	... beteiligt mich bei Entscheidungen, die mein Arbeitsgebiet betreffen und berücksichtigt meine Meinung und Vorschläge.						
Anerkennung	... erkennt meine Leistung und würdigt sie.						
Kritikfähigkeit (aktiv)	... erkennt Fehler und Schwachstellen und spricht sie offen und fair an.						
Kritikfähigkeit (passiv)	... akzeptiert Kritik an ihrem Verhalten, ohne daß man Nachteile zu befürchten hat.						
Verläßlichkeit	... steht zu ihren Aussagen und vertritt unsere Arbeitsergebnisse gegenüber Dritten.						
Mitarbeiter-förderung	... unterstützt meine persönliche und berufliche Entwicklung.						

Abb. 1 : Formular "Mitarbeiterfeedback"

2 Erfahrungen mit dem Mitarbeiterfeedback

Heute haben nahezu alle Bereiche das Mitarbeiterfeedback zumeist mehrmals eingesetzt. Die Erfahrungen mit diesem Instrument sind bei bestehenden Verbesserungsmöglichkeiten als insgesamt positiv zu bewerten.

Das eingeführte Feedback-Verfahren hat nicht unwesentlich dazu beigetragen, daß in der zweiten Mitarbeiterbefragung die Mitarbeiter der Meinung waren: "Unsere Führungskräfte führen fair". Für das Personalmanagement ist das Mitarbeiter-Feedback zur Einschätzung des Verhaltens der Führungskräfte durch ihre Mitarbeiter ein wichtiges Instrument zur Veränderung des Arbeitsklimas und der Zusammenarbeit im Unternehmen. Das Management schätzt das Mitarbeiterfeedback insgesamt als sehr geeignetes Instrument zur Weiterentwicklung der Unternehmenskultur ein.

Im Rahmen der fortlaufenden Weiterentwicklung des Instruments sind mit Mitarbeitern Interviews zu Stärken und Schwächen des Feedback-Systems geführt worden. Welche konkreten Erfahrungen Mitarbeiter mit diesem Instrument bereits gemacht haben, soll exemplarisch der nachfolgende Auszug eines dieser Interviews verdeutlichen. "Die Idee des Mitarbeiterfeedbacks, nämlich Startpunkt für die kontinuierliche Verbesserung von Führungsverhalten zu sein, finde ich gut. Das schriftliche Feedback dabei als eine Art "Anker" für den Ablauf des folgenden Gesprächs zu nutzen, erleichtert den Einstieg in den Dialog. Dabei bietet die Rückseite des Feedback-Bogens, auf der man seine Rückmeldung frei formulieren kann, einem die Möglichkeit, seine Meinung wirklich treffend darzustellen. Ich denke, daß der ganze Prozeß allerdings dann problematisch wird, falls die im Feedback-Dialog getroffenen Absprachen nicht umgesetzt werden. Das könnte meiner Meinung nach daran liegen, daß das Tagesgeschäft den häufig jungen Führungskräften zeitweise kaum die Möglichkeit läßt, ihre Führungsqualitäten weiterzuentwickeln. Gefordert sind dann auch deren Vorgesetzte. Die sollten den ihnen zugeordneten Führungskräften soviel Freiraum schaffen, daß diese neben der alltäglichen Arbeit genug Raum haben, sich mit den ... Grundwerten und damit auch mit ihrem Führungsverhalten zu beschäftigen." Weitere Interviews zeigten unter anderem den hohen Stellenwert, der der Anonymität der schriftlichen Befragung via Formular beigemessen wird.

Im folgenden soll der Feedback-Prozeß anhand eines konkreten Beispiels weiter verdeutlicht werden.

3 Das Mitarbeiterfeedback in seiner praktischen Anwendung

In den Abb. 2 werden konkrete Ergebnisse eines Mitarbeiterfeedbacks, die sich aus den ausgefüllten Formularen von N=3 Mitarbeitern ergeben haben, dargestellt. (In der Regel nehmen knapp N=10 Mitarbeiter am Feedback teil.) Wie auch in diesem Falle wird bei einer recht kleinen Führungsspanne auf eine Mittelung der Itemratings verzichtet, stattdessen werden dann die einzelnen Itemratings in ihren Häufigkeiten dargestellt. Abb. 2 zeigt zunächst die Ergebnisse der gerateten Items, wobei fehlende Werte eine fehlende Relevanz der durch das Item operationalisierten Kategorie für einen Mitarbeiter symbolisiert. In Abb. 3 werden die frei formulierten Rückmeldungen dargestellt.

Zu beurteilende Kriterien:	**Häufigkeiten:**					
	trifft zu					**trifft nicht zu**
Arbeitsklima	2	1				
Teamarbeit	1		2			
Konfliktlösung		2	1			
Zielvereinbarung		1				
Information			1	1	1	
Handlungsspielraum	2	1				
Unterstützung		1		1	1	
Mitarbeiterbeteiligung		2				
Anerkennung	1	2				
Kritikfähigkeit (aktiv)	1	1	1			
Kritikfähigkeit (passiv)	1	2				
Verläßlichkeit		2				
Mitarbeiterförderung		2				

Abb. 2: Beispiel eines Ergebnisses zur Einschätzung des Vorgesetztenverhalten via Formular – Items

“Worüber wir noch reden sollten:”
• zu voller Terminkalender - Führungskraft hat keine Pufferzeiten für Unerwartetes, aber Wichtiges • zu viel Arbeitszeit - Erholung? Familie? • zu wenig Information - häufig nur Bröckchen, zu spät, erst auf Nachfrage • zu viele “Baustellen” - Führungskraft kann nicht nein sagen • zu wenig Deutlichkeit beim Äußern von Problemen gegenüber Vorgesetzten; Vorschlag: nicht resignieren, auch wenn es schwerfällt
“Was mir gut gefällt:”
• ermöglicht selbständiges Arbeiten • ist offen eingestellt, wenn Abläufe optimiert werden können und versucht dann auch, sich an die Verabredungen zu halten • läßt Freiraum; gibt nicht auf unangenehme Art Druck weiter, unterstützt dann eher • Ausgeglichenheit nach außen auch in nicht einfachen Situationen • Offenheit/Kritik werden voll akzeptiert - ohne nachteilige Konsequenzen befürchten zu müssen • Meinungen/Vorschläge werden aufgenommen bzw. diskutiert, jedoch keinesfalls grundlegend abgelehnt • schnelles Einfinden in Situationen/Mißstände, versucht schnell Abhilfe zu schaffen, im Rahmen des Möglichen • sehr engagiert in seiner fachlichen Arbeit • äußerst selbständig und flexibel • Herzlichkeit, Humor, Teamgeist, Pusher
“Was man noch verbessern könnte:”
• eingeschränkter Infofluß, weil er nicht greifbar ist, damit blockiert er die Arbeit von anderen, z.T. auch soweit, daß man nicht weiterkommt • durch zu viele “Baustellen” gibt er Aufgaben ab, zu wenig Hintergrundwissen, Gefahr der Überforderung • bessere Erreichbarkeit für seine Kunden • nicht immer auf den letzten Drücker arbeiten • besser vorbereitet - in bezug auf komplette Unterlagen - in Sitzungen gehen

Abb. 3: Beispiel eines Ergebnisses zur Einschätzung des Vorgesetztenverhalten via Formular - freie Formulierung der Rückmeldung

Diese in den Abb. 2 und 3 dargestellten Ergebnisse sind das für den Feedback-Dialog, der in diesem Falle nach ca. drei Wochen folgte, anonymisiert aufbereitete Abstrakt sämtlicher, schriftlicher Rückmeldungen. Den ersten Teil des Dialogs führten ein interner Moderator und die Mitarbeiter der beurteilten Führungskraft. Der Moderator besprach dabei zunächst generell geltende Regeln im Feedback-Prozeß. Darauf folgend erläuterte dieser die gesammelten Ergebnisse und vereinbarte mit der Gruppe das weitere Vorgehen für einen direkt nachfolgenden zweiten Teil der Dialogrunde. Im diesem zweiten Teil war dann auch die Führungskraft anwesend und der Moderator erläuterte ihr die vorläufigen Arbeitsergebnisse im Beisein der Mitarbeiter. Dann leitete er in eine Diskussion über, in der gemeinsam Maßnahmen abgeleitet werden sollten. Kernpunkt der Ergebnisse der schriftlichen Befragung und der ersten Dialogrunde war, daß die Führungskraft für die Mitarbeiter häufig nur schwer erreichbar sei, selbst wenn die Abstimmung mit der Führungskraft als notwendig für das erfolgreiche Weiterarbeiten von beiden Seiten als ausschlaggebend angesehen wurde. Als Maßnahmen wurde deshalb vereinbart, daß zukünftig regelmäßige Rücksprachen, im Sinne eines "jour fixe", mit den jeweiligen Mitarbeitern und der Führungskraft stattfinden sollten. Die Terminierung dieser Rücksprachen lag dabei in der Verantwortung des Sekretariats, im Gegenzug dazu verpflichtete sich die Führungskraft, diese Rücksprachen mit höchster Priorität anzugehen.

Dieses Beispiel verdeutlicht einen konkreten Feedback-Prozess, mitsamt der nachvollziehbaren Ableitung von Maßnahmen zur Verbesserung der Zusammenarbeit zwischen Führungskräften und Mitarbeitern bei DaimlerChrysler Services. Das den Prozeß einleitende Ausfüllen der Feedback-Formulare ist der Einstieg in den eigentlich relevanten Dialog. Das Formular bekommt damit im Gesamtprozeß also eher den Charakter eines "Türoffners". Im Rahmen einer Diplomarbeit ist die psychometrische Qualität des Mitarbeiter-Feedbacks überprüft worden. Die Ergebnisse dieser Untersuchung werden im nächsten Abschnitt dargestellt.

4 Psychometrische Qualität des Feedback-Formulars

Die Ergebnisse der schriftlichen Einschätzung werden nicht an Dritte weitergegeben und sind auch nicht Grundlage für Personalentscheidungen. Wie gut das Unternehmen mit dieser Politik fährt, zeigt sich nicht nur in dem Vertrauen, das die Betroffenen in den fairen Umgang mit ihren Daten legen, sondern auch in der Tatsache, dass Fragebogen dieser Art nur selten testtheoretischen Gütekriterien genügen.

Da die Beurteilung einer Person im sozialen Kontext stets von subjektiven Verarbeitungsprozessen beeinflusst ist, kann auch von diesem Verfahren nicht erwartet werden, dass mit der Befragung der Mitarbeiter Führungsverhalten völlig objektiv diagnostiziert wird. Deshalb stellt sich die Frage, in welchem Maße die Subjektivität der Einschätzung die Beurteilung beeinflussen darf. In der hier beschriebenen Untersuchung wurde die Datenstruktur, die sich mit der Einschätzung von 341 Führungskräften durch ihre Mitarbeiter (insgesamt 3131) ergab, analysiert. Die Berechnungen zeigten, dass die Führungskräfte für die Variabilität der Daten nicht als ursächlich angesehen werden können. Die Ergebnisse sprechen vielmehr dafür, dass größter Einflussfaktor für die Einschätzung einer Führungskraft die beurteilenden Personen sind. Was aber genau mit dem Feedback-Formular gemessen wird, ist nicht eindeutig zu beantworten. Wenn mit dem Verfahren lediglich die Meinungen der Mitarbeiter über ihre Führungskräfte eingeholt werden sollen, gibt es für eine Führungskraft keine Veranlassung, die Einschätzungen durch die Mitarbeiter mit ihren eigenen Leistungen in Verbindung zu bringen. Vielmehr kann sie wählen, ob sie auf diese Ansichten und Wünsche ihrer Mitarbeiter eingehen will. Sollen die Ergebnisse aber als Grundlage für Entscheidungen herangezogen werden, dann muß das Verfahren in hohem Maße den Gütekriterien gerecht werden.

5 Ergebnisse der Datenanalyse

Um den Gütemaßstab der Klassischen Testtheorie an das Feedback-Formular anlegen zu können, bedarf es weiterer Informationsquellen. Zusätzliche Fragen an die Mitarbeiter können aber wegen der ihnen zugesicherten Anonymität nicht gestellt werden, auch um das Vertrauen aller Beteiligten in das Verfahren nicht zu gefährden. Wir wählten deshalb ein statistisches Verfahren (Varianzkomponentenanalyse), mittels dessen sich die Größe verschiedener Einflussfaktoren auf die Datenstruktur schätzen lässt. Von Interesse ist, in welchem Ausmaß (Prozent) die aufgetretenen Unterschiede in den Einschätzungen (Varianz) bezogen auf die jeweilige Führungskraft durch die verschiedenen Einflussfaktoren erklärt werden kann. Die gesuchte Information ist die der Interaktion zwischen Führungskraft und Item. Diese gibt an, in welchem Ausmaß bestimmten Führungskräften unabhängig von den Urteilern bestimmte Merkmale zugeschrieben werden. Diese Einschätzungen zu erheben ist das Ziel der Vorgesetztenbeurteilung. Damit gibt diese Komponente die mit dem Feedback-Formular gesuchte Information. Wäre dieser Einflussfaktor der einzige, so könnte vom Testwert direkt auf das Führungsverhalten rückgeschlossen werden. Die entsprechende Varianzkomponente sollte also möglichst groß sein.

Bei der Untersuchung der Daten, die durch die Einschätzung von Führungskräfte durch ihre Mitarbeiter gewonnen wurden, bewegen sich die Varianzanteile, die auf die Interaktion zwischen Führungskraft und Frage entfallen, zwischen 0 % und 2,6 %. Dieser Anteil hätte bei einem validen Fragebogen weit höher ausfallen müssen. Jede Frage im Feedback-Formular zielt auf einen Teilaspekt des Führungsverhaltens. Die Mitarbeiter sind aufgefordert, sich bei jeder einzelnen Frage zu überlegen, wie gut ihre Führungskraft diesen erfragten Teilaspekt erfüllt. Als Entscheidungsgrundlage für ihre Einschätzung sollen sie das Verhalten der Führungskraft heranziehen, das sie selbst über Monate hinweg beobachten konnten. Dann kreuzen sie auf dem Feedback-Formular den Wert an, der ihre Einschätzung am besten wiedergibt. Ziel ist, die Führungskraft über die Einschätzungen ihrer Mitarbeiter zu informieren und ein Stärken-Schwächen-Profil aus Mitarbeitersicht zu erstellen. Es liegt also auf der Hand, dass der Wert, der verschiedenen Führungskräften durch den Fragebogen zugeschrieben wird, in erster Linie durch das Verhalten der Führungskraft in bezug auf die betreffende Frage beeinflusst werden soll. Solchen Führungskräften, die einen Teilaspekt des Führungsverhaltens besonders gut erfüllen, soll ein niedrigerer und damit besserer Skalenwert zugeschrieben werden, als solchen, die in bezug auf denselben Teilaspekt noch Entwicklungsbedarf aufweisen. Dabei unterliegt die Messung des im Sinne der Klassischen Testtheorie “wahren Wertes” einer Führungskraft allerdings weiteren Einflussfaktoren:

6 Einflussfaktor Führungskraft

Unabhängig davon, welche Frage beantwortet wird, könnten einigen Führungskräften durchgängig bessere Werte zugeschrieben werden als anderen, ohne dass ihr Verhalten dies rechtfertigen würde. Diese auftretende Variabilität der Daten stellt einen Teil der Varianz dar, die für den Halo-Effekt verantwortlich ist. Ein Halo-Effekt bewirkt eine Angleichung in der Bewertung konzeptionell unterschiedlicher Beurteilungskriterien oder -dimensionen. Die Einzelkriterien sind folglich nicht ausreichend differenziert worden, sondern werden von bestimmten Merkmalen überstrahlt.
Auch der Grad der Anerkennung der Beurteilten hat einen Einfluss auf das Beurteilungsverhalten (Brandstätter, 1970). Anscheinend fällt es Mitarbeitern leichter, ihren Chef zu kritisieren, wenn diesem im Unternehmen eine vergleichsweise geringere Wertschätzung entgegengebracht wird, als wenn er hohes Ansehen genießt.
Dieser Varianzanteil betrug in unserer Untersuchung zwischen 6,8 % und 30 %.

7 Einflussfaktor Frage

Vorstellbar ist, dass einige Items im Feedback-Formular einfacher zu verstehen sind als andere. Wenn es allen Mitarbeitern unbegreiflich ist, worauf eine Frage abzielt, z.B. weil sie schwer verständlich formuliert ist, ist der Wert, der der Führungskraft bezüglich dieser Frage zugeschrieben wird, nicht mehr unmittelbar mit dem Verhalten der Führungskraft in Zusammenhang zu bringen. Damit hat die Formulierung der Frage einen Einfluss darauf, welchen Wert Beurteilende ihren Führungskräften beimessen.

Schließlich kann es auch sein, dass bestimmte Verhaltensweisen allen Beschriebenen häufiger zugeschrieben werden als andere Verhaltensweisen. Weil die Führungskraft Einblick in die Einschätzungen ihrer Mitarbeiter erhält, ist es denkbar, dass bei konfliktträchtigen Fragen eher Zurückhaltung geübt wird als bei Fragen zu Aspekten, die in der Unternehmenskultur eine geringere Wertigkeit erfahren. Diese Überlegungen mögen auch die Mitarbeiter bei ihrer Beurteilung anstellen. Dann hätte die Wichtigkeit des erfragten Aspekts Einfluss auf das Urteil (Brandstätter, 1970).

Unsere Analyse ergab, dass dieser Einflussfaktor zwischen 0 % und 17,7 % lag.

8 Einflussfaktor Mitarbeiter und andere Ursachen

Eine dritte Einflussgröße sind die beurteilenden Mitarbeiter. Sie sind aufgerufen, beobachtbares Verhalten zu beurteilen. Dabei treten Schwierigkeiten auf, die das Ergebnis verzerren können:
Neben intrapsychischen Faktoren können auch Durchführungsbedingungen Urteilstendenzen hervorrufen. Zum Beispiel hat die Zielsetzung eines Beurteilungsverfahrens erheblichen Einfluss auf die Motivation der Beurteilenden, ebenso wie die Tatsache, ob Urteile anonym abgegeben werden oder ob Beurteilende identifiziert werden können (vgl. Antonioni, 1994). Des weiteren kann z. B. die Art des verwendeten Skalierungsverfahrens das Auftreten von Urteilsfehlern begünstigen (Schuler, 1989).
Eine weitere Komponente auf Mitarbeiterseite sind mögliche Maßstabseffekte. Da es im Vorfeld der Datensammlung des Mitarbeiter-Feedbacks nicht zu einer verbindlichen Operationalisierung der Kriterien kommt und diese auch nicht trainiert wird, wird jeder Mitarbeiter sein eigenes Anspruchsniveau den Beurteilungen zugrundelegen. Die hier auftretende Varianz könnte andere Effekte überlagern.

Der zweite Bestandteil des bereits erwähnten Halo-Effektes ist durch die Urteiler definiert. Die mangelnde Diskriminationsleistung kann bei unterschiedlichen Urteilern unterschiedlich ausgeprägt sein. Mittelwertstendenzen sind solche Urteilstendenzen, die das Abweichen der Urteile von den wahren Leistungen in Abhängigkeit individueller Neigungen zu systematisch zu positiver oder zu negativer Beurteilung. Die Tendenz zur Mitte, auch Häufungstendenz oder Zentrale Tendenz genannt, ist daran erkennbar, dass die Streuung der abgegebenen Urteile relativ klein ausfällt. Sie kann auf einer geringen Informationsbasis beruhen, auf nicht genügender Differenzierungsleistung bestimmter Beurteiler (was unterschiedliche Ursachen haben kann) oder auf einer bewussten Abgabe mittlerer Urteilswerte, um nicht durch extreme Abweichungen aufzufallen.

Neben diesen Urteilsfehlern gibt es noch weitere Einflussgrößen, die durch die Mitarbeiter bedingt sind. So kann z.B. auch die Arbeitszufriedenheit einen Einfluss auf die Einschätzungen haben. Ein ähnliches Problem liegt vor, wenn eine beurteilende Person zu einem externalen Attributionsstil neigt. Diese Mitarbeiter würden bei der Einschätzung ihrer Führungskraft nicht ausschließlich deren Verhalten beurteilen, sondern auch situative Gegebenheiten und eigene (Un-) Fähigkeiten in ihr Urteil mit einfließen lassen.

9 Einflussfaktor Interaktion zwischen Führungskraft und Mitarbeiter

Wegen der unterschiedlichen Rollenverteilung in einem Arbeitsteam ist es eher unwahrscheinlich, dass sich die Führungskraft allen Mitarbeitern gegenüber gleich verhält. Aus den unterschiedlichen Arbeitsbeziehungen ergibt sich für jeden Mitarbeiter ein unterschiedlicher Grad an sozio-emotionaler Verbundenheit mit dem

Vorgesetzten. Daraus können unterschiedliche Grade an Vertrauen erwachsen, so dass eine Führungskraft zum Beispiel in punkto Delegationsvermögen von ihren Mitarbeitern unterschiedlich wahrgenommen wird.

10 Einflussfaktor Interaktion zwischen Mitarbeiter und Item

Welchen Einfluss das Item auf den Testwert haben kann, wurde bereits erläutert. Es ist denkbar, dass dieser Einfluss unterschiedlich ausfällt, je nachdem, welcher Mitarbeiter die Fragen beantworten soll. Im Unterschied zu dem Einfluss, den das Item allein hat, ist hier also das Ausmaß gemeint, mit dem die verschiedenen Beschreibenden verschiedene Items auf unterschiedlichen Niveaus benutzen. Die daraus resultierende Varianz ist damit ein Maß für den individuellen Schwierigkeitsgrad eines Items.

11 Einflussfaktor Tripelinteraktion zwischen Führungskraft, Mitarbeiter und Item

Hier kommt die subjektiv durch den Beurteilenden gefärbte Beschreibung der Führungskraft zum Ausdruck. Die bereits angesprochene Einflussgröße "Interaktion zwischen Führungskraft und Item" ist die gesuchte Varianz. Die Tripelinteraktion steht für die fehlende Übereinstimmung hinsichtlich der Interaktion zwischen Führungskraft und Item.
Die Größe dieser letztbeschriebenen Faktoren konnte mit dem von uns gewählten Verfahren nicht differenziert berechnet werden. Dennoch ist ihr gemeinsamer Anteil an der Gesamtvarianz schätzbar und fällt mit 73 % bis 86 % über Erwarten hoch aus.

12 Diskussion

Bei Betrachtung der Häufigkeiten von abgegebenen Werten fällt auf, daß bei allen Fragen des Formulars durchgängig eine linksschiefe Verteilung zu beobachten ist, es wurden also mehr positive als negative Einschätzungen vorgenommen. Dies könnte ein Hinweis für eine Tendenz zur Milde sein. Alternativ ist in Betracht zu ziehen, dass es sich bei den beurteilten Führungskräften um kompetente Personen handelt, die zurecht gute Beurteilungen von ihren Mitarbeitern erhielten. Diese Interpretation wird von Unternehmen im Regelfall präferiert.
Die Varianzkomponentenanalyse berechnete die Varianzanteile für die gesuchte Information (Interaktion Führungskraft und Item) mit 0 % bis maximal 2,6 % an der Gesamtvarianz. Auch die Varianz, die auf die Führungskräfte zurückzuführen ist, ist mit Schwankungen zwischen 0 % und 30 % sehr gering, wenn man bedenkt, dass der Einfluss der Mitarbeiter hier noch herausgerechnet werden müsste. Läge ein „consensual halo effect“ vor, müsste die Varianzkomponente für die Führungskräfte deutlich höher ausfallen. Entsprechend kann die festgestellte

Linksschiefe bei der Häufigkeitsverteilung der Einschätzungen nicht als Beleg für eine zurecht positiv erteilte Beurteilung der Führungskräfte gelten. Statt dessen ist vermutlich eine Tendenz zur Milde auf Seiten der Mitarbeiter ursächlich.

Der größte Einflussfaktor auf die Einschätzung von Führungskräften ist mit 73 % bis 86 % die Fehlervarianz, stammt also aus nicht genau zuordenbaren Quellen. Diese Varianzkomponente enthält den Einflussfaktor Mitarbeiter, der sich hier nicht weiter von der Fehlervarianz trennen lässt. Wahrscheinlich kommen an dieser Stelle Auswirkungen eines individuellen halo-Effektes zum Tragen. Da ein großer Teil der Fehlervarianz damit den Mitarbeitern zuzurechnen ist, liegt die Vermutung nahe, dass die Daten mehr Aufschluss über die beschreibenden Mitarbeiter geben als über das Verhalten der Beschriebenen. Hier gilt es zu prüfen, ob Beurteilungsschulungen zu größerer Differenzierungsleistung führen können, damit dieser unerwünschte Varianzanteil verringert wird.

Wenn der Fehler allerdings in der Konstruktion des Fragebogens begründet liegt, könnte diese Verringerung durch die Weiterentwicklung des Formulars erreicht werden. Um Korrelationstendenzen zu vermeiden, sollte dabei auf unterschiedliche Dimensionen explizit hingewiesen werden. Mittelwertstendenzen könnte z.B. dadurch begegnet werden, dass die Pole „trifft voll zu“ bis „trifft nicht zu“ für einzelne Fragen unterschiedlich sind. Da die Mitarbeiter wahrscheinlich unterschiedliche Erwartungen an ihre Führungskraft haben, stellt sich auch die Frage, ob die Ermittlung eines Soll- und Ist-Profils mit einer sechsstufigen Skala realisierbar ist. Bei diesem Vorgehen wird implizit davon ausgegangen, dass für alle Beteiligten das Optimum bei einer durchgängigen Einschätzung „trifft voll zu“ liegt. Wahrscheinlich aber gibt es einige Aspekte des Führungsverhaltens, die individuell schwerer gewichtet werden als andere. Statt des impliziten Soll-Profils könnte der Fragebogen beide Profile erfassen. Die Mitarbeiter würden dann ein Differenzmaß bilden, von dem abgeleitet werden kann, wie weit ihre Führungskraft von einem Idealzustand entfernt ist.

Welche Prädiktoren für die Einschätzung einer Führungskraft gibt es auf Seiten der Mitarbeiter? Denkbar sind neben Einstellungen zum Beispiel auch Attributionsstile. Sollten die Mitarbeiter den Einfluss der Führungskräfte auf ihre Arbeitssituation überschätzen, so gilt es, ihnen eigene Gestaltungsmöglichkeiten aufzuzeigen. Diese Aufgabe könnte eine Gleichgestelltenbeurteilung oder ein Teamfeedback erfüllen. Der Versuch, Kritik nicht nur unidirektional von „oben nach unten“ zuzulassen, sondern mit dem Mitarbeiterfeedback um den Kommunikationsweg von „unten nach oben“ zu erweitern, könnte eher gelingen, wenn der eigene Beitrag der Beurteilenden auf gleicher Hierarchieebene bewusst gemacht wird.

Auf diese Weise könnte nicht nur die subjektiv wahrgenommene Bewegungsfreiheit der Mitarbeiter erhöht werden. Eventuell könnte so auch die Fehlervarianz bei der Einschätzung von Führungskräften vermindert werden. Wenn es gelingt, Prädiktoren für die Einschätzung einer Führungskraft auf Seiten der Mitarbeiter zu identifizieren, können sie als Störvariablen kontrolliert und aus der Berechnung der Einschätzung einer Führungskraft ausgeschlossen werden.

13 Fazit

Die positiven Erfahrungen mit dem Instrument zeigen, dass das Mitarbeiter-Feedback sich sehr gut dafür eignet, die Feedback-Kultur eines Unternehmens weiterzuentwickeln. Nicht jedoch kann das Feedback-Formular allein als diagnostisches Instrument für die Erfassung des Führungsverhaltens herangezogen werden und sollte auf keinen Fall als Entscheidungshilfe für Beförderungen oder Entlassungen dienen. Nach wie vor bleibt unklar, was mit dem Fragebogen erfasst wird. Die Annahme, dass Führungskräfte für die auftretende Variabilität der Daten ursächlich sind, kann nicht bestätigt werden. Die Vermutung liegt nahe, dass die mit dem Formular erhobenen Beurteilungen des Vorgesetztenverhaltens weitaus mehr charakteristisch für die beschreibenden Mitarbeiter sind.

Aus diesen Ergebnissen den Schluss zu ziehen, dass die Vorgesetztenbeurteilung als Instrument untauglich ist, ist vorschnell. Die Befunde sprechen lediglich dafür, dass der alleinige Einsatz von Fragebogen nicht ausreicht, um Führungsverhalten zu bewerten. Inwieweit die an die Einschätzung anknüpfenden Feedback-Gespräche, die ja *ein*, wenn nicht *der* wesentliche Bestandteil der Vorgesetztenbeurteilung sind, durch die Güte des Feedback-Formulars beeinflusst werden, kann nicht beurteilt werden. Auch hier bedarf es weiterer Klärung.

Des weiteren ist denkbar, dass durch regelmäßig stattfindende Feedback-Runden der Blick der Mitarbeiter für die Mehrdimensionalität des Führungsverhaltens geschärft wird. In diesen Gesprächen hat ja die Führungskraft die Möglichkeit, zu erläutern, für welche Aspekte des Arbeitsalltags sie Verantwortung übernehmen kann, und auf welche Erwartungen der Mitarbeiter sie nicht eingeht. Der Fragebogen kann dann beim Einstieg in die nächste Feedback-Runde als Evaluationskriterium dienen, inwieweit die Diffenzierungsleistung durch Feedback verändert werden kann.

Literatur

Antonioni, D. (1994): The effects of feedback accountability on upward appraisal ratings. Personnel Psychology, 47, 349-356.

Brandstätter, H. (1970): Die Beurteilung von Mitarbeitern. In A. Mayer & B. Herwik (Hrsg.), Handbuch der Psychologie, Band 9 (S. 669-734). Göttingen.

Schuler, H. (1989): Leistungsbeurteilung. In E. Roth (Hrsg.), Organisationspsychologie. Enzyklopädie der Psychologie D/III/3 (S. 399-439). Göttingen.

360-Grad-Feedback-Verfahren als spezielle Variante der Mitarbeiterbefragung

Torsten J. Gerpott

1 Grundlagen von 360-Grad-Feedback-Verfahren

1.1 Verfahrenspräzisierung, -verbreitung und -einführungsgründe

In der Mehrzahl der Groß- und Mittelstandsunternehmen in Deutschland findet einmal pro Jahr eine besondere Form der „Mitarbeiterbefragung" statt: Vorgesetzte füllen auf Initiative der Personalfunktion für jeden der ihnen direkt unterstellten Mitarbeiter einen Fragebogen aus, der dazu dienen soll, die Leistung der jeweiligen Mitarbeiter in einem definierten Zeitraum zu erfassen. Selbst in seriösen Veröffentlichungen von Betriebswirten, die Funktionalitäten und Gestaltungsfragen solcher gemeinhin als Leistungs- oder Personalbeurteilung – und *nicht* als Vorgesetztenbefragung – bezeichneten Befragungen ansonsten kompetent analysieren (s. etwa Becker 1998), wird nicht weiter kritisch hinterfragt, inwieweit die jeweiligen direkten Vorgesetzten von Mitarbeitern in den Unternehmenshierarchien geeignet sind, um Mitarbeiterleistungen akkurat zu beurteilen und konstruktiv an ihre Untergebenen rückzumelden. Ebenso wenig wird diskutiert, ob es sinnvoll ist, neben dem direkten Vorgesetzten auch andere Personenkreise, mit denen ein Mitarbeiter bei der Bewältigung seiner Arbeitsaufgaben enger kooperiert, als Quelle für Einschätzungsdaten bzw. als Beurteiler heranzuziehen, um ein umfassenderes Leistungsbild von Mitarbeitern zu gewinnen und an Letztere zu übermitteln.

360-Grad-Feedback-Verfahren knüpfen genau an diesen Fragen an. Grundgedanke derartiger Verfahren ist es nämlich, angesichts eines „Unbehagens" bezüglich der Zuverlässigkeit (= Reliabilität), Genauigkeit und Vollständigkeit von mitarbeiterbezogenen Leistungseinschätzungen durch Vorgesetzte solche Einschätzungen auch von weiteren Beurteilergruppen zu erheben, um Mitarbeitern Feedback dahingehend zu geben, wie ihre Arbeitsleistung aus *unterschiedlichen* Perspektiven wahrgenommen wird. Mit dem Schlagwort *Feedback* (synonym: Rückmeldung / -kopplung; oder im Englischen: „knowledge of performance/results") ist dabei nur die Versorgung von Mitarbeitern mit Informationen über Aspekte ihrer bisherigen Arbeitsverhaltensweisen und -ergebnisse durch andere Menschen gemeint (vgl. Kluger/DeNisi 1996, S. 255; Ilgen et al. 1979, S. 349f.). Folglich stehen Rückmeldungen durch Maschinen oder *allein* durch Selbstbeobachtung *nicht* im Mittelpunkt von 360-Grad-Feedback-Verfahren.

Ausgehend von diesen Überlegungen lassen sich *360-Grad-Feedback-Verfahren (360°-FBV)* genauer charakterisieren als

- von Unternehmensvertretern mit Leitungsverantwortung initiierte
- systematische, formalisierte und zumindest in weiten Teilen standardisierte, beschreibende oder bewertende Einschätzungen von Mitarbeitern eines Unternehmens (= Feedback-Nehmer)
- im Hinblick auf bestimmte Kriterien
- durch mehrere verschiedene, anhand ihrer organisationsstrukturell-hierarchischen Beziehung zum Feedback-Nehmer oder ihrer Unternehmenszugehörigkeit differenzierbaren Personengruppen (= Feedback-Geber),
- deren Einschätzungen

  (a) auf im Arbeitsalltag durch die Zusammenarbeit mit dem Feedback-Nehmer angestoßenen individuellen Informationsaufnahme, -verarbeitungs-,-speicherungs- und -wiederabrufprozessen beruhen,
  (b) zumeist durch Selbstbeurteilungen des Feedback-Nehmers ergänzt werden,
  (c) dem Feedback-Nehmer explizit mitgeteilt werden.

360°-FBV sind damit nicht nur eine spezielle Variante von *Mitarbeiterbefragungen* (s. Domsch 2005, S. 421-430), sondern auch von *Personalbeurteilungen* (s. Gerpott/Domsch 1995, Sp. 1694-1696). Hingegen sind sie *keine* eignungsdiagnostischen Instrumente i.e.S., da solche Instrumente, wie z.B. Assessment Center, auf Informationen beruhen, die außerhalb der alltäglichen Arbeitspraxis der Feedback-Nehmer von Spezialisten generiert wurden, die normalerweise *nicht* mit dem Feedback-Nehmer bei der Bewältigung seiner Arbeitsaufgaben kooperieren (so auch Atkins/Wood 2002, S. 875; Edwards/Ewen 1996, S. 29f.). Weitgehend synonym mit dem Begriff des 360°-FBV werden in der englischsprachigen Literatur auch folgende Bezeichnungen verwendet: (1) „full-circle appraisal, multirater assessment or group performance appraisal" (Hoffman 1995, S. 82), (2) „multi-source feedback/assessment" (s. Seifert et al. 2003, S. 561; Smither et al. 2003, S. 23; Atwater et al. 2002, S. 193; Lepsinger/Lucia 1998, S. 6; Edwards/Ewen 1996, S. 4; Ward 1995, S. 20), (3) „multi-perspective ratings" (Garavan et al. 1997, S. 134) oder (4) „multi-rater technique" (Fraser/Zarkada-Fraser 2001, S. 260).

360°-FBV diskutiert man zwar erst seit Mitte der 90er Jahre intensiver in der personalwirtschaftlichen und -psychologischen Literatur. Aber die Grundidee der Erhebung und der Analyse des Übereinstimmungsgrades der Einschätzungen verschiedener Personen(gruppen) im Hinblick auf die Leistungen von Mitarbeitern (= „interrater reliability"; vgl. Viswesvaran et al. 1996, S. 558) ist in der organisationspsychologischen Forschung unter den Überschriften „multimethod approach" oder „multirater approach" seit Ende der 50er Jahre bekannt (vgl. Campbell/Fiske 1959; Lawler 1967; Kavanagh et al. 1971; Conway 1996).

Nach 1995 durchgeführte repräsentative Untersuchungen zum Verbreitungsgrad von 360°-FBV in Unternehmen im deutschsprachigen Raum gibt es m.E. nicht.

Zum Einsatz von 360°-FBV in Unternehmen in den USA und Großbritannien wird zwar in der Literatur auf mehrere empirische Erhebungen hingewiesen (s. etwa Rogers et al. 2002, S. 46; Scherm/Sarges 2002, S. 6-8). Deren Aussagekraft ist jedoch gering, da unklar bleibt, wie 360°-FBV operational gegenüber anderen Ansätzen der Personalbeurteilung/Mitarbeiterbefragung abgegrenzt wurden und inwieweit die erfassten Organisationen als repräsentativ für bestimmte Branchen oder Unternehmensgrößenklassen anzusehen sind. Zudem sind die einschlägigen Befunde z.T. auch noch widersprüchlich: So wird etwa für das Jahr 2000 der Anteil der (Groß-)Unternehmen in den USA, die 360°-FBV einsetzen, von Frieswick (2001, S. 58) mit 26%, hingegen von Pfau/Kay (2002, S. 56) mit 65% angegeben.

Einzelmeinungen von Unternehmenspraktikern und Wissenschaftlern (s. für viele McDade/Greenwood 2003, S.30; Toegel/Conger 2003, S. 298; Scherm/Sarges 2002, S. 6; Brett/Atwater 2001, S. 930; Maurer et al. 1998, S. 693; London/Smither 1995, S. 804f.; O'Reilly 1994, S. 55; Hazucha et al. 1993, S. 325) sowie die erhebliche Zahl der ab 1996 zu 360°-FBV erschienenen Monographien und Sammelwerke (s. Waldmann 2003; Scherm/Sarges 2002; Bracken et al. 2001a; Neuberger 2000; Lepsinger/Lucia 1998; Tornow/London 1998a; Waldman/Atwater 1998; Edwards/Ewen 1996) sind aber immerhin Indizien dafür, dass die Anwendungshäufigkeit von 360°-FBV in der Wirtschaftspraxis in den letzten 10–15 Jahren tendenziell deutlich zugenommen haben dürfte. Als *Gründe für die zunehmende Diffusion* dieser „Sozialinnovation" sind zu nennen (vgl. a. McDade/Greenwood 2003, S. 30; Toegel/Conger 2003, S. 297f.; Ghorpade 2000, S. 140f. u. 149; Waldman et al. 1998, S. 86f.):

- Veränderungen der Aufbau- und Ablauforganisation von Unternehmen in Richtung auf einen Abbau von Hierarchieebenen, eine Dezentralisierung von Kompetenzen, eine Erhöhung der Kundenorientierung, eine Verstärkung des Einsatzes temporärer, z.T. betriebsstandortübergreifender Projekte und eine Vergrößerung der räumlichen Variabilität der Arbeitsorte von Mitarbeitern. Konsequenz dieser Organisationsanpassungen war u.a., dass für Vorgesetzte die Schwierigkeit zunahm, umfangreiche und aussagefähige Leistungsrückmeldungen an ihnen direkt unterstellte Mitarbeiter zu geben, die ihrerseits erhöhte Ansprüche an die Qualität des Führungsverhaltens ihrer Vorgesetzten stellten.

- Ausbreitung von Programmen zur systematischen Entwicklung von Managementkompetenzen bei Führungs(nachwuchs)kräften insbesondere in größeren Unternehmen. Konsequenz dieser Ausdehnung von Personalentwicklungsaktivitäten war u.a., dass in der Unternehmenspraxis ein zusätzlicher Bedarf an Verhaltensrückmeldungen für Führungs(nachwuchs)personal wahrgenommen wurde, zu dessen Deckung 360°-FBV einen Beitrag zu leisten versprachen (s. etwa zum Praxisbeispiel Daimler Chrysler bei Wegner 2002, S. 115-130).

- Verstärkung der Bemühungen von Unternehmensberatungen, 360°-FBV als unabdingbares Element „zeitgemäßer" Personalarbeit erscheinen zu lassen. Konsequenz dieser Marketinganstrengungen war u.a., dass ausgehend von einigen Referenzeinführungen von 360°-FBV bei Großunternehmen in einer Art von „Dominoeffekt" etliche weitere Unternehmen mit der Übernahme dieses

Instrumentes begannen, um die wahrgenommene Legitimation/Qualität ihres Personalmanagements bei relevanten Anspruchsgruppen zu verbessern.

1.2 Verfahrensbefragtengruppe

Informationsquellen bei 360°-FBV sind typischerweise durchweg mit dem Feedback-Nehmer intensiver zusammenarbeitende Personen, die ebenfalls im selben Unternehmen wie der Feedback-Nehmer tätig sind und die nach ihrer hierarchischen Beziehung zur eingeschätzten Person in die drei Feedback-Gebergruppen der *gleichrangigen Kollegen* (= „Peers"), der *unterstellten Mitarbeiter/Untergebenen* und der *Vorgesetzten* differenziert werden. Diese drei Gruppen lassen sich i.S. von Total Quality Management-Konzepten als *interne Kunden* eines Positionsinhabers interpretieren, deren Anforderungen von Mitarbeitern bei ihrer Aufgabenbewältigung in abgestimmter Weise zu berücksichtigen sind. Zusätzlich wird häufig vorgeschlagen, ergänzend noch „raters outside the organization, such as customers or suppliers" (Mount et al. 1998, S. 557) hinzuziehen, wenn die Qualität der Zusammenarbeit eines Unternehmensmitarbeiters mit *Kunden und Zulieferern* sich ebenfalls unmittelbar auf dessen individuelle Arbeitsleistung und mittelbar auf den Unternehmenserfolg auswirken kann (vgl. Rogers et al. 2002, S. 50 u. 53; Brutus et al. 1998, S. 18f.; Paradise-Tornow 1998, S. 103-109; Laib 1997, S. 1139; Ward 1995, S. 21; Weider 1995, S. 159; Cardy/Dobbins 1994, S. 162-167; London/Beatty 1993, S. 355; Tornow 1993, S. 223 u. 1998, S. 81f.).

Im Gegensatz zu den lange aus der Marktforschung bekannten Kundenzufriedenheitsbefragungen sollen durch den *Einbezug von externen Kunden* in 360°-FBV aber nicht bestimmte Produkte eines Unternehmens, sondern das Verhalten namentlich ausgewiesener einzelner Mitarbeiter eingeschätzt werden. Dabei ist zu berücksichtigen, dass die Beurteilung der Leistungen von Unternehmensmitarbeitern durch Kunden bzw. Zulieferern wesentlich durch die Zufriedenheit der Kunden mit den Unternehmensprodukten bzw. der Zulieferer mit der allgemeinen Qualität der Geschäftsbeziehungen zum Unternehmen beeinflusst werden können (vgl. Cardy/Dobbins 1994, S. 166f.). Folglich sind vor allem relative Kundenunterschiede in der Einschätzung der Leistungen von Unternehmensmitarbeitern relevant, da diese eher als die absoluten Kundenangaben Stärken und Schwächen von einzelnen Mitarbeitern und *nicht* etwa die Leistungsposition des gesamten Unternehmens widerspiegeln dürften. Inwieweit und unter welchen Randbedingungen (z.B. interdependente Leistungserstellungsprozesse, langjährige Geschäftsbeziehung) Kunden bereit sind, als Datenquelle in 360°-FBV zu fungieren, wurde bislang wissenschaftlich noch nicht ernsthaft empirisch untersucht. Es liegt aber die Vermutung nahe, dass externe Kunden aufgrund begrenzter Interaktionen mit spezifischen Mitarbeitern eines Unternehmens, dessen Leistungen die Kunden kaufen, eher in der Lage und motiviert sind, Rückmeldungen zu Leistungen von *Organisationseinheiten* (z.B. Projektteam eines Beratungsunternehmens, Reparaturannahme einer Autowerkstatt), deren Leistungserstellungsprozesse und -ergebnisse sie eingehender beobachten können, zu geben, als zu *einzelnen* Mitarbeitern der jeweiligen Einheit (vgl. Waldman/Bowen 1998, S. 125).

Eine noch weitergehende Vorstellung hinsichtlich der Befragtengruppen bei 360°-FBV entwickelt Kaplan (1993, S. 309), der sich dafür ausspricht, zumindest bei Feedback-Prozessen für Top Manager auch „members of … the family as well as parents, siblings and friends of the family" einzubeziehen. Dafür, dass ein Eindringen in die Privatsphäre von Spitzenführungskräften, das natürlich ohne Zustimmung der Betroffenen ausgeschlossen ist, signifikant dazu beiträgt, die Wirksamkeit von 360°-FBV als Hilfsmittel zur Unterstützung von Arbeitsleistungsverbesserungen des Feedback-Nehmers im Vergleich zu Verfahren ohne Einbezug von Angehörigen zu erhöhen, existieren in der personalwirtschaftlichen Literatur keine Belege. Zugleich ist eine solche Erweiterung des Kreises der Feedback-Gebergruppen aber hinsichtlich seiner ethischen Vertretbarkeit und Zulässigkeit gerade im Kontext des deutschen Arbeitsrechtes äußerst problematisch, so dass auf sie generell oder zumindest in deutschen Unternehmen, die erstmalig vor der Einführung von 360°-FBV stehen, verzichtet werden sollte.

Damit verbleiben – neben einer Selbsteinschätzung – bei 360°-FBV vier Personengruppen, die für Mitarbeiter Leistungsrückmeldungen bereitstellen sollen. Setzt man jede dieser Gruppen mit einer 90°-Perspektive gleich, dann ergibt sich ein 360°-Feedback-Kreis. Diese „Rundumsicht" eines Mitarbeiters durch Andere wird in Abb. 1 visualisiert. Sie lässt auch erkennen, dass die einzelnen Feedback-Gebergruppen sich bei ihren Einschätzungen einer Zielperson jeweils auf die unterschiedlichen Leistungsverhaltensaspekte konzentrieren können und sollen, von denen sie jeweils besonders in ihrer eigenen Arbeit betroffen sind (vgl. a. unten Kap. 1.4 u. 2.2).

1.3 Verfahrensziele

360°-FBV können im Unternehmen einmal als Mittel zur Erreichung *personalpolitischer Ziele* verwendet werden, indem die mitarbeiterbezogenen Leistungsinformationen zur Fundierung von zentralen Planungen und Entscheidungen eines Unternehmens im Hinblick auf die Entgelt- und die Karriereentwicklung der eingeschätzten Mitarbeiter dienen. Andererseits lassen sich 360°-FBV zur Erreichung *führungspolitischer Ziele* nutzen; hier soll die Leistungsrückmeldung zur dezentralen Klärung von bisherigen und zukünftigen Verhaltens- und Ergebniserwartungen an einen Mitarbeiter sowie zur Verbesserung seiner aufgabenbezogenen Fähigkeiten und Motivation beitragen, also die individuelle Personalentwicklung unterstützen (s. zu dieser Unterscheidung von Zielen für Personalbeurteilungsverfahren Gerpott 1992, S. 238f.; Gerpott/Domsch 1995, Sp. 1698-1700; Scherm/Sarges 2002, S. 45f.). In der wissenschaftlichen Literatur besteht weitgehende Einigkeit darüber, dass beide Ziele *nicht gleichzeitig* durch 360°-FBV angestrebt werden sollten (s. etwa Toegel/Conger 2003, S. 299; Bracken et al. 2001b, S. 12f.; Runde et al. 2001, S. 156; DeNisi / Kluger 2000, S. 136f.; Ghorpade 2000, S. 142;

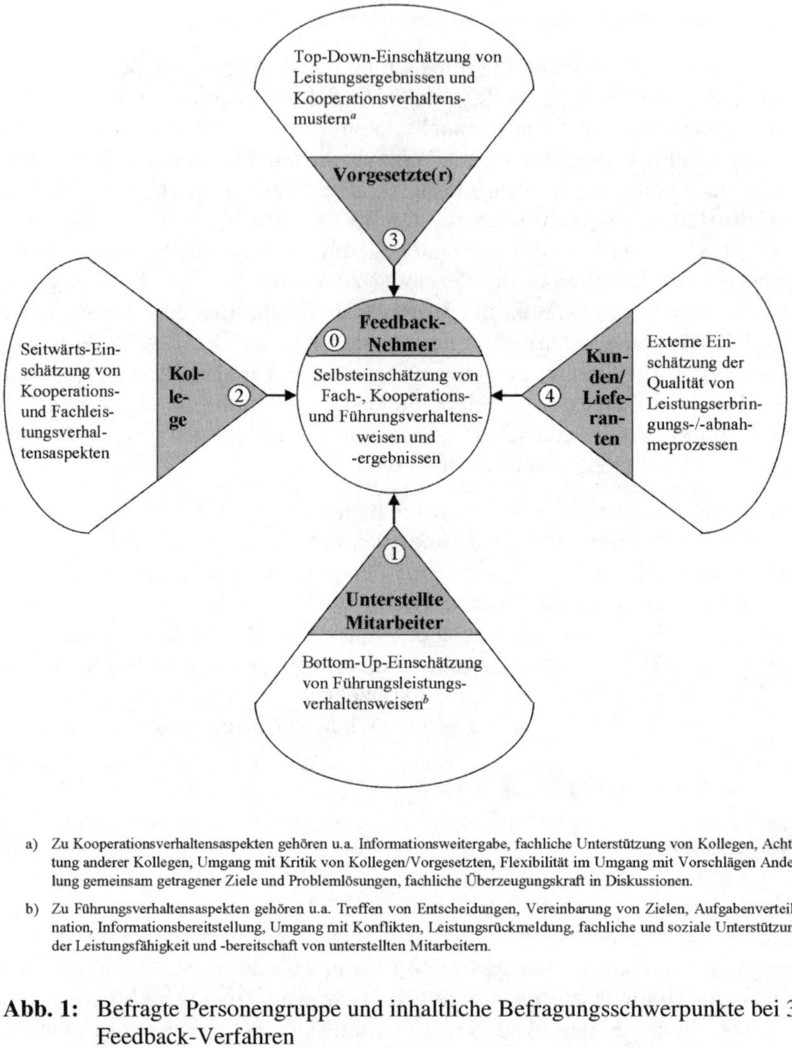

a) Zu Kooperationsverhaltensaspekten gehören u.a. Informationsweitergabe, fachliche Unterstützung von Kollegen, Achtung der Leistung anderer Kollegen, Umgang mit Kritik von Kollegen/Vorgesetzten, Flexibilität im Umgang mit Vorschlägen Anderer, Entwicklung gemeinsam getragener Ziele und Problemlösungen, fachliche Überzeugungskraft in Diskussionen.

b) Zu Führungsverhaltensaspekten gehören u.a. Treffen von Entscheidungen, Vereinbarung von Zielen, Aufgabenverteilung, Koordination, Informationsbereitstellung, Umgang mit Konflikten, Leistungsrückmeldung, fachliche und soziale Unterstützung, Förderung der Leistungsfähigkeit und -bereitschaft von unterstellten Mitarbeitern.

Abb. 1: Befragte Personengruppe und inhaltliche Befragungsschwerpunkte bei 360-Grad-Feedback-Verfahren

Waldman et al. 1998, S. 88): Nur durch Konzentration von 360°-FBV auf eines der beiden Ziele ist es vermeidbar, dass Feedback-Geber simultan die schwer vereinbarten Rollen eines beratenden „Coaches/Trainers" und eines entscheidenden (Schieds)Richters einzunehmen haben. Zur Bewältigung dieses Rollenkonfliktes wird in der Literatur vereinzelt empfohlen, zwei zeitlich, inhaltlich und administrativ getrennte 360°-FBV in einem Unternehmen zu implementieren, um so „the methodology of obtaining multiple points of view" (Toegel/Conger 2003, S. 309) sowohl zur Erreichung von personal- als auch von führungspolitischen Zielen zum Einsatz bringen zu können (s. Toegel/Conger 2003, S. 299-308). Ein solches Vorgehen führt jedoch zu einem enormen Aufwand und beinhaltet die Gefahr, dass

Mitarbeiter ungewollt doch Verknüpfungen zwischen beiden Verfahren wahrnehmen und damit die Funktionsfähigkeit beider Verfahren nachhaltig beeinträchtigt wird.

Dementsprechend wird im Schrifttum zur Sicherung der Akzeptanz von 360°-FBV überwiegend vorgeschlagen, solche Verfahren – zumindest, wenn Unternehmen noch keine Erfahrungen damit haben – ausschließlich zur Unterstützung der individuellen Leistungsentwicklung der Feedback-Nehmer insbesondere im Hinblick auf deren Kooperations- und Führungsverhalten, also *nur für führungspolitische Ziele* zu verwenden (s. etwa McDade/Greenwood 2003, S. 32-34; Mabey 2001, S. 42; DeNisi/Kluger 2000, S. 135-137; Lepsinger/Lucia 1998, S. 18f.; Mount et al. 1998, S. 557; Waldman/Atwater 1998, S. 41-43 u. 54; Garavan et al. 1997, S. 145). Dieser Empfehlung scheint auch die Unternehmenspraxis in den USA (s. Atkins/Wood 2002, S. 901; Atwater et al. 2002, S. 203; Rogers et al. 2002, S. 47; London/Smither 1995, S. 805f.) und insbesondere im deutschen Sprachraum (s. etwa Runde et al. 2001, S. 151f.; Kaul/Geßner 1998, S. 45) zu folgen und dementsprechend 360°-FBV inhaltlich, zeitlich und hinsichtlich der fachlich unterstützenden Verfahrensexperten inner- und außerhalb des Unternehmens klar von (Top-Down-)Leistungsbeurteilungen zu trennen. Durch die Beschränkung von 360°-FBV auf die Unterstützung von Personalentwicklungsprozessen und die damit verbundene Reduktion der Wahrscheinlichkeit des Auftretens von „Gewinner-Verlierer- oder Null-Summen-Spielsituationen" wird angestrebt, die Ehrlichkeit/Offenheit der Leistungsrückmeldungen zu erhöhen bzw. verdeckte Kartelle/Kollusion unter Feedback-Gebern und -Nehmern zu vermeiden. Deshalb beschränke auch ich mich im Folgenden auf die Diskussion von 360°-FBV, die ausschließlich „as a developmental process" (Atwater et al. 2002, S. 203) konzipiert sind.

Das Oberziel der Personalentwicklungsunterstützung durch 360°-FBV kann analytisch in *zwei Primärfunktionen* untergliedert werden:

- *Diagnosefunktion*: 360°-FBV sollen Mitarbeiter über ihre Leistungsstärken und -schwächen aus Sicht verschiedener Personengruppen informieren und ihnen so eine Selbstreflexion der eigenen Arbeitsleistungen ermöglichen.
- *Verhaltensmodifikation*: 360°-FBV sollen Verbesserungen der Leistungsverhaltensweisen und daraus resultierenden Leistungsergebnisse von Mitarbeitern i.S. der wirtschaftlichen Unternehmensziele auslösen.

Darüber hinaus haben 360°-FBV noch eine *Sekundärfunktion*, indem sie nämlich verschiedene Interessengruppen (= „Stakeholder") eines Unternehmens als Feedback-Geber bei der Gestaltung von Kooperations- und Führungsbeziehungen beteiligen und diesen Stakeholdern ihre hohe Bedeutung für die Ausrichtung des Unternehmens symbolisch signalisieren (vgl. McDade/Greenwood 2003, S. 34; Toegel/Conger 2003, S. 298; Mabey 2001, S. 42; Waldman/Atwater 1998, S. 8): 360°-FBV beinhalten also auch eine sekundäre *Partizipationsfunktion*, die zu einer Umverteilung von Personalführungsmacht in Richtung auf stärker dezentrale und plurale Einflusskonstellationen in Unternehmen beitragen kann.

Unabhängig davon, welche Ziele Unternehmen im konkreten Anwendungsfall mit 360°-FBV verfolgen, ist es auf jeden Fall geboten, diese Ziele schriftlich begründet zu fixieren und allen Verfahrensbeteiligten gegenüber proaktiv transparent zu machen. Die *Zielklarheit* ist eine unabdingbare Voraussetzung dafür, ein 360°-FBV entsprechend seinem Anliegen zu gestalten und um Mitarbeiter zur Bereitstellung eines offenen Feedbacks und zum konstruktiven Umgang mit erhaltenem Feedback zu motivieren.

1.4 Verfahrensprämissen

Damit 360°-FBV i.S. des eben genannten Personalentwicklungsziels einsetzbar sind, müssen die folgenden vier Voraussetzungen erfüllt sein (vgl. a. DeNisi/Kluger 2000, S. 135; Brutus et al. 1999, S. 417f.; Johnson/Ferstl 1999, S. 271; Garavan et al. 1997, S. 141; Tornow 1993, S. 223f.):

1. Zwischen Fremd- und Selbstwahrnehmungen von Mitarbeiterleistungsaspekten bestehen Abweichungen. (Ansonsten wären Feedback-Verfahren zu Personalentwicklungszwecken nicht erforderlich.)
2. Verschiedene Feedback-Gebergruppen nehmen unterschiedliche Leistungsaspekte der Feedback-Nehmer wahr. (Ansonsten würde es ausreichen, genau *eine* Feedback-Gebergruppe bzw. wie bislang nur den Vorgesetzten als Informationsquelle heranzuziehen.)
3. Die Aussagen innerhalb einer Feedback-Gebergruppe spiegeln zu einem erheblichen Teil auch *tatsächlich* (= objektiv) vorhandene Leistungsaspekte des jeweiligen Feedback-Nehmers und *nicht ausschließlich* subjektive Meinungen von Feedback-Gebern wider, die wiederum von Faktoren ohne Bezug zur Leistung des Feedback-Nehmers (z.B. Persönlichkeitsmerkmale oder Freundschaftsbeziehungen des Beurteilers) bestimmt werden. (Ansonsten würden Feedback-Verfahren kaum Anhaltspunkte dafür liefern, welche Leistungsaspekte beurteilte Mitarbeiter verändern sollen.)
4. Die Kenntnis eines persönlichen Stärken-Schwächen-Profils aus Sicht anderer Feedback-Gebergruppen und von Fremdbild-Selbstbild-Abweichungen führt bei Mitarbeitern dazu, dass sich ihre Leistungsmotivation und/oder -fähigkeiten positiv verändern und als mittelbare Folge wiederum ihre Leistungsverhaltensmuster und -ergebnisse verbessern. (Ansonsten wären Feedback-Verfahren aus Sicht von Wirtschaftsunternehmen überflüssig.)

Während diese Prämissen personalentwicklungsorientierter 360°-FBV in der betriebswirtschaftlichen Praktikerliteratur selten transparent gemacht werden, existiert eine Fülle an wissenschaftlichen Personalforschungsstudien, die Indizien zur Haltbarkeit der vier stillschweigend gemachten Unterstellungen beinhalten. Mit Blick auf die *erste Prämisse* haben mehrere Metaanalysen der einschlägigen empirischen Studien sowie vor kurzem veröffentlichte Untersuchungen ergeben, dass Selbst- und Kollegenbeurteilungen, Selbst- und Untergebeneneinschätzungen sowie Selbst- und Vorgesetztenbewertungen beruflicher Leistungen jeweils lediglich Korrelationen von etwa 0,10 bis 0,40 aufweisen (s. Smither et al. 2003, S. 34; Toegel/Conger 2003, S. 303f.; Waldmann 2003, S. 38-40 u. 143; Atkins/Wood 2002, S. 872f.; Maurer et al. 2002, S. 96; Beehr et al. 2001, S. 781; Bracken et al. 2001b, S. 11; Johnson/Ferstl 1999, S. 283; Moser 1999, S. 18f.; Atwater et al. 1998, S. 578-580; Mount et al. 1998, S. 559f. u. 571-573; Atwater/Yammarino 1997, S. 152f.; Conway/Huffcutt 1997, S. 344; Conway 1996, S. 148-155; London/Smither 1995, S. 809f.; Cardy/Dobbins 1994, S. 157-162; Gerpott 1992, S. 228-231; Harris/Schaubroeck 1988, S. 49-54). Damit bieten 360°-FBV nach dem aktuellen Stand der wissenschaftlichen Erkenntnis tatsächlich die Möglichkeit, dass Feedback-Nehmer *zusätzliche* Einsichten bezüglich der Einschätzung ihrer Leistungsverhaltensweisen und -ergebnisse durch andere Personengruppen erhalten.

Hinsichtlich der *zweiten Prämisse* ist der Forschungsstatus (s. die im vorhergehenden Absatz angeführten Quellen), dass Leistungsbeurteilungen für dieselben Zielpersonen, die durch (a) Kollegen und Vorgesetzte, (b) Vorgesetzte und untergebene Mitarbeiter sowie (c) durch Kollegen und untergebene Mitarbeiter vorgenommen wurden, typischerweise Korrelationen deutlich unterhalb 0,60 aufweisen. Hierbei fällt die Intergruppen-Interrater-Konkordanz größer aus, wenn Feedback-Geber häufig Gelegenheit haben, Feedback-Nehmer im Arbeitsalltag zu beobachten und wenn die bei den Einschätzungen zugrundegelegten Leistungskriterien (vgl. u. Kap. 2.2) mit Hilfe von Arbeitsanalysen für Stellen der Feedback-Nehmer abgeleitet wurden. Für 360°-FBV bedeuten diese Befunde, dass verschiedene Feedback-Gebergruppen tatsächlich in Abhängigkeit von ihrer hierarchischen Position unterschiedliche Arbeitsleistungsaspekte von Feedback-Nehmern erfassen „... that is observed by raters from that perspective only. For example, managers, may have qualitatively and quantitatively different types of interactions with their subordinates than they do with their bosses" (Mount/Scullen 2001, S. 173). Folglich kann die Annahme, dass die Beurteilungen unterschiedlicher Feedback-Gebergruppen sich *ergänzende* Informationen einhalten, als wissenschaftlich haltbar angesehen werden. Für die 360°-FBV-Praxis bedeutet diese Erkenntnis, dass es sinnvoll ist, die Beurteilungen verschiedener Feedback-Gebergruppen einem Feedback-Nehmer getrennt und *nicht* aggregiert zu präsentieren.

Bezüglich der *dritten Prämisse* lässt sich der derzeitige Stand der Forschung wie folgt charakterisieren (s. Waldmann 2003, S. 37, 129-132 u. 141; Atkins/Wood 2002, S. 884f.; Mount/Scullen 2001, S. 160-169; Greguras/Robie 1998, S. 962-965; Conway/Huffcutt 1997, S. 341-343; Viswesvaran et al. 1996, S. 561-567; Rothstein 1990, S. 323-326): Beurteilungen derselben Zielperson durch verschiedene Mitglieder einer Feedback-Gebergruppe (z.B. *nur* Kollegen oder *nur* Untergebene) weichen zwar einerseits merklich voneinander ab, weisen also *keine* fast perfekte Intragruppen-Interrater-Konkordanz auf. Andererseits stimmen sie aber noch soweit überein, dass mit ihnen „reale Führungsmerkmale .. erfasst werden" (Waldmann 2003, S. 152). Für die 360°-FBV-Praxis folgt daraus, dass (1) auch innerhalb *einer* Feedback-Gebergruppe die Häufigkeitsverteilungen und Standardabweichungen pro Beurteilungsdimension für einen Feedback-Nehmer dargestellt werden sollten, um ein differenziertes Bild der subjektiven Wahrnehmungen Anderer im Hinblick auf den Feedback-Nehmer zu vermitteln (vgl. u. Kap. 2.3). Außerdem ergibt sich aus dem einschlägigen Erkenntnisstand zur dritten Prämisse die Implikation, dass zumindest innerhalb jeder und gegebenenfalls über alle Feedback-Gebergruppen ergänzend für einen Feedback-Nehmer auch aggregierte Mittelwerte pro Beurteilungsdimension dargestellt werden sollten, die bei Überschreiten eines anwendungsfallspezifischen Schwellenwertes für die Intragruppen-Interrater-Konkordanz als verdichtete Indikatoren für tatsächliche Leistungsausprägungen des Feedback-Nehmers anzusehen sind.

Die *vierte Prämisse* der leistungsverhaltens- und -ergebnisverbessernden Wirkungen von 360°-FBV wurde bislang selten aussagekräftigen feldexperimentellen empirischen Überprüfungen unterzogen, in denen Leistungsdaten für vergleichbare Mitarbeitergruppen ohne versus mit 360°-FBV im Zeitablauf erfasst und einander gegenübergestellt wurden (s. die Forschungszusammenfassungen bei Seifert et al. 2003, S. 562f.; Smither et al. 2003, S. 25; Walker/Smither 1999, S. 394-399; Waldman/Atwater 1998, S. 61 u. 68; London/Smither 1995, S. 823-827). Allerdings offenbart eine Metaanalyse von 607 Studien zu verschiedensten Leistungsfeedback-Interventionen, dass Leistungswirkungen von Feedback-Interventionen generell sehr stark schwanken „... such that in over one third of the cases Feedback Interventions reduced performance" (Kluger/DeNisi 1996, S. 275). Demnach lässt sich der wissenschaftliche Erkenntnisstand pointiert in folgender auch und gerade für 360°-FBV zutreffender Aussage zusammenfassen: „feedback alone does not lead to skill development and performance improvement" (London/Smither 1995, S. 823; s.a. übereinstimmend Smither et al. 2003, S. 26; Atwater et al. 2002, S. 204; Runde et al. 2001, S. 147; Brutus et al. 1998, S. 25; Garavan et al. 1997, S. 142f.; Laib 1997, S. 1142f.; Tornow 1993, S. 301 u. 314; Gerpott 1992, S. 247; London et al. 1990, S. 31).

Vielmehr ist für Leistungseffekte von 360°-FBV der *Prozess* der Leistungsrückmeldung entscheidend, der durch (1) die Feedback-Inhalte (z.B. positiv oder negativ, konsistent vs. inkonsistent über verschiedene Datenquellen hinweg), (2) die wahrgenommene Glaubwürdigkeit des Feedback-Gebers für den Feedback-Nehmer, (3) Persönlichkeits- sowie Berufserfahrungsmerkmale des Feedback-Nehmers (z.B. Selbstvertrauen) und (4) die Formulierung von Leistungszielen für den Feedback-Nehmer beeinflusst wird (s. Kluger/DeNisi 1996; Ilgen et al. 1979). Beispielsweise sprechen mehrere Studien dafür, dass nicht aufgaben-, sondern unmittelbar *personenbezogenes negatives* Feedback dazu beiträgt, dass der Informationsempfänger das Rückmeldeverfahren ablehnt, dessen Ergebnisse nicht nutzt, um Verbesserungsziele zu entwickeln, und seine Leistungen reduziert (s. Smither et al. 2003, S. 34; Atwater et al. 2002, S. 202; Maurer et al. 2002, S. 96f.; Brett / Atwater 2001, S. 935-938; DeNisi / Kluger 2000, S. 132). Folglich ist der in Abhängigkeit von der spezifischen Anwendungskonstellation differenzierten Gestaltung des Leistungsrückmeldeprozesses bei 360°-FBV besondere Aufmerksamkeit zu widmen (s.u. Kap. 2.4).

Insgesamt zeigt eine Durchsicht der einschlägigen Forschung, dass zumindest die ersten drei Hauptprämissen von 360°-FBV als empirisch haltbar eingestuft werden können. Auch die Erfüllung der vierten Hauptvoraussetzung ist nicht ausgeschlossen, wenn ein 360°-FBV mit anderen Personalmanagement-Instrumenten wie Zielvereinbarungen oder Programmen zur arbeitsbezogenen und individualisierten Beratung von Führungskräften durch Personalentwicklungsspezialisten situationsadäquat verbunden werden. Alles in allem besteht deshalb die Chance, dass der Einsatz von methodisch nach bestimmten Prinzipien gestalteten 360°-FBV zur Erreichung von Personalentwicklungszielen beitragen kann. Bevor ich aber etwas detallierter auf ausgewählte methodische Gestaltungseckpunke von 360°-FBV eingehe, werde ich zuvor noch Gemeinsamkeiten und Unterschiede von 360°-FBV und Mitarbeiterbefragungen diskutieren, da in der Literatur kaum darauf eingegangen wird, inwieweit 360°-FBV nur als simple Variation von Mitarbeiterbefragungen anzusehen sind, die „in ... Deutschland ... in zunehmendem Maße seit Mitte der 70er Jahre in Unternehmen .. durchgeführt [werden]" (Domsch 1998, S. 447).

1.5 Unterschiede und Gemeinsamkeiten von 360-Grad-Feedback-Verfahren und konventionellen Mitarbeiterbefragungen

360°-FBV sind ein Instrument, mit dem durch schriftliche Erhebung der Wahrnehmungen verschiedener Personengruppen auf Beurteilungsformularen eine Basis für Verbesserungen von Kommunikations- und Führungsprozessen in Unternehmen geschaffen werden soll. Sie weisen damit auf den ersten Blick starke Ähnlichkeiten zu dem seit Jahrzehnten in Praxis und Wissenschaft diskutierten Personalmanagement-Instrument der *Mitarbeiterbefragung (MAB)* auf. Bei konventionellen MAB werden nämlich ebenfalls mittels standardisierter Erhebungsbögen „Informationen über die Einstellungen, Werthaltungen, Erwartungen und Bedürfnisse der Mitarbeiter/innen, bezogen auf bestimmte Bereiche der betrieblichen Arbeitswelt und/oder der Umwelt gewonnen" (Domsch/Schneble 1992, S. 1), um eine Datenbasis für eine unternehmensbezogene Stärken-Schwächen-Diagnose zu erhalten und um Mitarbeitern die Möglichkeit zu bieten, „zur Unternehmensentwicklung direkt beizutragen" (Domsch/Schneble 1992, S. 4; vgl. a. Domsch 1998, S. 447-449; Scholz 2000, S. 433-435). Jenseits des gemeinsamen Grundprinzips der fragebogengestützten Erhebung von (subjektiven) Wahrnehmungen von Mitarbeitern und des übereinstimmenden Oberziels der informationellen Fundierung von komplexeren Veränderungsprojekten, die zur Verbesserung des wirtschaftlichen Unternehmenserfolgs beitragen sollen, weisen 360°-FBV und konventionelle MAB allerdings tiefgreifende Unterschiede auf (so auch Edwards/Ewen 1996, S. 148f.; Waldman et al. 1998, S. 86). In Abb. 2 werden diese Abweichungen in idealtypischer Weise herausgearbeitet.

Unterscheidungs-kriterien	360-Grad-Feedback-Verfahren	Konventionelle Mitarbeiterbefragung
1. Erhebungsziel	Individuelle Personalentwicklung und ggf. Teamentwicklung	Kollektive Organisations-/Unternehmensveränderung
2. Feedback-Geber/Befragte	Kleinere Zahl von Unternehmensmitarbeitern, Kunden und Zulieferern	Große Zahl von Unternehmensmitarbeitern aller Hierarchieebenen (zumeist anonym)
3. Feedback-Nehmer	Namentlich ausgewiesene Einzelpersonen, häufig Führungskräfte	Namentlich nicht ausgewiesene Managementinstanzen/-gremien verschiedener Ebenen oder Organisationseinheiten eines Unternehmens
4. Schulung der Feedback-Geber	Erforderlich	Nicht erforderlich
5. Befragungsinhalte/Verbesserungsschwerpunkte	Aufgabenbezogene Verhaltensweisen und Ergebnisse eines Feedback-Nehmers (insbesondere Kooperations- und Führungsverhalten)	Personalführungsinstrumente, generelle Managementprozesse und -strukturen
6. Grundlage für Auswahl der Befragungsinhalte	Arbeits(anforderungs)analyse für bestimmte Positionstypen	Common Sense; Interessenschwerpunkte des Befragungsinitiators
7. Umfang der Befragungsinhalte/erfassten Wahrnehmungsdimensionen	Klein bis mittel (ca. 12–25 Einzelitems zur Erfassung von 5–7 Leistungsdimensionen pro Feedback-Nehmer)	Groß (ca. 50–150 Einzelitems zur Erfassung von mindestens 15–20 Unternehmens(führungs)merkmalen)

(wird auf der nächsten Seite fortgesetzt)

Abb. 2: Idealtypische Unterschiede zwischen 360-Grad-Feedback-Verfahren und konventionellen Mitarbeiterbefragungen

Unterscheidungskriterien	360-Grad-Feedback-Verfahren	Konventionelle Mitarbeiterbefragung
8. Frequenz der Datenerhebung	Hoch, Wiederholung etwa alle 6–12 Monate	Niedrig, Wiederholung etwa alle 2–4 Jahre
9. Standardisierungsgrad der Datenerhebung	Mittel; Fragen ohne Antwortvorgaben als wesentlicher Erhebungsbestandteil; idealerweise nach Hierarchieebene/Unternehmensbereich unterschiedliche Inhalte	Hoch; ganz überwiegend Fragen mit geschlossenen Antwortvorgaben; zumeist einheitlicher Fragebogen
10. Statistische Ergebnisauswertungsschwerpunkte	Unterschiede zwischen Feedback-Gebergruppen (relative Mittelwertdifferenzen, Korrelationen)	Absolute mittlere Ausprägungen von Antwortwerten; gemeinsam geteilte Einschätzungen
11. Ergebniskommunikation	Individualisierte Ergebnisse primär an Feedback-Nehmer und nur z.T. an Feedback-Geber innerhalb weniger Tage	Identische/ähnliche Ergebnisse an Feedback-Nehmer und -Geber nach 2–4 Monaten
12. Konzeptioneller Hintergrund	Total Quality Management	Partizipationsforschung

Abb. 2: Fortsetzung

Hauptursache für die Divergenzen zwischen beiden Verfahren ist, dass 360°-FBV Verbesserungen von Kooperations- und Führungsverhaltensweisen auf der Ebene des *einzelnen* Mitarbeiters unterstützen sollen, während konventionelle MAB primär die Optimierung von strukturellen Personalführungsinstrumenten (z.B. Leistungszulagensystem, Weiterbildungsprogramm) und allgemeinen Managementprozessen (z.B. Führungsinformationsflüsse im Unternehmen) auf der Ebene des *Gesamtunternehmens* oder *größerer Organisationseinheiten* anstreben. Während bei MAB Daten eher unverbindlich ohne klare *namentliche* Verantwortungszuweisung für diagnostizierte Stärken und Schwächen auf *einzelne* Feedback-Nehmer erhoben werden und auch die Feedback-Geber individuell keinerlei Begründungsnotwendigkeit für ihre auf dem Fragebogen abgegebenen Meinungsäußerungen unterliegen, ist die entsprechende „accountability" (London et al. 1997, S. 163) bei 360°-FBV zumindest für die jeweils *persönlich* identifizierten Feedback-Nehmer deutlich größer. Zudem kann die individuelle Bedeutung von 360°-FBV i.S. von direkten Rückwirkungen auf die eigene Arbeitssituation auch für die

Feedback-Geber wesentlich größer sein als bei konventionellen anonymen MAB, wenn als Teil des 360°-Prozesses der jeweilige Feedback-Nehmer persönlich mit den Feedback-Gebern deren Einschätzungen in Gruppensitzungen ohne oder mit freiwilliger Selbstidentifikation einzelner Beurteiler mit bestimmten Feedback-Daten bespricht (s.a. unten Kap. 2.4). Durch diese im Vergleich zu herkömmlichen MAB deutlich höhere persönliche Verantwortungsübernahme von Feedback-Nehmern und ggf. auch von Feedback-Gebern bieten 360°-FBV auch eine größere Chance, dass Einschätzungen mit hoher Ernsthaftigkeit auf Seiten der Feedback-Nehmer interpretiert und auf Seiten der Feedback-Geber vorgenommen werden (s. Seifert et al. 2003, S. 566; Walker/Smither 1999, S. 397f. u. 416-418; London et al. 1997, S. 177-180). Umgekehrt berücksichtigen 360°-FBV weniger als MAB *organisationale* Rahmenbedingungen der Arbeitsleistungen von Mitarbeitern (z.B. Marktgerechtigkeit des Entgeltniveaus, Aussagefähigkeit betriebswirtschaftlicher Kennzahlensysteme), da der 360°-Ansatz sich auf *individuelle* Leistungsverhaltensweisen und -ergebnisse konzentriert. MAB sind deshalb zwar weniger als 360°-FBV zur Identifikation von Schwachstellen in der *direkten* Personalführung von Vorgesetzten und Zusammenarbeit zwischen Mitarbeitern geeignet. Sie können dafür aber umgekehrt besser als 360°-FBV genutzt werden, um Defizite bei *strukturellen* Personalführungsinstrumenten und Managementprozessen zu identifizieren, von denen viele Mitarbeiter gleichermaßen betroffen sind. Insofern stellen 360°-FBV und konventionelle MAB sich ergänzende und nicht direkt konkurrierende Instrumente des Personalmanagements dar.

Ein Indiz für erhebliche Detailziel- und Methodenabweichungen zwischen den beiden Instrumenten ist, dass in der Literatur zu 360°-FBV kaum auf Berührungspunkte zwischen MAB und 360°-FBV eingegangen wird. Immerhin findet man aber vereinzelt die Hinweise, dass

- MAB sich in Richtung auf 360°-FBV weiterentwickeln lassen, indem die erhaltenen allgemeinen Einschätzungen insbesondere zu Kooperations- und Führungsverhaltensmustern möglichst *differenziert* nach den Hierarchieebenen der Befragten und ihrer Zugehörigkeit zu Organisations(teil)einheiten ausgewiesen werden und primär Einschätzungs*unterschieden* hohe Aufmerksamkeit bei der Definition von Veränderungsprojekten für das Unternehmen zuteil wird (s. Ghorpade 2000, S. 144; Edwards/Ewen 1996, S. 26; Weider 1995, S. 162; Tornow 1993, S. 227f.).

- MAB-Ergebnisse dazu dienen können, um *personenunabhängig* für ein Unternehmen *typische* Kooperations- und Führungsverhaltensausprägungen einzugrenzen, die dann als Referenzwerte bei der Interpretation individueller 360°-Feedback-Daten hilfreich sein können (s. Rogers et al. 2002, S. 52; Antonioni 1996, S. 34; London et al. 1990, S. 24).

- MAB i.S. eines „Akzeptanz-Controlling" zur Erfassung von evaluativen *Mitarbeitereinstellungen gegenüber* tatsächlich oder möglicherweise in einem Unternehmen eingesetzten *Leistungsbeurteilungs- und -rückmeldeverfahren* genutzt werden können (s. Maurer et al. 2002; Edwards et al. 2001; Mabey 2001; Facteau et al. 1998).

Umgekehrt wurde auch in Veröffentlichungen zu MAB bislang i.d.R. kein tiefergehender Bezug zu 360°-FBV hergestellt (s. für andere Domsch/Schneble 1992; Domsch 1998, S. 456). Allenfalls findet man in MAB-Publikationen noch Überlegungen dahingehend, dass MAB speziell auf die Führungsverhaltensbeschreibung von Vorgesetzten durch deren jeweils direkt unterstellte Mitarbeiter, also auf eine Bottom-Up-Beurteilung des Führungsverhaltens von Mitarbeitern mit Personalverantwortung fokussiert werden können (s. etwa Iseke 1992). Bei einer solchen „engen" Erweiterung von MAB wird aber übersehen, dass (1) auch Kollegen sowie unternehmensexterne Kooperationspartner eines Feedback-Nehmers wichtige zusätzliche Aspekte seines Leistungsverhaltens erfassen können und (2) verhaltensändernde Wirkungen von Feedback gerade über die Verdeutlichung von Diskrepanzen zwischen leistungsbezogenen Selbst- und Fremdwahrnehmungen ausgelöst werden können. Im Folgenden gehe ich deshalb auf vier methodische Gestaltungsprobleme von 360°-FBV ein, die bei konventionellen MAB nicht in gleicher Weise auftreten und deshalb sowohl in der MAB- als auch in der deutschsprachigen 360°-FBV-Literatur bislang, wenn überhaupt, eher wenig differenziert diskutiert wurden.

2 Ausgewählte spezielle Gestaltungsaspekte von 360-Grad-Feedback-Verfahren

2.1 Abgrenzung von Feedback-Nehmern und -Gebern

Während bei konventionellen „Betriebsklimaerhebungen" Wahrnehmungen und Bewertungen von Mitarbeitern im Hinblick auf unternehmensbezogene Merkmale untersucht werden, geht es bei 360°-FBV darum, Einschätzungen verschiedener Feedback-Gebergruppen jeweils für namentlich definierte Mitarbeiter zu sammeln. Damit kommt der Abgrenzung des Feedback-Nehmerkreises bei 360°-FBV, anders als bei MAB, große Bedeutung zu. In der wissenschaftlichen Literatur wird im Zusammenhang mit der Bestimmung von Feedback-Nehmergruppen bei 360°-Verfahren hervorgehoben, dass Einstellungen zu und Verhaltenswirkungen von 360°-FBV sowie Fähigkeiten zur realistischen Selbsteinschätzung von Feedback-Nehmern auch von deren *Persönlichkeitsmerkmalen* und individuellen Erfahrungen mit Personalbeurteilungssystemen beeinflusst werden (s. etwa Atwater et al. 2002, S. 200-202; Maurer et al. 2002, S. 90f.; Fletcher/Baldry 2000, S. 304f.; Brutus et al. 1999, S. 422; Waldman/Bowen 1998, S. 122f.; Funderburg/Levy 1997, S. 213-215). Deshalb könnte der Gedanke nahe liegen, Feedback-Nehmer (und -Geber) auch anhand persönlichkeitsbezogener Charakteristika auszuwählen, um die Erfolgschancen von 360°-FBV so zu verbessern.

Eine solche Vorgehensweise ist jedoch in der Unternehmenspraxis nicht vertretbar, da es (jenseits wahrscheinlicher arbeitsrechtlicher Hürden) betroffenen Mitarbeitern kaum vermittelbar ist, warum sie aufgrund von Persönlichkeitstestergebnissen oder berufsbiographischer Daten als ungeeignet bzw. geeignet für eine

Teilnahme als Feedback-Nehmer an 360°-FBV eingestuft wurden (vgl. a. DeNisi/ Kluger 2000, S. 135). Als Folge ist mit Widerstand gegen das 360°-FBV zu rechnen, der sich in invaliden Rückmeldungen und/oder der Ablehnung der Beurteilungsergebnisse/Verhaltensänderungsnotwendigkeit niederschlagen dürfte. Dementsprechend mag die Forschung zu Korrelationen zwischen personalen Merkmalen des Feedback-Nehmers und 360°-Beurteilungsergebnissen/-effekten zwar wissenschaftlich erkenntnisfördernd sein. Für die 360°-FBV-Praxis und insbesondere die Feedback-Nehmer-Abgrenzung in Unternehmen ist sie aber nur von geringer Relevanz. Sie kann allenfalls dafür sensibilisieren, dass in Rückmeldeprozessen auf Basis von 360°-FBV Feedback-Nehmer mit bestimmten Persönlichkeits- und Berufsverlaufsmerkmalen beim Umgang mit Rückmeldeinformationen besonders intensiv durch die Fach- und Machtpromotoren der Verfahren in einem Unternehmen zu betreuen sind.

Allgemein sollten in 360°-FBV vor allem solche Personengruppen als *Feedback-Nehmer* einbezogen werden, die

- Positionen bekleiden, deren Inhaber zur Aufgabenerfüllung eng mit anderen Personen unternehmensintern und/oder -extern zu kooperieren hat.
- Positionen besetzen, in denen sie im Arbeitsalltag kaum ungeschönte Rückmeldungen zu ihrem Leistungsverhalten erfahren.
- in ihrer Identität in hohem Maße von ihren berufsfachlichen Leistungen geprägt werden (= Professionals).

Diese generellen Auswahlkriterien implizieren, dass vor allem Spitzenführungskräfte, Angehörige des Middle Management sowie hochqualifizierte Fachkräfte, die in teamartig vernetzte Arbeitsprozesse eingebunden sind, als 360°-Feedback-Nehmer in Betracht kommen. Empirische Hinweise zur Angemessenheit der eben vorgeschlagenen Auswahlkriterien für Feedback-Nehmer sind einer empirischen Studie von Brutus et al. (1999, S. 429) zu entnehmen, in der bei 1.014 Führungskräften aus verschiedenen US-Unternehmen festgestellt wurde, dass mit zunehmender Hierarchieebene eines Feedback-Nehmers das Abweichungsausmaß zwischen beruflichen Selbst- und Fremdeinschätzungen ebenfalls dahingehend ansteigt, dass Spitzenführungskräfte ihre Leistungen besser beurteilen als andere Feedback-Gebergruppen. Demnach nehmen Spitzenführungskräfte *keineswegs* genauer als in der Unternehmenshierarchie niedriger eingestufte Mitarbeitergruppen wahr, wie ihre Leistungen von Kollegen und Mitarbeitern und, sofern vorhanden, von übergeordneten Instanzen beurteilt werden (s.a. Waldman/Atwater 1998, S. 95).

Wenn 360°-FBV neu in einem Unternehmen eingeführt werden, dann liegt es nahe, in einer *Pilotanwendung* den Kreis der Feedback-Nehmer zunächst zu begrenzen, um die Methodik und den Ablauf des Verfahrens zu optimieren (so auch Waldman/Atwater 1998, S. 69). Die Pilotgruppe der Feedback-Nehmer sollte sich selbstverständlich *freiwillig* für eine Verfahrensteilnahme entschieden haben und der Idee der Multi-Perspektiven-Beurteilung prinzipiell positiv gegenüberstehen, um darauf hinzuwirken, dass die Pilotanwendung des 360°-FBV mit hoher Wahrscheinlichkeit zur Akzeptanzschaffung für das Verfahren auch über die Grenzen des Pilotbereiches hinaus im gesamten Unternehmen beiträgt. Bei einer sich anschließenden breiteren Einführung von 360°-FBV im Unternehmen ist die Größe des Kreises der Mitarbeiter, die aktiv ein 360°-Feedback nachfragen, durch gezielte *Marketing-Maßnahmen der Fachpromotoren* des Verfahrens (d.h. typischerweise durch Experten aus der Personalabteilung) zu erhöhen.

Wenn bei konventionellen MAB Wert darauf gelegt wird, dass *jeder* Mitarbeiter die Möglichkeit erhält, anonym den Erhebungsbogen auszufüllen, dann weicht diese Vorgehensweise fundamental von 360°-FBV ab. Dort sollten folgende *Anforderungen an Mitarbeiter* bzw. deren Arbeitssituation erfüllt sein, damit sie als Feedback-Geber in das Verfahren integriert werden können (vgl. Gerpott 1992, S. 236; Waldman/Atwater 1998, S. 84; Scherm/Sarges 2002, S. 50):

- Bewusste Zustimmung zu den Zielen und zur Logik von 360°-FBV,
- Eingehende Kenntnis zumindest eines Teils der Aufgaben des Feedback-Nehmers,
- Gelegenheit zur Leistungsbeobachtung des Feedback-Nehmers über einen längeren Zeitraum,
- Fachkompetenz für eine angemessene Interpretation von Leistungsbeobachtungen,
- Akzeptanz durch den Feedback-Nehmer als für die Bewältigung der eigenen Arbeitsaufgaben wichtige Interaktionspartei.

Kontrovers diskutiert wird in diesem Zusammenhang, ob dem Feedback-Nehmer ein (Allein-)Entscheidungsrecht bei der Auswahl der Feedback-Geber eingeräumt werden soll (so etwa Kaul/Geßner 1998, S. 44; Van Velsor 1998, S. 154f.) oder ob nach der Grundsatzentscheidung des Feedback-Nehmers für eine Verfahrensteilnahme die Auswahl der Beurteiler ausschließlich nach zuvor bekannt gegebenen Regeln durch eine Unternehmensinstanz ohne Einflussmöglichkeit der Feedback-Nehmer erfolgen soll (so etwa Waldman/Atwater 1998, S. 95). Weiter ist ein Auswahlverfahren möglich, das die beiden eben umrissenen Vorgehensweisen kombiniert, indem der Feedback-Nehmer zunächst Personen benennt, die er als Feedback-Geber in das 360°-FBV einbeziehen möchte, und dann eine Unternehmensinstanz (z.B. Leiter Personalabteilung) den Nennungen zustimmen muss (s. Rogers et al. 2002, S. 49; Bracken et al. 2001b, S. 8).

Gegen ein Alleinentscheidungsrecht von Feedback-Nehmern bei der Auswahl ihrer Feedback-Geber spricht, dass hier die Gefahr des Rückgriffs allein auf Personen besteht, mit denen der Feedback-Nehmer über gute Arbeitsbeziehungen und / oder ein wechselseitiges persönliches Sympathie-/Freundschaftsverhältnis verbunden ist. Eine empirische Studie von Antonioni/Park (2001) deutet darauf hin, dass als Folge dieser Auswahlbeschränkung kritische(re) Rückmeldungen an Feedback-Nehmer deutlich seltener auftreten. Als ein Ansatz zur Umgehung der Möglichkeit einer bewussten Auswahl von Feedback-Gebern durch Feedback-Nehmer in einer Weise, dass Beurteilungen der eigenen Leistung sachfremd überhöht werden, wird, neben der Übertragung eines gezielten Auswahlverfahrens auf eine Unternehmensinstanz, auch auf die Option „to adopt a random assignment of raters" (Toegel/Conger 2003, S. 303; s.a. Runde et al. 2001, S. 154) verwiesen. Auch bei diesem Verfahren bleibt aber die Notwendigkeit einer Entscheidung über eine Instanz, die eine eingrenzende Vorauswahl potenzieller Feedback-Geber vornimmt, bestehen, um zu vermeiden, dass Mitarbeiter, die die o.a. Anforderungen an Feedback-Geber eindeutig nicht erfüllen, als Beurteiler in 360°-FBV einbezogen werden. Wenn 360°-FBV individuelle Verhaltensänderungen anstoßen sollen, dann ist es m.E. unumgänglich, den Feedback-Nehmer zumindest einen Teil der Personen benennen zu lassen, denen er die erforderliche Kompetenz zur Leistungseinschätzung zuschreibt *und* die *nachweisbar* mit ihm in dem Zeitraum, der durch das Verfahren erfasst werden soll, zusammengearbeitet haben. Dementsprechend sollte m.E. die Abteilung, die als Fach- und Prozesspromotor 360°-FBV in einem Unternehmen betreut (d.h. typischerweise in der Praxis der Personalbereich), nur in *beratender Funktion* bei dem Feedback-Nehmer darauf hinwirken, dass eine genügend große Zahl von Personen pro Feedback-Gebergruppe (i.d.R. mindestens 4–5) miteinbezogen wird, die jeweils eng mit dem Feedback-Nehmer bei dessen Aufgabenerfüllung kooperiert haben. Der Organisationseinheit mit Betreuungsverantwortung für das 360°-FBV eines Unternehmens ist aber für explizit als Ausnahme hervorgehobene Fälle, bei denen sie mit dem Feedback-Nehmer keinen Konsens über die Benennung der Personen für dessen Feedback-Gebergruppen erzielen kann, die Kompetenz einzuräumen, zusätzlich Beurteiler zu berufen oder benannte Personen abzulehnen.

Wie generell bei Personalbeurteilungsverfahren in Unternehmen sind auch bei 360°-FBV nach Abschluss der Auswahl von Feedback-Gebern und -Nehmern *Schulungen* zur Vorbereitung jeder dieser beiden Gruppen auf den Umgang mit dem unternehmensspezifischen 360°-FBV durchzuführen (vgl. etwa Toegel/Conger 2003, S. 306; Atwater et al. 2002, S. 203; Bracken et al. 2001b, S. 6-8; Ghorpade 2000, S. 144-146; Waldman et al. 1998, S. 91f.). Themen von *Feedback-Gebe-Trainings* sind dabei typischerweise (1) die Sensibilisierung für Beurteilungstendenzen bei interpersonalen Wahrnehmungsprozessen (z.B. ausnahmslos „milde" Rückmeldungen, geringe Variation der Ausprägungen von Rückmeldungen über alle Feedback-Nehmer oder über verschiedene Leistungsdimensionen für eine Zielperson; s. Gerpott 1992, S. 232f.) unter besonderer Berücksichtigung von Freundschaftsbeziehungen/affektiven Einstellungen zu Feedback-Nehmern und (2) die Gestaltung von Rückmeldungen in einer informativ-leistungsbezogenen Weise verbunden mit konstruktiven und konkreten Änderungsvorschlägen zur Leistungsverbesserung des Feedback-Nehmers. Bei *Feedback-Nehmer-Trainings* stehen eher die Sensibilisierung für Überschätzungstendenzen bei Selbstbeurteilungen sowie die Nutzung von Feedback-Ergebnissen zur Formulierung persönlicher Arbeitsziele und für Aktionsprogramme zur Zielerreichung im Vordergrund (s.u. Kap. 2.4).

2.2 Bestimmung der zu erhebenden Dimensionen individueller Arbeitsleistungen

Bei konventionellen MAB werden Einschätzungen zu einem weiten Spektrum unterschiedlicher arbeitsbezogener Aspekte erhoben, deren gemeinsamer Nenner darin besteht, dass sie Meinungen zu und Bewertungen von Merkmalen eines Unternehmens(teils) sind (s. etwa Domsch 1998, S. 449). Bei 360°-FBV werden dagegen die Feedback-Geber nur um Einschätzungen von Arbeitsleistungsaspekten *bestimmter* Mitarbeiter gebeten. Als inhaltliche Bezugspunkte (= *Kriterien*) für solche Einschätzungen kommen (1) abstrakte personale Eigenschaftskriterien (z.B. „Anpassungsfähigkeit", „Initiative"), (2) arbeitsverhaltensbezogene Kriterien (z.B. „informiert Kunden unaufgefordert über Produktinovationen") oder (3) arbeitsergebnisbezogene Kriterien (z.B. „Senkung der Materialkosten um X%") in Betracht (s. Gerpott 1992, S. 240).

In der Fachliteratur besteht weitgehende Übereinstimmung, dass in 360°-FBV, die Personalentwicklungszwecken dienen sollen, in erster Linie Einschätzungen *arbeitsverhaltensbezogener Kriterien* sinnvoll sind (s. etwa Toegel/Conger 2003; S. 308; Fraser/Zarkada-Fraser 2001, S. 266f.; Ghorpade 2000, S. 145f.; Lepsinger / Lucia 1998, S. 44f. u. 63f.; Van Velsor 1998, S. 161; Waldman/Atwater 1998, S. 94; Garavan et al. 1997, S. 146; Antonioni 1996, S. 27). Solche Kriterien haben gegenüber Persönlichkeits- oder Ergebniskriterien den Vorteil, dass Feedback-Nehmer über ihre Einschätzung genauere Hinweise dazu erhalten kann, *wie* sie eigene Arbeitsprozesse zu verändern haben, um bessere Leistungsergebnisbeiträge für das Unternehmen zu erbringen. Demgegenüber zeichnen sich speziell persönlichkeitsbezogene Kriterien gemäß der Forschungsauswertung von Kluger/DeNisi (1996, S. 267-273) und DeNisi/Kluger (2000, S. 132-134) durch den Nachteil aus, dass Feedback-Nehmer eine negative Beurteilung eher als Bedrohung ihres Selbstbildes empfinden, was wiederum aus Unternehmenssicht angestrebte Leistungsverbesserungen weniger wahrscheinlich werden lässt.

Arbeitsverhaltenskriterien sollten auf der Grundlage von Anforderungsanalysen für ähnliche Positionstypen (z.B. Gebietsleiter Direktvertrieb) ausgewählt und in den Feedback-Fragebögen so formuliert werden, dass sie *konkret beobachtbare und durch den Feedback-Nehmer veränderbare Aktivitäten* beschreiben (z.B. „trifft Kunden zur Diskussion von offenen Fragen beim Einsatz der Produkte unseres Unternehmens auch außerhalb der offiziellen Arbeitszeit" und *nicht* „Service-Orientierung"). Diese Empfehlungen zum Vorgehen bei der Bestimmung der zu erhebenden Dimensionen individueller Arbeitsleistungen haben drei Implikationen für die bei 360°-FBV eingesetzten Beurteilungsbögen (vgl. McDade/Greenwood 2003, S. 31-33; Toegel/Conger 2003, S. 307; Waldmann 2003, S. 145; DeNisi/Kluger 2000, S. 137):

1. Es ist nicht sinnvoll, in einem Unternehmen z.B. von Beratern vermarktete konfektionierte Beurteilungsformulare *unangepasst* zu übernehmen, da hier der situationsspezifische Aufgabenbezug i.d.R. fehlt bzw. nur hochgradig allgemeine Kriterien zum Einsatz kommen.

2. Bei Einsatz von 360°-FBV in unterschiedlichen Organisationseinheiten und für verschiedene Hierarchieebenen innerhalb eines Unternehmens ist es zumeist geboten, *mehrere* zumindest in Teilen nicht identische 360°-Feedback-Bögen zur Arbeitsverhaltens-/Leistungserfassung zu verwenden.
3. Verschiedene Feedback-Gebergruppen (z.B. Kollegen vs. unterstellte Mitarbeiter) müssen ihren Rückmeldungen nicht notwendigerweise durchweg die gleichen Arbeitsleistungskriterien, sondern nur jeweils die Kriterien zugrundelegen, die *für sie* gut beobachtbar sind.

Ein Ansatz, der einerseits irreführenden 360°-FBV-Ergebnissen entgegenwirkt, aber andererseits den Aufwand für die Entwicklung von Beurteilungsdimensionen/-bögen zu begrenzen versucht, besteht darin, Feedback-Gebern eine umfangreiche Itemliste im Feedback-Bogen mit der Instruktion vorzulegen, lediglich eine (eventuell zahlenmäßig begrenzte) Teilmenge von ihnen gut erfassbaren Verhaltensbeschreibungen für ihre Rückmeldung zu verwenden.

Zur Verhinderung einer „Informationsüberflutung" der Feedback-Nehmer ist es i.d.R. sinnvoll, sich bei den Kriterien auf wenige, möglichst voneinander in ihren Ausprägungen unabhängige Verhaltensdimensionen (ca. 5–7) zu beschränken, die von mehreren Feedback-Gebergruppen und den Feedback-Nehmern übereinstimmend als besonders entscheidend (= erfolgskritisch) für den Beitrag eines Positionsinhabers zum Unternehmenserfolg eingestuft werden. Jede dieser kritischen Verhaltensdimensionen sollte dann über klar formulierte und aus Sicht der Feedback-Geber und -Nehmer verständliche Beschreibungen von mehreren eng miteinander verwandten Verhaltensaspekten der Dimension (typischerweise 3–5 Items pro Dimension) von den Feedback-Gebern erhoben werden, um die Konsistenz-Reliabilität der Verhaltensbeschreibungen zu erhöhen. Fallbeispiele von 360°-FBV einzelner Unternehmen, bei denen z.T. 60–100 Items zum Einsatz kommen, um 10 Leistungsdimensionen (vermeintlich) differenziert abzubilden (s. etwa Holderegger/Schmidt 2001, S. 46) deuten darauf hin, dass die Unternehmenspraxis eher der Versuchung erliegt, zu viele als zu wenige Beurteilungsdimensionen in ein 360°-FBV einzubeziehen. Möglicherweise soll durch die Menge der erhobenen Feedback-Aussagen pro Zielperson die Ernsthaftig- und „Wissenschaftlichkeit" eines 360°-FBV unterstrichen werden. Aus wissenschaftlicher Sicht ist aber die Annahme einer positiven Korrelation zwischen 360°-FBV-Itemzahl und -Messqualität oberhalb einer Zahl von ca. 35–40 Items für 5–7 unabhängige Leistungsdimensionen unhaltbar. Berücksichtigt man auch den itemzahlabhängigen Bearbeitungsaufwand für die Feedback-Geber, dann kann der Rat nur lauten, die Menge der Leistungskriterien für 360°-FBV auf deutlich unter 50 Items zu begrenzen.

Eng verbunden mit der Auswahl von inhaltlichen Bezugspunkten für 360°-FBV ist die Skalierung der Beurteilungskriterien. Unter *Skalierung* wird dabei die Umsetzung von Verhaltensbeobachtungen der Feedback-Geber in nach systematischen Regeln schriftlich formulierte, möglichst eindeutige und zumeist mit einer Zahl abgebildete Aussagen verstanden, die Ausprägungen des Beurteilungskriteriums wiedergeben sollen. In der Praxis werden bei 360°-FBV überwiegend

Skalierungen verwendet, die 5–9 als geordnete Folge von Ausprägungsgraden des Kriteriums interpretierte Stufen umfassen. Bei ihnen wird unterstellt, dass die Ausprägungsunterschiede zwischen zwei direkt aufeinander folgenden Antwortstufen durchweg gleich sind (vgl. Antonioni 1996, S. 27; Edwards/Ewen 1996, S. 90–93). Alternativ zu derartigen *Einstufungsskalen* kann auch auf sogenannte *Nominalskalen* zurückgegriffen werden, bei denen Feedback-Geber nur aufgefordert werden, anzugeben, ob eine Beschreibungsaussage für einen Feedback-Nehmer zutrifft oder nicht.

Vor allem von Praktikern wird seit der starken Diffusion von Internet-Zugängen in Unternehmen und Privathaushalten auf die Vorteile der *Nutzung von elektronischen Netzwerklösungen* für das Ausfüllen von 360°-Rückmeldebögen und die Aggregation von quantitativen Einstufungen verschiedener Feedback-Gebergruppen pro Zielperson als Grundlage für Ergebnisrückmeldungsprozesse (s.u. Kap. 2.4) hingewiesen (s. z.B. McDade/Greenwood 2003, S. 31; Holdegger/Schmidt 2001, S. 45-48; Summers 2001, S. 167-179; Huet-Cox et al. 1999, S. 100-102). Hierbei werden im Anschluss an die Identifikation von Leitungskriterien die Feedback-Formulare auf einem Server elektronisch abgelegt. Feedback-Geber können die Bögen dann „online" orts- und zeitunabhängig über abhörgeschützte Datenverbindungen im unternehmensbezogenen *Intranet* oder im öffentlichen *Internet* von einem PC aus nach persönlicher Authentifizierung ausfüllen und wieder (anonym) auf dem Server für den Feedback-Nehmer speichern. Die Option einer dezentralen Archivierung von bearbeiteten Feedback-Bögen durch die Feedback-Geber sollte systemseitig ausgeschlossen werden, wenn man eine unkontrollierte Verbreitung der Leistungsrückmeldungen einzelner Feedback-Nehmer sicherstellen will. Für die Betreuung von 360°-FBV hat die Online-Abwicklung der Feedback-Datenerhebung die Vorteile einer leichteren Kontrolle des Formularrücklaufs von den Feedback-Gebern und einer schnelleren Erstellung inhaltlich und darstellungstechnisch hochwertiger Dokumentationen von Rückmeldeergebnissen für jeden Feedback-Nehmer.

2.3 Individuelle schriftliche Ergebnisrückmeldung

Die Gestaltung der Rückmeldung von Einschätzungen des eigenen Leistungsverhaltens durch verschiedene Personengruppen an Feedback-Nehmer hat sehr starken Einfluss darauf, inwieweit durch 360°-FBV tatsächlich Schwachstellen in der Zusammenarbeit von Feedback-Nehmern mit anderen Unternehmensmitarbeitern und/oder unternehmensexternen Geschäftspartnern nachhaltig beseitigt werden können (vgl. oben Kap. 1.4). Da bei 360°-FBV eine wesentlich größere Menge an Informationen über einen Mitarbeiter erhoben wird als bei klassischen Top-Down-Leistungsbeurteilungen oder konventionellen MAB, ist eine *verdichtende vertrauliche Auswertung der Rohdaten pro Feedback-Nehmer* durch Fachkräfte, die selbst nicht dem Kreis der direkten Teilnehmer an einer 360°-Feedback-Runde angehören (z.B. Personalreferenten, die für die jeweilige Organisationseinheit der Feedback-Nehmer zuständig sind), ein wesentlicher Schritt zur Vorbereitung der

Rückmeldung von 360°-FBV-Ergebnissen an die Beteiligten. Aufgabe eines solchen schriftlichen Feedback-Berichtes ist es, die Beurteilungsdaten in einem Format für Feedback-Nehmer zusammenzufassen, das ihnen eine Aufnahme der für die eigenen Entwicklungsplanungen jeweils zentralen Informationen erleichtert. Bislang mangelt es an wissenschaftlich fundierten Studien von 360°-FBV, die empirisch genauer erkundet haben, welche Art von Informationen (z.B. Übereinstimmung versus Abweichung von Selbst- und Fremdeinschätzungen, Einschätzungen einer bestimmten Feedback-Gebergruppe wie Kunden) Feedback-Nehmer besonders wirksam zur Reflexion und Verbesserung eigener Leistungsverhaltensmuster anregen (s. Tornow/London 1998b, S. 250; London/Smither 1995, S. 814f.). Folglich kann hinsichtlich der Gestaltung des Ergebnisdokumentes für jeden 360°-Feedback-Nehmer nur auf Erkenntnisse verhaltenswissenschaftlicher Forschungen, die sich *allgemein* mit Leistungswirkungen von Feedback-Interventionen befasst haben, zurückgegriffen werden.

Im Ergebnis lässt diese Forschung die Schlussfolgerung zu, dass Leistungsrückmeldungen um so eher zu Verhaltensveränderungen beitragen, je mehr sie sich auf die schriftlich fixierte, nüchterne Beschreibung von Leistungs(verhaltens)fakten konzentrieren und je weniger sie auf die *Person* des Feedback-Nehmers bezogene kritisierende oder lobende Elemente beinhalten (s. Kluger/DeNisi 1996, S. 273-275; DeNisi/Kluger 2000, S. 134). Entsprechend sollte der schriftliche Ergebnisbericht pro Feedback-Nehmer folgende Informationen vermitteln (vgl. a. Toegel/Conway 2003, S. 306; Atkins/Wood 2002, S. 899f.; Scherm/Sarges 2002, S. 67-69; Bracken et al. 2001b, S. 11f.; Dalessio/Vasilopoulos 2001, S. 182-197; Lepsinger/Lucia 1998, S. 62-67; Mount et al. 1998, S. 572f.; Van Velsor 1998, S. 171-192; Antonioni 1996, S. 29; London/Beatty 1993, S. 368f.; Gerpott 1992, S. 245f.):

- den Durchschnittswert und die Standardabweichung der Einstufungen getrennt für jede Feedback-Gebergruppe und Verhaltensbeschreibung,
- die Verteilung der Fremdeinstufungen (ggf. zusammengefaßt über mehrere Feedback-Gebergruppen, um eine ungewollte Aufgabe der Anonymität für einzelne Feedback-Geber zu vermeiden),
- den Durchschnittswert der Einstufungen für jede Verhaltensbeschreibung, der über alle Feedback-Nehmer innerhalb einer Feedback-Gebergruppe in einem definierten Zeitfenster beobachtet wurde,
- die frei formulierten verhaltensbeschreibenden Kommentare der Feedback-Geber,
- die Selbsteinstufung für jede Verhaltensbeschreibung,
- die zur Aufgabenbewältigung von Unternehmen für notwendig erachteten (Mindest-)Ausprägungen jeder Leistungs(kompetenz)dimension.

Speziell die Darstellung von expliziten Selbsteinstufungen des Feedback-Nehmers in 360°-FBV wird zwar in der Literatur fast durchweg als hilfreich für die Erreichung von Personalentwicklungszielen propagiert (s. für viele Waldmann 2003, S. 146; Atwater et al. 2002, S. 203; Kaul/Geßner 1998, S. 43; Garavan et al. 1997, S. 141). Allerdings weisen DeNisi/Kluger (2000, S. 136f.) und Kluger/DeNisi (1996, S. 273-276) auf Basis einer umfassenden Analyse empirischer Studien zu Feedback-Interventionen darauf hin, dass eine starke Betonung von Selbst-Fremdbeurteilungsabweichungen in Rückmeldeprozessen bewirkt, dass Feedback-Nehmer die übermittelten Leistungsinformationen weniger aufgaben- und mehr persönlichkeitsbezogen interpretieren. Dieses Interpretationsmuster hat dann zur Folge, dass die Rückmeldeinhalte eher abgelehnt und weniger als Impulse für Leistungsverhaltensverbesserungen genutzt werden (s.a. oben Kap. 2.2). Demnach dürfte es zur Unterstützung von Verhaltensveränderungen durch 360°-FBV auch vertretbar sein, auf die explizite Präsentation von Selbsteinstufungen im Ergebnisbericht zu verzichten und den Feedback-Nehmer dazu anzuregen „... to focus attention on gaps between required levels of competence for a job (or norms) and observer ratings" (Atkins/Wood 2002, S. 900; s.a. Dalessio/Vasilopoulos 2001, S. 197).

Abb. 3 zeigt eine Beispielseite aus einer von mir für ein Industrieunternehmen entwickelten 360°-Ergebniszusammenfassung, die verdeutlicht, wie die oben genannten quantitativen Informationen für Feedback-Nehmer aufbereitet und visualisiert werden können. Wichtig ist es hier, den Umfang des gesamten Ergebnisberichtes für den durchschnittlichen Feedback-Nehmer überschaubar zu halten. In wissenschaftlichen Studien realisierte 360°-Ergebnisberichte mit einer Länge von mehr als 35 (!) Seiten (s. Scherm 1999, S. 104) sind aufgrund ihres Informationsvolumens bzw. ihrer fehlenden Unterstützung bei der Ergebnisverdichtung *nicht* sinnvoll.

Im Zusammenhang mit der Auswertung von 360°-FBV wird in Wissenschaft und Praxis intensiv diskutiert, ob der Feedback-Nehmer die Möglichkeit haben soll, einzelne Einschätzungen ihm namentlich bekannten Feedback-Gebern zuzuordnen oder nicht. Eine solche Zuordnung setzt voraus, dass (1) Feedback-Geber ihren Einschätzungsbogen für eine Person namentlich kennzeichnen und (2) dem Feedback-Nehmer neben einer Ergebniszusammenfassung (wie etwa in Abb. 3) die einzelnen Fragebögen zugänglich gemacht werden. Herrschende Meinung ist hier, dass potenzielle Feedback-Geber *anonym* befragt werden sollten, um zu vermeiden, dass sie aus Angst vor „Vergeltungsmaßnahmen" von (insbesondere dem Feedback-Geber hierarchisch übergeordneten) Feedback-Nehmern „geschönte" Verhaltensbeschreibungen abgeben oder sich gar nicht an 360°-FBV beteiligen (s. etwa Atwater et al. 2002, S. 203; Rogers et al. 2002, S. 50; Scherm/Sarges 2002, S. 48; Bracken et al. 2001b, S. 10; Fraser/Zarkada-Fraser 2001, S. 267; Ghorpade 2000, S. 143f.; Jöns/Mataja 1998, S. 35; Waldman/Atwater 1998, S. 32; Garavan et al. 1997, S. 143; Edwards/Ewen 1996, S. 60; Ward 1995, S. 22; Weider 1995, S. 164f.; London et al. 1990, S. 19 u. 30).

Diese Sichtweise wird nur teilweise durch eine Studie von Antonioni (1994) bestätigt, in der 183 Mitarbeiter eines US-Versicherungsunternehmens Führungsleis-

Beispiel

Kooperationsverhalten	Persönliche Daten[a]				Unternehmensdaten[a]				Persönliche Daten						
	Durchschnitt/Standardabweichung				Durchschnitt				Bewertungshäufigkeit für Skalenstufe[b]						
	Selbst	UMA	KOLL	VORG	Selbst	UMA	KOLL	VORG	1	2	3	4	5	6	7
1. geht offen und konstruktiv auf andere Mitarbeiter zu	5,0 (0,0)	4,6 (1,2)	4,3 (0,9)	5,2 (1,0)	4,7	4,1	4,0	4,3	0	0	3	7	5	2	1
2. entwickelt proaktiv Pläne zur Bewältigung der Aufgaben der eigenen Arbeitsgruppe	4,0 (0,0)	3,1 (0,9)	3,5 (0,7)	2,8 (0,8)	3,8	3,5	3,3	3,0	0	2	8	6	2	0	0
3. gibt arbeitsrelevante Informationen unaufgefordert an andere Mitarbeiter weiter	5,0 (0,0)	4,4 (0,9)	4,7 (0,7)	5,1 (0,8)	4,9	3,9	4,4	4,8	0	0	1	6	8	1	1
4. kennt die Leistung anderer Mitarbeiter vorbehaltlos an	6,0 (0,0)	5,1 (0,8)	4,9 (0,6)	5,6 (0,3)	5,7	4,1	4,5	5,2	0	0	0	2	9	6	0

(wird auf der nächsten Seite fortgesetzt)

Abb. 3: Auszug aus einer 360-Grad-Feedback-Ergebniszusammenfassung für einen Mitarbeiter

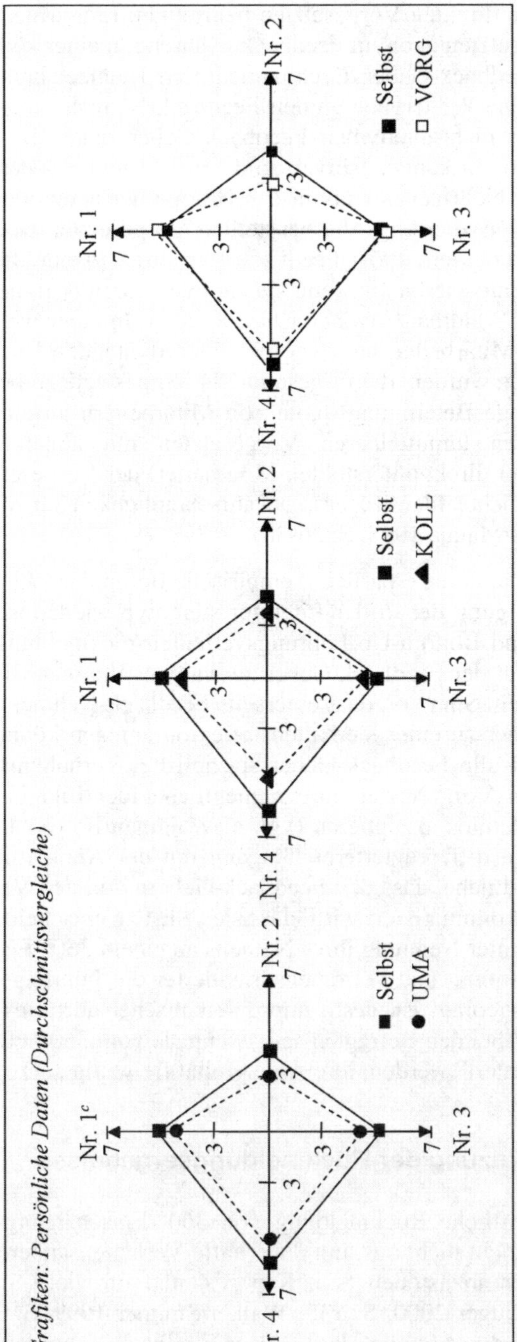

a) Selbst = Selbsteinschätzung. UMA = Einschätzung durch untergebene Mitarbeiter. KOLL = Einschätzung durch gleichgestellte Kollegen. VORG = Einschätzung durch Vorgesetzte. Zahlenangabe in Klammern = Standardabweichung bzw. Streuungsmaß der Einschätzungen einer Feedback-Gebergruppe.

b) Die Skalenstufen sind wie folgt definiert: 1 = fast nie, 3 = selten, 5 = häufig, 7 = fast immer. Bei den Häufigkeitsangaben wird die Selbsteinschätzung jeweils nicht berücksichtigt.

c) Die Nummern beziehen sich auf die entsprechenden Verhaltensbeschreibungen in der ersten Spalte der oberen Hälfte der Zusammenfassung.

Abb. 3: Fortsetzung

tungen ihres jeweiligen direkten Vorgesetzten beurteilten. Eine Mitarbeitergruppe gab dabei ihren Vorgesetzten anonym Feedback, während in einer zweiten Gruppe die Anonymität der Feedback-Geber durch namentliche Kennzeichnung des Beurteilungsbogens und seine Weitergabe an den Feedback-Nehmer aufgehoben wurde. In der Gruppe der nicht-anonymen Feedback-Geber fielen die Bottom-Up-Beurteilungen zwar signifikant positiver und die Akzeptanz des Feedback-Verfahrens signifikant niedriger aus als in der Gruppe der anonymen Feedback-Geber. Umgekehrt hatten allerdings die beurteilten Vorgesetzten eine signifikant positivere Einstellung zu dem (90°-)Feedback-Verfahren, wenn die Feedback-Geber sich namentlich auswiesen als wenn sie anonym waren (vgl. neben Antonioni 1994, S. 354 auch Waldman/Atwater 1998, S. 24f.). In einer weiteren Untersuchung, in die 2.141 Mitarbeiter aus zwei metallverarbeitenden Unternehmen in Deutschland einbezogen wurden, die insgesamt 234 Vorgesetzte zu beurteilen hatten, nahm die freiwillige Beteiligungsquote von Mitarbeitern an einem Bottom-Up-Feedback für ihren unmittelbaren Vorgesetzten mit abnehmender Führungsspanne (= Zahl der direkt unterstellten Mitarbeiter) der Vorgesetzten und damit steigender namentlicher Identifizierungswahrscheinlichkeit für die Feedback-Geber sogar zu (s. Jöns/Mataja 1998, S. 36-38).

Alles in allem spricht damit die (spärliche) empirische Befundlage *keineswegs eindeutig* für die Berechtigung der in der Literatur stereotyp wiederholten Empfehlung, bei 360°-FBV und Bottom-Up-Führungsverhaltensrückmeldungen für Vorgesetzte die Anonymität der Feedback-Geber zu wahren. Vielmehr liegt hier eine *Dilemmasituation* in dem Sinn vor, dass einerseits Feedback-Nehmer nicht-anonyme Rückmeldungen eher zu einer Verhaltensreflexion anregen könnten und dass aber andererseits nicht alle Feedback-Geber speziell bei Verhaltensbeschreibungen für ihren direkten Vorgesetzten ihre namentliche Identifikation auf einem Feedback-Bogen problemlos akzeptieren (vgl. a. Waldman/Bowen 1998, S. 122-125). Folglich liegt ein differenzierterer Umgang mit der Anonymitätsfrage bei 360°-FBV dahingehend nahe, dass den Feedback-Gebern von den Verfahrenspromotoren *ausdrücklich* kommuniziert wird, dass sie selbst zu entscheiden haben, ob sie sich anonym oder unter Nennung ihres Namens an einem 360°-FBV beteiligen wollen. Je kommunikations- und vertrauensorientierter die Führungskultur in einem Unternehmen ausgeprägt ist, desto unproblematischer dürfte es für die Akzeptanz von 360°-FBV bei den Befragten sein, wenn sie vom 360°-FBV-Promotor nachhaltig dazu „ermuntert" werden, ihre Anonymität freiwillig aufzugeben.

2.4 Individuelle Nutzung der Rückmeldungsergebnisse

Die vertrauliche, schriftliche Rückmeldung von 360°-Einschätzungsergebnissen an Mitarbeiter *allein* reicht nicht aus, um dauerhafte Verhaltensänderungen bei einem Feedback-Nehmer anzustoßen (s.o. Kap. 1.4 und für viele Smither et al. 2003, S. 26; DeNisi/Kluger 2000, S. 138; Walker/Smither 1999, S. 397). Hierzu ist es vielmehr zwingend notwendig, dass (1) der Feedback-Nehmer im Anschluss an den Erhalt seines Feedback-Ergebnisberichtes *inhaltlich, intensitätsmäßig und zeitlich konkretisierte Leistungsverhaltens- und -ergebnisziele* entwickelt (s. Kluger/DeNisi 1996, S. 269 u. 275f.; DeNisi/Kluger 2000, S. 134) und (2) Vorgehensweisen zur Analyse des Erreichungsgrades dieser individuellen Ziele im Zeitablauf fixiert werden. Daher ist es erforderlich, von Seiten der Verfahrenspromotoren an potenzielle 360°-Feedback-Nehmer bereits vor Beginn des Verfahrens unmissverständlich zu kommunizieren, dass eine Teilnahme nur sinnvoll ist, wenn sie dazu bereit sind, auf Basis der schriftlichen Ergebnisrückmeldungen einen individuellen Entwicklungsplan mit konkreten Leistungsverhaltenszielen zu formulieren (s.a. Brutus et al. 1998, S. 26; Waldman/Atwater 1998, S. 94; London et al. 1997, S. 174-177; Antonioni 1996, S. 31-34).

Ein solcher Zielfindungsprozess und spätere Leistungsverbesserungen werden wirksam unterstützt, wenn Feedback-Nehmer vom 360°-FBV-Promotor und durch Vorbildverhalten von hierarchisch relativ zur eigenen Position höher eingeordneten Unternehmensmitarbeitern dazu motiviert werden, die ihnen persönlich und vertraulich übermittelten Feedback-Ergebnisse *mit anderen Personen zu reflektieren* (s. Maurer et al. 2002, S. 103f.; Rogers et al. 2002, S. 51; Walker/Smither 1999, S. 415-418). Als helfende Diskussionspartner kommen hier in Betracht (vgl. Edwards/Ewen 1996, S. 45f.):

1. Professionelle Experten für Personalentwicklung, die *nicht* mit dem Feedback-Nehmer bei dessen alltäglichen Arbeitsaufgaben zusammenarbeiten und oft mit Bezeichnungen wie „Coach" (s. Wegner 2002, S. 8; Smither/Reilly 2001, S. 222f.) oder „faciliator" (Seifert et al. 2003, S. 561) angesprochen werden;

2. Jede der in ein Verfahren einbezogenen Feedback-Gebergruppen (s.o. Abb. 1).

Zu den Aufgaben dieser Diskussionspartner gehört es, den Feedback-Nehmer bei der Interpretation von Ergebnissen der 360°-Beurteilung und der Formulierung von Leistungszielen sowie Maßnahmen zur Zielerreichung individuell zu beraten. Insbesondere bei negativen Rückmeldungen sollen sie den Feedback-Nehmer dabei unterstützen, diese Fremdwahrnehmungen nicht defensiv als falsch zu verwerfen, sondern als Chancen zur Verbesserung aufzugreifen (vgl. Seifert et al. 2003, S. 561f.; Smither et al. 2003, S. 26f.; Rogers et al. 2002, S. 51). Für den Einbezug der unmittelbaren Feedback-Gebergruppen (s.o. Nr. 2) in Ergebnisdiskussionen mit dem jeweiligen Feedback-Nehmer spricht, dass die Feedback-Geber des 360°-Verfahrens wegen ihrer Nähe zum Arbeitsalltag des Rückmeldungsempfängers mit dessen Leistung(sverhalt)en vertraut sind und insofern fachlich kompetente/ konkrete Veränderungsanregungen geben können. Dagegen spricht, dass es für Feedback-Geber aufgrund ihrer persönlichen Betroffenheit sehr schwer sein dürfte, vom Feedback-Nehmer akzeptierte, hilfreiche innovative Lernimpulse zu geben, die von ihren persönlichen Interessen weitgehend unbeeinflusst bleiben.

Im Schrifttum wird zumindest dann, wenn 360°-Beurteilungen für Rückmeldungen an Mitarbeiter mit direkter Personalverantwortung, also an Führungskräfte eingesetzt werden sollen, recht einmütig empfohlen, die Feedback-Ergebnisse *nicht* (nur) als Basis für Zielvereinbarungsgespräche zwischen dem Feedback-Nehmer und dessen Vorgesetzten zu verwenden. Vielmehr wird zumeist vorgeschlagen, dass dem Feedback-Nehmer zur Ableitung von Entwicklungsmaßnahmen aus den schriftlichen Feedback-Berichten beratende Hilfestellung einer Person angeboten wird, die der ersten der beiden o.g. Gruppen zur Ergebnisdiskussion angehört (s. etwa Rogers et al. 2002, S. 51; Scherm/Sarges 2002, S. 52). Tatsächlich belegen auch verschiedene empirische Studien (s. Seifert et al. 2003; Smither et al. 2003), dass 360°-FBV signifikant stärkere Verhaltensveränderungen bei Führungskräften bewirken, wenn deren schriftlich fixierten Ergebnisse von Coaches in Vier-Augen-Gesprächen oder von Führungstrainern in Gruppenveranstaltungen mit den Feedback-Nehmern erörtert werden. Es liegt daher nahe, bei 360°-FBV für Führungskräfte auch Coaching-/Führungstrainingsangebote unter Rückgriff auf unternehmensinterne oder -externe Personalentwicklungsspezialisten vorzusehen. Über solche Angebote hinausgehend gilt generell, dass 360°-FBV im Anschluss an die Formulierung von Leistungsverbesserungszielen durch finanzielle und personelle Ressourcen zu untermauern sowie mit Personal- und Unternehmensentwicklungskonzeptionen zu verzahnen sind, die sicherstellen, dass Feedback-Nehmer an On- und Off-the-Job-Maßnahmen zur Veränderung von Leistungsverhaltensweisen i.S. der Wettbewerbsstrategien der Unternehmensgeschäftsfelder teilnehmen können.

3 Resümee

Bis Ende der 1990er Jahre konnte man in Wissenschaft und Praxis zwei recht polarisierte Meinungspositionen im Hinblick auf die Vorteils-Nachteils-Bilanz des Einsatzes von 360°-FBV in Unternehmen beobachten. Einerseits wurden solche Verfahren als „Wunderwaffe" zur Verbesserung von Führungskräfteentwicklungs- und -auswahlprozessen sowie zur Verstärkung der Ausrichtung des Leistungsverhaltens von Mitarbeitern an den Anforderungen unternehmensex- und -interner Kunden propagiert (s. etwa Hoffman 1995, S. 82f.; Ward 1995, S. 20; Weider 1995, S. 159f.). Andererseits wurden 360°-FBV pauschal als eine Methode abqualifiziert, die darauf zielt „... aus Führungskräften unmündige, dressierte und kontrollierte Befehlsempfänger zu machen" (Neuberger 1998, S. 313; s.a. Rastetter/ Neuberger 2000). Inzwischen werden solche Extrempositionen nur noch selten und dann typischerweise von Autoren vertreten, die über sehr positive Darstellungen von einzelnen 360°-FBV-Projekten den Versuch unternehmen, einschlägige eigene Beratungsleistungen zu verkaufen (s. etwa Poesch/Klein 2001, S. 26; Antonioni 2000, S. 10). Stattdessen überwiegen – nicht nur in wissenschaftlichen, sondern auch in mehr praxisorientierten Zeitschriften/Quellen – differenziertere Analysen hinsichtlich der Chancen und Risiken von 360°-FBV im Vergleich zu anderen Varianten der Personalbeurteilung und von MAB (s. etwa McDade/Greenwood 2003, S. 30f.; Toegel/Conger 2003, S. 309; Atwater et al. 2002, S. 203f.; Bracken et al. 2001b, S. 17; Holderegger/Schmidt 2001, S. 48; DeNisi/Kluger 2000, S. 138). Genereller Tenor dieser Analysen ist die Einsicht that „360-degree feedback is not a panacea" (Pfau/Kay 2002, S. 59). 360°-FBV werden als eine

Möglichkeit angesehen, andere Instrumente der Personalarbeit wie herkömmliche Personalbeurteilungen, MAB oder Führungstrainings zu ergänzen.

Dementsprechend hat auch die eigene Untersuchung gezeigt, dass 360°-FBV sich durch

1. ihre Betonung von *Abweichungen* zwischen den Einschätzungen von Leistungsaspekten eines Mitarbeiters durch verschiedene Personengruppen und von *Selbsteinschätzungen* beruflicher Leistungen von herkömmlichen Personalbeurteilungsverfahren stark unterscheiden, in denen allein der jeweilige Vorgesetzte als Informationsquelle genutzt wird.

2. ihre Ausrichtung auf Kooperations- und Führungsverhaltensaspekte explizit benannter Mitarbeiter deutlich von konventionellen MAB unterscheiden, bei denen es primär um Einschätzungen verschiedenster Managementprozesse/-instrumente in einem Unternehmen und Arbeitssituationsaspekte der Befragten geht, *ohne* dass explizit eine *direkte Verantwortungszuschreibung* für Erhebungsresultate auf *einzelne* Unternehmensmitarbeiter erfolgt.

3. ihre Informationsvielfalt als Ausgangspunkt für Coaching- und Trainingsprogramme zur *Führungskräfteentwicklung* anbieten, mit solchen Programmen aber keineswegs gleichzusetzen sind bzw. sie *nicht ersetzen.*

Diese Divergenzen haben zur Folge, dass bei der Gestaltung von 360°-FBV z.T. andere Methodenprobleme im Zusammenhang mit der Auswahl der in die Datenerhebung aktiv einzubeziehenden Personen und der Erhebungsinhalte sowie mit der Ergebnisrückmeldung und -nutzung entstehen als bei konventionellen MAB, Personalbeurteilungs- und Führungskräfteentwicklungsverfahren.

Die aus betriebswirtschaftlicher Sicht zentrale Frage, inwieweit 360°-FBV geeignet sind, unmittelbar signifikante Verhaltensänderungen bei den Feedback-Nehmern herbeizuführen und damit mittelbar zur Verbesserung des Unternehmenserfolges beizutragen, kann seriös *nicht pauschal* beantwortet werden. Die Antwort hängt nämlich einmal davon ab, inwieweit es bei der methodischen Detailgestaltung des Verfahrens gelingt, „to find ways of extracting the positive and minimizing or controlling the negative" (Ghorpade 2000, S. 140) bzw. die Herausforderung zu bewältigen, dass „the 360-degree concept ... is fraught with paradoxes" (Ghorpade 2000, S. 149). Entsprechende Bewältigungshinweise wurden deshalb in diesem Aufsatz begründet.

Zum anderen wird die Antwort mindestens ebenso stark davon beeinflusst, inwieweit die „makroorganisationalen" Rahmenbedingungen in einem Unternehmen mit dem Konzept der Personalentwicklungsförderung durch Mehr-Perspektiven-Leistungsrückmeldungen an Unternehmensmitarbeiter harmonieren (vgl. Gerpott 1992, S. 235f.; Atwater et al. 2002, S. 204). Die Wahrscheinlichkeit, dass 360°-FBV zu Leistungsverbesserungen beitragen, ist gemäß dieser *Kompatibilitätsidee* dann größer, wenn sie in Unternehmen eingesetzt werden (s. Scherm/Sarges 2002, S. 43-45; Lepsinger/Lucia 1998, S. 41-46; Waldman/Atwater 1998, S. 26f. u. 98-125; Edwards/Ewen 1996, S. 72f. u. 202f.),

- die eine offene, kommunikations- und innovationsfreudige Vertrauenskultur aufweisen,
- deren Mitarbeiter infolge einer Wahrnehmung von Verbesserungserfordernissen bei ihrer Kundenorientierung aktiv auf Personalmanagement-Spezialisten mit der Bitte um instrumentelle Hilfestellung bei der Bewältigung dieser Erfordernisse zugehen, d.h. in denen eine „Feedback-Demand-Pull-Situation" und *nicht nur* eine „Feedback-Supply-Push-Situation" vorliegt,
- die erhebliche Ressourcen für die Entwicklung ihrer Mitarbeiter bereitstellen,
- die qualitätsorientierte Managementsysteme, -prozesse und -strukturen zur strategischen Differenzierung des eigenen Angebots im Wettbewerb einsetzen.

Angesichts des hohen Datenerhebungs-, -auswertungs- und Rückmeldungsaufwands, der mit 360°-FBV verbunden ist, sollten Unternehmen, bei denen die eben genannten Rahmenbedingungen mehrheitlich nicht erfüllt sind, auf 360°-FBV zugunsten konventioneller Verfahren der Personalbeurteilung, MAB sowie Führungskräfteentwicklung verzichten.

Literatur

Antonioni, D. (1994): The effects of feedback accountability on upward appraisal ratings. In: *Personnel Psychology*, 47, S. 349-356.

Antonioni, D. (1996): Designing an effective 360-degree appraisal feedback process. In: *Organizational Dynamics*, 25(2), S. 24-38.

Antonioni, D. (2000): 360-degree feedback for a competitive edge. In: *Industrial Management*, 42(3), S. 6-10.

Antonioni, D./Park, H. (2001): The relationship between rater affect and three sources of 360-degree feedback ratings. In: *Journal of Management*, 27, S. 479-495.

Atkins, P.W./Wood, R.E. (2002): Self- versus others' ratings as predictors of assessment center ratings: Validation evidence for 360-degree feedback programs. In: *Personnel Psychology*, 55, S. 871-904.

Atwater, L.E. et al. (1998): Self-other agreement: Does it really matter? In: *Personnel Psychology*, 51, S. 577-598.

Atwater, L.E./Yammarino, F.J. (1997): Self-other rating agreement: A review and model. In: Ferris, G.R. (Hrsg.), *Research in Personnel and Human Resources Management, Vol. 15*, Greenwich: JAI Press, S. 121-174.

Atwater, L.E./Waldman, D.A./Brett, J.F. (2002): Understanding and optimizing multisource feedback. In: *Human Resource Management*, 41, S. 193-208.

Becker, F.G. (1998): Grundlagen betrieblicher Leistungsbeurteilungen, 3. Aufl. Stuttgart: Schäffer-Poeschel.

Beehr, T.A. et al. (2001): Evaluation of 360 degree feedback ratings: Relationships with each other and with performance and selection predictors. In: *Journal of Organizational Behavior*, 22, S. 775-788.

Bracken, D.W./Timmreck, C.W./Church, A.H. (2001a) (Hrsg.): The Handbook of Multisource Feedback. San Francisco: Jossey-Bass.

Bracken, D.W. et al. (2001b): 360 feedback from another angle. In: *Human Resource Management*, 40, S. 3-20.

Brett, J.F./Atwater, L.E. (2001): 360° feedback: Accuracy, reactions, and perceptions of usefulness. In: *Journal of Applied Pychology*, 86, S. 930-942.

Brutus, S./Fleenor, J.W./London, M. (1998): Elements of effective 360-degree feedback. In: Tornow, W.W./London, M. (Hrsg.), *Maximizing the Value of 360-Degree Feedback*, San Francisco: Jossey-Bass, S. 11-27.

Brutus, S./Fleenor, J.W./McCauley, C.D. (1999): Demographic and personality predictors of congruence in multi-source ratings. In: *Journal of Management Development*, 18, S. 417-435.

Campbell, D.T./Fiske, D.W. (1959): Convergent and discriminant validation by the multitrait-multimethod matrix. In: *Psychological Bulletin*, 56, S. 81-105.

Cardy, R.L./Dobbins, G.H. (1994): Performance Appraisal: Alternative Perspectives. Cincinnati: South-Western.

Conway, J.M. (1996): Analysis and design of multitrait-multirater performance appraisal studies. In: *Journal of Management*, 22, S. 139-162.

Conway, J.M./Huffcutt, A.I. (1997): Psychometric properties of multisource ratings; A meta-analysis of subordinate, supervisor, peer, and self-ratings. In: *Human Performance*, 10, S. 331-360.

Dalessio, A.T./Vasilopoulos, N.L. (2001): Multisource feedback reports. In: Bracken, D. W./Timmreck, C.W./Church, A.H. (Hrsg.), *The Handbook of Multisource Feedback*, San Francisco: Jossey-Bass, S. 181-203.

DeNisi, A.S./Kluger, A.N. (2000): Feedback effectiveness: Can 360-degree appraisals be improved? In: *Academy of Management Executive*, 14(1), S. 129-139.

Domsch, M. (2005): Personal. In: Bitz, M. et al. (Hrsg.), *Vahlens Kompendium der Betriebswirtschaftslehre, Band 1, 5. Aufl.*, München: Vahlen, S. 385-447.

Domsch, M./Schneble, A. (1992): Mitarbeiterbefragungen – Eine Leitlinie zum Projektmanagement. In: Domsch, M./Schneble, A. (Hrsg.), *Mitarbeiterbefragungen, 2. Aufl.*, Heidelberg: Physica, S. 1-23.

Edwards, M.R./Ewen, A.J. (1996): 360° Feedback. New York: Amacom.

Edwards, M.R./Ewen, A.J./Vendantam, K. (2001): How do users react to multisource feedback? In: Bracken, D.W./Timmreck, C.W./Church, A.H. (Hrsg.), *The Handbook of Multisource Feedback*, San Francisco: Jossey-Bass, S. 239-255.

Facteau, C.L. et al. (1998): Reactions of leaders to 360-degree feedback from subordinates and peers. In: *Leadership Quarterly*, 9, S. 427-448.

Fletcher, C./Baldry, C. (2000): A study of individual differences and self-awareness in the context of multi-source feedback. In: *Journal of Occupational and Organizational Psychology*, 73, S. 303-319.

Fraser, C./Zarkada-Fraser, A. (2001): Perceptual polarization of managerial performance from a human resource management perspective. In: *International Journal of Human Resource Management*, 12, S. 256-269.

Frieswick, K. (2001): Truth & consequences. In: *CFO*, 17(7), S. 56-63.

Funderburg, S.A./Levy, P.E. (1997): The influence of individual and contextual variables on 360-degree feedback system attitudes. In: *Group & Organization Studies*, 22, S. 210-235.

Garavan, T.N./Morley, M./Flynn, M. (1997): 360 degree feedback: Its role in employee development. In: *Journal of Management Development*, 16, S. 134-147.

Gerpott, T.J. (1992): Gleichgestelltenbeurteilung: Eine Erweiterung traditioneller Personalbeurteilungseinsätze in Unternehmen. In: Selbach, R./Pullig, K.-K. (Hrsg.), *Handbuch Mitarbeiterbeurteilung*, Wiesbaden: Gabler, S. 211-254.

Gerpott, T.J./Domsch, M. (1995): Personalbeurteilung von Führungskräften. In: Kieser, A./Reber, G./Wunderer, R. (Hrsg.), *Handwörterbuch der Führung, 2. Aufl.*, Stuttgart: Schäffer-Poeschel, Sp. 1694-1704.

Ghorpade, J. (2000): Managing five paradoxes of 360-degree feedback. In: *Academy of Management Executive*, 14(1), S. 140-150.

Greguras, G.J./Robie, C. (1998): A new look at within-source interrater reliability of 360-degree feedback ratings. In: *Journal of Applied Pychology*, 83, S. 960-968.

Harris, M.M./Schaubroeck, J. (1988): A meta-analysis of self-supervisor, self-peer, and peer-supervisor ratings. In: *Personnel Psychology*, 41, S. 43-62.

Hazucha, J.F./Hezlett, S.A./Schneider, R.J. (1993): The impact of 360-degree feedback on management skills development. In: *Human Resource Management*, 32, S. 325-351.

Hoffman, R. (1995): Ten reasons you should be using 360-degree feedback. In: *HRMagazine*, 40(4), S. 82-85.

Holderegger, P./Schmidt, R. (2001): Internetgestütztes 360°-Feedback mit Coaching. In: *Personalführung*, 34(11), S. 44-48.

Huet-Cox, D./Nielsen, T.M./Sundstrom, E. (1999): Get the most from 360-degree feedback: Put it on the Internet. In: *HR Magazine*, 44(5), S. 92-103.

Ilgen, D.R./Fisher, C.D./Taylor, M.S. (1979): Consequences of individual feedback on behavior in organization. In: *Journal of Applied Psychology*, 64, S. 349-371.

Iseke, R.-D. (1992): Befragung von Mitarbeitern als Bestandteil von Personalentwicklungsmaßnahmen bei der Hamburg-Mannheimer. In: Domsch, M./Schneble, A. (Hrsg.), *Mitarbeiterbefragungen, 2. Aufl.*, Heidelberg: Physica, S. 83-94.

Johnson, J.W./Ferstl, K.L. (1999): The effects of interrater and self-other agreement on performance improvement following upward feedback. In: *Personnel Psychology*, 52, S. 271-303.

Jöns, I./Mataja, K. (1998): Beteiligung an Vorgesetztenbeurteilungen – Ergebnisse zu Einflußfaktoren auf den Rücklauf bei schriftlichen Befragungen. In: *Zeitschrift für Arbeits- und Organisationspsychologie*, 42, S. 33-42.

Kaplan, R.E. (1993): 360-degree feedback PLUS: Boosting the power of co-worker ratings for executives. In: *Human Resource Management*, 32, S. 299-314.

Kaul, C./Geßner, A. (1998): 360°-Feedback und Coaching für das Top-Management. In: *Personalführung*, 31(2), S. 42-45.

Kavanagh, M.J./MacKinney, A.C./Wolins, L. (1971): Issues in managerial performance: Multitrait-multimethod analyses of ratings. In: *Psychological Bulletin*, 75, S. 34-49.

Kluger, A.N./DeNisi, A. (1996): The effects of feedback interventions on performance: A historical review, a meta-analysis, and a preliminary feedback intervention theory. In: *Psychological Bulletin*, 119, S. 254-284.

Laib, K. (1997): Das 360-Grad-Feedback. In: *Personalführung*, 30, S. 1138-1143.

Lawler, E.E. (1967): The multitrait-multirater approach to measuring managerial job performance. In: *Journal of Applied Psychology*, 51, S. 369-381.

Lepsinger, R./Lucia, A.D. (1998): The Art and Science of 360° Feedback. San Francisco: Jossey-Bass Pfeiffer.

London, M./Beatty, R.W. (1993): 360-degree feedback as a competitive advantage. In: *Human Resource Management*, 32, S. 353-372.

London, M./Smither, J.W. (1995): Can multiple-source feedback change perceptions of goal accomplishment, self-evaluation, and performance-related outcomes? Theory-based applications and directions for research. In: *Personnel Psychology*, 48, S. 803-839.

London, M./Smither, J.W./Adsit, D.J. (1997): Accountability: The Achilles' heel of multisource feedback. In: *Group & Organization Management*, 22(2), S. 162-184.

London, M./Wohlers, A.J./Gallagher, P. (1990): A feedback approach to management development. In: *Journal of Management Development*, 9(6), S. 17-31.

Mabey, C. (2001): Closing the circle: Participants views of a 360 degree feedback programme. In: *Human Resource Management Journal,* 11(1), S. 41-53.

Maurer, T.J./Mitchell, D.R./Barbeite, F.G. (2002): Predictors of attitudes toward a 360-degree feedback system and involvement in post-feedback management development activity. In: *Journal of Occupational and Organizational Psychology*, 75, S. 87-107.

Maurer, T.J./Raju, N.S./Collins, W.C. (1998): Peer and subordinate appraisal measurement equivalence. In: *Journal of Applied Psychology*, 83, S. 693-702.

McDade, S./Greenwood, C. (2003): Putting 360-degree feedback to the test. In: *Strategic HR Review*, 2(3), S. 30-34.

Moser, K. (1999): Selbstbeurteilung beruflicher Leistung: Überblick und offene Fragen. In: *Psychologische Rundschau*, 50, S. 14-25.

Mount, M.K. et al. (1998): Trait, rater and level effects in 360-degree performance ratings. In: *Personnel Psychology*, 51, S. 557-576.

Mount, M.K./Scullen, S.E. (2001): Multisource feedback ratings: What do they really measure? In: London, M. (Hrsg.), *How People Evaluate Others in Organizations*, Mahwah: Erlbaum, S. 155-176.

Neuberger, O. (1998): Ein starkes Stück. In: *Manager Magazin,* 28(12), S. 310 u. 313.

Neuberger, O. (2000): Das 360°-Feedback: Alles fragen? Alles sehen? Alles sagen? München: Hampp.

O'Reilly, B. (1994): 360 feedback can change your life. In: *Fortune*, o.Jg.(29), 17.10., S. 55-58.

Paradise-Tornow, C.A. (1998): The competitive advantage of customer involvement in 360-degree feedback. In: Tornow, W.W./London, M. (Hrsg.), *Maximizing the Value of 360-Degree Feedback*, San Francisco: Jossey-Bass, S. 101-119.

Pfau, B./Kay, I. (2002): Does 360-degree feedback negatively affect company performance? In: *HR Magazine*, 47(6), S. 55-59.

Poesch, A./Klein, U. (2001): 360-Grad-Feedback für den Mittelstand. In: *Personalwirtschaft*, 28(12), S. 24-26.

Rastetter, D./Neuberger, O. (2000): Hilfe zur Einsicht oder Mittel zur Disziplinierung? Das 360°-Feedback – und was dahinter steckt. In: *Organisationsentwicklung*, 19(4), S. 22-29.

Rogers, E./Rogers, C.W./Metlay, W. (2002): Improving the payoff from 360-degree feedback. In: *Human Resource Planning*, 25(3), S. 44-54.

Rothstein, H.R. (1990): Interrater reliability of job performance ratings: Growth to asymptote level with increasing opportunity to observe. In: *Journal of Applied Psychology*, 75, S. 322-327.

Runde, B./Kirschbaum, D./Wübbelmann, K. (2001): 360°-Feedback – Hinweise für ein best-practice-Modell. In: *Zeitschrift für Arbeits- und Organisationspsychologie*, 45, S. 146-157.

Scherm, M. (1999): 360-Grad-Feedback: Das Multiratersystem „Benchmarks" von Lombardo und McCauley (1996). In: *Zeitschrift für Arbeits- und Organisationspsychologie*, 43, S. 102-106.

Scherm, M./Sarges, W. (2002): 360°-Feedback. Göttingen: Hogrefe.

Scholz, C. (2000): Personalmanagement, 5. Aufl. München: Vahlen.

Seifert, C.F./Yukl, G./McDonald, R.A. (2003): Effects of multisource feedback and a feedback faciliator on the influence behavior of managers toward subordinates. In: *Journal of Applied Pychology*, 88, S. 561-569.

Smither, J.W. et al. (2003): Can working with an executive coach improve multisource feedback ratings over time? A quasi-experimental field study. In: *Personnel Psychology*, 56, S. 23-44.

Smither, J.W./Reilly, S.P. (2001): Coaching in organizations. In: London, M. (Hrsg.), *How People Evaluate Others in Organizations*, Mahwah: Erlbaum, S. 221-252.

Summers, L. (2001): Web technologies for administering multisource feedback programs. In: Bracken, D.W./Timmreck, C.W./Church, A.H. (Hrsg.), *The Handbook of Multisource Feedback*, San Francisco: Jossey-Bass, S. 165-180.

Toegel, G./Conger, J.A. (2003): 360-degree assessment: Time for reinvention. In: *Academy of Management Learning and Education*, 2, S. 297-311.

Tornow, W.W. (1993): Perceptions or reality: Is multi-perspective measurement a means or an end? In: *Human Resource Management*, 32, S. 221-229.

Tornow, W.W. (1998): Forces that affect the 360-degree feedback process. In: Tornow, W.W./London, M. (Hrsg.), *Maximizing the Value of 360-Degree Feedback*, San Francisco: Jossey-Bass, S. 78-100.

Tornow, W.W./London, M. (1998a) (Hrsg.): Maximizing the Value of 360-Degree Feedback. San Francisco: Jossey-Bass.

Tornow, W.W./London, M. (1998b): Challenges and implications for maximizing 360-degree feedback. In: Tornow, W.W./London, M. (Hrsg.), *Maximizing the Value of 360-Degree Feedback*, San Francisco: Jossey-Bass, S. 249-258.

Van Velsor, E. (1998): Designing 360-degree feedback to enhance involvement, self-determination, and commitment. In: Tornow, W.W./London, M. (Hrsg.), *Maximizing the Value of 360-Degree Feedback*, San Francisco: Jossey-Bass, S. 149-195.

Viswesvaran, C./Ones, D.S./Schmidt, F.L. (1996): Comparative analysis of the reliability of job performance ratings. In: *Journal of Applied Psychology*, 81, S. 557-574.

Waldman, D.A./Atwater, L.E. (1998): The Power of 360° Feedback. Houston: Gulf.

Waldman, D.A./Atwater, L.E./Antonioni, D. (1998): Has 360 degree feedback gone amok? In: *Academy of Management Executive*, 12(2), S. 86-94.

Waldman, D.A./Bowen, D.E. (1998): The acceptability of 360 degree appraisals: A customer-supplier relationship perspective. In: *Human Resource Management*, 37, S. 117-129.

Waldmann, W.H. (2003): 360°-Beurteilung als Führungsaudit. München: Hampp.

Walker, A.G./Smither, J.W. (1999): A five-year study of upward feedback: What managers do with their results matters. In: *Personnel Psychology*, 52, S. 393-423.

Ward, P. (1995): A 360-degree turn for the better. In: *People Management*, o.Jg.(2), S. 20-22.

Wegner, M. (2002): Personale Entwicklungsprozesse im Management: 360-Grad-Feedback und Coaching von Führungskräften. Münster: Waxmann.

Weider, P.C. (1995): Das 360° Feedback in einem europäischen Versicherungsunternehmen. In: Hofmann, K./Köhler, F./Steinhoff, V. (Hrsg.), *Vorgesetztenbeurteilung in der Praxis*, Weinheim: Beltz, S. 159-166.

Mitarbeiterbefragungen zu speziellen Themen

Qualitätsmanagement interner Dienstleistungen – Befragung der internen Kunden

Désirée H. Ladwig

1 Einleitung

Professionelles Marketing gilt für viele Unternehmen als einer der Schlüssel zum Unternehmenserfolg. Der Aufbau langfristiger „guter" Kundenbeziehungen wird in diesem Zusammenhang mit einem erheblichen Aufwand betrieben[1]. Hierzu zählt sowohl der Servicecheck-Anruf beim Kunden nach der Inspektion seines Fahrzeugs als auch die Führung einer qualifizierten Kundendatei mit vielfältigen Informationen über Informationsbausteine wie Kundenvorlieben, Geburtstage, Umsatz der letzen Jahre, Familiensituation, besondere Ereignisse etc.[2] Immer ausgefeiltere „Dienstleistungen" werden ersonnen und angeboten.

Der Gedanke, auch die Mitarbeiter, Teams oder ganze Abteilungen wie Bereiche eines Unternehmens als „interne Kunden" anzusehen und sie entsprechend zu behandeln, greift hingegen in vielen Unternehmen noch nicht recht. Dabei liegen die Vorteile einer solchen Strategie auf der Hand.

Die internen Abläufe der gesamten Produktionskette vieler Unternehmen sind seit Jahren bereits durch neueste logistische und produktionsbezogene Soft- und Hardwareprodukte bis an die Grenzen perfektioniert und rationalisiert worden. Weitere Produktivitätssteigerungen und Qualitätsverbesserungen in den internen Arbeitsprozessketten sind jetzt vielfach nur noch mit der Ressource „Mensch" oder dem „Human Capital" zu realisieren[3].

Zielsetzung eines internen Dienstleistungsmarketings ist es dementsprechend, analog zum externen Marketing, aufgrund der Analyse der Zufriedenheit bzw. insbesondere der Unzufriedenheit der internen Kunden, entsprechende „Marketingmaßnahmen" problemadäquat und zielgruppenspezifisch konzeptionieren und implementieren zu können. Die Erhöhung der Mitarbeiter- und Kundenzufriedenheit sowie die Verbesserung der Qualität der internen Dienstleistungen gelten in diesem Zusammenhang als Messkriterien eines kontinuierlichen internen Qualitätsmanagements[4]. In diesem Artikel wird anhand eines konkreten Beispiels das

[1] Vgl. Bruhn, 2001, S. 705 ff.

[2] vgl. Kotler/Bliemel, 2001 und Meffert, 1998

[3] vgl. Domsch/Ladwig 1997, S. 84 ff. Anmerk.: Auch wenn der Begriff "Humankapital" zum Unwort des Jahres 2004 gewählt wurde, drückt es für die Autorin doch eine positive Wertschätzung der Ressource „Mensch" aus.

[4] vgl. Pfeifer, 2001

Vorgehen der F.G.H. Forschungsgruppe Hamburg bei K.Q.V.P.-Projekten (kontinuierlicher Qualitätsverbesserungsprozess) beschrieben.

Eine „Mitarbeiterspezialbefragung zur internen Dienstleistungsqualität" dient hierbei als Diagnoseinstrument zur Standortbestimmung und Aufdeckung spezifischer „Dienstleistungsmängel" der im Unternehmen vorhandenen internen Dienstleister und zur Erfassung von Verbesserungsvorschlägen der internen Kunden[1]. Gemeinhin werden meist alle Service-Abteilungen betrachtet, die nicht die unternehmensspezifischen „Produkte" für den externen Markt produzieren, so z.B.:

- EDV-Abteilung
- Personalabteilung
- Organisationsabteilung
- Finanzabteilung/Buchhaltung
- Forschung und Entwicklung
- Marketing
- Allgemeine Dienste
- Stabsabteilungen (insbesondere in größeren Unternehmen)

Je nach Unternehmensgröße und Branche sind nur einige oder alle der beschriebenen internen Dienstleister im Unternehmen vorhanden. So verfügt ein großer internationaler Konzern über eine fast unüberschaubare Anzahl interner Dienstleister. Bei einem kleinen mittelständischen Unternehmen kann man die „Dienstleister" dagegen meist an einer Hand aufzählen. Wobei in diesem Zusammenhang die Anzahl der beschäftigten Personen keinerlei Aufschluss über die Qualität der jeweiligen Dienstleistungen im Unternehmen gibt. Im Gegenteil, Untersuchungen zeigen, dass gerade, wenn noch ein direkter Kontakt zwischen internem Dienstleister und „Kunden" (Mitarbeiter) existiert, die Servicebereitschaft und -qualität oft besser ausfallen als in undurchsichtigen Großkonzernen, in denen zum Beispiel das Formularwesen „Stil"-Blüten treibt: „Ohne Formular in dreifacher Ausfertigung mit vier Stempeln bekommen Sie bei uns überhaupt nichts."

---

[1] vgl. Domsch/Ladwig, 1995, S. 601 ff.

2 Spezialbefragung am Beispiel eines mittelständischen Unternehmens

Im folgenden soll am Beispiel eines mittelständischen Unternehmens veranschaulicht werden, wie, mit welchen Methoden, Prozessen, Aktionen und Konsequenzen etc. die F.G.H. solche „Spezialbefragung zur internen Dienstleistungsqualität" im Rahmen von kontinuierlichen Qualitätsverbesserungsprozessen (K.Q.VP) realisiert.

2.1 Phase: Vorbereitung/Diskussion/Information

Zunächst wurden in einem Gespräch mit Geschäftsleitung und Personalabteilung das Gesamtprojekt, die Zielsetzung des Unternehmens, die generellen „äußeren" Problembereiche des Unternehmens analysiert und diskutiert. Das Unternehmen erarbeitet mit rund 750 Mitarbeitern (davon ca. 120 AT-Mitarbeiter) ca. 50 Mio. Euro Umsatz.

Die Mitarbeiter des Unternehmens wurden im Rahmen einer Sonderausgabe der Mitarbeiterzeitung und in einer Belegschaftsversammlung über das Projekt und seine Zielsetzung informiert. Wichtig in diesem Zusammenhang war es, zum einen die Bedeutung des Projektes durch Commitment der Geschäftsleitung zu unterstreichen. Zum anderen sollte und musste klargestellt werden, dass es bei der geplanten anonymen Befragung zu den einzelnen Serviceleistungen der verschiedenen Serviceabteilungen nicht darum gehen sollte, die „anderen anzuschwärzen", sondern im gegenseitigen und insbesondere im Unternehmens-Interesse objektiv auf Problembereiche und z.B. auch Informationsdefizite hinzuweisen.

Der Betriebsrat wurde über alle Projektpläne und –phasen informiert, um eine vertrauensvolle Zusammenarbeit zu gewährleisten. Aus möglichen Defiziten sollten für die Zukunft nach der Philosophie des lernenden Unternehmens gemeinsam Konsequenzen gezogen werden.

2.2 Phase: Konzeption/Pretest

Unternehmensintern wurden alle Servicebereiche hinsichtlich ihrer Hauptservicefunktionen und –produkte analysiert. In diesem Unternehmen handelte es sich um die Serviceabteilungen:

- Personalwesen
- Finanz- und Rechnungswesen
- Informationssysteme (EDV)

Zielgruppe der anonymen schriftlichen Befragung waren grundsätzlich alle Mitarbeiter. Der konzipierte Fragebogen erhob Daten bezüglich der Einschätzung der internen „Kunden“ zu der jeweiligen Zusammenarbeit (Kooperations-Analyse), des Produktangebotes (Leistungsanalyse) und des Images (Image-Analyse) des jeweiligen Servicebereiches.

(1) Leistungsanalyse

Im Zusammenhang mit der Leistungsanalyse wurden die „Produkte“, das Leistungsspektrum aller Servicebereiche detailliert aufgeführt und in eine Abfrage eingebunden. Die einzelnen „Produkte“ wurden von den Serviceabteilungen selbst aufgestellt (vgl. Abb 1-3).

Die Mitarbeiter sollten jeweils angeben, inwieweit sie die einzelnen Leistungen in Anspruch nehmen (Umfang), wie wichtig sie diese Leistung einstufen (Wichtigkeit) und wie sie die Qualitität dieser Einzelleistungen beurteilen (Qualität). Neben dieser Einzelbeurteilung aller „Produkte“ aller Servicebereiche in einem besonderen Teil des Fragebogens wurde auch eine Zufriedenheitsabfrage „insgesamt mit den Leistungen“ der einzelnen Servicebereiche durchgeführt, hinsichlich:

- Umfang
- Qualität
- Kosten/Wirtschaftlichkeit
- Qualifikation der zuständigen Mitarbeiter
- Sonstiges

Leistungen	Umfang der Leistung			Wichtigkeit der Leistung			Qualität der Leistung		
	gering	mittel	hoch	gering	mittel	hoch	gering	mittel	hoch
1. Personalverwaltung									
1.1 Entgelt, Lohn/ Gehaltsabrechnung									
1.2 Betreuung/Information									
1.3 Personalplanung									
2. Personalbeschaffung/ -freisetzung									
2.1 Beschaffung von Fremdpersonal									
2.2 Personalakquisition Medienauswahl / Anzeigen									
2.3 Auswahlverfahren									
2.4 Trennung von Mitarbeitern									
3. Interne Beratung									
3.1 Beratung									
3.2 Information an Mitarbeiter									
3.3 Arbeitssicherheit / Betriebsarzt									
4. Personalentwicklung									
4.1 Praktikanten, Diplomanten									
4.2 Ausbildung									
4.3 Mitarbeiter-Entwicklung									
4.3.1 Seminare / Weiterbildung (intern / extern)									
4.3.2 Nachwuchsförderung (Potentialanalyse)									

Abb. 1: Leistungsanalyse Personalbereich

Leistungen	Umfang der Leistung			Wichtigkeit der Leistung			Qualität der Leistung		
	gering	mittel	hoch	gering	mittel	hoch	gering	mittel	hoch
1. Telefonzentrale									
1.1 Gesprächsvermittlung									
1.2 Empfangsabwicklung									
1.3 Textabwicklung									
2. Organisation									
2.1 Organisationshandbücher									
2.2 Formularwesen									
3. PC / Netzwerke									
3.1 Softwareunterstützung für den Anwender									
3.2 Hardwareunterstützung / Bereitschaft									
3.3 Programmieren									
3.4 PC-Schulungen									
4. Rechenzentrum									
4.1 Projektunterstützung									
4.2 Dokumentation									
4.3 Datenerfassung, z. B. Kalkulationswerte, Lohndaten, Montagedaten, Reisekosten									
4.4 Stichtagsbezogene Programmabläufe									
4.5 Sonderprogrammierungen									
4.6 Benutzerschulungen									

Abb. 2: Leistungsanalyse Informationssysteme (EDV)

Leistungen	Umfang der Leistung			Wichtigkeit der Leistung			Qualität der Leistung		
	ge-ring	mit-tel	hoch	ge-ring	mit-tel	hoch	ge-ring	mit-tel	hoch
1. Hausinterne Arbeiten									
1.1 Hausinterne Bericht-erstattung									
1.2 Kosten-, Leistungs-planung und Kontrolle									
1.3 I + R und Investitions-planung und Kontrolle									
2. Rechnungsbear-beitung, Beleg-wesen, Verbuchung laufender Geschäfts-vorfälle									
2.1 Finanzbuchhaltung									
2.2 Betriebsabrechnung									
2.3 Rechnungsprüfung									
2.4 Kasse / tägl. Finanz-disposition									
2.5 Posteingang									
3. Sonderaufgaben und Beratung									
3.1 Für alle Fachbereiche									

Abb. 3: Leistungsanalyse Finanz- und Rechnungswesen

(2) Kooperationsanalyse

In bezug auf Kooperation war auf einer fünfstufigen Skala (++/+/+-/-/--) anzugeben, wie die Zusammenarbeit „Kooperation“ z.B. mit der Personalabteilung eingeschätzt wird. (vgl. Abb. 4).

Positiv	Ausprägung					Negativ
	++	+	+ -	-	- -	
Die Atmosphäre der Zusammenarbeit ist freundlich/kooperativ						unfreundlich/ nicht kooperativ
Arbeitssitzungen mit Mitarbeitern aus diesem Bereich finden häufig statt						so gut wie nie
Informelle Gespräche finden häufig statt						so gut wie nie
Wenn Probleme auftauchen, sind die Mitarbeiter aus diesem Bereich hilfsbereit						nicht hilfsbereit
Wenn Probleme auftauchen, sind die Mitarbeiter aus diesem Bereich erreichbar						nicht erreichbar
Die Zusammenarbeit gestaltet sich unbürokratisch						bürokratisch
Die Kommunikation mit den Mitarbeitern aus diesem Bereich ist offen						verschlossen
Bei Kritik reagieren die Mitarbeiter aus diesem Bereich angemessen						unangemessen
Die Mitarbeiter aus diesem Bereich sind kompromissbereit						schalten auf stur
Über Neuerungen werden wir immer informiert						so gut wie nie
Die Ansprechpartner / Verantwortlichkeiten sind klar						unklar / unüberschaubar

Abb. 4: Kooperationsanalyse

(3) Imageanalyse

Im Rahmen der Imageanalyse wurden die Mitarbeiter zur Personalabteilung insgesamt, aber auch zu jeweils untergeordneten Abteilungsgruppen separat bezüglich des Images befragt (1 bedeutet geringe Ausprägung/5 bedeutet hohe Ausprägung) (vgl. Abb. 5).

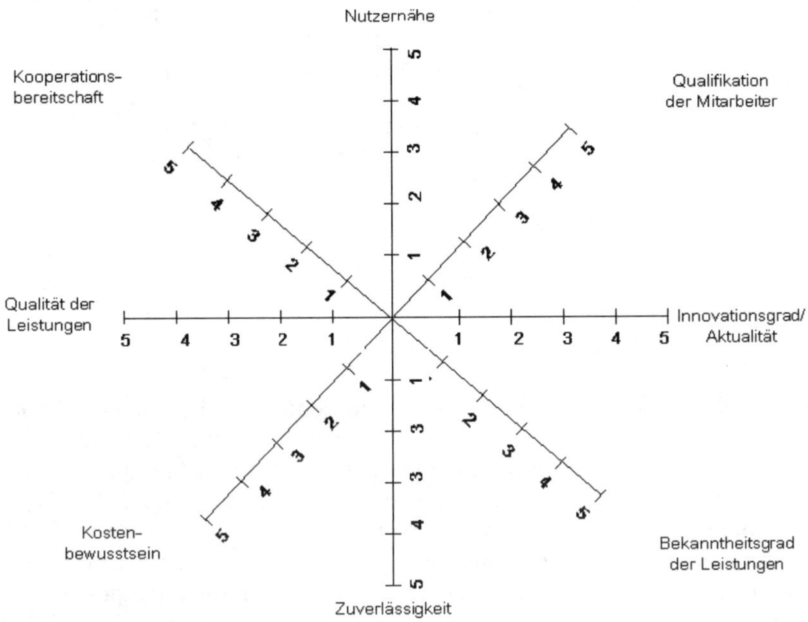

Abb. 5: Imageanalyse

Neben dieser Fremdeinschätzung wurde die Personalabteilung auch um ihr Selbsteinschätzung gebeten und diese unterschiedlichen Einschätzungen dann gegenübergestellt (vgl. Abb. 6).

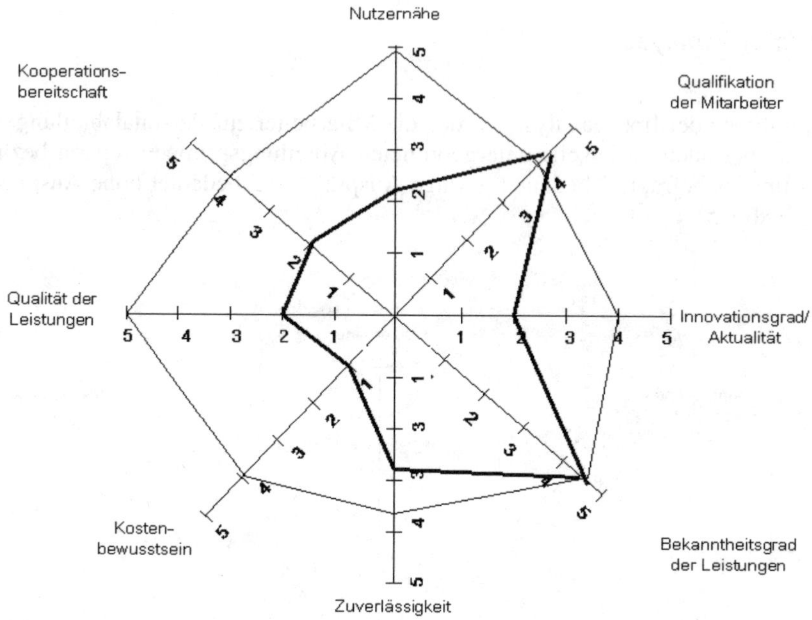

Abb. 6: Selbstbild – Fremdbild am Beispiel Personalabteilung

Die Grafik macht deutlich, dass nur bei den Items „Qualifikation der Mitarbeiter" und „Bekanntheitsgrad der Leistungen" übereinstimmende Einschätzungen gibt. In allen anderen Bereichen weichen Fremdbild und Selbstbild teilweise erheblich voneinander ab (z.B. Kostenbewusstsein: Fremdeinschätzung: 1/gering ausgeprägt; Selbsteinschätzung: 5/hoch ausgeprägt.). Im Rahmen verschiedener Umsetzungsaktionen (z.B. Informationskampagnen) sollte dann in der Umsetzungsphase hier angesetzt werden, um das Image langfristig und nachhaltig zu verbessern und Selbst- und Fremdbild anzugleichen.

Zusätzlich zu den standardisierten Einschätzungswerten wurde den Befragten in offenen Fragen die Möglichkeit gegeben, Anmerkungen und Kommentare zu Papier zu bringen und/oder spezielle Anregungen oder Probleme aufzugreifen.

Es gab für jeden Servicebereich einen separaten Fragebogen, der nur von den Mitarbeitern ausgefüllt werden sollte, die *nicht* diesem Bereich angehörten. Der gesamte Fragebogen wurde vorab in einem Pretest durch selektive Interviews in allen Abteilungen überprüft. Hierbei wurden nicht nur die einzelnen „Produkte" angesprochen, sondern auch das Gesamtprojekt „Interne Dienstleistungsqualität" dargestellt und diskutiert. Die teilweise sehr interessanten Bemerkungen / Anregungen / Kommentare waren sehr hilfreich für die weitere Projektbearbeitung (vgl. anonymisierter Auszug):

- „Insgesamt müssen viele Informationsdefizite behoben werden und Ängste im Zusammenhang mit diesem Projekt abgebaut werden. Warum wurde das Projektteam z.B. so zusammengesetzt, haben die Teilnehmer eine besondere Bedeutung oder zu wenig zu tun?“
- „Es bestehen Ängste über den Umgang mit den Ergebnissen. Wie differenziert wird die Auswertung vorgenommen, welche Konsequenzen sind zu erwarten (befürchten)? Was ist, wenn ein Arbeitsbereich von 80% der Befragten als unwichtig eingeschätzt wird?“
- „Was passiert nach dieser Befragung? Befürchtungen bestehen, dass es zu einer Entlassungswelle kommen wird.“
- „Die Auswertungsergebnisse können bezüglich der Qualität der ausgefüllten Fragebögen sehr weit gestreut sein, da sich unter den Mitarbeitern sowohl Kaufleute, als auch Monteure befinden und insgesamt fünf Hierarchieebenen einbezogen sind.“

2.3 Phase: Durchführung der Befragung

Während der drei Wochen, die im Anschluss an die Verteilung der Fragebögen für den Rücklauf vorgesehen waren, wurde eine externe Telefon-Hotline eingerichtet, die den Mitarbeitern evtl. auftretende Fragen beantworten sollte. Die Hotline wurde von den externen Beratern bedient, absolute Vertraulichkeit und Anonymität wurden versichert und gewährleistet.

Die Mitarbeiter erhielten den Fragebogen mit einem frankierten Rückumschlag (Adresse an die externen Berater) nach Hause zugeschickt, um ihnen die Gelegenheit zu geben, ungestört von Kollegen und dem Tagesgeschäft die Fragen zu reflektieren und zu beantworten.

2.4 Phase: Auswertung und Präsentation der Ergebnisse

Die Mitarbeiter nutzten in hohem Maße die Möglichkeiten, Anmerkungen und Anregungen zu geben. Die Textanalyse umfasste insgesamt mehr als 50 Seiten. Diese textlichen Anmerkungen wurden unverändert und ungekürzt aufgenommen und bereichsweise den einzelnen Analysen zugeordnet. Wurden direkt einzelne Namen genannt „Herr Meyer ist immer so unwirsch, wenn man ihn mal um Hilfe bittet!“, wurden diese anonymisiert.

Die statistischen Auswertungen beruhten auf einer Rücklaufquote von 89%. Diese hohe Beteiligungsquote verdeutlicht das Interesse und Engagement der befragten Mitarbeiter und ist sicher auch damit zu begründen, dass sich die Geschäftsleitung selbst hinter dieses Projekt stellte und es - wo nur möglich - förderte.

Das Datenmaterial wurde zum einen für das Unternehmen gesamt, aber auch für die einzelnen internen „Kundengruppen“ getrennt analysiert. Jede Serviceabteilung erhielt also einen auf ihren Bereich bezogenen Auswertungsbericht mit den eben geschilderten Unterteilungen, so z.B. die Personalabteilung ihren Bericht mit Untergliederung in:“ Wie werden sie bezüglich ihrer Dienstleistungen gesehen von“:

- Unternehmen gesamt
- Technischer Bereich I
- Technischer Bereich II
- Technischer Bereich III
- Zentralbereich und Fertigung
- Logistik
- Finanz- und Rechnungswesen
- Informationssysteme (EDV)

Zusätzlich wurde unterschieden in Teilnehmer der sog. Montagsrunde (engster Führungskreis), AT-Mitarbeiter und alle anderen Mitarbeiter, um evtl. besondere Informations-, Motivations- und/oder Einschätzungsdifferenzen der unterschiedlichen Hierarchien darlegen zu können.

Die Einschätzung der Ergebnisse wurde nach vorgegebenen Einschätzungsmaßstäben der F.G.H. vorgenommen, um eine Diskussion über die Ergebnisse: „Ist ein Ergebnis, bei dem 40% eine hohe Zufriedenheit angeben, gut oder schlecht?!“, zu polarisieren.

Es wurden folgende Bewertungskriterien angelegt (vgl. Abb. 7):

Prozente	Symbol	Beurteilung	Symbol	Beurteilung
30-54%	√	schwach positiv	⚡	schwach kritisch
55-80%	√√	positiv	⚡⚡	kritisch
81-100%	√√√	sehr positiv	⚡⚡⚡	sehr kritisch

Abb. 7: Bewertungskriterien

Für die *Kooperationsanalyse* bedeutet das z. B., dass die Prozente der Ausprägung ++ und + addiert werden und sofern sie einen Wert von 30% bis 54% erreichen mit einem Haken (schwach positiv) bewertet werden. Steigt dieser Prozentwert auf 55%-80% (oder sog. über 80%) wird mit zwei Haken (positiv) oder sog. drei Haken (sehr positiv) bewertet. Entsprechend werden die Ausprägungen -, -- addiert und mit einem Pfeil (schwach kritisch) bei 30% bis 54%, zwei Pfeilen (kritisch) bei 55% bis 80% sowie bei über 80% mit drei Pfeilen (sehr kritisch) bewertet.

Für den allgemeinen Teil der *Leistungsanalyse,* die Messung der Zufriedenheit, werden die Skalen „sehr zufrieden“ und „zufrieden“ addiert und entsprechend der Prozentwerte mit Haken versehen. Genauso wurde bei den speziellen Leistungs-Analysen in bezug auf die Einschätzung der Qualität der Leistungen verfahren. Der Umfang der Inanspruchnahme dieser Leistung und die Wichtigkeit für die befragten Mitarbeiter wurden durch ! (geringe Wichtigkeit bzw. Umfang), !! (mittlere Wichtigkeit bzw. Umfang), !!! (hohe Wichtigkeit bzw. Umfang) ausgedrückt (vgl. Abb. 8).

	Umfang der Leistung	**Wichtigkeit der Leistung**	**Qualität der Leistung**	
Leistungen				
1. Hausinterne Arbeiten				
1.1 Hausinterne Berichterstattung	!!	!!!		ϟϟ
1.2 Kosten-, Leistungsplanung und Kontrolle	!!!	!!!	√	ϟϟ
1.3 I + R und Investitionsplanung und Kontrolle	!!	!!!		ϟϟ
2. Rechnungsbearbeitung, Belegwesen, Verbuchung laufender Geschäftsvorfälle				
2.1 Finanzbuchhaltung	!!	!!!		ϟϟ
2.2 Betriebsabrechnung	!!	!!!	√	ϟϟ
2.3 Rechnungsprüfung	!!	!!!		ϟϟ
2.4 Kasse / tägl. Finanzdisposition	!	!!	√	ϟϟ
2.5 Posteingang	!!	!!!		ϟϟϟ
3. Sonderaufgaben und Beratung				
3.1 Für alle Fachbereiche	!!	!!!		ϟϟ

Abb. 8: Leistungsanalyse am Beispiel Finanz- und Rechnungswesen

So wird in der Auswertung deutlich, dass z.B. die Leistung „2.4. Kasse/tägl. Finanzdisposition" von den Mitarbeitern wenig persönlich in Anspruch genommen wird, aber als wichtig erachtet wird. Die Zufriedenheit zeigt hier interessanterweise sowohl einen Haken, als auch Pfeile. So ein Ergebnis kommt zustande, wenn die Meinung zu diesem Punkt im Unternehmen sehr polarisiert gesehen wird, d.h. sowohl ein großer Teil der Belegschaft diese Leistung sehr positiv einschätzt und ein ebenfalls großer Teil sie sehr kritisch einschätzt. Da die Befragten ankreuzten, in welchem Bereich sie arbeiteten, können durch eine Sonderauswertung die besonders kritischen Abteilungen bezüglich dieser Leistung herausselektiert werden.

Die unter TQM-Gesichtpunkten festgelegten Bewertungsmaßstäbe sollen zum einen das „Schönreden schlechter Prozentwerte" verhindern und zum anderen ein schnelles visuelles Erfassen der relevanten Zielfelder ermöglichen, ohne dass sich die Entscheidungsträger durch endlose Zahlenkolonnen durcharbeiten müssen.

2.5 Phase: Ableitung von Aktionsplänen

Die Ergebnisse der Befragung wurden zunächst der Geschäftsleitung präsentiert und dann in Einzelpräsentationen mit Workshopcharakter mit allen AT-Mitarbeitern der jeweiligen Servicebereiche (Personal, Logistik etc.) diskutiert und durchgearbeitet.

Auch insbesondere die Textauswertung ergab eine Fülle von Ansatzpunkten zur Verbesserung der Dienstleistungsqualität des entsprechenden Servicebereichs. Im Personalbereich wurden z.B. anhand der Befragungsergebnisse und der Workshoparbeit folgende Arbeitsschwerpunkte herausgearbeitet:

1. Priorität: Personalentwicklung
2. Priorität: Informationskampagne
3. Priorität: Personalbeschaffung
4. Priorität: Personalplanung

Die vier o.g. Aktionsschwerpunkte wurden in einem Aktionsportfolio in bezug auf Aufwand und Zeitraum der Umsetzung eingeordnet

In Bezug auf Personalentwicklung wurde deutlich, dass dieser Aktionsbereich einen mit hohem Aufwand kurz-, mittel- bis langfristig (also kontinuierlich) zu bearbeitenden Schwerpunkt darstellen würde. Die befragten „Kunden" wünschten sich ein zukunftsorientiertes Weiterbildungskonzept, mehr Schulungen, regelmäßige Personalbeurteilungen, dezidierte Karriereplanung und Führungsnachwuchsentwicklung. Alles dies war bislang von der Personabteilung nur in Ansätzen in Angriff genommen worden. So existierte zwar ein Personalbeurteilungssystem, das letzte Mal war allerdings vor 5 Jahren beurteilt worden.

Die Umsetzung der einzelnen Schwerpunkte wurde dann im Workshop nach folgenden Kriterien operationalisiert:

- geplanter Zeitrahmen (z.B. ab 1.Oktober, ca. 10 Monate Dauer)
- geplante Personalkapazität (z.B. 20% von zwei Mitarbeitern + 10 Tage externe Beratung)
- geplanter finanzieller Aufwand (ca. 150.000,- DM gesamt)
- verantwortlich (Frau Dr. Lanosch/Herr Meyer)

Alle Aktionspläne über sämtliche Schwerpunkte aller Bereiche wurden dann wiederum der Geschäftsleitung präsentiert, die zu den einzelnen Aktionsplänen ihre Zustimmung gab (oder auch nicht) und die finanzielle Ausstattung garantierte. So wurden aus gesamtgeschäftlichen Überlegungen heraus einige Projekte zunächst zurückgestellt und andere miteinander gekoppelt (z.B. Aktion zu den SAP-Einführungsfragen, die in fast allen Servicebereichen auftauchten).

Der letztendliche „Fahrplan" über alle Dienstleistungsbereiche wurde dann ebenfalls wieder in Sitzungen vorgestellt und diskutiert, außerdem in der Mitarbeiterzeitung veröffentlicht. Die fortlaufende Projektberichterstattung fand anschließend regelmäßig in der Montagsrunde statt.

3 Zusammenfassung/Ausblick/Transfer

Mit dieser Art der Spezialbefragung zum Thema „Interne Dienstleistungen" wurden zum ersten Mal in diesem mittelständischen Unternehmen systematisch die Defizitbereiche erhoben und eine Datengrundlage geschaffen, aufgrund der eine fundierte und nicht mikropolitische gefärbte Diskussion möglich war. Ein weiterer Vorteil dieser anonymen Befragung aller Mitarbeiter war die Abkopplung von der in jedem Unternehmen existierenden „Gerüchteküche".

Das Unternehmen erhielt durch die F.G.H. Hilfe zur Selbsthilfe und wurde nicht „über die Köpfe der Mitarbeiter hinweg" analysiert und mit fertigen Aktionsplänen konfrontiert. Ein solcher partizipativer Ansatz geht davon aus, dass die Mitarbeiter grundsätzlich am besten wissen, wo die Problemfelder liegen, und eine wesentlich höhere Bereitschaft zur Umsetzung und Veränderung an den Tag legen, wenn sie von Anfang an einbezogen werden[2]. Dieses Vorgehen bedingt erfahrungsgemäß eine höhere Sensibilität, ein stärkeres Einfühlungsvermögen in die Mikropolitik des Unternehmens. Vielfach werden im Rahmen eines solchen Prozesses nicht nur objektive Missstände aufgedeckt, sondern auch Probleme zwischen verschiedenen Abteilungen deutlich. Ein solches internes Dienstleistungs-

---

[2] vgl. auch Bruhn, 1997

Projekt sollte neben einer Verbesserung der konkreten „Service-Produkte" auch ansetzen, um die Qualität der Zusammenarbeit und der Arbeitsabläufe zu verbessern[3].

Literatur

Bruhn, M. (1997): Kommunikationspolitik, Bedeutung, Strategien, Instrumene, München.

Bruhn, M. (2001): Internes Marketing als neue Schwerpunktsetzung für das Personalmanagement in Dienstleitungsunternehmen. In: Bruhn, M./Meffert, H. (Hrsg.): Handbuch Dienstleistungsmanagement. Von der strategischen Konzeption zur praktischen Umsetzung, 2. Aufl., S. 705-731, Wiesbaden.

Domsch, M.E./Ladwig, D.H. (1999): Mitarbeiterbefragungen als marktorientiertes Instrument einer professionellen Personalarbeit. In: Bruhn, M. (Hrsg.): Internes Marketing. Integration der Kunden- und Mitarbeiterorientierung. Grundlagen - Implementierung - Praxisbeispiele, 2. Aufl., S. 601-618, München.

Domsch, M.E./Ladwig, D.H. (1997): Mitarbeiterbefragungen als Instrument eines „Culture Change" im Unternehmen. In: Bungard, W./Jöns, I. (Hrsg.): Mitarbeiterbefragung. Ein Instrument des Innovations- und Qualitätsmanagements, S. 84-83, Weinheim.

Haller, S. (2005): Dienstleistungsmanagement : Grundlagen-Konzepte – Instrumente, 3. Aufl., Wiesbaden.

Kotler, P./Bliemel, F. (2001): Marketing-Management. Analyse, Planung und Verwirklichung, 10. Aufl., Stuttgart.

Meffert, H. (1998): Marketing-Management. Analyse, Strategie, Implementierung, Nachdr., Wiesbaden.

Pfeifer, T. (2001): Qualitätsmanagement: Strategien, Methoden, Techniken. 3. Aufl., München u.a..

Stauss, B. (2000): Internes Marketing als Personalorientierte Qualitätspolitik. In: Bruhn, M./Stauss, B. (Hrsg.): Dienstleistungsqualität. Konzepte, Methoden, Erfahrungen, 3. Aufl., S. 257-276, Wiesbaden.

---

[3] vgl. auch Stauss, 2000, S. 257 ff.

Mitarbeiterbefragung zur Arbeitszeitflexibilisierung bei der Commerzbank AG

Uta B. Lieberum und Bianca Reuter

1 Einleitung

Im Herbst 1998 wurde in ausgewählten Filialen der Commerzbank AG eine Mitarbeiterbefragung zur Nutzung verschiedener Möglichkeiten der Arbeitszeitflexibilisierung durchgeführt. Insgesamt ergibt sich, daß sich in allen beteiligten Filialen verschiedene Ansatzpunkte zeigen, um Arbeitszeitflexibilisierung weiter zu erhöhen und zu einem normalen Bestandteil des täglichen Arbeitsablaufes werden zu lassen. Das zeigt sich sowohl aus den durchgeführten Interviews ausgewählter Mitarbeiter/innen als auch aus der darauf aufbauenden schriftlichen Befragung aller Mitarbeiter/innen. Im Jahr 2003 wurde Arbeitszeitflexibilisierung auch in der Zentrale thematisiert, indem eine online-Befragung durchgeführt und das Thema durch Workshops konkretisiert wurde. Auch dabei ergaben sich deutliche Ansatzpunkte zur Verbesserung der Organisation der Arbeitszeit.

Das Projekt "Mitarbeiterbefragung zur Nutzung verschiedener Möglichkeiten der *Arbeitszeitflexibilisierung"* wurde von der F.G.H. Forschungsgruppe Hamburg und der Abteilung Grundsatzfragen der Commerzbank AG initiiert und durchgeführt.

Zunächst wurde eine Befragung auf den Filialbereich konzentriert. Diese wurde in zwei Teilen organisiert:

Zunächst wurden jeweils fünf Mitarbeiter/innen in fünf ausgewählten Filialen verschiedener Regionen und Größen interviewt, wobei diese sowohl verschiedenen Abteilungen als auch verschiedenen Hierarchiestufen angehörten, um einen möglichst umfassenden Überblick über die Nutzung in der entsprechenden Filiale zu gewinnen. Die Interviews basierten auf einem Interviewleitfaden und dauerten ca. eine Stunde pro Mitarbeiter/in Diese *Interviews* wurden verbunden mit einer Präsentation und Diskussion mit der Filial- und Abteilungsleitung, um einerseits diese Befragung in den Filialen transparent zu machen und die Akzeptanz der Möglichkeiten der Arbeitszeitflexibilisierung zu erhöhen und andererseits die Rücklaufquote der danach geplanten schriftlichen Befragung zu erhöhen, Ideen der Filialen zu sammeln und in das Projekt einzubinden.

Daraufhin folgte die schriftliche Befragung der Mitarbeiter/innen der fünf Filialen. Dafür wurde ein *Fragebogen* entwickelt, der eine DIN A4 Doppelseite umfaßte und der sowohl die Nutzung der Möglichkeiten in den Filialen erfassen sollte, als auch die Widerstände bzw. Hemmnisse. In den ausgewählten fünf Filialen wurde eine *Vollerhebung* durchgeführt, wobei die Verteilung der Fragebögen durch die Filiale selbst erfolgt, aber durch die F.G.H. ein Vertraulichkeitszertifikat beigefügt wurde.

Zur umfassenden Erhebung der *Arbeitszeiten* wurden weiterhin die relevanten Statistiken über die Teilzeitquote, Geschlechterverteilung und Gehaltsgruppen verwertet sowie die *Betriebsvereinbarungen* der Filialen zur Arbeitszeitflexibilisierung. Außerdem wird die Arbeitszeiterfassung der Filialen soweit wie möglich mit zugrunde gelegt, um Regelmäßigkeiten und Gewohnheiten herauszufinden.

In allen einbezogenen Filialen besteht eine Betriebsvereinbarung zur variablen Arbeitszeit, in denen die Bandbreiten in den Filialen etwas unterschiedlich sind sowie auch die Abrechnungszeiträume. Aber die grundsätzlichen Richtlinien zur variablen Arbeitszeit wurden in allen Filialen festgeschrieben. Allerdings zeigten sich die Öffnungszeiten in den einzelnen einbezogenen Filialen sehr unterschiedlich. In allen Filialen wurde zusätzlich ein Workshop zur Teilzeit durchgeführt, um auch dafür die Akzeptanz zu erhöhen. Den Bedenken gegen Teilzeit soll durch eine offene Kommunikation entgegengewirkt werden. Unternehmenszielsetzung ist, die (Zeit-)Flexibilisierung in den nächsten (2-3) Jahren zu erhöhen (von derzeit ca. 12% auf 25%).

Das Ziel der Studie ist eine Überprüfung, ob und inwieweit die gebotenen, bereits vorhandenen Möglichkeiten zur Arbeitszeitflexibilisierung tatsächlich von den Mitarbeitern/innen angenommen werden. Dabei bestehen seitens der Bank ein hohes Interesse an der erhöhten Nutzung der Arbeitszeitflexibilisierung, wie höhere *Kundenorientierung*, längere *Öffnungszeiten*, kapazitätsorientierter *Arbeitseinsatz*, Kundentermine flexibler einsetzbar (auch außerhalb der Öffnungszeiten), höhere Motivation der Mitarbeiter/innen, Arbeitssicherung, bessere Vereinbarung von Beruf und Privatleben und die Vermeidung von Überstunden.

Eine weitere Untersuchung wurde in der Zentrale durchgeführt. Unter dem Namen „fiZ – flexibel in der Zentrale“ wurde eine online-Befragung zum Thema Arbeitszeitflexibilisierung initiiert, in der das Arbeitsaufkommen der einzelnen Bereiche und weitere Möglickeiten der Flexibilisierung abgefragt wurden.

Insgesamt wird ein professionelles, innovatives und flexibles *Arbeitszeitmanagement* als wichtig für zukünftige Entwicklungen, wie zunehmende Globalisierung, Strukturwandel im Bankbereich und neue Informationstechnologien angesehen.

Zudem ist der Mitarbeiter verschiedenen Einflüssen ausgesetzt, die die Arbeitszeitflexibilisierung behindern, aber auch fördern können. Diese beziehen sich zum einen auf das Unternehmen gesamt, aber auch auf den Betriebsrat, die Filiale, den/die Vorgesetzte/n, die Kollegen/innen und die Mitarbeiter/innen. Des weiteren spielen auch die Kundenbeziehungen eine Rolle, wobei in externe und interne Kunden unterschieden werden kann. Diese Einflüsse wurden durch die Befragungen ebenfalls erfasst

2 Auswertung

Um die Aussagefähigkeit zu erhöhen, war es notwendig einerseits filialspezifische, aber auch abteilungsspezifische (insbesondere mit und ohne Kundenkontakt) *Auswertungen* vorzunehmen, da sich die Nutzung der Möglichkeiten sehr unterschiedlich darstellte. Zudem wurde nach weiteren Kriterien unterschieden, wie nach dem Geschlecht, nach Teilzeit- und Vollzeitkräften oder tariflichen und außertariflichen Mitarbeiter/innen sowie nach Mitarbeiter/innen mit und ohne Führungsverantwortung.

Die einzelnen Fragen wurden nach dem folgenden Schema ausgewertet. Zunächst erfolgt eine allgemeine Auswertung, in der die Angaben in den einzelnen Fragen nach dem *Mittelwert* geordnet werden, wobei die *Häufigkeitsverteilungen* Antworten innerhalb einer fünfer-Skalierung als Interpretationshilfe hinzugezogen werden. Die Prozentzahlen in den Häufigkeitsverteilungen beziehen sich nur auf die Befragten, die Angaben zu diesem Teil der Frage gegeben haben bzw. geben konnten. Außerdem werden bei Fragen nach dem Kundenkontakt auch nur die Befragten mit Kundenkontakt einbezogen und bei Fragen zu eigenen Mitarbeitern auch nur Personen mit Führungsverantwortung. Diese Auswertungen stellen die Grundlage für die weiteren spezifischeren Auswertungen dar, wie z. B. nach Filialen.

3 Ergebnisse

Insgesamt zeigte sich eine hohe Kundenorientierung, große Eigenständigkeit der Mitarbeiter und damit eine hohe Möglichkeit der selbstständigen Arbeitszeitgestaltung, die aber durch verschiedene Faktoren eingeschränkt wird. Diesen Faktoren wird in den folgenden Ausführungen nachgegangen.

3.1 Interviews

Aus den Interviews ergab sich, dass die einzelnen Arbeitszeiten schwierig zusammenzufassen sind. Generell lässt sich feststellen, dass sich die Arbeitszeiten oft an den Öffnungszeiten orientieren, auch in Abteilungen ohne direkten Kundenkontakt. Das hat den Grund, dass auch diese Mitarbeiter/innen für andere Abteilungen ansprechbar sein müssen. Außerdem bestehen *Kernzeiten*, zu denen die Mitarbeiter anwesend sein müssen.

Relativ feste Arbeitszeiten weisen die Service-Abteilungen auf. Teilweise wurde dort eine Art Schichtbetrieb entwickelt mit einem rotierenden freien Nachmittag in der Woche. Dort wird der Raum für Flexibilisierungsmöglichkeiten eher gering gesehen, da die Kapazitäten in bezug auf die Öffnungszeiten und Mindestbesetzungen relativ gering sind. Trotzdem wird auch dort flexibel gearbeitet, je nach

Arbeitsanfall im Rahmen der Möglichkeiten, wie zum Beispiel durch ein früheres Arbeitsende.

Von allen Befragten werden in unterschiedlicher Häufigkeit die verschiedenen Flexibilisierungsmöglichkeiten in Anspruch genommen, je nach persönlichen Präferenzen und Möglichkeiten in den Abteilungen.

Dabei zeigte sich ein Bedürfnis der interviewten Mitarbeiter/innen die gegebenen Flexibilisierungsmöglichkeiten mehr ausnutzen zu können. Das betraf z.B. die Möglichkeit der Inanspruchnahmen eines langen Wochenendes oder Stundenreduzierungen, z.B. generell auf 4-Tage in der Woche.

Mit den gegebenen Möglichkeiten zeigten sich dennoch viele der Mitarbeiter zufrieden, nur kann die Ausnutzung in einigen Fällen nicht entsprechend durchgeführt werden. Die Gründe dafür liegen in unterschiedlichen Bereichen, wobei häufig auch Vorbehalte des Vorgesetzten und der Kollegen als Hemmnisse angegeben wurden. Ein weiterer Grund wurde im Tagesgeschäft gesehen, das wenig Flexibilisierung erlaubt, auch dadurch, dass Kapazitäten in einigen Bereichen fehlen.

So wird die variable Arbeitszeit unterschiedlich von den einzelnen Mitarbeitern genutzt, aber immer auf den Arbeitsanfall oder die Kunden abgestimmt.

Zudem wurde von den Befragten meist angegeben, dass Arbeitszeitflexibilisierung grundsätzlich in allen Abteilungen gut vorstellbar ist und auch in der gesamten Filiale realisiert wird. In Vertriebsbereichen, weil auf Kundenwünsche besser eingegangen werden kann, aber auch in Betriebsbereichen, da die Abhängigkeit von den Öffnungszeiten nicht so hoch ist.

Mehr als zwei Drittel der Befragten schrieben der Bank eine positive oder sogar sehr positive Einstellung gegenüber Arbeitszeitflexibilisierung zu. Niemand bewertete die Einstellung der Bank im negativen Bereich.

Gründe der Bank für Arbeitszeitflexibilisierung wurden am wichtigsten im Bereich der Kundenorientierung gesehen, wobei den Kundenterminen außerhalb der Öffnungszeiten ebenfalls eine hohe Bedeutung zukommt. Es wurde zwar häufig eine positive Reaktion der Kunden auf die Arbeitszeitflexibilisierung bescheinigt, allerdings wurden auch negative Reaktionen der Kunden beschrieben, besonders wenn ein bestimmter Ansprechpartner nicht ständig anwesend sein kann. Angegebene Lösungsmöglichkeiten betrafen die Änderung der Kundengewohnheiten im Hinblick auf Terminvereinbarungen.

Aus der Beurteilung der Gründe der Bank für Arbeitszeitflexibilisierung von den Mitarbeiter/innen wird deutlich, dass Arbeitszeitflexibilisierung eher aus kapazitäts- und kundenorientierten Gesichtspunkten eingeführt wird. Dabei wird allerdings nicht davon ausgegangen, dass Mitarbeiterwünsche keine Rolle spielen, sondern, dass die Motivation und bessere Vereinbarkeit von Beruf und Familie als positiver Nebeneffekt gesehen wird.

Bei den persönlichen Gründen für Arbeitszeitflexibilisierung stehen eher private Gründe im Vordergrund. Die Kinderbetreuung und Betreuung anderer Familienmitglieder ist aus dem Grund eher weniger wichtig bewertet worden, weil die meisten der Befragten keine Kinder oder andere Personen zu versorgen hatten. Der Wunsch des Kunden wurde im positiv mittleren Bereich eingeschätzt, was einerseits für die hohe Kundenorientierung der Befragten spricht aber auch auf die Probleme hinweist, die die Kunden mit anderen Ansprechzeiten haben können. Aus den Antworten wird deutlich, dass die Mitarbeiter/innen Arbeitszeitflexibilisierung für sich selber positiv beurteilen, was sich in den Interviews durch die eigene Einstellung zur Arbeitszeitflexibilisierung und durch die Bereitschaft, in den Interviews umfassend Auskunft zu geben, ebenfalls gezeigt hat.

Die Einstellungen von anderen Personengruppen wurde allerdings doch etwas unterschiedlich bewertet. Die Einschätzung der Einstellung der eigenen Familie im positiven Bereich deckt sich mit den persönlichen Gründen zur Arbeitszeitflexibilisierung, dass Beruf und Privatleben dadurch besser zu verbinden ist. Die positive Einstellung der Kollegen/innen zeigt sich auch in den Antworten zu deren Nutzung der variablen Arbeitszeit. Meist wurde angegeben, dass die direkten Kollegen die Möglichkeiten genauso ausnutzen wie der/die Befragte selbst und, dass die Abstimmung im Team erfolgt.

Die Einstellung der Kunden wurden eher im mittleren Bereich eingeschätzt, da die Kundenbeziehung meist von zwei Seiten betrachtet wurde. Einerseits stehen diese längeren Öffnungszeiten und flexiblem Terminen positiv gegenüber, andererseits sehen sie es eher negativ, wenn der persönliche Betreuer nicht immer erreichbar ist.

Bei den Vorgesetzten liegt ein hoher Prozentsatz der Antworten im mittleren Bereich. Dort hat sich gezeigt, dass die Vorgesetzten teilweise die Flexibilisierung behindern.

Insgesamt wurden die Einstellungen zur Arbeitszeitflexibilisierung für alle Personengruppen eher im positiven Bereich gesehen. Die Werte liegen relativ eng beieinander und die Bewertung "sehr negativ" wurde von keinem der Befragten angegeben.

Allerdings wurden auch Widerstände und Probleme bei Arbeitszeitflexibilisierung angegeben. Diese wurden durchschnittlich zwar nicht so hoch bewertet, aber mit einer hohen Streuung. Am wichtigsten wurde dabei das Tagesgeschäft bewertet. Die Vorbehalte der Kunden stehen hier auf dem dritten Platz, was wiederum für die hohe Kundenorientierung der Mitarbeiter/innen spricht. Der Widerstand des Vorgesetzten wurde von fast einem Drittel als wichtig eingestuft Die geringere Kenntnis über Anwesenheiten wurde noch von einem Fünftel als wichtig angesehen, wobei sich das auch auf andere Abteilungen bezieht.

Dadurch zeigt sich die Bedeutung der Arbeitszeitkultur, die in den einzelnen Filialen vorherrscht. Die Kommunikation untereinander und das Vorleben der Kollegen und Vorgesetzten ist eine der Voraussetzungen für eine erfolgreiche Umsetzung von variablen Arbeitszeiten.

Eine Hypothese war, dass sich das Klima im Team durch die variablen Arbeitszeiten verbessert haben könnte. Das wurde sehr unterschiedlich gesehen. Die meisten der Befragten gaben an, dass das Klima entweder vorher schon gut war und sich nicht geändert hat oder das die Arbeitszeitflexibilisierung darauf keinen Einfluss hat. Teilweise wurde es sogar als schlechter angesehen, weil durch unterschiedlichere Arbeitszeiten weniger Kontakt bestand.

Die Zeiterfassung in den Filialen und die Frage nach den Überstunden hatten gezeigt, dass eher Plusstunden mit in den nächsten Monat genommen werden. Eine weitere Hypothese sagte aus, dass diese Plusstunden bewusst gesammelt werden, um Gleittage nehmen zu können und um das negative Image der Minuskonten zu vermeiden. Das konnte durch die Interviews nicht vollständig bestätigt werden. Überstunden wurden in vielen Bereichen als unvermeidlich angesehen. Der Abbau erschien dabei eher schwierig.

Durch diese Interviews wurde ein Überblick über Einstellung, Nutzung und Probleme der Arbeitszeitflexibilisierung gewonnen. Durch die schriftliche Befragung sollten diese Aspekte weiter spezifiziert werden.

3.2 Schriftliche Befragung

Die Rücklaufquote aus der schriftlichen Befragung lag insgesamt bei knapp 60%.

Insgesamt fällt auf, dass am häufigsten die Flexibilisierungsmöglichkeiten genutzt werden, die mit einer Erhöhung der Arbeitszeit einhergehen, wie späteres Arbeitsende, kürzere Mittagspause und früherer Arbeitsbeginn, wobei am häufigsten länger gearbeitet wird.

Bei den weiteren Flexibilisierungsmöglichkeiten werden die am häufigsten genutzt, die mit wenig Arbeitszeitreduzierung einhergehen, während ein halber bzw. ganzer Tag frei eher selten genutzt wird und am wenigsten die Form mehr als einen ganzen Tag frei zu nehmen.

Bei den Kundenterminen außerhalb der Öffnungszeiten ist der Anteil der Personen, die diese Frage nicht beantworteten sehr hoch. Das hängt damit zusammen, dass viele der Befragten keinen direkten Kundenkontakt haben. Das konnte auch teilweise aus den Kommentaren im Fragebogen ersehen werden. Dabei zeigt sich, dass trotzdem ein hoher Anteil selten oder sehr selten angegeben hat. Allerdings bestehen auch Abteilungen mit Kundenkontakt, die keine direkten Kundentermine absprechen, wie z.B. die Service-Abteilungen. Diese können diese Möglichkeit daher auch gar nicht in Anspruch nehmen.

Aus den Interviews ergab sich, dass eher private Gründe für Arbeitszeitflexibilisierung im Vordergrund stehen, während bei der schriftlichen Befragungen diese erst auf Rang 4 und 5 im Durchschnitt angegeben wurden.

Als Gründe für die Nutzung der Flexibilisierungsmöglichkeiten ist der hohe Arbeitsanfall und die Vertretung von Kollegen/innen im Durchschnitt als die am wichtigsten angegeben worden. Auch der Wunsch des Kunden wurde im wichtigen Bereich gesehen. Die familiären und privaten Gründe folgen erst danach sowie auch die Beurteilung des Wunsches des Vorgesetzten. Diese Einschätzungen entsprechen der in den Interviews angegebenen hohen Kundenorientierung und Eigenständigkeit der Mitarbeiter/innen.

Die Kinderbetreuung als Grund für Arbeitszeitflexibilisierung wurde von einem hohen Prozentsatz (44,4%) als unwichtig angegeben. Das kann aber daran liegen, dass mehr als die Hälfte der Befragten keine Kinder haben und von daher diesen Grund für sich als unwichtig betrachten. Das zeigt auch der relativ hohe Prozentsatz der Personen, die keine Angabe zu dieser Frage machten.

Der Gestaltungsspielraum der Arbeitszeit und die Zufriedenheit mit dem Gestaltungsspielraum wird von ca. der Hälfte der Befragten positiv eingeschätzt.

Die Entscheidungen über die Arbeitszeit werden im Durchschnitt eher nach Abstimmung entweder mit Vorgesetzten oder Kollegen/innen getroffen. Allerdings werden bei mehr als 12% die Entscheidungen eher vom Vorgesetzten oder Filialleiter getroffen und mehr als 27% sehen das als eine gemeinsame Entscheidung von Vorgesetzten und Mitarbeiter/innen an. Das ist besonders aus dem Grund von Bedeutung, da in den Betriebsvereinbarungen zur variablen Arbeitszeit generell festgelegt worden ist, dass Arbeitszeiten innerhalb der Gruppe festgelegt werden sollten.

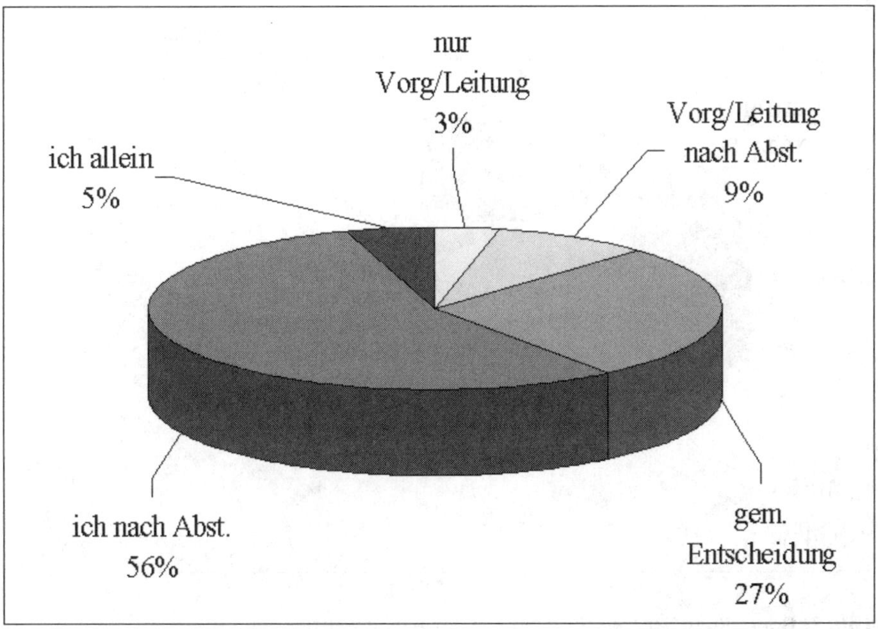

Abb. 1: Entscheidungen über die Arbeitszeit

Als Auswirkung von Arbeitszeitflexibilisierung wurde am positivsten die Eigenverantwortung eingeschätzt. Das entspricht den Gründen für Arbeitszeitflexibilisierung, da dort am wichtigsten der höhere Arbeitsanfall beurteilt wurde. Dabei kann man davon ausgehen, dass die Arbeitszeit von dem überwiegenden Teil der Befragten eigenverantwortlich nach Arbeitsanfall eingeteilt wird.

Auch sprachen sich mehr als zwei Drittel der Befragten durch die Arbeitszeitflexibilisierung für einen höheren Freiraum gegenüber früheren Arbeitszeitregelungen aus.

Die Auswirkungen auf das Klima im Team und das Vertrauen im Team wurden ebenfalls eher im positiven Bereich eingeschätzt. Hier gaben mehr als 60% eher positiv oder sehr positiv an. Allerdings sah auch fast ein Drittel keine Auswirkung auf das Klima im Team. Das bestätigt nur teilweise die Ergebnisse der Interviews, da eine Verbesserung des Klimas nicht ganz so positiv eingeschätzt wurde. Teilweise wurde es sogar als schlechter angesehen, weil durch unterschiedlichere Arbeitszeiten weniger Kontakt bestand.

Die Auswirkungen auf die Organisation des Arbeitsanfalls und auf die Verteilung der Arbeitsaufgaben wurde von der Mehrheit ebenfalls noch positiv beurteilt.

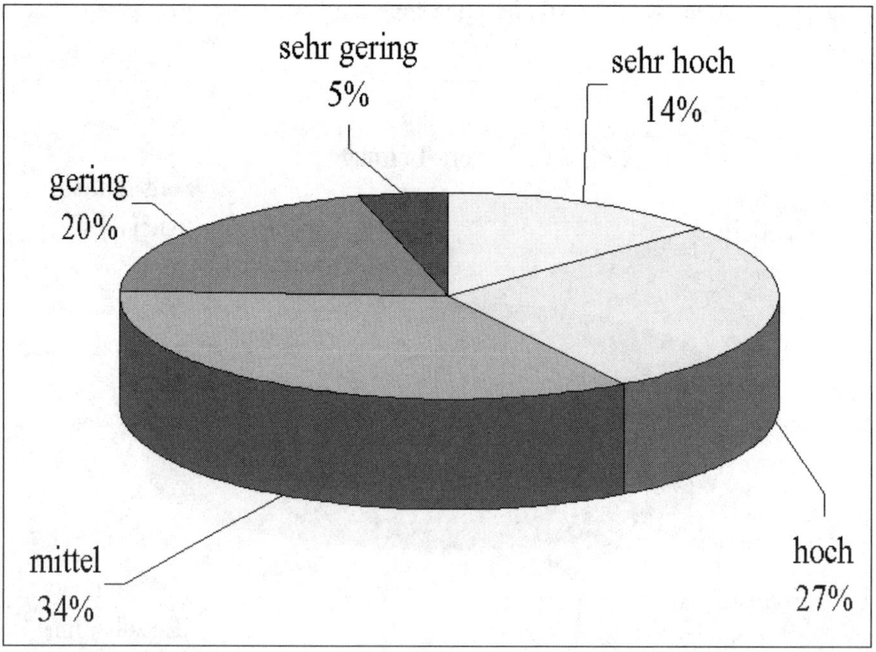

Abb. 2: Beurteilung der Einschränkungen der Arbeitszeitflexibilisierung

Bei allen weiteren vorgegebenen Auswirkungen waren die Angaben der Mehrheit der Befragten eher neutral, d. h. sie sahen eher keine Auswirkung. Das betraf das Verhältnis zum Vorgesetzten, die Einflussnahme und Mitsprache, die Beteiligung an Weiterbildungsmaßnahmen und die Teilnahme an Sitzungen und Abteilungstreffen.

Einschränkungen der Arbeitszeitgestaltung wurde von mehr als einem Drittel der Befragten als hoch bzw. sehr hoch beurteilt.

Insgesamt ergeben sich bei den vorgegebenen Hemmnissen Mittelwerte um die drei, wobei aber bei allen eine relativ große Streuung zu verzeichnen ist. Das bedeutet, dass die Hemmnisse von einigen der Befragten als wichtig oder sehr wichtig angesehen werden, und von anderen aber auch als unwichtig oder weniger wichtig.

Die Vorbehalte der Kunden wurden als das wichtigste Hemmnis angesehen, aber auch das Tagesgeschäft schätzte fast die Hälfte der Befragten als ein wichtiges Hemmnis ein.

Die Vorbehalte der Vorgesetzten und eingeschränkte Informationsfluss wurden noch von fast einem Drittel der Befragten als wichtig oder sehr wichtig eingestuft. Auch in den Interviews wurden teilweise Vorbehalte der Vorgesetzten angemerkt.

Die weiteren internen Bereiche, wie weniger Kenntnis über Anwesenheiten, Vorbehalte der Kollegen/innen oder Schwierigkeiten bei der Vereinbarung von Besprechungsterminen werden tendenziell weniger wichtig eingeschätzt.

Auch die persönlichen Hemmnisse, wie weniger soziale Kontakte und Veränderung des gewohnten Lebens wurden von der Mehrzahl der Befragten im weniger wichtigen oder unwichtigen Bereich angegeben.

Die Nutzung der Flexibilisierungsmöglichkeiten durch die im jeweiligen Team zusammen arbeitenden Personengruppen, wie Mitarbeiter/innen, Kollegen/innen und Vorgesetzte, wurden insgesamt relativ ähnlich beurteilt.

Zur Beurteilung der eigenen Mitarbeiter/innen konnten eine große Anzahl an Personen keine Angabe machen, weil diese nicht mit Führungsverantwortung ausgestattet sind. Von Personen mit Führungsverantwortung gaben mehr als die Hälfte die Nutzung der Flexibilisierungsmöglichkeiten der eigenen Mitarbeiter/innen als sehr häufig oder häufig an.

Die Nutzung der gegebenen Möglichkeiten von den Kollegen/innen wurden von mehr als einem Drittel als häufig oder sehr häufig beurteilt. Am geringsten wurde die Nutzung bei den Vorgesetzten eingeschätzt.

Weiterhin wurde auch hier nach der Einstellung zur Arbeitszeitflexibilisierung dieser und weiterer Personengruppen gefragt.

Dabei wurde die Einstellung der Familie am positivsten beurteilt, aber auch mehr als zwei Drittel schätzten die Einstellung der Kollegen/innen und der Mitarbeiter/innen sowie des zuständigen Betriebsrates als positiv ein.

Etwas geringer, aber dennoch von der Mehrzahl der Befragten im positiven Bereich, wurden die Vorgesetzten, die Unternehmensleitung/Zentrale und Filiale/Leitung beurteilt.

Mehr als 46% beurteilten die Einstellung der Kunden im eher positiven oder sehr positiven Bereich und 20% im eher negativen oder sehr negativen Bereich von allen Befragten mit Kundenkontakt.

Die Einschätzung der Einstellung der Kunden ist etwas höher gestreut, obwohl knapp die Hälfte den Kunden eine positive Einstellung bescheinigten. Dabei fällt bei den Personen, die in Vertriebsabteilungen arbeiten die Beurteilung etwas negativer aus, als bei den Personen aus den Betriebsabteilungen. Diese beurteilten die Einstellung der Kunden eher homogener im positiven Bereich.

Auch durch die schriftliche Befragung zeigte sich ein hohes Interesse an der Thematik sowie die Bereitschaft von Kollegen/innen bei Arbeitszeitflexibilisierungswünschen.

Fast die Hälfte der Befragten können sich vorstellen, die gewohnte Arbeitszeit zu verändern. Da bei den Hemmnissen, die Beurteilung der Veränderung des gewohnten Lebens im eher weniger wichtigen Bereich angegeben wurde, aber sich bei den Interviews und der Einbeziehung der Arbeitszeiterfassung herausgestellt hat, dass die meisten Personen eine gewisse Kontinuität in der Arbeitszeit haben, könnte daraus gefolgert werden, dass die gewohnte Arbeitszeit dann beibehalten wird, wenn es möglich ist, aber das eher kleine Veränderungen durchaus vorstellbar sind.

3.3 Online-Befragung

Da die seit Jahren geltende Arbeitszeitregelung der Zentrale mit einem relativ engen Arbeitszeitrahmen weder den unterschiedlichen Anforderungen der Fachabteilungen noch den Wünschen der Mitarbeiter gerecht wurde, haben Betriebrat und Personalressort ein gemeinsames Projekt mit dem Titel „fiZ – flexibel in der Zentrale“ zur Gestaltung einer modernen und zukunftsfähigen Arbeitszeitregelung gestartet.

In der Zentrale sind mehr als 8000 Mitarbeiter beschäftigt, daher wurde zunächst in einem abgegrenzten Bereich, dem Zentralen Servicebereich Transaktion Banking (ZTB), pilotiert. In diesem Servicebereich arbeiten ca. 580 Mitarbeiter, eine breite Befragung mit Hilfe von Einzelinterviews war also aufgrund der immer noch recht großen Zahl nicht sinnvoll. Außerdem sollen ggf. zu einem späteren Zeitpunkt auch andere Zentralebereiche in eine Befragung einbezogen werden. Um möglichst vielen Mitarbeitern die Gelegenheit zu geben, sich zum Thema Arbeitszeitflexibilisierung zu äußern, entschied man sich daher erstmals für eine online-Befragung.

Auf einer eigens eingerichteten Intranetseite wurden die Mitarbeiter der ZTB zunächst über rechtliche Rahmenbedingungen und verschiedene Arbeitszeitmodelle informiert. Im Anschluss an diese Informationen konnte sich jeder interessierte Mitarbeiter mit Hilfe eines individuell zugeteilten LoginPasswortes an der Befragung beteiligen. Hierdurch war die vollständige Anonymität der Angaben gewährleistet, außerdem konnte somit auch zur Sicherstellung der Validität ausgeschlossen werden, dass sich Mitarbeiter mehrfach an dieser Umfrage beteiligten.

Abgefragt wurden Aussagen zu Schwankungen des Arbeitsaufkommens (täglich/wöchentlich/monatlich/jährlich) am jeweiligen Arbeitsplatz. Die Mitarbeiter sollten einschätzen, zu welchen Zeiten schwaches, mittleres oder starkes Arbeitsvolumen vorkommt. Darüber hinaus konnten Aussagen zu den Themen Gleitzeit, variable Arbeitszeit, Ampelkonten und flexible Arbeitszeit getroffen werden. In Freitextfeldern bestand zusätzlich die Möglichkeit, Ideen und Anregungen zum Thema Flexibilisierung der Arbeitszeit zu äußern und Probleme und Hindernisse zu benennen.

Am Ende der Befragung konnten sich interessierte Mitarbeiter für die Teilnahme am anschließenden Arbeitszeitworkshop anmelden.

Die Beteiligung der Mitarbeitern der ZTB Frankfurt an der online-Befragung lag zwar nur bei 38%. Aufgrund der breiten Streuung innerhalb der Bereiche bzw. der Hierarchie konnten dennoch aussagekräftige Tendenzen abgeleitet werden.

So wurde die Befürchtung, die Mitarbeiter würden in Zeiten von Personalabbau keine Zeiten geringer oder mittlerer Arbeitsauslastung angeben, nicht bestätigt. Nahezu alle Beteiligten bestätigten, dass das Arbeitsaufkommen nicht gleichförmig ist und damit weitere, bisher ungenutzte Flexibilisierungsspielräume gegeben sind.

Außerdem wurde in der Umfrage bereits eine Präferenz für das sogenannte Ampelkonto als neue Arbeitszeitregelung deutlich.

Eine schriftliche Befragung von 22 Führungskräften der 1. Führungsebene ergänzte diese Erkenntnisse, hier wurden aus Sicht von Führungskräften vergleichbare Aussagen getroffen.

Beide Befragungen hatten das Ziel Informationen über Auslastungsschwankungen und Einstellung zu flexiblen Arbeitszeitmodellen zu generieren. Darüber hinaus sollten Mitarbeiter und Führungskräfte aber auch für das Thema Arbeitszeitflexibilisierung sensibilisiert und zum Reflektieren der eigenen Situation und eventuellen Verbesserungsmöglichkeiten angeregt werden.

4 Schlussfolgerungen

Insgesamt ergibt sich, dass sich in allen Filialen verschiedene Ansatzpunkte zeigen, um Arbeitszeitflexibilisierung weiter zu erhöhen und zu einem normalen Bestandteil des täglichen Arbeitsablaufes werden zu lassen. Das zeigt sich sowohl aus den Interviews als auch aus der schriftlichen Befragung, da die Arbeitszeitflexibilisierung nicht so genutzt werden kann, wie es von den Mitarbeiter/innen gewünscht wäre.

Zwar wird insgesamt allen Personengruppen eine eher positive Einstellung zur Arbeitszeitflexibilisierung bescheinigt, doch scheint zwischen der Einstellung und Durchführung ein weiter Weg zu liegen.

Außerdem zeigte sich auch aus den Interviews, dass viele der Mitarbeiter/innen gerne mehr Unterstützung und Information zu diesem Thema hätten. Dabei sind einerseits die Leitungsebenen gefragt für mehr generelle Informationen. Bei der Unterstützung stehen mehr die persönlichen Gespräche mit Vorgesetzten und Kollegen/innen im Vordergrund. Dabei wird auch besonders die stärkere Einbeziehung der Mitarbeiter gewünscht.

Teilweise wurden auch weitere Flexibilisierungswünsche angegeben, die so noch nicht in den Betriebsvereinbarungen eingeschlossen sind. Diese betrafen eine Ausweitung der Flexibilisierung durch die Einschränkung der Kernarbeitszeit. Aber auch die Möglichkeit der Telearbeit wurde genannt sowie Zeitkonten, in Form von Jahresarbeitszeit- oder Lebensarbeitszeitkonten. Auch dafür wurden weitere Information gefordert.

Ebenso die Nutzung der derzeitigen Möglichkeiten der Arbeitszeitflexibilisierung kann durch gezielte Maßnahmen weiter ausgeweitet werden, wie diese Auswertung zeigt. Diese beziehen sich auf die angegebenen Hemmnisse, die Auswirkungen, aber auch auf die Beurteilung der Einstellungen und der Nutzung der Arbeitszeitflexibilisierung der verschiedenen Personengruppen. Des weiteren sollte die Arbeitszeitkultur in den einzelnen Filialen beachtet werden.
Die Kultur der einzelnen Filialen in Bezug auf Arbeitszeitflexibilisierung kann nur langfristig unter Einbeziehung alle Mitarbeiter/innen erreicht werden. Eine Möglichkeit ist die Durchführung von Arbeitszeit-Workshops.

In der Commerzbank gibt es eine lange Tradition von Arbeitszeitworkshops; bereits seit Anfang der 90er Jahre wurden damit gute Erfahrungen gemacht. Die Commerzbank ist davon überzeugt, dass Veränderungen nur dann wirklich akzeptiert werden, wenn Mitarbeiter an der Neuregelung ihrer betrieblichen Arbeitszeit beteiligt werden. Diese Partizipation in Arbeitszeit-Workshops wurde in der Zentrale durchgeführt, um damit eine weitere Sensibilisierung und Motivation zu erreichen.

Zunächst wurden die Online-Befragungsergebnisse aus der Zentrale in dem anschließenden Arbeitszeit-Workshop vorgestellt und diskutiert.

Im Rahmen des Arbeitszeitworkshops in der ZTB erarbeiteten Mitarbeiter und Führungskräfte auf Basis der Umfrageergebnisse gemeinsam ein Arbeitszeitmodell, das den speziellen Anforderungen ihrer Einheit gerecht wird. Die Moderation übernahm ein zur Neutralität verpflichteter Trainer. Ein Arbeitsnehmervertreter und ein Mitarbeiter aus dem Personalressort nahmen ebenfalls teil. Die Teilnehmer diskutierten über die geschäftspolitischen und organisatorischen Anforderungen an eine neue Arbeitszeitregelung, die Vorstellungen der Mitarbeiter fanden ebenso Berücksichtigung bei den Überlegungen wie die Kundenwünsche.

Konkretes Ergebnis des ZTB Workshops war der Wunsch nach Einführung eines Ampelkontos, wobei auch detaillierte Anforderungen an technische Zeiterfassung gestellt wurden. Die Ergebnisse wurden schriftlich dokumentiert und Personalabteilung und Arbeitnehmervertretern zur Verfügung gestellt.

Da Arbeitszeitworkshops die Verhandlungen mit dem Betriebsrat nicht ersetzen können und dürfen, werden Personalbereich und Betriebsrat der Zentrale nun Gespräche über den Abschluss einer entsprechende Betriebsvereinbarung aufnehmen.

Fragebogen: Flexibel arbeiten:

Studie Commerzbank 1998

Statistische Angaben

Bitte eintragen

Filiale	
Abteilung (z. B. APK, AFK)	
Funktion (z. B. IKB, PKB, Service)	
Führungskraft (mit Personalverantwortung) (ja/nein)	
Geschlecht	
Gehaltsgruppe (Tarif oder AT)	
Familienstand	
Kinder (Anzahl)	
Wie viele Stunden in der Woche arbeiten Sie zur Zeit vertraglich? Stundenanzahl bitte eintragen.	

1. Wie häufig nutzen Sie die folgenden Flexibilisierungsmöglichkeiten?

Bitte ankreuzen

	sehr häufig	häufig	manch-mal	selten	sehr selten
längere Mittagspause					
kürzere Mittagspause					
früherer Arbeitsbeginn					
späterer Arbeitsbeginn					
früheres Arbeitsende					
späteres Arbeitsende					
Halber Tag frei					
Ganzer Tag frei					
Mehr als ein Tag frei					
Unbezahlte Freizeit					
Arbeitszeit außerhalb der Bürozeiten					
Kundentermine außerhalb der Öffnungszeiten					
Sonstige, und zwar					

2. Wie wichtig sind die folgenden Gründe für die angegebenen Flexibilisierungsmöglichkeiten?

Bitte ankreuzen

	sehr wichtig	wichtig	mittel	weniger wichtig	un-wichtig
Private Erledigungen					
Familiäre Gründe					
Wunsch der Kunden					
Wunsch des/der Vorgesetzten					
Höherer Arbeitsanfall					
Weniger Arbeitsanfall					
Vertretungen durch Krankheit von Kollegen/innen					
Kinderbetreuung					
Betreuung anderer Familienmitglieder					
Mehr Zeit für außerberufliche Interessen/Hobbies					
Weiterbildung					
Mehr Zeit für meinen Partner					
Gesundheitliche Gründe					
Sonstiges, und zwar:					

3. Wie empfinden Sie Ihren Gestaltungsspielraum Ihrer Arbeitszeit?

Bitte ankreuzen

sehr hoch	hoch	mittel	gering	sehr gering

4. Wie zufrieden sind Sie mit dem Gestaltungsspielraum ihrer Arbeitszeit?

Bitte ankreuzen

sehr zufrieden	eher zufrieden	mittel	eher unzufrie-den	sehr unzufrie-den

5. Ist Ihr Gestaltungsspielraum Ihrer Arbeitszeit in den letzten Jahren flexibler geworden?

Bitte ankreuzen

viel flexibler	eher flexibler	gleich geblieben	eher unflexibler	viel unflexibler

6. Wer entscheidet über Ihre konkrete Arbeitszeit?

Bitte ankreuzen

Nur Vorg./Filial-leitung	Vorg./Filial-leitung nach Abstimmung	Gemeinsame Entschei-dung	Ich selbst nach Ab-stimmung mit Kollegen /innen	Ich allein

Sonstiges, und zwar: (Bitte eintragen) ____

7. Welche Abwesenheitszeiten werden eigenverantwortlich durch die Teams geplant?

Bitte ankreuzen

weniger als ein halber Tag	halber Tag	weniger als ein Tag	ein Tag	bis zu einer Woche

*Sonstige Zeiten, und zwar: (Bitte eintragen)*____________________________________

8. Wie wirkt sich Ihre Arbeitszeitflexibilisierung in Ihrer Abteilung auf die folgenden Punkte aus?

Bitte ankreuzen

	sehr positiv	eher positiv	keine Auswirkung	eher negativ	sehr negativ
Verhältnis zum/zur Vorgesetzten					
Einflußnahme und Mitsprache					
Eigenverantwortung					
Klima im Team					
Vertrauen im Team					
Freiraum gegenüber früheren Arbeitszeitregelungen					
Verteilung meiner Arbeitsaufgaben					
Organisation des Arbeitsanfalls					
Beteiligung an Weiterbildungsmaßnahmen					
Teilnahme an Sitzungen/Abteilungstreffen					
Weitere Bereiche, und zwar:					

9. Wie hoch bewerten Sie Einschränkungen Ihrer Arbeitszeitgestaltung?

Bitte ankreuzen

sehr hoch	hoch	mittel	gering	sehr gering

10. Wie wichtig sind in ihrer Abteilung die folgenden Hemmnisse gegenüber Ihrer Arbeitszeitflexibilisierung?

Bitte ankreuzen

	sehr wichtig	wichtig	mittel	weniger wichtig	unwichtig
Kunden sind irritiert					
Eingeschränkter Informationsfluß					
Weniger Kenntnis über Anwesenheiten					
Weniger soziale Kontakte					
Gewohntes Leben soll nicht verändert werden					
Vorbehalte des/der Vorgesetzten					
Vorbehalte der Kollegen/innen					
Das Tagesgeschäft erlaubt es nicht					
Ein hoher Spezialisierungsgrad innerhalb unseres Teams erschwert die gegenseitige Vertretbarkeit					
Besprechungstermine sind schwieriger zu vereinbaren					
Sonstige, und zwar:					

11. Inwieweit werden Möglichkeiten der Arbeitszeitflexibilisierung von den folgenden Personengruppen in Ihrer Abteilung bereits genutzt?

Bitte ankreuzen

	sehr häufig	häufig	manch-mal	selten	sehr selten
Ihr/e Vorgesetzte/r					
Ihre Kollegen/innen					
Ihre Mitarbeiter/innen (soweit vorhanden)					

12. Wie beurteilen Sie die Einstellung der folgenden Personengruppen zur Arbeitszeitflexibilisierung?

Bitte ankreuzen

	sehr positiv	eher positiv	mittel	eher negativ	sehr negativ
Unternehmensleitung/Zentrale					
Zuständiger Betriebsrat					
Filiale/Leitung					
Ihr/e Vorgesetzte/r					
Ihre Kollegen/innen					
Ihre Mitarbeiter/innen (soweit vorhanden)					
Familie					
Andere, und zwar:					

13. Wie beurteilen Sie die Einstellung Ihrer Kunden zu Arbeitszeitflexibilisierung?

Bitte ankreuzen

sehr positiv	eher positiv	mittel	eher negativ	sehr negativ

Und warum (bitte begründen)

14. Beurteilen Sie bitte folgende Aussagen

Bitte ankreuzen

	trifft völlig zu	trifft ziemlich zu	teils-teils	trifft wenig zu	trifft gar nicht zu
Ich kann mir vorstellen, meine gewohnte Arbeitszeit zu verändern					
Ich versuche ein Stundenguthaben aufzubauen und zu halten					
Arbeitszeitflexibilisierung ist für mich von großem Interesse					
Der kurzfristige Ausgleich meiner Zeitsalden ist schwierig					
Ich bin bereit meine Kollegen/innen bei Flexibilisierungswünschen zu unterstützen					
Ich nutze regelmäßig die Möglichkeit den Gleittag zu nehmen					
Für mich zählt nur die Arbeitsleistung, nicht die Arbeitszeit					
Absprachen im Team werden durch abweichende Vorstellungen des/der Vorgesetzten immer wieder beeinträchtigt.					
Kollegen/innen, die spät anfangen zu arbeiten, haben ein negatives Image					

15. Was könnte ihrer Meinung nach getan werden, um Arbeitszeitflexibilisierung zu erhöhen?

Bitte eintragen

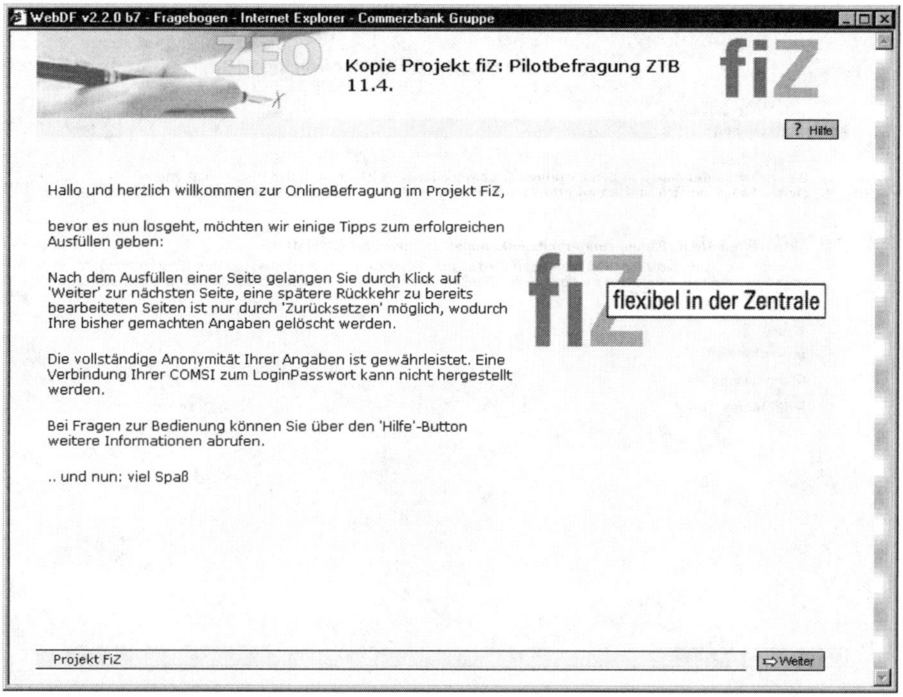

WebDF v2.2.0 b7 - Fragebogen - Internet Explorer - Commerzbank Gruppe

Kopie Projekt fiZ: Pilotbefragung ZTB 11.4.

? Hilfe

Hallo und herzlich willkommen zur OnlineBefragung im Projekt FiZ,

bevor es nun losgeht, möchten wir einige Tipps zum erfolgreichen Ausfüllen geben:

Nach dem Ausfüllen einer Seite gelangen Sie durch Klick auf 'Weiter' zur nächsten Seite, eine spätere Rückkehr zu bereits bearbeiteten Seiten ist nur durch 'Zurücksetzen' möglich, wodurch Ihre bisher gemachten Angaben gelöscht werden.

Die vollständige Anonymität Ihrer Angaben ist gewährleistet. Eine Verbindung Ihrer COMSI zum LoginPasswort kann nicht hergestellt werden.

Bei Fragen zur Bedienung können Sie über den 'Hilfe'-Button weitere Informationen abrufen.

.. und nun: viel Spaß

fiZ flexibel in der Zentrale

Projekt FiZ

Weiter

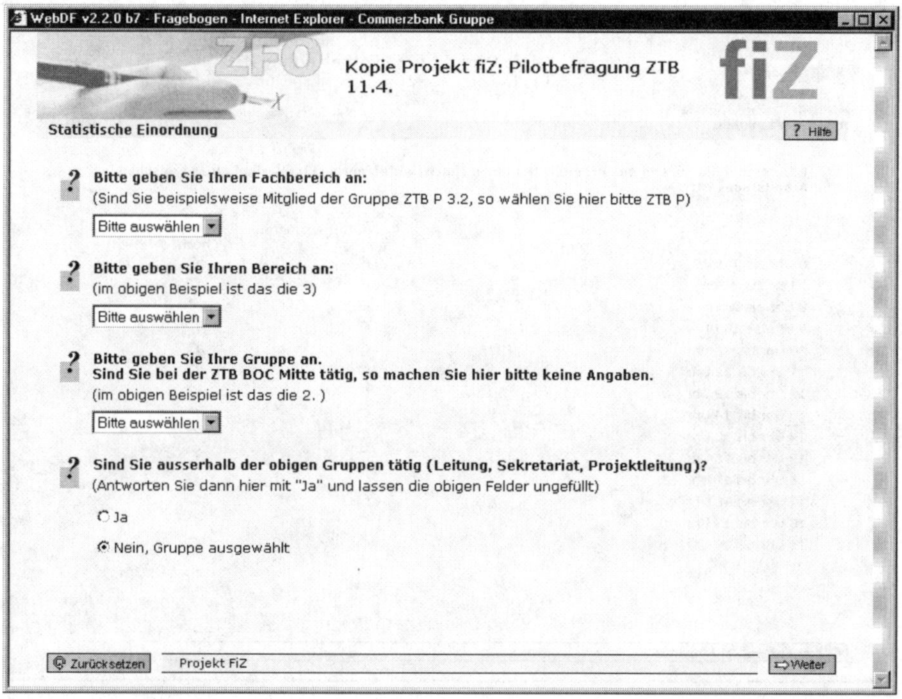

WebDF v2.2.0 b7 - Fragebogen - Internet Explorer - Commerzbank Gruppe

Kopie Projekt fiZ: Pilotbefragung ZTB 11.4.

Statistische Einordnung

? Hilfe

Bitte geben Sie Ihren Fachbereich an:
(Sind Sie beispielsweise Mitglied der Gruppe ZTB P 3.2, so wählen Sie hier bitte ZTB P)

Bitte auswählen

Bitte geben Sie Ihren Bereich an:
(im obigen Beispiel ist das die 3)

Bitte auswählen

Bitte geben Sie Ihre Gruppe an.
Sind Sie bei der ZTB BOC Mitte tätig, so machen Sie hier bitte keine Angaben.
(im obigen Beispiel ist das die 2.)

Bitte auswählen

Sind Sie ausserhalb der obigen Gruppen tätig (Leitung, Sekretariat, Projektleitung)?
(Antworten Sie dann hier mit "Ja" und lassen die obigen Felder ungefüllt)

- Ja
- Nein, Gruppe ausgewählt

Zurücksetzen

Projekt FiZ

Weiter

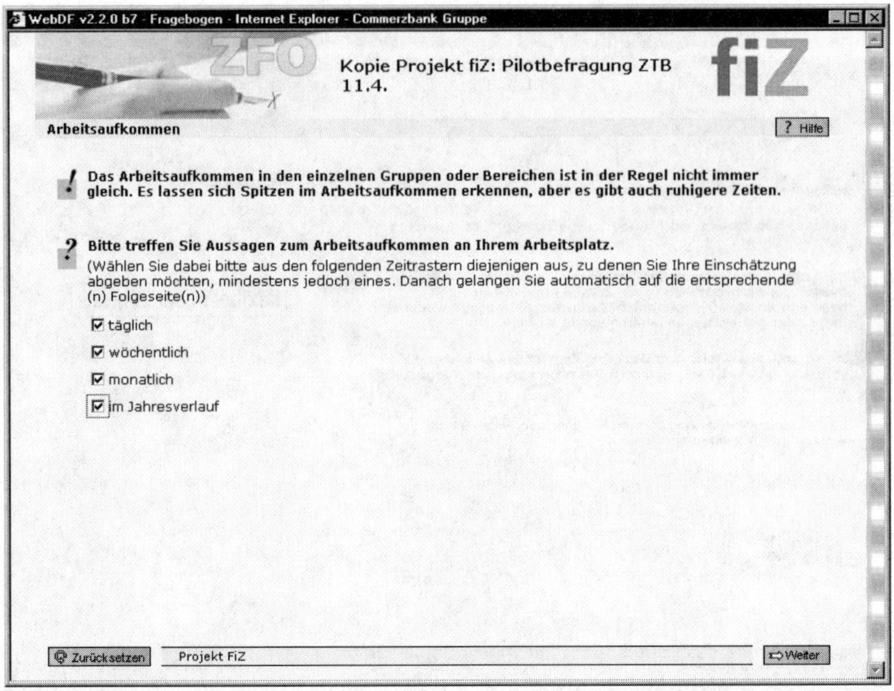

WebDF v2.2.0 b7 - Fragebogen - Internet Explorer - Commerzbank Gruppe

ZFO

Kopie Projekt fiZ: Pilotbefragung ZTB 11.4.

fiZ

Arbeitsaufkommen

? Hilfe

! **Das Arbeitsaufkommen in den einzelnen Gruppen oder Bereichen ist in der Regel nicht immer gleich. Es lassen sich Spitzen im Arbeitsaufkommen erkennen, aber es gibt auch ruhigere Zeiten.**

? **Bitte treffen Sie Aussagen zum Arbeitsaufkommen an Ihrem Arbeitsplatz.**
(Wählen Sie dabei bitte aus den folgenden Zeitrastern diejenigen aus, zu denen Sie Ihre Einschätzung abgeben möchten, mindestens jedoch eines. Danach gelangen Sie automatisch auf die entsprechende (n) Folgeseite(n))

- [x] täglich
- [x] wöchentlich
- [x] monatlich
- [x] im Jahresverlauf

Zurücksetzen | Projekt FiZ | Weiter

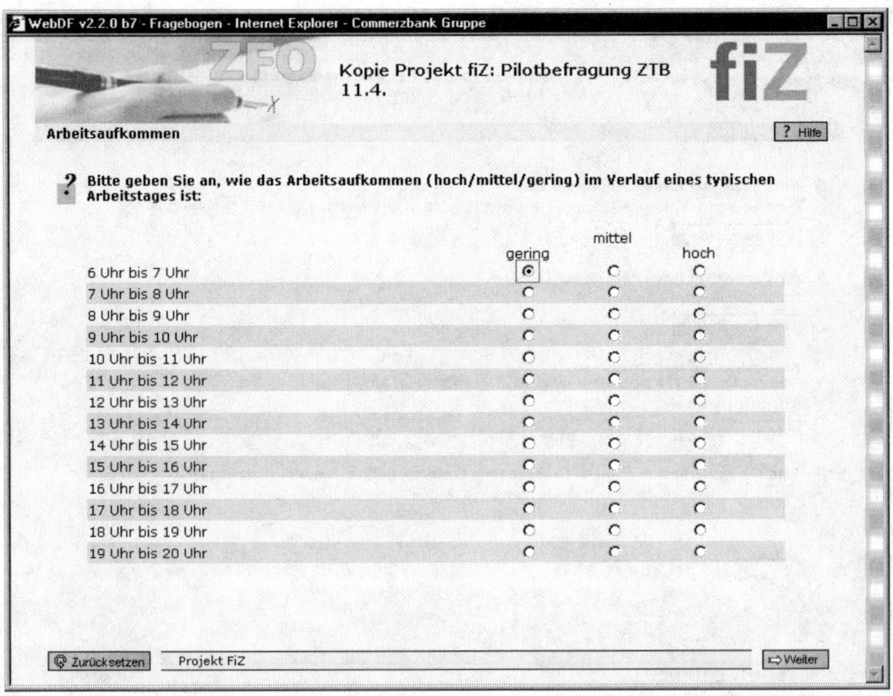

WebDF v2.2.0 b7 - Fragebogen - Internet Explorer - Commerzbank Gruppe

ZFO

Kopie Projekt fiZ: Pilotbefragung ZTB 11.4.

fiZ

Arbeitsaufkommen

? Hilfe

? **Bitte geben Sie an, wie das Arbeitsaufkommen (hoch/mittel/gering) im Verlauf eines typischen Arbeitstages ist:**

	gering	mittel	hoch
6 Uhr bis 7 Uhr	◉	○	○
7 Uhr bis 8 Uhr	○	○	○
8 Uhr bis 9 Uhr	○	○	○
9 Uhr bis 10 Uhr	○	○	○
10 Uhr bis 11 Uhr	○	○	○
11 Uhr bis 12 Uhr	○	○	○
12 Uhr bis 13 Uhr	○	○	○
13 Uhr bis 14 Uhr	○	○	○
14 Uhr bis 15 Uhr	○	○	○
15 Uhr bis 16 Uhr	○	○	○
16 Uhr bis 17 Uhr	○	○	○
17 Uhr bis 18 Uhr	○	○	○
18 Uhr bis 19 Uhr	○	○	○
19 Uhr bis 20 Uhr	○	○	○

Zurücksetzen | Projekt FiZ | Weiter

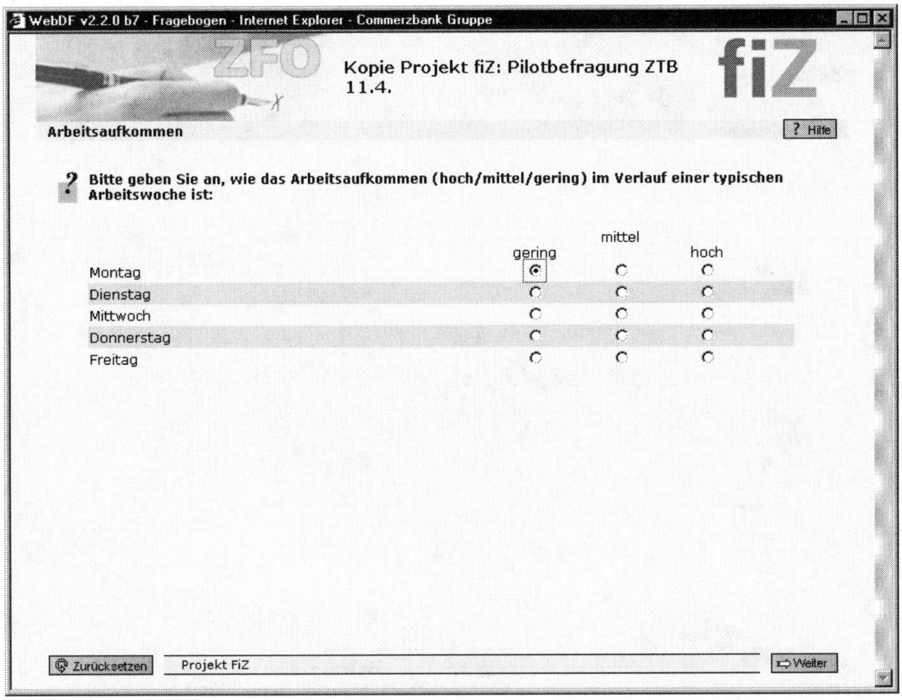

WebDF v2.2.0 b7 - Fragebogen - Internet Explorer - Commerzbank Gruppe

Kopie Projekt fiZ: Pilotbefragung ZTB 11.4.

Arbeitsaufkommen

? Hilfe

Bitte geben Sie an, wie das Arbeitsaufkommen (hoch/mittel/gering) im Verlauf einer typischen Arbeitswoche ist:

	gering	mittel	hoch
Montag	◉	○	○
Dienstag	○	○	○
Mittwoch	○	○	○
Donnerstag	○	○	○
Freitag	○	○	○

Zurücksetzen | Projekt FiZ | Weiter

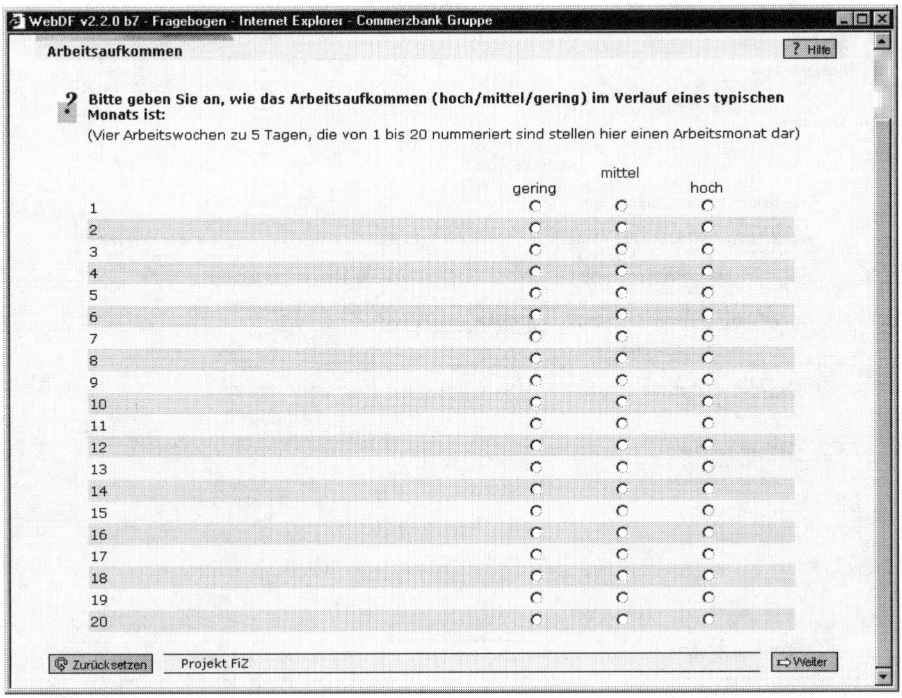

WebDF v2.2.0 b7 - Fragebogen - Internet Explorer - Commerzbank Gruppe

Arbeitsaufkommen

? Hilfe

Bitte geben Sie an, wie das Arbeitsaufkommen (hoch/mittel/gering) im Verlauf eines typischen Monats ist:
(Vier Arbeitswochen zu 5 Tagen, die von 1 bis 20 nummeriert sind stellen hier einen Arbeitsmonat dar)

	gering	mittel	hoch
1	○	○	○
2	○	○	○
3	○	○	○
4	○	○	○
5	○	○	○
6	○	○	○
7	○	○	○
8	○	○	○
9	○	○	○
10	○	○	○
11	○	○	○
12	○	○	○
13	○	○	○
14	○	○	○
15	○	○	○
16	○	○	○
17	○	○	○
18	○	○	○
19	○	○	○
20	○	○	○

Zurücksetzen | Projekt FiZ | Weiter

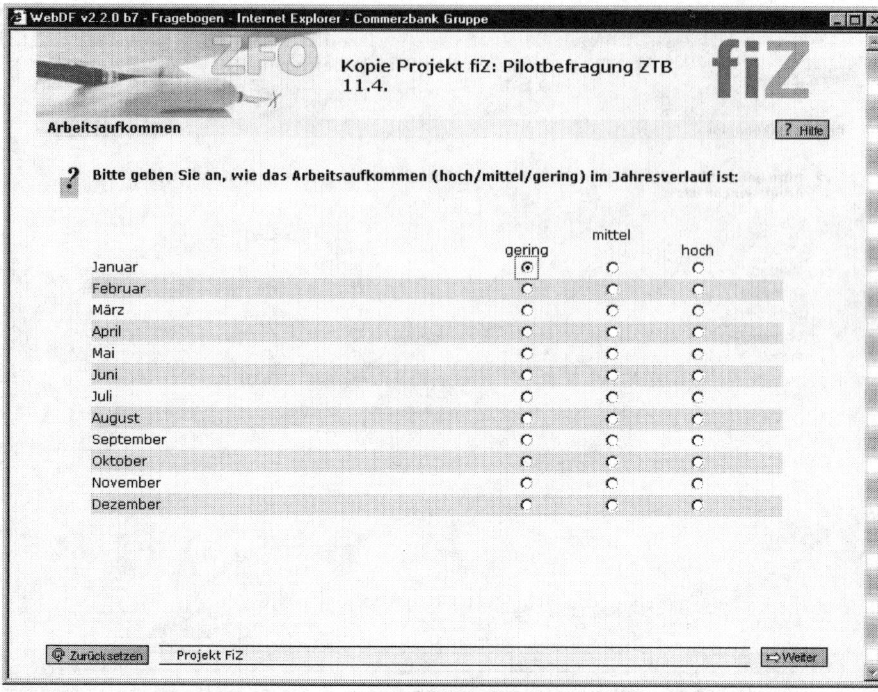
WebDF v2.2.0 b7 - Fragebogen - Internet Explorer - Commerzbank Gruppe
ZFO
Kopie Projekt fiZ: Pilotbefragung ZTB 11.4.
fiZ
Arbeitsaufkommen
? Hilfe
Bitte geben Sie an, wie das Arbeitsaufkommen (hoch/mittel/gering) im Jahresverlauf ist:
gering
mittel
hoch
Januar
Februar
März
April
Mai
Juni
Juli
August
September
Oktober
November
Dezember
Zurücksetzen
Projekt FiZ
Weiter

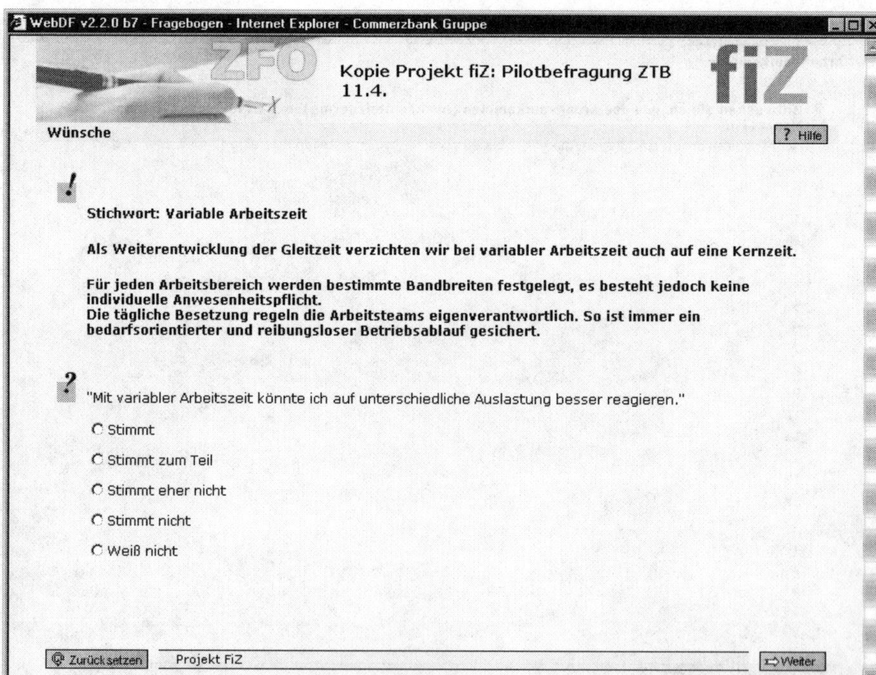
WebDF v2.2.0 b7 - Fragebogen - Internet Explorer - Commerzbank Gruppe
ZFO
Kopie Projekt fiZ: Pilotbefragung ZTB 11.4.
fiZ
Wünsche
? Hilfe
Stichwort: Variable Arbeitszeit
Als Weiterentwicklung der Gleitzeit verzichten wir bei variabler Arbeitszeit auch auf eine Kernzeit.
Für jeden Arbeitsbereich werden bestimmte Bandbreiten festgelegt, es besteht jedoch keine individuelle Anwesenheitspflicht.
Die tägliche Besetzung regeln die Arbeitsteams eigenverantwortlich. So ist immer ein bedarfsorientierter und reibungsloser Betriebsablauf gesichert.
"Mit variabler Arbeitszeit könnte ich auf unterschiedliche Auslastung besser reagieren."
Stimmt
Stimmt zum Teil
Stimmt eher nicht
Stimmt nicht
Weiß nicht
Zurücksetzen
Projekt FiZ
Weiter

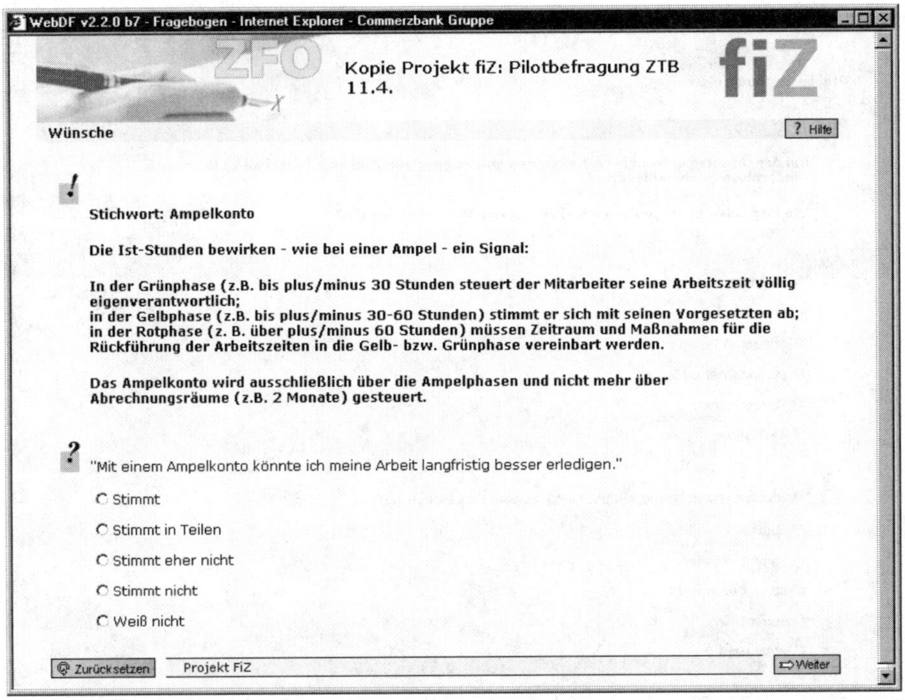

WebDF v2.2.0 b7 - Fragebogen - Internet Explorer - Commerzbank Gruppe

Kopie Projekt fiZ: Pilotbefragung ZTB 11.4.

Wünsche

? Hilfe

Stichwort: Ampelkonto

Die Ist-Stunden bewirken - wie bei einer Ampel - ein Signal:

In der Grünphase (z.B. bis plus/minus 30 Stunden steuert der Mitarbeiter seine Arbeitszeit völlig eigenverantwortlich;
in der Gelbphase (z.B. bis plus/minus 30-60 Stunden) stimmt er sich mit seinen Vorgesetzten ab;
in der Rotphase (z. B. über plus/minus 60 Stunden) müssen Zeitraum und Maßnahmen für die Rückführung der Arbeitszeiten in die Gelb- bzw. Grünphase vereinbart werden.

Das Ampelkonto wird ausschließlich über die Ampelphasen und nicht mehr über Abrechnungsräume (z.B. 2 Monate) gesteuert.

"Mit einem Ampelkonto könnte ich meine Arbeit langfristig besser erledigen."

- Stimmt
- Stimmt in Teilen
- Stimmt eher nicht
- Stimmt nicht
- Weiß nicht

Zurücksetzen | Projekt FiZ | Weiter

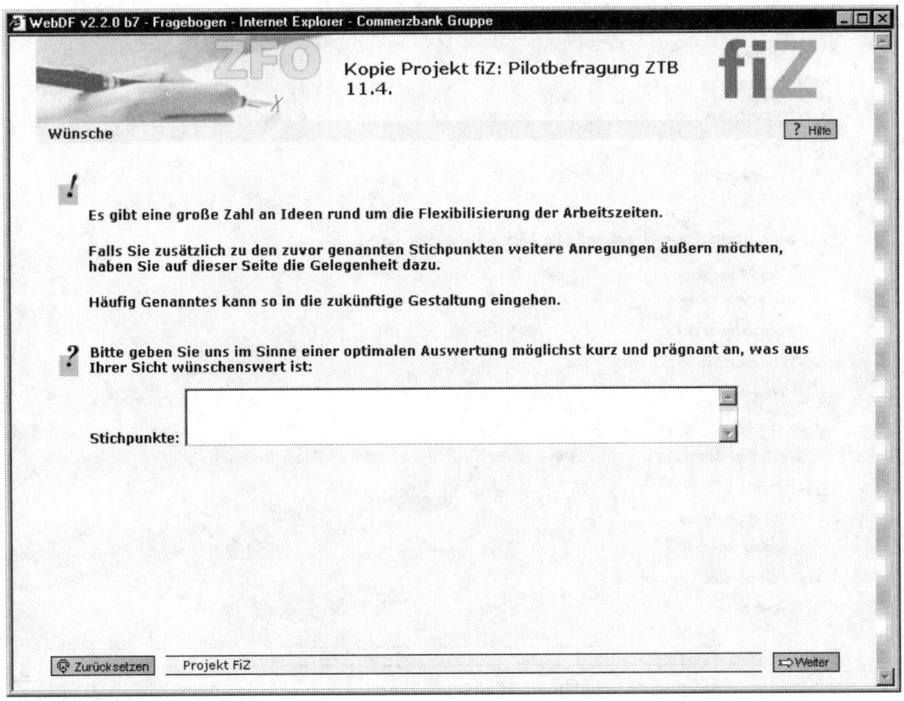

WebDF v2.2.0 b7 - Fragebogen - Internet Explorer - Commerzbank Gruppe

Kopie Projekt fiZ: Pilotbefragung ZTB 11.4.

Wünsche

? Hilfe

Es gibt eine große Zahl an Ideen rund um die Flexibilisierung der Arbeitszeiten.

Falls Sie zusätzlich zu den zuvor genannten Stichpunkten weitere Anregungen äußern möchten, haben Sie auf dieser Seite die Gelegenheit dazu.

Häufig Genanntes kann so in die zukünftige Gestaltung eingehen.

Bitte geben Sie uns im Sinne einer optimalen Auswertung möglichst kurz und prägnant an, was aus Ihrer Sicht wünschenswert ist:

Stichpunkte:

Zurücksetzen | Projekt FiZ | Weiter

WebDF v2.2.0 b7 - Fragebogen - Internet Explorer - Commerzbank Gruppe

11.4.

Probleme, Hindernisse

? Hilfe

Bei der Umsetzung flexibler Arbeitszeiten gibt es ganz verschiedene Probleme zu lösen und Hindernisse zu bewältigen.

Die folgenden Aussagen nennen einige davon. Wie sehen Sie das?

"In meinem Bereich ist eine möglichst lange Anwesenheit erwünscht."

- Stimmt
- Stimmt in Teilen
- Stimmt eher nicht
- Stimmt nicht
- Weiß nicht

"Meine Arbeitsbelastung erlaubt keine weitere Flexibilisierung."

- Stimmt
- Stimmt in Teilen
- Stimmt eher nicht
- Stimmt nicht
- Weiß nicht

WebDF v2.2.0 b7 - Fragebogen - Internet Explorer - Commerzbank Gruppe

- Stimmt
- Stimmt in Teilen
- Stimmt eher nicht
- Stimmt nicht
- Weiß nicht

"Meine Arbeitsbelastung erlaubt keine weitere Flexibilisierung."

- Stimmt
- Stimmt in Teilen
- Stimmt eher nicht
- Stimmt nicht
- Weiß nicht

"Durch Flexibilisierung bin ich schlechter erreichbar, worunter meine Kollegen leiden."

- Stimmt
- Stimmt in Teilen
- Stimmt eher nicht
- Stimmt nicht
- Weiß nicht

Zurücksetzen | Projekt FiZ | Weiter

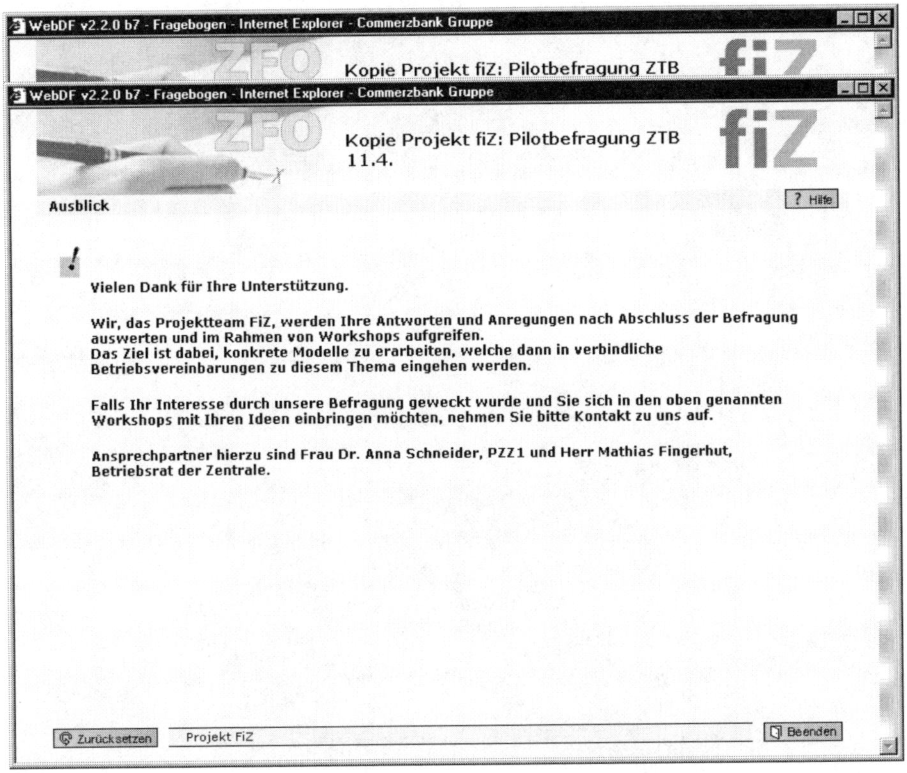
WebDF v2.2.0 b7 - Fragebogen - Internet Explorer - Commerzbank Gruppe
Kopie Projekt fiZ: Pilotbefragung ZTB
WebDF v2.2.0 b7 - Fragebogen - Internet Explorer - Commerzbank Gruppe
ZFO
Kopie Projekt fiZ: Pilotbefragung ZTB 11.4.
fiZ
Ausblick
? Hilfe
!
Vielen Dank für Ihre Unterstützung.
Wir, das Projektteam FiZ, werden Ihre Antworten und Anregungen nach Abschluss der Befragung auswerten und im Rahmen von Workshops aufgreifen.
Das Ziel ist dabei, konkrete Modelle zu erarbeiten, welche dann in verbindliche Betriebsvereinbarungen zu diesem Thema eingehen werden.
Falls Ihr Interesse durch unsere Befragung geweckt wurde und Sie sich in den oben genannten Workshops mit Ihren Ideen einbringen möchten, nehmen Sie bitte Kontakt zu uns auf.
Ansprechpartner hierzu sind Frau Dr. Anna Schneider, PZZ1 und Herr Mathias Fingerhut, Betriebsrat der Zentrale.
Zurücksetzen
Projekt FiZ
Beenden

Mobilzeit: Teilzeit für Fach- und Führungskräfte

Martina Harms und Désirée H. Ladwig

1 Einführung

Die Notwendigkeit der flexiblen Entkoppelung von Betriebs- und Arbeitszeiten durch Globalisierung und zunehmenden internationen Wettbewerb führt neben weiteren Faktoren (z.B. Wertewandel) dazu, dass sich Unternehmen, aber auch öffentliche Verwaltungen[1], wieder intensiv mit der Thematik der Arbeitszeitflexibilisierung generell, aber auch meist erstmals speziell mit Arbeitszeitflexibilisierung für hochspezialisierte Fach- und Führungskräfte auseinandersetzen müssen.[2]

In diesem Zusammenhang förderte das BMFSFJ[3] ein "Mobilzeit-Projekt" für Fach- und Führungskräfte mit der Intention, Unternehmen hinsichtlich innovativer Mobilzeitmodelle für diese Zielgruppen zu beraten und einen internen Prozess zu initiieren, diese Modelle im eigenen Hause zu implementieren und zu evaluieren.[4] Bundesweit wurden über 100 Groß-, Mittel- und Kleinunternehmen aller Branchen beraten und begleitet. Im norddeutschen Raum wurden diese Arbeitszeitberatungen von der F.G.H. Forschungsgruppe Hamburg durchgeführt.

Mobilzeit beinhaltet in diesem Zusammenhang alle Arbeitszeitmodelle, die sich von der Normalarbeitszeit im Hinblick auf Dauer (z.B. 50%, 80% etc.) und Lage (z.B. Mo/Di/Mi-Modelle) unterscheiden. Die traditionelle Halbtagsteilzeit ist hierbei nur ein Modell von vielen.[5]

(Vor-)Urteile im Sinne von "Führung ist nicht teilbar", "meine Mitarbeiter[6] wollen nicht in Teilzeit arbeiten", "eine halbe Führungskraft ist gar keine Führungskraft", "eine Führungskraft muss immer erreichbar sein", "mit Teilzeitarbeit ist die Karriere zuende", „wer nur Teilzeit arbeiten will, kann gleich ganz zu Hause bleiben" u.v.m., bestimmen oft noch dieses überwiegend tabuisierte Thema. Unternehmensinterne Mitarbeiterbefragungen liefern hier wichtige Basisdaten, um die Diskussion mit der Unternehmensleitung und den Führungskräften auf eine sachlich fundierte Ebene zu bringen. Unsere Erfahrungen zeigen, dass die Vorgesetzten ih-

---

[1] vgl. diesbezügl. Domsch et al. 1994 sowie Domsch et al. 1997

[2] vgl. auch Keese, 1996; Kutscher et al. 1998

[3] Bundesministerium für Familie, Senioren, Frauen und Jugend.

[4] vgl. Ladwig 2003, S. 889 ff.

[5] vgl. auch Domsch et al. 1998, S. 97 ff.

[6] Der besseren Lesbarkeit halber wird in diesem Artikel i.d.R. die männliche Schreibweise benutzt. Selbstverständlich sollen sich hierdurch Männer und Frauen angesprochen fühlen.

rer Mitarbeiter (Gruppenleiter und Abteilungsleiter) gerne in Mobilzeit arbeiten würden, sich aber aus Angst vor Karrierenachteilen nicht trauten, diese Wünsche zu äußern. Das Instrument der anonymen Fragebogenerhebung lieferte hier eindeutige Zahlen und eine nicht mehr wegzudiskutierende Mitarbeiternachfrage.

Es werden in diesem Aufsatz die folgenden Instrumente, die im Rahmen von Mitarbeiterspezialbefragungen zum Thema Mobilzeit zur Analyse der Ist-Situation eines Unternehmens eingesetzt wurden, zunächst kurz dargestellt und dann anhand von Beispielen aus verschiedenen Projekten illustriert und konkretisiert:

- Fragebogenerhebung
- Interviews
- Workshoperhebungen

2 Befragungsinstrumente im Rahmen der Mobilzeit-Thematik – Konzeption, Vorgehen, Ergebnisse

2.1 Fragebogenerhebung

Um ungefilterte, "ehrliche" Informationen über die Einstellung der Befragten zu erhalten, empfehlen sich je nach Intention, Zeit- und Kostensituation eine Total- (alle Mitarbeiter) oder eine Partialbefragung (nur Führungskräfte) mittels eines standardisierten, anonymen (oder teil-anonymen) Fragebogens. Unter einer teilanonymen Fragebogenbefragung wird hier verstanden, daß dem Befragten am Ende des Fragebogens die Möglichkeit eröffnet wird, auf freiwilliger Basis den eigenen Namen anzugeben. Damit wird in dieser Spezialbefragung zum Mobilzeitthema den Mitarbeitern die Gelegenheit gegeben, ihre Mobilzeit-Wünsche konkret zu nennen. In verschiedenen Befragungen machten unerwartet viele Mitarbeiter von diesem Angebot Gebrauch.

Der Vorteil einer Totalerhebung zum Thema Mobilzeit liegt darin, daß hiermit explizit auch die Einstellungen, Probleme, Wünsche und Befürchtungen der betroffenen Mitarbeiter von potentiellen Mobilzeit-Fach- und -Führungskräften zu diesem Themenbereich erfaßt werden können und sich nicht nur auf die Ansicht der Fach- und Führungskräfte selbst beschränkt wird. Die Erfahrungen des Projektes zeigen, daß es sehr wichtig für den Implementationserfolg eines "neuen" Mobilzeit-Modells war, daß die betroffenen Mitarbeiter und Kollegen der "Mobilzeitwilligen" Fach- und Führungskräfte einbezogen wurden und ihre Unterstützung zusicherten – die Einbeziehung der Mitarbeiter in die Befragung ist hierfür der erste Schritt. Zudem hatten sich diverse Unternehmen für eine Totalbefragung entschieden, damit nicht der Eindruck entstehen konnte, Mobilzeit sei ausschließlich etwas für Fach- und Führungskräfte und für Mitarbeiter niedrigerer Hierarchiestufen nicht möglich. Der Nachteil einer Totalerhebung liegt ohne Zweifel in dem erheblich höheren Aufwand (Auswertungszeit, Kosten etc.).

Im Rahmen des Mobilzeit-Projektes wurden von den beratenen Unternehmen - je nach Zielsetzung - alle Variationen an Befragungen durchgeführt.

2.1.1 Totalbefragung (unternehmensweit alle Mitarbeiter)

In mehreren großen Banken wurden anonyme oder auch teilanonyme Totalbefragungen aller Mitarbeiter durchgeführt. Diese Fragebogen-Aktionen waren jeweils Bestandteil eines umfassenden Projekts zur Erhöhung der Akzeptanz von Mobilzeit für Fach- und Führungskräfte. Funktions- und hierarchieübergreifend zusammengesetzte unternehmensinterne Projektgruppen führten das Mobilzeitprojekt gemeinsam mit der F.G.H. durch. Die F.G.H. empfahl stets, sich trotz der Zielgruppe Fach- und Führungskräfte, die oft außerhalb des Zuständigkeitsbereichs des Betriebsrats liegt, die Arbeitnehmervertretung von Anfang an in ein solches Projekt mit einzubeziehen und nicht erst dann, wenn eine Mitarbeiterbefragung durchgeführt werden sollte.

Mit einer Totalbefragung wurden meist mehrere Zielsetzungen verfolgt:

- *Information* aller Mitarbeiter darüber, daß sich das Unternehmen ernsthaft mit Mobilzeit auseinandersetzt und dieses Thema nicht nur als "nettes Angebot" an die Mitarbeiter versteht, sondern auch unternehmerische Ziele mit der Einführung von Mobilzeit verbindet. Dabei wurde auch darauf gesetzt, daß mit dieser Information und Befragung eine *Signalwirkung* für die Zielgruppe einherging.
- Erstellung eines *Meinungsbilds* aller Mitarbeiter: wird Mobilzeit als sinnvoll erachtet? Wo werden Probleme und Widerstände gesehen?
- Erhebung der *Arbeitszeitwünsche* der Mitarbeiter und der *Gründe*, weshalb diese Wünsche bisher noch nicht realisiert worden sind.

Die Basis des Erhebungsinstruments war jeweils ein Fragebogenkonzept der F.G.H., das von der hausinternen Projektgruppe in Zusammenarbeit mit dem jeweiligen Arbeitszeitberater modifiziert und an die speziellen Gegebenheiten der Banken angepasst wurde (vgl. Fragebogen im Anhang). In den meisten Unternehmen wurde der Fragebogen durch Informationsmaterial (z.B. eine Broschüre) über Mobilzeit generell und speziell ergänzt. Es wurden oft die vielfältigen Facetten von Mobilzeit sowie Chancen und Risiken für das Unternehmen und die Mitarbeiter dargestellt. Weiterhin wurden oft verschiedene Mobilzeitmodelle aufgeführt und erklärt (bis hin zu Rechenbeispielen, welche Auswirkungen bestimmte Verkürzungen der Arbeitszeit auf das Gehalt oder auch die Altersversorgung hätten).

Die Befragungen wurden meist durch die F.G.H. ausgewertet und dann zunächst im Rahmen der Projektgruppen diskutiert. Einige Unternehmen publizierten die Ergebnisse in Mitarbeiterzeitungen (z.B. Sonderhefte) und/oder im Rahmen von

Präsentationen, z.B. in Form eines Informationsmarktes an einem zentralen Ort (z.B. Werkskantine).

Die Umsetzung der Ergebnisse erfolgte in den Unternehmen in Eigenregie oder mit Unterstützung der F.G.H. In vielen Fällen wurde dabei als erster Schritt die Umsetzung konkreter Mobilzeit-Wünsche einzelner Mitarbeiter in Angriff genommen (z.B. in sog. Pilotanwendungen).

Über die Projektfortschritte wurde in der Folgezeit kontinuierlich informiert (z.B. über weitere Mitarbeiterzeitungen oder Rundschreiben). Hierdurch konnte in den Unternehmen das Thema Mobilzeit über einen langen Zeitraum hinweg belebt und forciert werden.

Rücklaufquoten bei Totalerhebungen zu Mobilzeit

Die Rücklaufquote lag bei den Totalbefragungen zwischen 35 und 65% (bezogen auf alle Mitarbeiter) – ein Ergebnis, das bei einer allgemeinen Mitarbeiterbefragung eigentlich unakzeptabel wäre, bei einer Spezialbefragung zu einem so neuen und auch mit soviel Risiko behafteten Thema wie Mobilzeit aber durchaus zu erwarten war. Interessanterweise beteiligten sich bei allen Befragungen annähernd genauso viele Männer wie Frauen an der Umfrage – ein Indiz dafür, daß es sich bei Mobilzeit keineswegs um ein "Frauenthema" handelt, sondern auch bei männlichen Befragten auf starkes Interesse stößt.

Meist lag die Rücklaufquote speziell bei den Fach- und Führungskräften bei über 50%. Es wird deutlich: das Thema stieß offensichtlich auch bei unserer "eigentlichen" Zielgruppe trotz des bisherigen "Tabu"-Status' auf starkes Interesse.

Ausgewählte Ergebnisse: Erste Anwärmung an das Thema

Entsprechend der oben genannten Zielsetzungen für Mobilzeit-Befragungen wurde der Fragebogen[7] i.d.R. damit begonnen, zunächst das allgemeine Interesse der Mitarbeiter an dem Thema Mobilzeit zu erfassen. Diese Fragen wurden dann sowohl für alle Mitarbeiter als auch speziell für die Zielgruppe ausgewertet. In der folgenden Abbildung 1 ist eines der typischen Ergebnisse zu sehen:

---

[7] Ein Beispielfragebogen findet sich im Anhang.

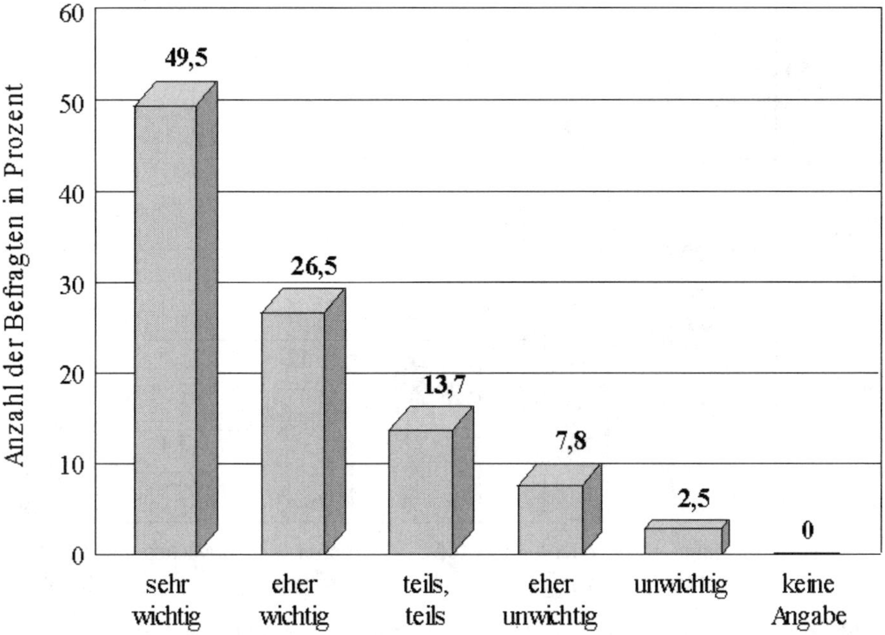

Abb. 1: Wie wichtig ist es für Sie, dass Ihr Unternehmen in der Zukunft verstärkt verschie dene Mobilzeit-Modelle anbietet? (n = 321)

Als nächstes wurde dann die Aufmerksamkeit direkt auf die Zielgruppe Fach- und Führungskräfte gelenkt, indem nach der Wichtigkeit der Öffnung der Mobilzeit-Modelle auch für Fach- und Führungskräfte gefragt wird. Ein Ergebnis einer solchen Frage zeigt die folgende Abbildung:[1]

[1] Um die Anonymität der beratenen Unternehmen zu wahren, werden in diesem Artikel die Ergebnisse aus *verschiedenen* Befragungen dargestellt. Daher liegen den Abbildungen auch unterschiedliche Grundgesamtheiten zugrunde.

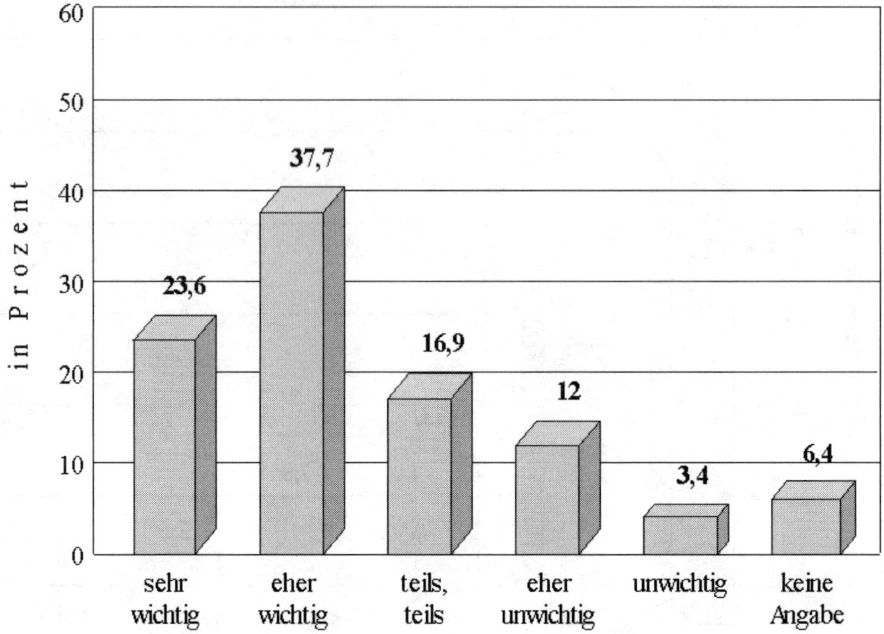

Abb. 2: Wie wichtig ist es für Sie, daß Ihr Unternehmen in Zukunft die flexibleren Arbeitszeitmodelle verstärkt auch für Fach- und Führungskräfte öffnet? (alle Befragten) (n=326)

Ausgewählte Ergebnisse: Hinführung zum eigenen Arbeitsplatzumfeld

Anschließend näherten sich die Fragen dem Arbeitsbereich der Befragten. Hier ging es darum, was die Befragten davon halten würden, wenn ihre Kollegen oder Vorgesetzten Mobilzeit in Anspruch nehmen (und entsprechend nicht in Vollzeit als Ansprechpartner für den Befragten zur Verfügung stehen). Stellvertretend für viele soll auch hier wieder ein Unternehmensergebnis dargestellt werden. In diesem Unternehmen fänden es über 80 % der Befragten gut oder sehr gut, wenn ihre Kollegen Mobilzeit in Anspruch nähmen. Stellt sich die gleiche Frage für die Vorgesetzten, so sind es immer noch über 60 %, die eine Inanspruchnahme von Mobilzeit (durch ihren direkten Vorgesetzten) für gut oder sehr gut halten. Betrachtet man bei dieser Fragestellung nur die von der Zielgruppe Fach- und Führungskräfte selbst gegebenen Antworten, so sind es bei der Frage nach dem Urteil über Inanspruchnahme von Mobilzeit durch den Vorgesetzten sogar knapp 70%, die dies befürworten.

Ausgewählte Ergebnisse: Die Mobilzeit-Fähigkeit des eigenen Arbeitsplatzes

Als nächstes wurde nun konkret der eigene Arbeitsbereich des Probanden in den Mittelpunkt gestellt, indem gefragt wurde, ob dieser Arbeitsplatz für mobilzeitfähig gehalten wird. Wichtig ist, dass es hierbei immer noch nicht um die persönlichen Wünsche des Arbeitnehmers geht, sondern um seine subjektive Einschätzung der Verhältnisse an seinem Arbeitsplatz. Dies wurde ganz bewusst so gestaltet, um Antworten zu erhalten, die nicht von etwaigen Ängsten, sich "outen" zu müssen ("Wenn ich jetzt ja sage, was hat das bloß für Konsequenzen z.B. für meine Karriere?!"), beeinflusst sind, sondern eine möglichst wertfreie, unverfälschte Einschätzung der Mitarbeiter widerspiegeln. Bei der folgenden Auswertung wurden die Antworten der Mitarbeiter, die bereits heute eine Mobilzeit-Position innehaben, nicht mit berücksichtigt.

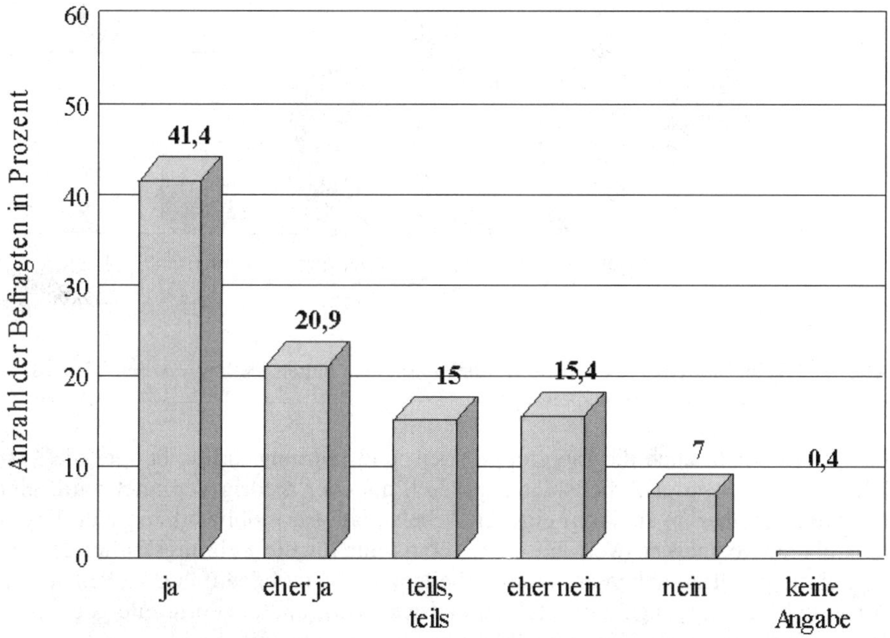

Abb. 3: Wenn Sie selbst noch nicht Mobilzeit arbeiten, halten Sie Ihren Arbeitsplatz für mobilzeitfähig? (alle Befragten, die noch nicht in Mobilzeit arbeiten, n=273)

Mehr als die Hälfte aller Befragten, die zur Zeit einen Vollzeitarbeitsplatz bekleiden, hält ihren Arbeitsplatz für mobilzeitfähig. Dieses Ergebnis konnte in allen Befragungen beobachtet werden – und stieß sowohl bei der jeweiligen Projektgruppe als auch beim entsprechenden Vorstand immer wieder auf große Überraschung: es wäre stets erheblich niedriger erwartet worden. Mit entsprechender Spannung wurde dann jeweils die Auswertung speziell für die Zielgruppe der Befragung betrachtet. In der nachfolgenden Abbildung 4 wurde die Zielgruppe danach unterteilt, ob es sich bei den Befragten um Fachkräfte ohne Führungsverantwortung (aber auf entsprechend hoher Hierarchieebene) oder mit Führungsverantwortung handelte.

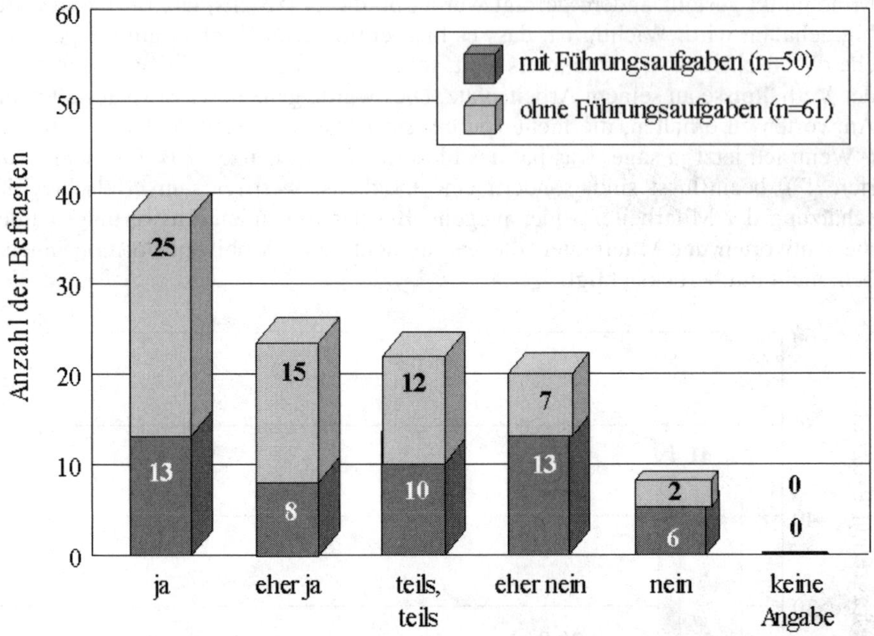

Abb. 4: Wenn Sie selbst noch nicht Mobilzeit arbeiten, halten Sie Ihren Arbeitsplatz für mobilzeitfähig? (nur Zielgruppe)

Es wird deutlich: auch die Zielgruppe Fach- und Führungskräfte, bei der die Mobilzeit-Fähigkeit ihrer Arbeitsplätze generell als eher niedrig vermutet wird, gibt zu über 50% an, daß sie ihren eigenen Arbeitsplatz für mobilzeitfähig hält. Ebenfalls überaus bemerkenswert ist das Ergebnis nur für die Führungskräfte: 21 von 54 Führungskräften geben an, ihren Arbeitsplatz für mobilzeitfähig zu halten – in Anbetracht der eingangs dargestellten und weit verbreiteten Vorurteile gegenüber Mobilzeit für Fach- und Führungskräfte ein erstaunliches Ergebnis.

Ausgewählte Ergebnisse: Eigenes Interesse an Mobilzeit

Im nächsten Schritt wurden die konkreten Arbeitszeitwünsche der Mitarbeiter erfasst. Bei der Analyse der Ergebnisse ist zu bedenken, dass Mobilzeit eine Form der Arbeitszeitgestaltung ist, die natürlich nicht für jeden Mitarbeiter in jeder Lebens- und Arbeitssituation erstrebenswert ist: es müssen bestimmte Rahmenbedingungen gegeben sein, damit Mobilzeit gewünscht und möglich ist. Dieses ist auch deutlich in den Befragungsergebnissen ablesbar.

Bevor auf verschiedene Formen der Arbeitszeitreduzierung eingegangen wird, sollte zunächst das Interesse, schon heute oder aber in Zukunft Mobilzeit zu arbeiten, abgefragt werden. Dazu beispielhaft einige Ergebnisse:

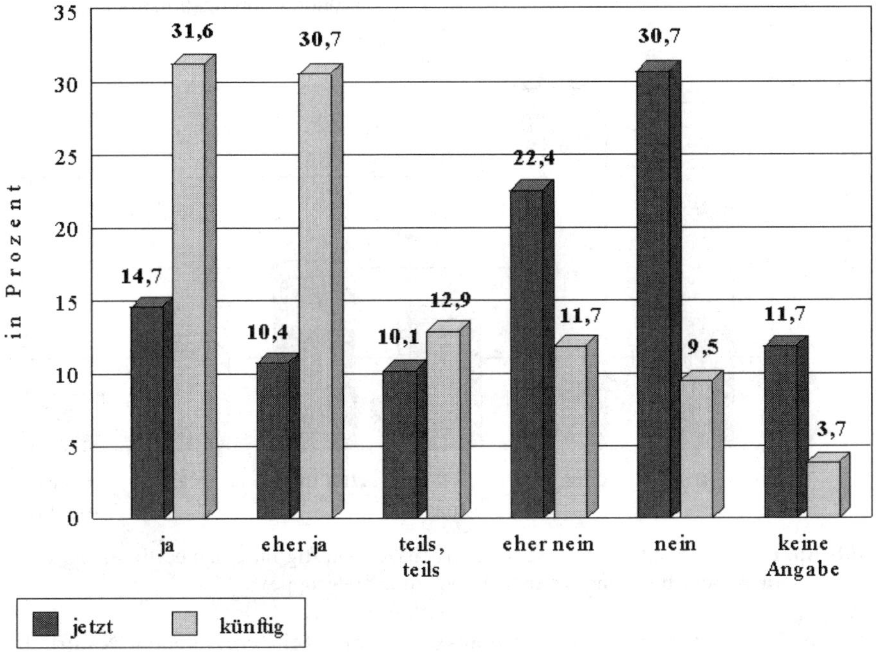

Abb. 5: Haben Sie Interesse, Ihre Arbeitszeit jetzt oder künftig für einen bestimmten Zeitraum oder für immer flexibler als bisher zu gestalten? (alle Befragten, n=326)

Im obigen Fall wurde generell nach einer Flexibilisierung der Arbeitszeit gefragt – also nicht nur nach einer Reduzierung (also Mobilzeit). Dennoch sehen Ergebnisse auf die Frage nach Mobilzeit oft ähnlich aus: die Mehrheit der Befragten hat üblicherweise eher kein Interesse daran, schon heute die Arbeitszeit zu reduzieren. Bei der Frage, ob zukünftig Interesse bestehen würde, antworten jedoch auch bei der Frage nach einer Reduzierung der Arbeitszeit über 50 % der Befragten mit "ja" / „eher ja" – übrigens auch bei der Zielgruppe Fach- und Führungskräfte!

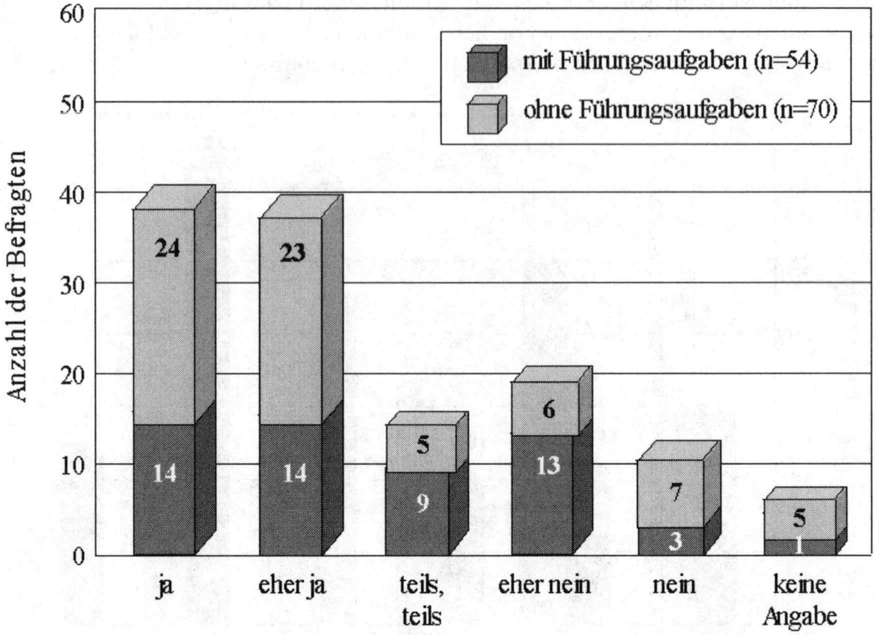

Abb. 6: Haben Sie selbst Interesse, Ihre Arbeitszeit künftig für einen bestimmten Zeitraum oder für immer zu reduzieren? (nur Zielgruppe)

Bei der Interpretation solcher Ergebnisse ist vorsichtig vorzugehen. Natürlich ist die Frage nach "Mobilzeit in der Zukunft" mit keinerlei Festlegung verbunden. Viele Mitarbeiter könnten hier nach dem Motto "naja, schaden wird es ja kaum, vielleicht habe ich ja tatsächlich mal Interesse daran" antworten. Insofern ist ein Schwerpunkt der positiven Antworten hier nicht überraschend. Wichtig ist diese Frage vor allem, um das Thema "Mobilzeit" im Unternehmen "salonfähig" zu machen: dadurch, daß über 50% der Befragten angeben, sich in der Zukunft eine Mobilzeit-Tätigkeit vorstellen zu können, wird die generelle Akzeptanz von Mobilzeit im Unternehmen deutlich gemacht. Diejenigen, die Mobilzeit arbeiten, stehen dann plötzlich nicht mehr als diejenigen dar, die ja "ach so faul" sind und "nur" Mobilzeit arbeiten, sondern als diejenigen, die es "schon geschafft" haben, sich den Wunsch nach Mobilzeit zu erfüllen.

Wichtig ist auch der richtige Umgang mit einer auf den ersten Blick niedrig erscheinenden Anzahl von Befragten, die *bereits heute* Mobilzeit arbeiten möchte. Wie oben bereits erwähnt, ist Mobilzeit ein Modell, das nicht in jede Lebens- und Arbeitssituation passt. Um so wichtiger ist es, die Mitarbeiter, die diese anonyme Befragung genutzt haben, um ihr aktuelles Interesse an Mobilzeit zum Ausdruck zu bringen, zu finden und zu ermitteln, was sie an der Umsetzung ihrer Mobilzeit-Wünsche hindert. In zwei Unternehmen stießen wir durch die Befragung auf jeweils 40 Mitarbeiter, die angaben, bereits heute Mobilzeit arbeiten zu wollen – gemessen an der Gesamtzahl der Befragten ist dies ein kleiner Prozentsatz, aber die absolute Zahl von 40 Mobilzeit-Willigen, die diesen Wunsch bisher noch nicht geäußert haben, ist eher als verhältnismäßig hoch einzuschätzen. Hier zeigte sich in den Unternehmen deutlicher Handlungsbedarf.

Ausgewählte Ergebnisse: Bevorzugte Mobilzeit-Modelle

Arbeitszeit kann in ihrer Lage und in ihrer Dauer variiert werden[2]. Nimmt man diese beiden Veränderungskomponenten zusammen, ergeben sich vielfältige Variationen, von denen im Rahmen der Befragungen die bevorzugten Mobilzeit-Modelle der Mitarbeiter erhoben werden sollten. Dazu wurde im Fragebogen eine Vielfalt von verschiedenen Modellen vorgegeben, die nach Bedarf individuell ergänzt werden konnte. Die Antworten wurden ausgezählt und in absoluten Zahlen (Anzahl der Nennungen) zusammengefasst dargestellt. Deutlich wurde bei diesen Auswertungen stets, dass Mobilzeit in der Tat nicht mit der klassischen Halbtagsarbeit gleichzusetzen ist – in der Regel stellten die Wünsche der Mitarbeiter einen bunten Strauß verschiedenster Arbeitszeitmodelle zusammen: Arbeitszeitkonten, Job-Sharing, Altersteilzeit, gleitende Rückkehr in den Beruf (z.B. nach längerer Fortbildung / Studium oder auch Erziehungsurlaub), Reduzierung auf 75%, 40%, 80%, einen Tag in der Woche frei, alle zwei Monate eine Woche frei, drei Monate frei im Jahr usw. Befragt nach dem Prozentsatz, um den die Mitarbeiter ihre Arbeitszeit am liebsten reduzieren würden, nannten die meisten, die hierzu eine Angabe machten, eine 25%ige Reduzierung.

Ausgewählte Ergebnisse: Was hindert die Befragten daran, ihre Mobilzeit-Wünsche tatsächlich umzusetzen?

Zum Abschluss des Fragebogens wurden die Gründe ermittelt, die die Befragten an der Umsetzung ihrer Mobilzeit-Wünsche hinderten. In den von der F.G.H. durchgeführten Befragungen wurde dies stets in Form einer offenen Frage erhoben, deren Antworten bei der Auswertung dann in verschiedene Gruppen zusammengefasst wurden. Mit großem Vorsprung standen dabei in der Regel finanzielle oder familiäre Gründe im Vordergrund (Mobilzeit ist nicht nur mit einer Reduzierung der Arbeitszeit, sondern entsprechend auch immer mit einer Reduzierung des Gehalts verbunden). Weitere Hinderungsgründe waren:

- Konkurrenz unter Kollegen
- Angst vor einem Karriereknick
- fehlende geeignete Vertretung
- mangelnde Akzeptanz durch den Vorgesetzten
- zu wenig Personal vorhanden, um die fehlenden Stunden "aufzufangen"

---

[2] vgl. Ladwig 2003, S. 889 ff.

Erstaunlich ist, wie selten das Argument “Kundenkontakt” von den Betroffenen selbst genannt wurde – die entsprechenden Vorgesetzten hingegen nutzen dieses Argument sehr häufig.

Im Rahmen einer Mobilzeit-Kampagne wurden die Ergebnisse dieser Frage dafür benutzt, nochmals darauf hinzuweisen, dass – neben finanziellen und familiären Gründen, die außerhalb des vom Unternehmen zu beeinflussenden Rahmens liegen – vor allem die Kollegen und Vorgesetzten der Hinderungsgrund für Mobilzeit sind.

2.1.2 Partialbefragung (zielgruppenspezifisch nur Führungskräfte)

Eine sog. Partialbefragung wurde im Rahmen des Mobilzeitprojektes z.B. in einer großen deutschen Versicherung als Führungskräftebefragung durchgeführt. Der Ablauf unterschied sich im wesentlichen nicht von den oben dargestellten Totalbefragungen. Die Ergebnisse wurden jedoch im Gegensatz zu den Totalbefragungen nicht im Detail an alle Mitarbeiter veröffentlicht, sondern nur im Rahmen von Führungskräftepräsentationen vorgestellt und im Themenzusammenhang diskutiert: “Wie gehen wir jetzt damit um, wie können wir die offensichtliche Nachfrage decken, welche Modelle eignen sich grundsätzlich, wie implementieren wir neue Modelle etc.”

Interessanterweise nahm in diesem, wie auch in einigen anderen befragten Unternehmen, die Rücklaufquote mit zunehmender Hierarchiestufe ab (mit Ausnahme des Vorstandes, der die Aktion voll unterstützte und zu 100% antwortete). Die Befragung zeigte, dass sich in diesem Unternehmen insbesondere die Bereichsleitungen dem Thema passiv widersetzten (sie füllten die Fragebögen nicht aus), und dass es einige Unternehmensbereiche gab (z.B. Versicherungsabwicklung), die eine signifikant geringere Nachfrage äußerten und auch signifikant höhere Probleme in einer Umsetzung sahen. Vertiefende Interviews in diesen Zielbereichen zeigten dann im Detail die Problemfelder auf. So herrschte beispielsweise in dem Bereich “Versicherungsabwicklung” ein sehr autoritärer Führungsstil, es gab wenig Offenheit und Vertrauen. Hier fehlte für eine erfolgreiche Implementierung von Mobilzeit einfach das notwendige Klima, eine positive Bereichskultur. Ein anderer Stabs-Bereich “Strategische Grundsatzfragen” bestand nur aus hochspezialisierten Fachleuten, die schon Probleme hatten, im Krankheitsfall oder im Urlaub den entsprechenden Fachkollegen zu vertreten. Mobilzeit würde hier erhebliche Zusatzprobleme aufwerfen. Auch nach unserer (neutralen) Einschätzung wäre Mobilzeit in diesem Bereich aufgrund der hohen Informationskosten betriebswirtschaftlich nicht zu vertreten.

Sehr interessiert und aufgeschlossen der Mobilzeit-Thematik gegenüber waren in diesem Unternehmen hingegen die Führungskräfte der Serviceabteilungen (EDV, Marketing, Organisation, Recht etc.). In diesen Bereichen wurden auch die ersten Umsetzungsmodelle implementiert.

So wurde nach der Präsentation der Befragungsergebnisse vor dem Vorstand ein Vorstandsbeschluss angeregt und erwirkt, im Bereich Anwendungsentwicklung und Marketing zwei Pilotumsetzungen "Mobilzeit" durchzuführen. Aktueller Anlass waren zwei hochqualifizierte Mitarbeiter aus diesen Bereichen (ein Gruppenleiter, eine Projektleiterin), die angekündigt hatten, drei Jahre in den Erziehungsurlaub gehen zu wollen. Mit den dann umgesetzten Mobilzeit-Modellen konnte wertvolles Know How im Unternehmen gesichert werden. Diese Mitarbeiter reduzierten temporär ihre Arbeitszeit (auf 20 bzw. 25 Std. für drei Jahre) und arbeiteten teilweise von zu Hause aus (4 bzw. 9 Std.). Sie waren über e-mail jederzeit erreichbar und waren montags und mittwochs ganztags (je 8 Std.) im Unternehmen ansprechbar. Über die einzelnen Schritte der Implementierung wurde regelmäßig dem Vorstand berichtet. Die beiden "Mobilzeit-Pilotanwender" fungierten im Anschluss als Mentoren für andere Mobilzeitinteressenten.

2.2 Mitarbeiterbefragungen in Form von Interviewreihen

Neben den klassischen Formen der Mitarbeiterbefragung (Fragebogenerhebung) besteht grundsätzlich auch die Möglichkeit, durch Interviews und/oder im Rahmen von Workshops (s.u.) Mitarbeitermeinungen zu erheben. Für Unternehmen, denen eine Fragebogenerhebung zu kosten- und zeitaufwendig erscheint, empfehlen sich z.B. quotierte Interviewreihen, in denen möglichst repräsentativ im Rahmen von leitfadengestützten offenen Interviews die Einstellungen, Ist-Situation, Problembereiche und Wünsche bzgl. Mobilzeit erhoben werden können.

Zielsetzung ist hier bspw. im Gegensatz zur Totalerhebung nicht die breite Information aller Mitarbeiter, sondern man sucht gezielt Ansprechpartner aus der Belegschaft heraus. Diese Methode bietet sich entsprechend auch dann an, wenn seitens des Projektteams Unsicherheit darüber besteht, ob das Unternehmen schon die notwendige Reife für dieses Thema mitbringt und daher "der große Wurf" unter Einbeziehung aller Mitarbeiter im ersten Schritt zunächst vermieden werden soll. Die ausgewählten Interviewpartner können sowohl von vornherein als potentielle Promotoren eingeschätzt werden (von diesen erhofft man sich vielleicht Hinweise auf positive Einflussfaktoren für die Thematik sowie auf Möglichkeiten zur Beseitigung von offensichtlichem "Sand im Getriebe") oder auch als Neutrale oder gar potentielle Gegner der Thematik (von denen man Gründe für ihre Haltung erfahren möchte). Letztere Gruppen kann man für das Thema zu sensibilisieren und ggf. für den weiteren Projektverlauf als Promotoren zu gewinnen versuchen.

Im Rahmen des Mobilzeitprojektes wurden bei einer großen norddeutschen Versicherung mit dieser Methode 15 Interviews in verschiedenen Bereichen geführt. Die Befragten gehörten dabei unterschiedlichen Hierarchieebenen und Altersgruppen (Quotierung) an, unter ihnen war z.B. u.a. die Leitung Zentrales Rechnungswesen, Leitung Revision und die Leitung der Anwendungsentwicklung. Im Rahmen der Interviews wurden folgende drei Schwerpunktbereiche abgefragt:

- Statistische Angaben (Alter, Unternehmenszugehörigkeit, Funktion, Mitarbeiterzahlen, derzeitige Teilzeitquote etc.)
- Einstellung zu Mobilzeit (Einschätzung von Vor- und Nachteilen, Probleme, gewünschte und/oder unproblematische Mobilzeitmodelle)
- Nachfrage nach Mobilzeit

Der strukturierte Interviewleitfaden (s. Anhang) bot viele Möglichkeiten, auch "hinter den Kulissen" zu befragen, was bei einer standardisierten Fragebogenerhebung nur begrenzt im Rahmen offener Fragen möglich gewesen wäre. Zudem hatte der Interviewer in diesem Zusammenhang die Möglichkeit, auf Einzelpunkte sofort und konkret einzugehen und diese zu hinterfragen.

Einige der nachfolgenden ausgewählten Interviewergebnisse sollen die Unterschiede zu einer Befragung mittels Fragebogen verdeutlichen. Es kamen u.a. folgende Kommentare zum Vorschein, die über einen Fragebogen wohl so nicht zu erheben gewesen wären:

Beurteilung der Mobilzeitaktion

- Die allgemeine Stimmung im Haus ist so schlecht (genereller Personalabbau, Szenario 2010, Einstellungsstop, Umstrukturierungen), daß Mobilzeit meines Erachtens keine Chance hat, die Mitarbeiter haben einfach Angst um ihren Arbeitsplatz.
- Mobilzeit ist zu sehr mitarbeiterorientiert, was sind die Vorteile für das Unternehmen?
- Personal wird eingespart bzw. in Mobilzeit geschickt, aber die sollten mal stattdessen die teuren Mieten reduzieren.

Probleme bei der Implementation von Mobilzeit

- Bei Spezialisten würde es viel Zeit kosten, wenn jemand anderes die Arbeit übernehmen sollte.
- Bei Teamarbeit ist Teilzeit schwerer realisierbar, da der Aufwand für Absprachen etc. wesentlich erhöht wird.
- Bei uns muss die Führungskraft jederzeit ansprechbar sein, weil die Mitarbeiter sich nicht trauen, selbständig Entscheidungen zu treffen. (Anmerkung der Autoren: dies ist ein Führungsproblem, kein Mobilzeitproblem!)
- Solange der Vorstand nicht auch mitmacht und vormacht, klappt das nicht.
- Führungskräfte haben heute mehr zu tun als früher (gleiche Arbeit mit weniger Mitarbeitern), jetzt noch Mobilzeit und es geht gar nichts mehr.
- Sekretärinnen sind gestrichen worden, Führungskräfte müssen jetzt teilweise selbst Briefe schreiben, Mobilzeit ist da nicht mehr drin.

Die Interviews wurden in Interviewprotokollen dokumentiert und in einer Zusammenfassung dem Vorstand zusammen mit Vorschlägen zum weiteren Vorgehen präsentiert. So zeigten die Interviews eindeutig, daß drei bestimmte Bereiche im Unternehmen besondere Probleme mit Mobilzeit äußerten. Hier wurde dann in der Umsetzung direkt mit Sonderaktionen angesetzt.

2.3 Workshops (Zielgruppenspezifische Gruppenbefragungen)

Erhebungen im Rahmen von Workshops haben den Vorteil, dass sich die gesamte Workshopgruppe (und damit viele Mitglieder der Zielgruppe, hier Fach- und Führungskräfte) gleichzeitig intensiv mit dem zu behandelnden Thema befasst. Durch die entstehende Gruppendynamik können Problembereiche und Einzelaspekte aufgedeckt und in einer Tiefe diskutiert werden, die im Rahmen von Fragebogenerhebungen und Interviews so meist nicht erreicht werden kann. Als eindeutiger und oft gravierender Nachteil dieses Instrumentes ist aber auf der anderen Seite die Gefahr der Polarisierung (Meinungsführer setzt seine Meinung gegen die Gruppenmehrheit durch) und der Meinungsunterdrückung (Gruppenmitglieder verstecken sich in der Gruppe und halten ihre Meinung zurück) zu nennen. Diesen Nachteilen wurde in den von der F.G.H. durchgeführten Workshops dadurch begegnet, dass die Großgruppe für intensive Gruppenarbeitsphasen in Kleingruppen aufgeteilt wurde. Durch anonyme Kartenabfragen bei kritischen Fragen wurde des weiteren gewährleistet, dass jeder seine Ansichten äußern konnte, ohne dass einzelne Personen die Stimmung und Meinung der Gruppe dominierten.

Ziele der Workshops

Die Ziele dieser Workshops zum Thema Mobilzeit lassen sich wie folgt zusammenfassen:

- *Information* der Teilnehmer über das Thema Mobilzeit für Fach- und Führungskräfte allgemein sowie speziell über die Gründe des Unternehmens, sich mit dieser Thematik auseinanderzusetzen.
- *Sensibilisierung* der Workshopteilnehmer für das Thema Mobilzeit
- Gewinnung der Teilnehmer als *Promotoren* für Mobilzeit
- *Ermittlung und Diskussion* der von der Zielgruppe gesehenen Chancen und Risiken von Mobilzeit für das Unternehmen sowie für die Zielgruppe
- Erstellung eines *Meinungsbilds* : wird Mobilzeit als sinnvoll erachtet?

Damit steht mit dieser Form der Befragung ein Mittel zur Verfügung, durch das nicht nur die Meinung der Zielgruppe erfasst wird, sondern darüber hinaus auch sofort mit den beteiligten Fach- und Führungskräften das konkrete weitere Vorgehen diskutiert werden kann.

Ähnlich wie bei der anonymen oder teilanonymen Befragung sollte auch bei der Durchführung von Workshops darauf Wert gelegt werden, dass nicht der Eindruck entsteht, dass einzelne Mitarbeiter sich "outen" sollen. Während des gesamten Workshops wurde nicht ein einziges Mal die Frage gestellt, ob einer der Anwesenden Interesse hätte, selbst Mobilzeit zu arbeiten. Die Ermittlung des konkreten Mobilzeitbedarfs der Teilnehmer war nicht Ziel des Workshops.

Teilnehmerkreis

Zu den Workshops wurden ausschließlich Fach- und Führungskräfte eingeladen. Vertreter der Projektgruppen konnten auf Wunsch ebenfalls teilnehmen. Dadurch wurde auch sichergestellt, dass der Betriebsrat nicht übergangen wurde. Da in vielen Unternehmen die Ansicht vorherrschte, dass sich Mobilzeit nur top-down im Unternehmen etablieren ließe, wurden in der Regel die beiden obersten Führungsebenen der Unternehmen eingeladen. Die Einladung wurde in der Regel vom Vorstand mit unterzeichnet.

Die Erfahrung zeigt, dass in nahezu allen Unternehmen die Beteiligung an den Workshops sehr hoch war – durchschnittlich nahmen rd. 90 % der eingeladenen Fach- und Führungskräfte an den Workshops teil.

Aufbau der Workshops

Die Workshops waren im wesentlichen aus folgenden Bausteinen zusammengesetzt, die je nach Unternehmen variieren konnten:

- Einleitung (Begrüßung, Vorstellungsrunde, Darstellung des Workshop-Ablaufs und der Ziele)
- Grundlagen (Vortrag zur Vermittlung fundierter Informationen zum Thema Mobilzeit)
- Präsentation der Ergebnisse von Befragung bzw. Interviews
- Gruppenarbeit
- Präsentation der Gruppenergebnisse und Diskussion
- Erarbeitung von Lösungsansätzen und Konzeption für das weitere Vorgehen
- Abschluss, Zusammenfassung und Feedback

Es wurden sowohl ganztägige als auch halbtägige Workshops durchgeführt.

Ausgewählte Ergebnisse

In allen Workshops wurden Chancen und Risiken von Mobilzeit für das Unternehmen, die mobilzeitarbeitende Fach- oder Führungskraft selbst sowie deren Arbeitsfamilie (Vorgesetzter, Kollegen und Mitarbeiter) per Kartenabfrage gesammelt. Mit den Risiken wurde anschließend weitergearbeitet, indem gefragt wurde, wie nach Meinung der Teilnehmer diesen Risiken entgegengewirkt werden könne.

Als größtes Risiko wurde oft gesehen, dass die Fach- oder Führungskraft zwar ihre Arbeitszeit reduziert, die Menge der Aufgaben aber unverändert bleibt und somit zwar eine Bezahlung nach Mobilzeit-Kriterien erfolgt, aber dennoch Vollzeit-Leistung gebracht werden muss.

Weiterhin wurde von der Zielgruppe die Beeinträchtigung des Kundenkontaktes sowie die durch Abwesenheit von Entscheidern bedingte Verzögerung von Entscheidungen genannt.

Für diese und weitere erkannte Risiken wurden im nächsten Schritt Lösungsmöglichkeiten erarbeitet, deren Darstellung an dieser Stelle den Rahmen sprengen würde.[3] Nach der Diskussion weiterer Fragen (z.B. "Welche Stellen in ihrer Abteilung/in Ihrem Bereich sind eher problemlos mobilzeitfähig, welche sind eher schwierig in Mobilzeit zu besetzen und warum?") wurde gegen Ende des Workshops üblicherweise ein Stimmungsbild erstellt, in dem erfasst wurde, für wie wichtig (für das Unternehmen) die Workshop-Teilnehmer das Thema erachten und inwiefern sie bereit wären, dieses Thema selbst aktiv zu unterstützen, so dass die Workshops mit einem klaren Meinungsbild der Zielgruppe jeweils beendet wurden.

3 Abschließende Betrachtungen

Es ist deutlich geworden, dass je nach Zielsetzung unterschiedliche Formen der Mitarbeiterbefragung zur Erfassung des von den Mitarbeitern gesehenen Handlungsbedarfs zu neuen Fragestellungen im Personalwesen geeignet sind.

Die Implementation innovativer Mobilzeitmodelle bietet Chancen und Risiken für das Unternehmen und die Betroffenen. Mit Hilfe einer Implementationsstrategie, die eine der oben dargestellten Erhebungsinstrumente zur Analyse der Mitarbeitermeinungen beinhaltet, kann einerseits ein Großteil der Risiken (falsches Modell, Implementationsfehler, Widerstand der Mitarbeiter etc.) eliminiert werden und andererseits können die damit verbundenen Chancen effektiv genutzt werden (Erhöhung der Zufriedenheit der mobilzeitarbeitenden Führungskraft, Motivation, höhere Flexibilität etc).[4] Aktionen, Modelle und Veränderungen sollten, gestützt auf die Befragungsergebnisse, gezielt, zielgruppenspezifisch und nachfrageorientiert konzipiert und initiiert werden.

Wichtig ist, dass die Mitarbeiterbefragung in ein Gesamtkonzept eingebunden ist, d.h. dass das Unternehmen bereits vor dem Vorliegen der Ergebnisse für mögliche Resultate und deren Konsequenzen Strategien entwickelt, wie auf die Ergebnisse

---

[3] vgl. Bundesministerium für Familie, Senioren, Frauen und Jugend 2000

[4] vgl. weiterführend auch Dellekönig, 1995; Straumann, et al. 1996

zu reagieren ist. Mitarbeiterbefragungen ohne ein solches Konzept können einen Veränderungsprozess kaum erfolgreich in Gang setzen.[5] Im Gegenteil: Befragungen, deren Ergebnisse "versanden" und auf die keine merkliche Reaktion/Aktion folgt, wirken eher kontraproduktiv, da durch sie Hoffnungen geweckt werden, die im Anschluss nicht erfüllt werden.

Literatur

Bundesministerium für Arbeit und Sozialordnung, Bundesanstalt für Arbeit und Bundesministerium für Familie, Senioren, Frauen und Jugend (Hrsg.), (1997): Mobilzeit. Ein Leitfaden für Arbeitnehmer und Arbeitgeber, Bonn.

Bundesministerium für Arbeit und Sozialordnung, Bundesanstalt für Arbeit und Bundesministerium für Familie, Senioren, Frauen und Jugend (Hrsg.), (1997): Mobilzeitmappe: Arbeiten in neuer Form. Entscheidungshilfen für Arbeitgeber, Bonn.

Bundesministerium für Familie, Senioren, Frauen und Jugend (Hrsg.), (2000): Mobilzeit für Fach- und Führungskräfte – Handbuch für Personalverantwortliche und Führungskräfte, Bonn.

Dellekönig, Ch. (1995): Der Teilzeitmanager – Argumente und erprobte Modelle für innovative Arbeitszeitregelungen, Frankfurt / New York.

Domsch, M. E./Kleiminger, K. (1997): Modellversuch: Teilung einer Leitungsposition im Ortsamt Wilhelmsburg. Herausgegeben vom Senatsamt für die Gleichstellung, Hamburg.

Domsch, M.E./Kleiminger, K./Ladwig, D.H./Strasse, Ch. (1994): Teilzeitarbeit für Führungskräfte – Eine empirische Analyse am Beispiel des hamburgischen öffentlichen Dienstes, München /Mering.

Domsch, M.E./Kleiminger, K./ Strasse, Ch. (1996): Job Sharing für Führungskräfte. In: ZfO, S. 97-100.

Keese, G. (1996): Neue Arbeitszeiten für Fach- und Führungskräfte, Mainz.

Kutscher, J./Weidinger, M./Hoff, A. (1998): Flexible Arbeitszeitgestaltung – Praxis-Handbuch zur Einführung innovativer Arbeitszeitmodelle, Wiesbaden.

Ladwig, D.H. (2003): Mobiles Arbeiten – Möglichkeiten der Arbeitszeitflexibilisierung für Führungskräfte. In: Rosenstiel, L.; Regnet, E.; Domsch, M.E. (Hrsg.): Führung von Mitarbeitern, 5. Auflg., S. 849-863, Stuttgart.

Straumann, L.D./Hirt, M./Müller, W.R. (1996): Teilzeitarbeit in der Führung, Zürich.

Weidinger, M. (1996): Betrieblicher Informationsbedarf im Zusammenhang mit der Einführung von Teilzeitarbeit für Fach und Führungskräfte, Berlin.

[5] vgl. auch Weidinger 1996

Anhang

FRAGEBOGEN zu Mobilzeit

1. Wie wichtig ist es für Sie, daß Ihr Unternehmen in Zukunft verstärkt verschiedene Mobilzeit-Modelle anbietet?

- ☐ sehr wichtig
- ☐ eher wichtig
- ☐ teils, teils
- ☐ eher unwichtig
- ☐ unwichtig

2. Wie wichtig ist es für Sie, daß Ihr Unternehmen in Zukunft unterschiedliche Mobilzeit-Varianten verstärkt auch für Fach- und Führungskräfte öffnet?

- ☐ sehr wichtig
- ☐ eher wichtig
- ☐ teils, teils
- ☐ eher unwichtig
- ☐ unwichtig

3. Was halten Sie davon, wenn einige Ihrer Kolleginnen und Kollegen Mobilzeit in Anspruch nehmen?

Das finde ich ...

- ☐ sehr gut
- ☐ gut
- ☐ teils, teils
- ☐ eher schlecht
- ☐ schlecht

4. Was halten Sie davon, wenn einige Ihrer Vorgesetzten Mobilzeit in Anspruch nehmen?

Das finde ich ...

- ☐ sehr gut
- ☐ gut
- ☐ teils, teils
- ☐ eher schlecht
- ☐ schlecht

5a. Arbeiten Sie selbst in Mobilzeit?

☐ ja
☐ nein

5b. Wenn „nein“:

Halten Sie Ihren derzeitigen Arbeitsplatz für mobilzeitfähig?

☐ ja
☐ eher ja
☐ teils, teils
☐ eher nein
☐ nein

5c. Warum oder warum nicht?

Bitte nennen Sie Ihre drei wichtigsten Gründe

1. ______________________________

____

2. ______________________________

____

3. ______________________________

____

6. Haben Sie selbst Interesse, Ihre Arbeitszeit jetzt oder künftig für einen bestimmten Zeitraum oder für immer zu reduzieren?

jetzt:

☐ ja
☐ eher ja
☐ teils, teils
☐ eher nein
☐ nein

künftig:

☐ ja
☐ eher ja
☐ teils, teils
☐ eher nein
☐ nein

7. Wenn Sie sich vorstellen könnten, Ihre Arbeitszeit für einem bestimmten Zeitraum oder für immer zu reduzieren, welche Form/Formen würden Sie sich wünschen?
(Mehrfachnennungen möglich)

Lage der Arbeitszeit

☐ von bis Uhr
☐ vormittags
☐ nachmittags
☐ bestimmte Tage im Monat, z. B. 15 Tage
☐ bestimmte Tage in der Woche, z. B. 3 Tage
☐ bestimmte Zeiträume pro Halbjahr

Dauer der Arbeitszeit pro Woche

☐ 10 – 19 Stunden
☐ 20 – 25 Stunden
☐ 26 – 30 Stunden
☐ 31 – 35 Stunden
☐ mehr als 35 Stunden

Dauer der Arbeitszeit pro Monat

☐ 1 Woche Vollzeitarbeit
☐ 2 Wochen Vollzeitarbeit
☐ 3 Wochen Vollzeitarbeit

Dauer der Arbeitszeit pro Jahr

- ☐ von Monat bis Monat
- ☐ 6 Monate Vollzeitarbeit
- ☐ 7 Monate Vollzeitarbeit
- ☐ 8 Monate Vollzeitarbeit
- ☐ 9 Monate Vollzeitarbeit

Formen der Arbeitszeit

- ☐ Job-Sharing (zwei Personen teilen sich einen Arbeitsplatz)
- ☐ Gleitender Übergang in den Ruhestand
- ☐ Gleitender Übergang zuürck in das Berufsleben (z. B. nach dem Erziehungsurlaub)
- ☐ Arbietszeit-Konten (z. B. 1.400 Stunden im Jahr)
- ☐ Reduzierung auf .... % der Vollarbeitszeit
- ☐ Arbeiten zu Hause (z. B. Telearbeit)
- ☐ Tätigkeit auf Abruf mit festen Zeitkontingenten (Rahmenarbeitsvertrag)
- ☐ ______________________________
- ☐ ______________________________

Wie können Sie sich Mobilzeit noch vorstellen?
Bitte erläutern Sie Ihre Ideen:

____

____

____

____

____

____

____

8. Was hindert Sie daran, Ihre Mobilzeit-Wünsche umzusetzen?

9. Gibt es über die bisherigen Fragen hinaus noch etwas, das Sie uns zum Thema Mobilzeit mitteilen möchten (Anregungen, Kritik etc.)?

Persönliche Daten

Die Fragebögen werden *anonym* von der F.G.H. Forschungsgruppe Hamburg ausgewertet. Um die Nachfrage nach Mobilzeit konkret feststellen zu können, benötigen wir einige statistische Angaben von Ihnen. Durch diese Angaben wird die Anonymität nicht beeinträchtigt!

Ich bin

☐ männlich
☐ weiblich

Mein Alter

☐ bis 20 Jahre
☐ 21 – 30 Jahre
☐ 31 – 40 Jahre
☐ 41 – 50 Jahre
☐ 50 Jahre

Meine Funktion beinhaltet:

Führungsaufgaben

☐ ja
☐ nein

Kundenbetreuung

☐ ja
☐ nein

Meine Tarifgruppe ist:

☐ unter TG 6
☐ TG 6/7
☐ TG 8/9
☐ AT

Mein Bereich :

____

____

Hinweis:
Falls Sie sich schon jetzt konkret mit dem Bereich Personal über Ihre Mobilzeit-Wünsche unterhalten möchten, können Sie sich gern jederzeit an Ihre zuständige Personalbetreuerin/ihren zuständigen Personalbetreuer wenden.

Bitte geben Sie den ausgefüllten Fragebogen im verschlossenen Umschlag bis zum .... in die interne Post. Die gesammelten Fragebögen werden von der Poststelle 1 x wöchentlich an die F.G.H. weitergeleitet. Wir werden Sie ca. .... über die Ergebnisse der Befragung informieren.

Interviewleitfaden
zur Erhebung der Nachfrage/Akzeptanz von Mobilzeit in Unternehmen

- **Vorstellung der Interviewerinnen und des Mobilzeitprojektes**

- **Interviewfragen:**

I. Statistische Angaben:

1. Name
2. Alter
3. Geschlecht
4. Unternehmenszugehörigkeit
5. Funktion
6. Wie viele Mitarbeiter in dem Bereich?
7. Wie viele Frauen/Männer?
8. Teilzeitquote

II. Einstellung zu Mobilzeit:

1. Was halten Sie vom Mobilzeitprojekt?

2. Gibt es in Ihrem Bereich schon Erfahrungen mit Teilzeit, und wenn ja, welche? Welche Modelle werden praktiziert?

3. Wie wichtig ist für Sie, daß Ihr Unternehmen in Zukunft verstärkt flexiblere Arbeitszeitmodelle anbietet?

4. Gibt es in Ihrem Arbeitsbereich Zeitprobleme, und wenn ja, welche?

5. Was halten Sie davon, wenn Ihre
   - Mitarbeiter/innen
   - Kollegen/innen
   - Vorgesetzten

   Teilzeitarbeit in Anspruch nehmen?

6. Welche Probleme sehen Sie generell bei einer Teilzeitbeschäftigung?
   - weniger Möglichkeiten, Qualifikationen einzusetzen
   - Rückkehrmöglichkeiten zur Vollzeitbeschäftigung schwierig
   - schlechtere tarifliche und soziale Leistungen
   - geringere Aufstiegschancen
   - geringeres Ansehen im beruflichen und sozialen Umfeld
   - Gehalt einer Teilzeitbeschäftigung reicht nicht aus
   - geringere Möglichkeiten, an Weiterbildung teilzunehmen
   - weniger Akzeptanz bei Kundinnen/Kunden
   - weniger Akzeptanz bei Vorgesetzten
   - weniger Akzeptanz bei Kolleginnen/Kollegen
   - weniger Akzeptanz bei Mitarbeiterinnen/Mitarbeitern
   - Erhalt wichtiger Informationen nicht mehr gesichert
   - Sonstiges (ausführen)

7. Für wie wichtig erachten Sie diese Probleme? (Gewichtung 1 - 5)

8. Wenn Sie sich vorstellen, in Ihrem Bereich würden Mitarbeiter den Wunsch nach Arbeitszeitflexibilisierung äußern,
   a) welche Form/Formen meinen Sie, werden am meisten gewünscht?
   b) welche Form/Formen halten Sie für besonders gut/unproblematisch einführbar, welche für besonders schlecht/problematisch?

Auswahl an Arbeitszeitmodellen:
Lage der Arbeitszeit: vormittags / nachmittags / bestimmte Tage im Monat, zB. 15 Tage/ bestimmte Tage in der Woche, z.B. drei
Dauer der Arbeitszeit: 10-19 Std. pro Woche / 20-25 Std. pro Woche / 25-30 Std. pro Woche / 30-35 Std. pro Woche / mehr als 35 Std. pro Woche,½ bzw. 3 Wochen Vollzeitarbeit pro Monat, 12/9/8/7/6 Monate Vollzeitarbeit pro Jahr
Weitere Formen: Job Sharing (zwei Personen teilen sich einen Arbeitsplatz), gleitenden Übergang in den Ruhestand, gleitenden Übergang in das Berufsleben, Sabbatical, mehr Urlaub, z.B. Tariferhöhung, Ausgleich in zusätzlichen Urlaubstagen

9. Wie kann Ihr Unternehmen Ihrer Meinung nach die Einführung flexiblerer Arbeitszeitformen fördern?
   - interne Stellenausschreibungen für Teilzeitarbeit
   - Aufgeschlossenheit der Vorgesetzten für Teilzeit fördern
   - Arbeitsplätze auf Teilzeitfähigkeit untersuchen
   - weitere Teilzeitoffensiven
   - stärkeres Commitment von oben
   - Festlegung einer verbindlichen Teilzeitquote pro Bereich
   - Sonstiges (ausführen)

III. Nachfrage nach Mobilzeit

1. Wie viele Stunden arbeiten Sie im Durchschnitt pro Woche?

2. Wie viele Überstunden fallen bei ihnen und in Ihrem Bereich im Durchschnitt pro Monat an?

3. Wieviel Prozent der Arbeitsplätze in Ihrem Bereich halten Sie derzeit für teilzeitfähig?

4. Bei wie vielen Ihrer Mitarbeiter vermuten oder wissen Sie von einem Teilzeitwunsch?

5. Halten Sie Ihren eigenen Arbeitsplatz für teilzeitfähig?

6. Können Sie sich vorstellen, Ihre Arbeitszeit jetzt oder in Zukunft flexibler als bisher zu gestalten?

7. Wegen welcher Gründe können Sie sich vorstellen, Ihre Arbeitszeit zu flexibilisieren?
   - Kinder
   - Partnerschaft
   - andere familiäre Verpflichtungen
   - Zeit für mich selbst, Hobbies
   - gesundheitliche Gründe
   - Weiter- bzw. Fortbildung
   - Arbeitsbelastung
   - ehrenamtliches Engagement
   - Sonstiges (ausführen)

8. Welche Gründe für Teilzeitarbeit seitens Ihrer Mitarbeiter sind für Sie akzeptabel?
   (Auswahl siehe oben)

9. Gibt es sonst noch etwas, das Sie zum Thema Mobilzeit anmerken möchten?

Mitarbeiterbefragung und betriebliches Gesundheitsmanagement (BGM)

Peter Nieder

1 Die Ziele von betrieblichem Gesundheitsmanagement (BGM)

Die Praxis zeigt, dass durch Projekte des betrieblichen Gesundheitsmanagement Krankenstand, Absentismus, Unfallzahlen und Fluktuation verringert und damit u.a. die Lohnfortzahlungskosten reduziert werden können. Sinkende Arbeitsunfähigkeitsraten bedeuten rückläufige Fehlzeitenkosten für die Unternehmen und eine Begrenzung der Krankenkassenausgaben. Das wiederum entlastet die Unternehmen auch indirekt im Bereich der Lohnnebenkosten.

Wenn bewirkt wird, dass gesündere, motiviertere und leistungsfähigere Menschen im Unternehmen arbeiten, werden von BGM die Ziele erreicht.

Abb. 1: Organisationsentwicklung und Gesundheitsmanagement

Hierbei sind Mitarbeiter die wahren Experten für Ihre Arbeitssituation. Keiner steht (oder sitzt) so lange an einem Arbeitsplatz wie der dafür zuständige Mitarbeiter.

2 Mitarbeiterbefragungen bei Projekten des BGM

Im Rahmen des betrieblichen Gesundheitsmanagements soll der Gesundheitszustand der Mitarbeiter verbessert werden. Hierzu ist zunächst eine Bestandsaufnahme des Gesundheitszustandes zu Beginn des Projektes erforderlich.

Bei der Ausgangs-Untersuchung geht es vielfach um subjektive qualitative Einflussfaktoren, die eine Rolle spielen. Von daher bietet sich zur Analyse des Gesundheitszustandes der Mitarbeiter an, zunächst einige Expertenbefragungen durchzuführen, um eine Idee der möglichen Problembereiche zu erhalten, um dann in Form von qualitativen Gruppendiskussionen weiter auf diese Bereiche einzugehen und eventuell auch noch andere Einflußfaktoren zu finden.

Hierbei ist es sinnvoll zunächst den "status quo" im Unternehmen bezüglich des Gesundheitszustandes der Mitarbeiter sowie der Arbeitsbelastungen festzustellen. Dazu eignen vor allem die folgenden drei Instrumente

- Expertenbefragung
- Schriftliche Befragungen
- Mitarbeiterbefragung

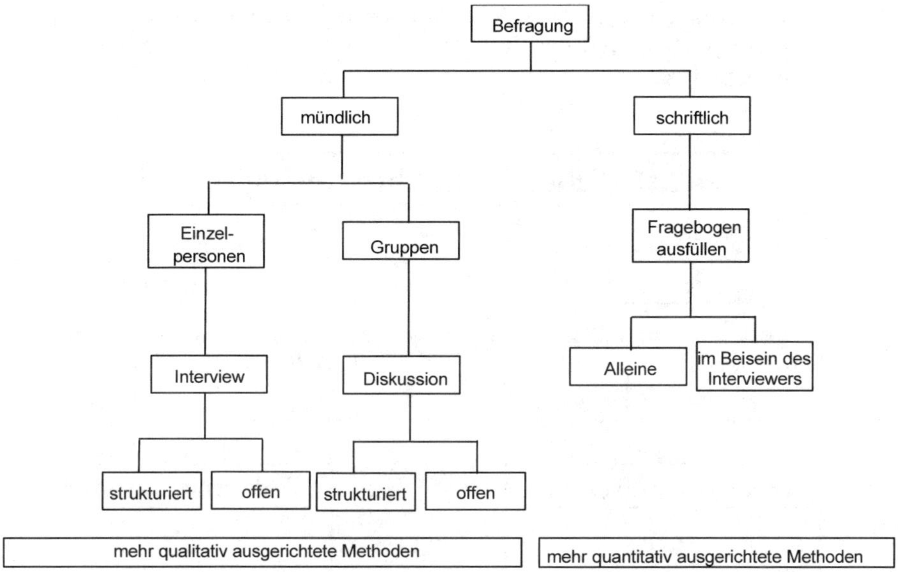

Abb. 2: Formen der Befragung (eigene Darstellung)

Damit eine Befragung zu erfolgreichem betrieblicher Gesundheitsmanagement führt, sind folgende Voraussetzungen zu erfüllen:

- Befragungen in Unternehmen sind (vor allem wenn sie zum ersten Mal durchgeführt werden) häufig mit Ängsten der Mitarbeiter verbunden. Das gilt vor allem dann, wenn in den Unternehmen Umstrukturierungsmaßnahmen geplant sind und realisiert werden. Aus Furcht vor möglichen Konsequenzen haben Mitarbeiter Angst, offen Ihre Meinung zu sagen.

- Für den Erfolg einer Mitarbeiterbefragung ist es daher sehr wichtig, dass die Teilnahme der Mitarbeiter freiwillig und Anonymität gewährleistet ist. In einer vertrauensvollen Atmosphäre sind die Mitarbeiter bereit, sich offen und frei zur Arbeitssituation in ihrem Unternehmen zu äußern.

- Zur Erfüllung dieser Voraussetzungen empfiehlt es sich die Befragung mit einem externen Moderator durchzuführen, der für die Mitarbeiter glaubwürdig ist und ihre Anonymität garantiert.

- Außerdem ist von Anfang an der Betriebsrat mit einzubeziehen, damit er die Befragung akzeptiert und unterstützt. Die Mitarbeiter sind frühzeitig über die Befragung zu informieren.

- Genauso wichtig wie die gute Vorbereitung und Organisation der Befragung ist ihre Auswertung und die Entscheidung darüber, wie mit den Ergebnissen umgegangen wird.

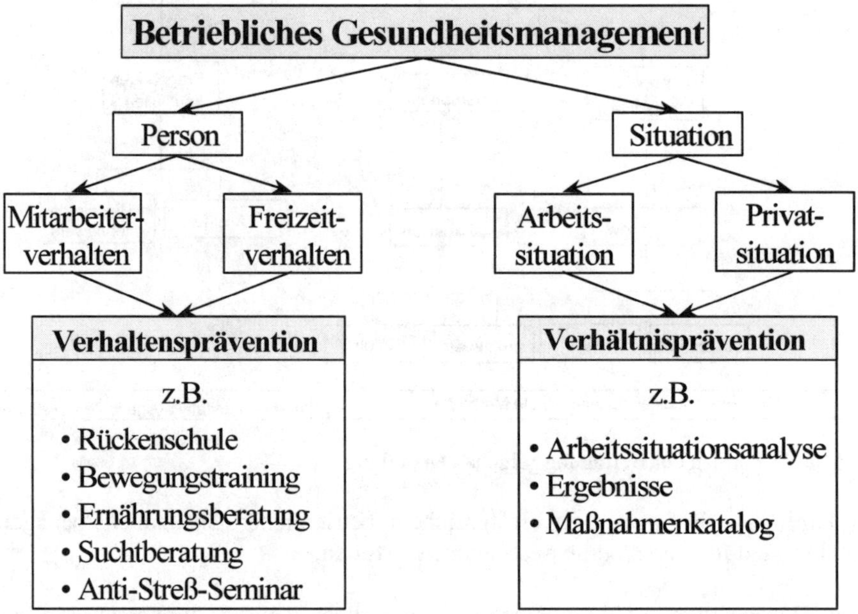

Abb. 3: Erreichung der Ziele in Projekten des BGM

Betriebliches Gesundheitsmanagement lässt sich in Verhaltens- und Verhältnisprävention unterteilen. Krankheiten, die durch Verhaltensänderungen zu beeinflussen sind, lassen sich in der Regel durch eine schriftliche Befragung erfassen. Krankheiten, die aufgrund von Verhältnissen in der Arbeitssituation bestehen, werden genauer durch eine Arbeitssituationsanalyse erfasst. Im folgenden wird kurz auf Experteninterviews als Vorbereitung der Arbeitssituationsanalyse sowie auf schriftliche Mitarbeiterbefragungen eingegangen. Intensiv wird daran anschließend auf die Arbeitssituationsanalyse dargestellt.

Expertenbefragung

Zu den Experten gehören z.B. der Werksarzt und die Betriebskrankenschwester sowie der Sicherheitsbeauftragte, die in detaillierten Einzelgesprächen zu gesundheitlichen Problemen und Belastung der Arbeitssituation befragt werden. Basierend auf den Erkenntnissen der Expertenbefragungen können Mitarbeiterbefragungen vorbereitet werden.

Schriftliche Mitarbeiterbefragungen

In einer schriftlichen Mitarbeiterbefragung, kann der Gesundheitszustand der Mitarbeiter detailliert abgefragt werden. Bei einer Koppelung mit dem Bereich, in dem der Mitarbeiter beschäftigt ist, lassen sich Rückschlüsse auf ungünstige Arbeitssituationen finden.

Vor allem können mit dieser Form der Mitarbeiterbefragung auch Krankheiten erfasst werden, die nicht direkt mit der Arbeitssituation in Zusammenhang stehen (z.B. Diabetes).

Diese Form der Abfrage erfolgt in der Regel durch einfaches Ankreuzen (Bestimmte Krankheiten vorhanden oder nicht). Auf der Grundlage der schriftlichen Befragung lässt sich z.B. eine Bestandsaufnahme des Gesundheitszustandes erstellen. Basierend auf den Ergebnissen können Maßnahmen im Bereich der Verhaltensprävention wie z.B. Kurse zur gesunden Ernährung oder Rückenschule initiiert werden.

Arbeitssituationsanalyse

Für jedes Unternehmen ist es wichtig zu wissen, wie die Mitarbeiter ihre Arbeitssituation beurteilen. Jeder Mitarbeiter kennt die Probleme an seinem Arbeitsplatz. Wenn er sie nicht sagt, dann einfach deswegen, weil er bis jetzt nicht gefragt wurde.

Eine Einbeziehung aller Mitarbeiter als die wahren Experten für ihre Arbeitssituation ist durch eine Mitarbeiterbefragung möglich.

Sowohl schriftliche als auch mündlich Befragungen sind möglich, sinnvoll und haben ihre Vor- und Nachteile (vgl. Nieder, P., 1997).

Wer eine schriftliche Befragung zur Arbeitssituation plant, kann mit einem relativ geringen Aufwand eine große Zahl von Mitarbeitern befragen, muss sich jedoch mit den folgenden Problemen auseinandersetzen:

Probleme bei der Durchführung von Befragungen

1. Wissenschaftler machen sich an ihren Schreibtischen Gedanken über mögliche Probleme und fragen auch nur nach diesen, sie finden ihre vorher selbst versteckten "Ostereier" (Neuberger).

2. Es werden offene Fragen gestellt, die von vielen Mitarbeitern wenig beantwortet werden.

3. Bei der Stellung von geschlossenen Fragen werden die Antworten gleich mitgeliefert.

4. Bei Beantwortung nach Arbeitsende wird der Fragebogen möglicherweise von irgend jemandem ausgefüllt.

Wer eine mündliche Befragung durchführen will, kann mit sogenannten Einzelinterviews, die in dieser Übersicht angesprochenen Probleme vermeiden, erreicht aber aufgrund des hohen zeitlichen Aufwandes, der mit Einzelinterviews verbunden ist, eine geringe Anzahl von Mitarbeiter.

Ein Kompromiss dieser beiden Vorgehensweisen - schriftlich oder mündlich - der die meisten Vorteile bietet, ist eine mündliche Befragung als Gruppendiskussionsverfahren. Dabei ist es möglich, 10 bis 15 Mitarbeiter auf einmal zu befragen.

Rahmenbedingungen für die Durchführung einer Arbeitssituationsanalyse („ASA“)

Eine Mitarbeiterbefragung muss vorbereitet werden und von den betrieblichen Entscheidungsträgern (Betriebsrat, Geschäftsführung) genehmigt werden.

Die Mitarbeiter einer Befragungsgruppe sollen aus einer Abteilung sein, um eine Zuordnung zu einer bestimmten Arbeitssituation und zu einem direkten Vorgesetzten zu ermöglichen. Wenn dies nicht realisierbar ist sollen sie zumindest aus einem Bereich sein, um vergleichbare Arbeitssituationen zu haben. Es werden 10 bis maximal 15 Mitarbeiter pro Befragungstermin befragt. Die Teilnehmer sind aus einer Hierarchieebene. Vorgesetzte werden an separaten Terminen befragt.

Die Kern-Prinzipien der „ASA"

- Die Vorgehensweise erzeugt Bewegung im Körper (die Mitarbeiter müssen aufstehen und auf dem Flip-Chart ihren Strich machen) und im Kopf (sie müssen ihre Arbeitssituation reflektieren).
- Die Ergebnisse sind leicht auszuwerten (der Moderator zählt die abgegebenen Striche).
- Das Ergebnis ist für alle deutlich sichtbar (transparent) und nachvollziehbar (Ergebnisse können damit weniger als „Munition" für spezifische Interessen missbraucht werden).

Vorgehen bei der „ASA"

Durchführung der Arbeitssituationserfassung

⇩

Auswertung und Zusammenfassung der Protokolle der einzelnen Befragungen

⇩

Vorstellung der Ergebnisse vor der Projektgruppe und dem Steuerkreis

⇩

Entwicklung eines strukturierten Leitfadens zur Entwicklung von Maßnahmen in der Projektgruppe

⇩

Entwicklung von Maßnahmen anhand der Ergebnisse der Arbeitssituationserfassung durch die Projektgruppenmitglieder

⇩

Diskussion der Maßnahmen in der Projektgruppe und Verabschiedung eines Maßnahmenkataloges

⇩

Diskussion der Maßnahmen im Steuerkreis

⇩

Festlegung, welche Maßnahmen bei der Datenrückkopplung vorgestellt/angekündigt werden sollen

⇩

Datenrückkopplung an die Mitarbeiter

Abb. 4: Vorgehen bei der „ASA"

- Die Mitarbeiter nehmen in einer Gruppenarbeit selbst eine Komprimierung ihrer Wünsche vor und setzten damit Prioritäten.

Bevor die eigentliche Befragung durchgeführt werden kann, muss diese vorbereitet werden:

1. Information über die Inhalte der Mitarbeiterbefragung
2. Definition der Befragungsgruppen
3. Festlegung der Befragungszeiten
4. Festlegung des Befragungsortes
5. Raumausstattung
6. Information der Mitarbeiter

Abb. 5: Checkliste Mitarbeiterbefragung

Die Arbeitssituationsanalyse (ASA) ist ein Gruppendiskussionsverfahren, in dem qualitative Daten erhoben werden. Befragt werden Gruppen eines Bereiches und einer Hierachieebene mit 10 bis 15 Teilnehmern. Die Befragung läuft in drei Schritten ab.

Im ersten Schritt werden die Mitarbeiter gefragt:

Halten Sie eine Veränderung Ihrer Arbeitssituation für
- sehr wichtig
- teilweise wichtig
- nicht wichtig?

Hierbei sollen die Mitarbeiter ihre Antwort in Form eines Striches an einem Flip-Chart geben.

Folgende Frage leitet den zweiten Schritt ein:

In welchen Bereichen soll eine Veränderung Ihrer Arbeitssituation stattfinden?
1.) Umgebung des Arbeitsplatzes
2.) Organisation
3.) Vorgesetztenverhalten
4.) Tätigkeit
5.) Gruppenklima

Die Mitarbeiter haben als erstes die Möglichkeit die 5 Antwortvorgaben zu ergänzen. Dann haben sie die Aufgabe zwei Striche abzugeben, die sowohl beide in einem Bereich, als auch in zwei unterschiedlichen Bereichen liegen können. Die drei Spitzenreiter der „Hitliste der Kritik" werden diskutiert. Den Anstoß dazu gibt die Frage:

Woran haben Sie gedacht, als Sie z.B. bei Umgebung des Arbeitsplatzes Ihren Strich gemacht haben?

Der Moderator hat bei der anschließenden Diskussion die Aufgabe, für alle sicht- und nachvollziehbar im Telegrammstil am Flip-Chart zu protokollieren, wobei wichtige Aussagen vollständig festgehalten werden sollen.

Den dritten Schritt bildet zum Abschluss eine Gruppenarbeit. Dabei sollen sich 4 bis 5 Mitarbeiter auf

drei Wünsche zur Verbesserung der Arbeitssituation

einigen.

Weitere Fragen sind je nach Ziel der Befragung zu ergänzen.

4. Was gefällt ihnen bei dem Unternehmen XY besonders gut?
5. Welche Instrumente der PE kennen Sie?
6. Was halten Sie von diesen Instrumenten?

Die Rolle des Moderators bei der Gruppendiskussion

Die Aufgaben des Moderators bestehen in der Leitung der Diskussion, dem Stellen der Fragen und dem Protokollieren der Antworten. Dies setzt einiges Geschick voraus. Gerade bei der Leitung der Gruppendiskussion kann es zu Problemen kommen:

Die Mitarbeiter sind zum Teil nur sehr schwer dazu zu bewegen, an das Flip-Chart zu gehen, um ihre Striche zu machen. Hierbei besteht die Möglichkeit, das Flip-Chart umzudrehen und jeden einzelnen Mitarbeiter hinter das Flip-Chart treten zu lassen, um dort seinen Strich zu machen.

Bei der Diskussion ist darauf zu achten, dass nicht nur ein Gruppensprecher seine Meinung äußert. Hierbei kann es hilfreich sein, offene Fragen an den Rest der Gruppe zu stellen. Ein weiteres Problem sind Mitarbeiter, die der Befragung bzw. einigen Punkten der Befragung, wie z.B. der Regel, dass Vorgesetzte nicht an der Befragung teilnehmen dürfen, sehr negativ gegenüberstehen.

Je nach Situation kann die Durchführung der Befragung auf verschiedene Arten erfolgen:

1. Der Moderator arbeitet offen (Transparenz für alle!) am Flip-Chart.

2. Der Moderator arbeitet zur Erfassung der „Hitliste der Kritik“ mit der Methode „Kartenabfrage“.

3. Der Moderator arbeitet mit einem herumgedrehten (d.h. für die Befragten nicht einsehbarem) Flip-Chart (gegen den „Leithammel-Effekt).

4. Der Moderator arbeitet teilweise schriftlich d.h. das oben dargestellte Kernkonzept wird auf einem Blatt an die Befragten ausgeteilt, die füllen das Blatt aus, der Moderator sammelt die Blätter ein und wertet die Ergebnisse am Flip-Chart aus.

Die Vorteile der Arbeitssituationsanalyse gegenüber anderen Befragungsformen liegen in folgenden Punkten:

- Da die Befragungsteilnehmer aufstehen müssen, um am Flip-Chart ihren Strich zu machen, **erzeugt die Vorgehensweise Bewegung** (vielleicht nicht nur im Körper, sondern auch im Kopf).

- Da zur Auswertung lediglich die Striche am Flip-Chart ausgezählt werden, ist mit der Vorgehensweise eine **leichte Auswertbarkeit** verbunden.

- Mit diesem zweiten Aspekt ist auch der wichtigste Vorzug der Vorgehensweise verbunden: eine **vollkommene Transparenz**. Alle sehen, wie die Ergebnisse zustande kommen und Unstimmigkeiten können sofort diskutiert werden.

- Die Ergebnisse sind schneller ermittel- und verfügbar. Zwischen der Befragung und der Bekanntgabe der Ergebnisse vergeht kaum Zeit.

- Die Bereitschaft der Mitarbeiter zur konstruktiven Zusammenarbeit und zur Lösung der aufgedeckten Probleme ist weitaus größer. Die Mitarbeiter sind durch den Diskussionsprozess während der Befragung aktiviert.

- Die Kommunikation wird durch den Befragungstermin angeregt und dadurch schon verbessert.

Datenanalyse der „ASA“

Die Auswertung soll für die Befragten nachvollziehbar sein. Das heißt, sie sollen die Ergebnisse nachher als ihre eigenen identifizieren können. Dies geschieht zum einen dadurch, dass die ersten beiden Fragen der ASA "Halten sie Veränderungen an Ihrem Arbeitsplatz für.." und "In welchen Bereiches der ASA sollte die Veränderung liegen?" für alle Befragten am Flip-Chart sichtbar beantwortet werden. In der Gesamtauswertung werden diese Strichlisten zu Häufigkeitsauszählungen zusammengefasst.

Ein Problem ist die Auswertung der Gruppendiskussion. Auch hier wird versucht, eine möglichst große Transparenz der Auswertung zu erreichen, indem die wichtigsten Punkte der Diskussion am Flip-Chart festgehalten werden. Hierbei liegt das Problem nun darin, dass diese Einzelergebnisse in eine sinnvolle Struktur sortiert werden müssen. Jede Gruppe wählt andere Bezeichnungen für den gleichen

Sachverhalt. Aus diesen Gründen erscheint es sinnvoll, die einzelnen Stichworte zu den einzelnen Problembereichen inhaltlich in weitere Unterpunkte zu gliedern.

Ein anderes Problem der Auswertung liegt darin, dass in der Regel Gruppen von 10 bis 15 Personen befragt werden. Bei der Auswertung ist darauf zu achten, dass die Ergebnisse für die Projektgruppe und die Geschäftsleitung, der sie zunächst vorgestellt werden, nicht zugeordnet werden können. Gerade in einem kleineren Unternehmen, wo sich die meisten Mitarbeiter untereinander kennen, ist es leicht nachvollziehbar, welche Aussage von welchem Mitarbeiter gemacht worden ist, da vor allem kleinere Unternehmen zum Beispiel nur eine technische Abteilung besitzen, deren Mitarbeiter alle zum gleichen Zeitpunkt befragt worden sind. Daher kann man leicht vermuten, welcher der 10 bis 15 Mitarbeiter eine bestimmte Aussage gemacht hat. Da dies nicht Sinn der Untersuchung sein kann, muss versucht werden, die einzelnen Befragungsgruppen sinnvoll zusammenzufassen, so dass die Ergebnisse nicht mehr klar einzelnen Mitarbeitern zuzuordnen sind. Hierbei bietet es sich an die Gruppen entsprechend ihren Aufgaben im Betrieb zusammenzufassen. D.h. den kaufmännischen oder den Bürobereich in dem einen Fall und die Produktion im anderen Fall. Je nachdem wieviele Mitarbeiter befragt worden sind, kann man diese Grobunterteilung weiter verfeinern und auf einzelne Produktions- oder Bürobereiche eingehen.

Aus den Aufzeichnungen der einzelnen Sitzungen werden Ergebnisprotokolle entwickelt, die neben dem Gesamtprotokoll, welches eine Zusammenfassung aller Ergebnisse enthält, dem Unternehmen als Ergebnis der Befragung präsentiert werden.

Ein großer Vorteil dieser Vorgehensweise liegt in der Vermeidung der Fehlinterpretation von Statistiken: Zahlen sagen allein oft nur wenig aus, wenn notwendiges Hintergrundwissen fehlt.

Maßnahmen-felder	**unter-nehmens-spezifisch**	**abteilungs-spezifisch**	**Prioritäten** A sofort (innerhalb von 6 Monaten) realisierbar B mittelfristig (innerhalb eines Jahre) realisierbar C langfristig (innerhalb von 3 Jahre) realisierbar D nicht realisierbar
ergonomisch			
strukturell			
personell			

Abb. 6: Maßnahmenraster

Zunächst werden die zusammengefassten Ergebnisse in schriftlicher und mündlicher Form präsentiert. Diese Ergebnisse aus den einzelnen Befragungsterminen sind mit dem Ziel zu diskutieren, einen Katalog von Maßnahmen zur Verbesserung der Arbeitssituation der Mitarbeiter zu entwickeln. Dabei kann das folgende Maßnahmenraster verwendet werden, da nicht alle Maßnahmen realisiert, bzw. sofort realisiert werden können.

Nach der Diskussion der Ergebnisse und der Entwicklung erster Maßnahmenansätze werden die Ergebnisse vorgestellt.

Datenrückkopplung

Genauso wichtig wie die gute Vorbereitung und Organisation der Analyse ist die Auswertung der Daten aus Experten- und Mitarbeiterbefragungen und die Entscheidung darüber, wie mit den Ergebnissen umgegangen wird. Dabei kann eine Beteiligung der Mitarbeiter durch eine Datenrückkopplung intensiviert werden.

In einer solchen Datenrückkopplung werden die Mitarbeiter in einer strukturierten Moderationsveranstaltung über ihre Ergebnisse informiert. Die abteilungsspezifischen Befragungsergebnisse werden diskutiert, die Ursachen für bestimmte Ergebnisse werden erforscht. Als Ergebnis solcher Datenrückkopplungsrunden können Maßnahmenkataloge zur Verbesserung der Arbeitssituation der Mitarbeiter entwickelt werden. Ein solcher Prozess, die Ergebnisse in Form von Maßnahmenkatalogen aufzuarbeiten und die Realisierung der Maßnahmen, liegt bei fast allen Maßnahmen im Interesse des Unternehmens und der Mitarbeiter.

Die Datenrückkopplung wird dabei den einzelnen Zielgruppen entsprechend in vier Schritten durchgeführt (Nieder, 1986, S. 263).

1. Darstellung und Diskussion in der Projektgruppe,

2. Bericht mit Darstellung und Interpretation über die möglichen Ursachen der Ergebnisse der empirischen Untersuchung an die Geschäftsführung,

3. Präsentation der Untersuchungsergebnisse vor den Führungskräften mit einer Diskussion der Ursachen für die Befragungsergebnisse,

4. Kommunikationsmarkt für die Mitarbeiter (Nieder, P.; 1986, S. 263).

In diesem Schritt werden denjenigen Personen, bei denen die Daten erhoben wurden, Informationen über die Ergebnisse gegeben und die Ergebnisse gemeinsam mit ihnen gedeutet und interpretiert.

In einem zweiten Schritt werden, basierend auf den Ergebnissen der Befragung und der Datenrückkopplung, den Beschäftigten des Unternehmens gezielt bestimmte Maßnahmen angeboten. Die Verhaltensprävention zielt dabei auf eine

Veränderung des Verhaltens (z.B. Aufgabe des Rauchens, gesündere Ernährung, gesundheitsgerechtere Bewegung usw.). Krankheits- oder risikospezifische Primärprävention, früherkennende Sekundärprävention und rehabilitative Tertiärprävention leisten dabei im Sinne einer umfassenden Gesundheitsförderung Beiträge. Die Verhältnisprävention zielt auf eine Veränderung der Verhältnisse. Zur Verhältnisprävention zählen z.B. Maßnahmen, die bei der „Hardware" ansetzen (ergonomische Bestuhlung, gesündere Computerarbeitsplätze, benutzerfreundliches Werkzeug usw.), wie auch Maßnahmen, die sich auf die "Software" beziehen (Verbesserung der Organisationsstruktur, des betrieblichen Kommunikationsflusses etc.).

Im folgenden werden das Vorgehen und die Ergebnisse in einem Projekt des betrieblichen Gesundheitsmanagement vorgestellt.

Das Projekt „Gesundheit gewinnt"

Bei dem Projekt „Gesundheit gewinnt" geht es um die Entwicklung, Durchführung und Evaluation eines Gesamtkonzeptes zum betrieblichen Gesundheitsmanagement bei der Beiersdorf AG in Hamburg. Ziel war es, den Gesundheitszustand der Mitarbeiterinnen und Mitarbeiter zu verbessern und ihre Motivation und Arbeitszufriedenheit zu erhöhen.

Über einen Zeitraum von fünf Jahren wurden für alle Mitarbeiter vielfältige Aktivitäten und Maßnahmen durchgeführt. Die AOK Hamburg förderte die Teilnahme ihrer Versicherten an den Programmaktivitäten zusätzlich durch Zahlung eines finanziellen Bonus. Das gesamte Projekt wurde wissenschaftlich begleitet und evaluiert.

Je nach Sichtweise geht es um die Reduzierung von Fehlzeiten und somit der Krankenstandskosten an den betrieblichen Personalkosten, um die Verbesserung der Arbeitssituation, um die Humanisierung der Arbeit, um die Motivation der Arbeitnehmerinnen und Arbeitnehmer und ihre Beteiligung an betrieblichen Entscheidungen.

Das Projekt „Gesundheit gewinnt" versteht sich als ein Konzept eines systematischen Gesundheitsmanagement. Damit ist gemeint, dass es sich nicht nur um eine Verknüpfung verschiedener Einzelmaßnahmen, sondern um die Entwicklung eines zusammenhängenden und damit auf die spezifischen Problemlagen des Unternehmens abgestimmten Konzeptes handelt.

Bevor mit der Planung von präventiven Maßnahmen begonnen werden konnte, war in einer Vorlaufphase der betriebliche Gesundheitsstatus festzustellen. Hierzu wurden vier Instrumente ausgewählt, mit deren Hilfe eine Beschreibung der betrieblichen Situation aus der Sicht der Mitarbeiter für den Gesundheitsbericht zusammengetragen wurde.

- Eine Befragung von 30 innerbetrieblichen Experten, wie Betriebsärzten, Fachleute für Arbeitssicherheit, Sozialberaterinnen, Schwerbehindertenbeauftragter, Betriebsräte usw.,

- die breit angelegte Befragung aller Mitarbeiter zum Gesundheitsstand der Beschäftigten, zu Anforderungen und Belastungen am Arbeitsplatz und durch die Arbeitstätigkeit, zur Einstellung der Mitarbeiter gegenüber der Gesundheitsförderung im Betrieb und dem Projekt, zu Interessen und Teilnahmebereitschaft an den geplanten Aktivitäten, zum Gesundheitsmanagement und zur Motivation zum gesundheitlichen Verhalten,

- die qualitative Arbeitssituationsanalyse als Gruppendiskussion mit Fragen nach den Erwartungen an das Projekt und den wichtigsten Wünschen zur Verbesserung der Arbeitssituation sowie

- die Analyse der Arbeitsunfähigkeiten (AU) aufgrund der Arbeitsunfähigkeitsbescheinigungen lieferten das Material für eine erste Analyse von objektiven Fakten und subjektiven Meinungen (Schmidt, 1997, S. 202).

Die Ergebnisse der Analysephase des Projektes wurden als *Erster Betrieblicher Gesundheitsbericht für die Hamburger Betriebsstätten der Beiersdorf AG* dem Steuerungsgremium vorgelegt. Die beteiligten Wissenschaftler haben damit gleichzeitig den Grundstein für die Evaluation des Vorhabens gelegt.

Auf der Grundlage dieses Datenmaterials erfolgte die Entwicklung und Umsetzung eines wirksamen und betriebsspezifischen Maßnahmenbündels.

Nach Abschluss des fünfjährigen Projektes kann festgestellt werden, dass die Beteiligung der Mitarbeiter an den einzelnen Angeboten gut war und dadurch Verhaltensänderungen ermöglicht wurden, die langfristig Auswirkungen auf den Krankenstand haben. Bereits während der Projektlaufzeit wurden die Fehlzeiten erheblich gesenkt.

Literatur

Brandenburg, U. / Nieder, P. (2003): Betriebliches Fehlzeiten-Management. Anwesenheit der Mitarbeiter erhöhen, Instrumente und Praxisbeispiele, Wiesbaden.

Kastner, M. (1994): Personalpflege, München.

Nieder, P. (1986): Gruppen-Feedback-Analyse, Zeitschrift für Organisation, S.263.

Nieder, P./Susen, B (Hrsg.) (1997): Betriebliche Gesundheitsförderung, Bern u.a.

Nieder, P. (1997): Erfolg durch Vertrauen, Wiesbaden.

Schmidt, A. (1997): Das Projekt "Gesundheit gewinnt". In: Nieder, P./Susen, B (Hrsg.): Betriebliche Gesundheitsförderung, Bern u.a., S. 199-212.

Weise, E. (1990): Betriebliche Gesundheitsvorsorge, in: Personalführung, S. 433-343.

Wie schafft man ein Gesundheitsklima? Eine stressbiologische Mitarbeiteruntersuchung im Flugzeugbau

Joachim E. Fischer und Udo Meckenstock

1 Zusammenfassung

Die Gesundheitsanalyse im Gemeinschaftsbetrieb Manching ist Teil einer größeren Untersuchung, welche die Eidgenössische Technische Hochschule Zürich mit den EADS Werken in Augsburg und Manching, der Dornier Flugzeugwerft (DFW) sowie mit der Synlab Laborgemeinschaft durchführt. Im Gemeinschaftsbetrieb Manching (EADS/DFW) geht die Untersuchung über eine reine Zustandsanalyse mit Maßnahmenvorschlägen hinaus. Der Gesundheitsanalyse folgte ein Maßnahmenpaket, das darauf abzielt, Verhältnisse am Arbeitsplatz sowie das persönliche Gesundheitsverhalten innerhalb und außerhalb des betrieblichen Kontextes nachhaltig zu verändern.

Die Gesundheitsanalyse ist eine ganzheitliche Diagnostik bei den Beschäftigten. Sie berücksichtigt sowohl psychische, psychosoziale und psychosomatische Faktoren, als auch die modernsten Erkenntnisse der medizinisch-biologischen Präventivdiagnostik. Die Diagnostik liefert sowohl für die einzelne Person als auch für den Betrieb Hinweise für gezielte Maßnahmen. Durch optimierte und gestraffte Prozessorganisation, standardisierte Auswertung und Einkauf der Laborleistungen bei einem Großanbieter kann die Analyse kostengünstig realisiert werden. Der Aufwand pro Mitarbeiter beträgt weniger als die Hälfte der Kosten pro Ausfalltag eines Beschäftigten.

Die Gesundheitsanalyse erfasst mittels Fragebogen die Arbeitssituation, wesentliche psychosoziale Faktoren und Stressoren bei der Arbeit, das persönliche Gesundheitsverhalten, das persönliche Umfeld sowie eine Reihe medizinischer und psychosomatischer Beschwerdenkomplexe einschließlich Erschöpfung und Burnout. Eine umfassende medizinische und stressbiologische Untersuchung ergänzt die Fragebogendaten. Der Betrieb erhält aggregiert auf Bereichsbasis eine detaillierte Aufschlüsselung der Befunde. In Rückmeldeworkshops erarbeiten Führungskräfte und Mitarbeiter auf der Basis dieser Befunde konkrete Maßnahmen zur Verbesserung der Verhältnisse am Arbeitsplatz.

Persönliche Gesundheitsberichte an jede teilnehmende Person sind das zweite zentrale Merkmal der Untersuchung. Bei etwa 10% der Betroffenen war der persönliche Bericht - zum Teil ergänzt durch eine individuelle persönliche Beratung -

Anlass für nachhaltige Verhaltensänderungen oder medizinische Behandlung bisher unbekannter Risikofaktoren. Aus gesundheitsökonomischer Sicht ist die Analyse damit eine kostengünstige Präventivmaßnahme.

2 Hintergrund

Das kompetitive wirtschaftliche Umfeld stellt immer höhere Anforderungen an die Produktivität der Mitarbeiterinnen und Mitarbeiter. Mehr denn je sind Flexibilität, hohe Leistungsbereitschaft und Eigenverantwortung gefragt. Gleichzeitig bedingt der demografische Wandel ein steigendes Durchschnittsalter der Belegschaft. Zunehmende Belastungen und/oder mit dem Alter abnehmende Resilienz können sich nicht nur sehr nachteilig für die Gesundheit einzelner Beschäftigter akkumulieren, sie beeinträchtigen auch den Ertrag eines Unternehmens. Fehlzeiten sind einerseits ein sekundärer Gesundheitsindikator. Andererseits sind sie nur die Spitze eines Eisbergs an reduzierter Produktivität und schleichendem Verlust an Motivation und Identifikation.

Erfolgreiche Unternehmen erkennen die Notwendigkeit, moderne Managementmethoden auch auf die Gesundheit und das Wohlbefinden der Mitarbeiterinnen und Mitarbeiter auszudehnen. Die Kernfrage ist, wie es einem Betrieb gelingt, ein günstiges „Gesundheitsklima" zu schaffen, das die einzelnen Mitarbeiterinnen und Mitarbeiter einerseits in ihrem persönlichen Gesundheitsverhalten unterstützt, andererseits diejenigen organisatorischen, personellen und arbeitstechnischen Verhältnisse sicherstellt, welche Belastungen minimieren. In hochtechnisierten Betrieben der Flugzeugbauindustrie sind die Möglichkeiten des klassischen Arbeitsschutzes und der Unfallverhütung häufig bereits ausgeschöpft. Hingegen entgehen psychosoziale Arbeitsplatzbelastungen wie Termindruck, ungünstiges Führungsverhalten, fehlende soziale Unterstützung der Mitarbeiterinnen und Mitarbeiter untereinander bisher oft der Aufmerksamkeit der Unternehmensleitung. Der Einfluss dieser *„soft factors"* auf den Unternehmenserfolg wird noch immer erheblich unterschätzt. Wissenschaftliche Untersuchungen haben für Herz-Kreislauferkrankungen, aber auch für andere Erkrankungen in verschiedenen Ländern einen Zusammenhang zwischen ungünstigen psychosozialen Bedingungen am Arbeitsplatz nachgewiesen (Amick et al. 1998, Bosma et al. 1998, Hemingway et al. 1999). Beispielsweise hat eine chronisches Missverhältnis zwischen erforderlichem Einsatz und erhaltener Wertschätzung einen ähnlich ungünstigen Effekt auf das Risiko einer Herz-Kreislauferkrankung, wie das Rauchen einer halben Schachtel Zigaretten täglich.

3 Der untersuchte Betrieb

Aus der Messerschmitt-Bölkow-Blohm GmbH (MBB), dem deutschen Systemführer für Luft- und Raumfahrt, Verteidigungs- und Verkehrstechnik entwickelte sich über die spätere DASA die heutige European Aeronautics Defence and Space Company (EADS) als Europas größtes Luft- und Raumfahrtunternehmen, das an mehr als 70 Standorten in Deutschland, Frankreich, Spanien und Großbritannien rund 89 000 Mitarbeiter beschäftigt. Sitz der EADS ist Amsterdam, Zentral-Funktionen werden in München und Paris wahrgenommen. Die Werke Manching und Augsburg sind Teile des Geschäftsbereiches „Military Aircraft".

Die in diesem Kapitel beschriebene Gesundheitsanalyse wurde erstmals im Werk Augsburg der EADS durchgeführt. Das Werk Augsburg mit rund 1800 Beschäftigten fertigt Bauteile und Baugruppen für die Airbus-Flugzeuge sowie das Rumpfmittelteil des europäischen Kampfflugzeuges Eurofighter. Etwa drei Viertel der Mitarbeiter in Augsburg sind direkt oder indirekt in der Airbus-Produktion beschäftigt, ein Viertel der Mitarbeiter im militärischen Bereich. Im Werk Augsburg nahmen an dem Projekt Gesundheit & Arbeit in den Jahren 2000 und 2001 insgesamt 639 Beschäftigte teil, im Jahr 2002 insgesamt 894 Personen, von denen 379 bereits zum zweiten Mal teilnahmen. Ergebnisse der Untersuchung wurden in verschiedenen wissenschaftlichen Zeitschriften publiziert (Schnorpfeil et. al. 2003, Wirtz et al. 2003, Wirtz et al. 2004, von Känel et. al. 2003), die Betriebsärztin in Augsburg erhielt 2001 für das Projekt den Prix de la Santé vom Verband Europäischer Betriebsärzte.

Der vorliegende Beitrag fokussiert vor allem auf die Untersuchung im Gemeinschaftsbetrieb Manching. Der Gemeinschaftsbetrieb Manching ist der Zusammenschluss des EADS Werks Manching und der Dornier Flugzeugwerft an einem gemeinsamen Standort mit Intergration der Sozialsysteme und Personalführung. Kernaufgaben des Gemeinschaftsbetriebs mit etwa 2000 Beschäftigten sind die Endmontage des Eurofighter, die Depotinstandhaltung und Nachrüstungsmaßnahmen für Kampfflugzeuge (u. a. Phantom, Tornado), sowie militärischer Groß-Flugzeuge (u. a. Transall, Awacs). Hauptauftraggeber ist die Deutsche Luftwaffe. Im Gegensatz zur sehr kompetitiven Serienproduktion der Airbus-Bauteile in Augsburg, bescherte der „kalte Krieg" dem Standort Manching mit einem sicheren staatlichen Hauptauftraggeber und einer stabilen Auslastung sehr günstige Beschäftigungs-Verhältnisse ohne Produktivitäts- oder Konkurrenzdruck. Umso mehr werden die aktuellen politisch bedingten Auslastungsschwankungen und fehlende Kompensationsmöglichkeiten am zivilen Markt als Bedrohung wahrgenommen. Etwa die Hälfte der Manchinger Mitarbeiter arbeitet direkt am Flugzeug. Die Arbeit ist als Gruppenarbeit organisiert, auch in der Serienfertigung gibt es keine Fließbandarbeit.

Der typische Mitarbeiter im direkten Bereich ist der gut ausgebildete Facharbeiter.

Der Altersdurchschnitt beträgt 42,2 Jahre. Der Gemeinschaftsbetrieb beschäftigt rund 1700 Stammmitarbeiter, etwa 250 Leiharbeitskräfte und 120 Auszubildende. Davon entfallen rund 300 Beschäftigte auf die Dornier Flugzeugwerft. Die Mitarbeiter-Fluktuation liegt bei etwa 5%, davon sind 2,5% planbare Fluktuationen (z.B. Altersteilzeit).

4 Die Fragestellung an die aktuelle Untersuchung

Im Juli 2001 stieg die Fehlzeitenquote im Werk Manching erstmals über die Vergleichszahlen der bayerischen Metall- und Elektroindustrie. Eine betriebsinterne Analyse zeigte, dass die Fehlzeitenquote während der vorangehenden vier Jahre in allen Mitarbeitergruppen stetig angestiegen war. Gleichzeitig blieb die Quote der Langzeitkranken über den beobachteten Zeitraum stabil. Krankheitsbedingte Abwesenheiten waren gleichmäßig über alle Wochentage verteilt. Die Quoten unterschieden sich zwischen den einzelnen Bereichen erheblich, betriebsintern verfügbare Daten konnten indes nur etwa 4% der Varianz in Fehlzeiten aufklären. Stichprobenartig geführte Rückkehrgespräche ergaben objektivierbare, stichhaltige Begründungen für krankheitsbedingte Fehlzeiten. Hingegen verblieben die Fehlzeitenquoten im Bereich der wesentlich kleineren DFW im Industriedurchschnitt oder darunter. In dieser Situation entschloss sich die Leitung des Betriebs, eine vertiefte arbeitspsychologische und medizinische Gesundheitsanalyse mit externer Hilfe durchzuführen.

5 Der ganzheitliche Ansatz der Untersuchung

Für die Untersuchung wählten wir einen ganzheitlichen Ansatz im Sinne eines integrierten bio-psychosozialen Modells. Die Gesundheit der Mitarbeiter hängt bei dieser Betrachtungsweise nicht allein vom persönlichen Gesundheitsverhalten, dem Umfeld sowie der persönlichen medizinischen Vorgeschichte ab, sondern auch von den Arbeitsverhältnissen.

Objektive Arbeitsverhältnisse lassen sich messen: etwa Lärm, Schichtarbeit, oder Konzentration an Gefahrenstoffen. Wie aber ist es mit subjektiv wahrgenommenen Belastungen wie Termindruck, Angst um den Arbeitsplatz, Unzufriedenheit mit ausbleibender Beförderung, der Reaktion auf den Wutausbruch eines autoritären Vorgesetzten? Welche Indikatoren für berufliche Belastung lassen sich verallgemeinern? Auch diese Arten von Belastung lassen sich mittels validierter Fragebögen erfassen.

Die Mitarbeiteruntersuchung verfolgte an beiden EADS Standorten von Beginn an folgende Ziele: Die Untersuchung sollte nicht nur die subjektive Sicht der Mitarbeiter erfassen, sondern auch das Gesundheitsverhalten, das soziale Umfeld, persönliche Belastungsfaktoren und Beschwerden und vor allem auch objektive medizinische Befunde, aus denen sich persönlicher Handlungsbedarf für primäre oder sekundäre Präventions-Maßnahmen ergibt. Die Betriebsleitung und die Führungskräfte der jeweiligen Abteilungen oder Bereiche erhielten zusammengefasste Darstellungen, welche die Daten aus dem jeweiligen Bereich mit dem Gesamtbetrieb verglichen. Für jede einzelne Skala, beispielsweise zu Führungsverhalten, erhielt die Steuerungsgruppe des Projekts betriebsübergreifende Vergleichsdarstellungen. Anhand dieser Daten, die auf den Angaben von jeweils mindestens 10 befragten Personen basierten, konnten in Gesundheits- und Informationsworkshops Gesichtspunkte für mögliche Veränderungen erarbeitet werden.

Ein zentrales Merkmal der Gesundheitsanalyse ist die persönliche Rückmeldung der Ergebnisse an alle Teilnehmer. Jede Person erhält einen ausführlichen, persönlichen Befundbericht, der sowohl die Ergebnisse der Fragebogenuntersuchung als auch die Daten der medizinischen Untersuchung zusammenfasst. Ziel dieser Information ist, das sonst übliche Informationsgefälle zwischen Arzt und Patient zu verringern und auf diese Weise den Teilnehmerinnen und Teilnehmern Hinweise zu einer nachhaltigen Veränderung des eigenen Gesundheitsverhaltens zu geben.

Die Information ist auf zwei Befundblättern verdichtet, wobei das erste mehr die Arbeitsbedingungen und Belastungsfaktoren beschreibt, das zweite die Aussagen im medizinischen Fragebogen und aus der Laboruntersuchung wiedergibt. Ergänzend erhielten alle Teilnehmer eine vierseitige Kurzerklärung zu den einzelnen Skalen und auf Wunsch eine ausführliche, 16-seitige Dokumentation über die einzelnen Daten. Bei der Untersuchung in Manching ergänzt ein persönlichen Arztbericht diese computergenerierten Befundblätter.

Beschreibung der Arbeitsaufgabe • Entscheidungs- und Handlungsspielraum • Tätigkeitsspielraum • Aufgabenvielfalt • Qualifikationsanforderung • Entwicklungsmöglichkeit • Partizipationsmöglichkeit • Ganzheitlichkeit • Arbeitsbelastung
Betriebsklima • Unterstützendes Verhalten der Kollegen • Belastendes Verhalten der Kollegen • Mitarbeiterorientiertes Vorgesetztenverhalten • Vorgesetzter ermöglicht Mitbestimmung • Belastendes Vorgesetztenverhalten

Persönliche Beurteilung der Arbeit • Verausgabungsbereitschaft (Overcommitment) • Erforderlicher Einsatz / Verausgabung • Rewards (Lohn, Chancen, Wertschätzung, Sicherheit, Anerkennung)
Belastungsfaktoren • Belastung durch Überforderung • Belastung durch qualitative Unterforderung • Belastung durch äussere Arbeitsbedingungen
Gesundheitsbezogene Lebensqualität • Körperliche Gesundheit • Psychische Gesundheit • Erschöpfung • Schlafqualität
Gesundheitsverhalten • Berichtete körperliche Aktivität • Berichteter Tabakkonsum • Berichteter Alkoholkonsum
Beschwerden • Beschwerden im Muskel-Skelett-System • Beschwerden ohne organischen Befund (psychomatische Beschwerden) • Einschränkung der Stimmung / Depression
Kontrollvariablen, die nicht zurückgemeldet werden • Herz-Kreislaufbeschwerden • Ängstlichkeit • Typ-D-Persönlichkeit (Negative Affektivität, Soziale Inhibition) • Bekannte und frühere Erkrankungen • Kurze Familienanamnese • Soziale Unterstützung • Sozioökonomischer Status • Belastung durch Arbeitsweg • Präsenteismus (Anwesenheit bei der Arbeit trotz gesundheitlicher Beschwerden)

Tabelle 1: Erfasste Konstrukte in der Fragebogenuntersuchung

Der Fragebogen zur Erfassung und Beurteilung der Arbeitssituation basiert auf den Skalen des SALSA (Salutogenetische Arbeitsplatzanalyse von Rieman und Udris), des Job Content Questionnaire (Karasek), und des Effort-Reward-Imbalance / Overcommitment Fragebogens in der aktuellen deutschen Version (Siegrist). Für die Gesundheitsindikatoren kamen unter anderem der SF-12 zur Erfassung der gesundheitsbezogenen Lebensqualität, Fragenbogen zur Erschöpfung (Appels), aus der WHO-Monica Studie, aus der Harvards School of Public Health Nurses Health Study zum Einsatz. Zusätzliche Fragen bezogen sich auf betriebsspezifische Anliegen. Der grafisch sorgfältig nach ergonomischen Gesichtspunkten gestaltete Fragebogen wird in zwei gebundenen Heften (Allgemeiner Fragebogen und Medizinischer Fragebogen) vorgelegt. Die durchschnittliche Zeit für das Ausfüllen beträgt etwa eine Stunde, 90% der Personen benötigen zwischen 40 Minuten und 1 h 20 min.

6 Der Ablauf des Projekts

Auftraggeber des Projekts in Manching waren die Werkleitung EADS sowie die Leitung der DFW. Zu Beginn vereinbarten Werkleitung und ETH Zürich, einen Lenkungsausschuss als zentrales Steuerorgan einzurichten. Diesem Lenkungsausschuss gehören der Werkleiter, die Personalchefs von EADS und DFW, der Vorsitzende des Betriebsrats, sein Stellvertreter und der Betriebsarzt sowie der Projektleiter von Seiten der ETH an. Der Lenkungsausschuss trifft die wesentlichen Entscheide über den Projektfortgang, insbesondere dort, wo die Mitbestimmung berücksichtigt werden muss. Der Lenkungsausschuss ist das Gremium, das die vollständigen Berichte erhält und darüber entscheidet, welche Befunde im Betrieb kommuniziert werden.

Vor der eigentlichen Untersuchung stand eine mehrtägige Schwerpunktanalyse, während der mit verschiedenen Fokusgruppen aus dem Betrieb die wesentlichen Themen und aktuellen Gesichtspunkte für eine Untersuchung erarbeitet wurden. Die Fokusgruppen zu je 10 bis 15 Teilnehmern bestanden aus mittleren Führungskräften, unteren Führungskräften (vergleichbar zu Vorarbeitern und Meistern) und Mitarbeiterinnen und Mitarbeitern einzelner Organisationseinheiten. Aufgrund dieser Schwerpunktanalyse erarbeitete die ETH Zürich einen an die aktuellen Themen angepassten Vorschlag für die Fragebogen-Untersuchung (siehe Tabelle 1). Dieser Fragebogen erfasst eine Vielzahl von Konstrukten (Kudielka et al. 2004), unter anderem arbeitsplatzbezogene Faktoren (De Jonge et al. 2000), Beschwerden wie Erschöpfung (Appels et al. 1995), psychologische Risiko-faktoren wie etwa Typ-D-Persönlichkeit (Grande et al. 2004) sowie das persön-liche Gesundheitsverhalten.

Zwei Monate nach der Schwerpunktanalyse folgte die eigentliche Fragebogen-Untersuchung. Dafür war während eines Monats ein Mitarbeiter der ETH Zürich im Betrieb. Beschäftigte füllten in Gruppen zwischen 15 und 50 Personen während der Arbeitszeit die Fragebögen aus. Insgesamt nahmen 1093 Mitarbeiterinnen und Mitarbeiter an der Untersuchung teil, dies entspricht 60% aller Beschäftigten. In Augsburg konnte durch persönliche Einladung eine Teilnahmequote von 73%

der per Zufallsstichprobe Ausgewählten erreicht werden. Das Ausfüllen der Fragebogen während der Arbeitszeit in einem Gruppenraum stellt eine standardisierte und einheitliche Situation für die Untersuchung sicher und minimiert Verzerrungen durch andere Einflussfaktoren. Der Ablauf der Untersuchung war hierarchisch aufgebaut. Wer die Fragebögen vollständig ausgefüllt hatte, erwarb damit das Anrecht auf die Teilnahme an der stressbiologischen Untersuchung. Im ersten Teil der stressbiologischen Untersuchung sammelten die Teilnehmer über drei Tage (zwei Arbeitstage, ein Ruhetag) die Ausschüttung des Stresshormons Cortisol im Speichel. Das Cortisol im Speichel spiegelt sehr genau den Blutplasmagehalt an biologisch wirksamem freien Cortisol wider. Die Analyse der 6 bis 8 über den Tag verteilten Proben erlaubt eine genaue Aussage über die Funktion des wichtigsten hormonellen Stressreaktionssystems (Fischer et al. 2000a, Fischer et al. 2000b). Beispielsweise ist die Funktion dieses Systems bei schweren Erschöpfungszuständen und bei chronischer Belastung verändert. 749 Personen gaben vollständige Proben ab.

Während der Herbst- und Wintermonate konnten Personen, die ein vollständiges Set an Speichelcortisol Proben gesammelt hatten, an der weiteren medizinischen Diagnostik teilnehmen. Diese umfasste die Aufzeichnung eines 24-Stunden-EKG, das nochmalige Sammeln eines Tagesprofils Speichelcortisol, die Analyse der Ausscheidung von Stressmediatoren im Nachturin, eine einfache körperliche Untersuchung sowie die Bestimmung des *allostatic load* aus dem Blut. *Allostatic load* ist ein Index aus 14 biologischen Messwerten, die unter anderem die bekannten und neueren Risikoindikatoren für Herz-Kreislauf-Erkrankungen umfassen. Der biologische Index *allostatic load* zeigt funktionelle Veränderungen in wichtigen Stoffwechsel- und Regulationssystemen an (McEwen 1998, Seeman et al. 2001). Hohe Indexwerte deuten auf eine erhöhte Belastung und sind langfristig mit schlechterer physischer und mentaler Funktion assoziiert. Tabelle 2 gibt einen Überblick über die in der Gesundheitsanalyse erfassten biologischen Variablen. Die Auswertung des 24-EKG erlaubt Rückschlüsse auf die Aktivität des vegetativen Nervensystems, insbesondere des für die Hemmung überschießender Stressreaktionen wichtigen Parasympathikus (Vrijkotte et al. 2000). An der medizinischen Untersuchung nahmen 664 Personen teil. Ein Arzt der ETH Zürich diktierte die Berichte für alle Teilnehmer aufgrund der Gesamtdaten der stressbiologischen und medizinischen Untersuchung. 109 Personen mit auffälligem Risikoprofil erhielten eine persönliche Einladung zum Gespräch mit einem ärztlichen Mitarbeiter der ETH Zürich.

Ein einheitliches Informationskonzept basierend auf dem Logo „Wie geht es ihnen?" unterstützte die Gesundheitsanalyse. Zu Beginn der Untersuchung wurden im Gemeinschaftsbetrieb in allen Gebäuden an gut sichtbaren Orten sowie in den Mitteilungs-Schaukästen für Mitarbeiter Din A0 Poster bzw. Informationsblätter ausgehängt. Das Logo „Wie geht es ihnen?" erschien auf allen Fragebögen sowie auf den Ampullenschachteln, welche die Röhrchen für die Speichel-Cortisolproben enthielten. Unter dem Motto „Wie ging es Ihnen" erhielten die die Mitarbeiterinnen und Mitarbeiter zusätzlich zu den in Abbildung 2 im Auszug gezeigten Befundblättern auch ausführliche Informationen zu den Skalen und Befunden der Gesundheitsanalyse.

Abb. 1: Informationskonzept

Variable	Bedeutung
Blutdruck	Wichtiger Risikofaktor für Herzkreislauf-Erkrankungen, erhöht bei körperlicher und psychischer Belastung
Body-Mass-Index	International standardisiertes Maß zur Beschreibung von Übergewicht. Risikofaktor für diverse Erkrankungen sowie Fehlzeiten
Hüft-zu-Bauchumfang	Höhere Werte bei Metabolischem Syndrom. Stoffwechselveränderungen des Metabolischen Syndroms unter psychischem Stress wahrscheinlicher
Blutzucker nüchtern	Aktueller Zustandswert des Blutzuckerstoffwechsels
Blutzuckerbelastung (HbA1c)	Beurteilung des Blutzuckerstoffwechsels während der vorangegangenen 6 Wochen
Leberwerte (GOT, GPT, GGT)	Erhöht bei übermäßigem Alkoholkonsum, Leberentzündungen, Vergiftungen, chronischer Lebererkrankung
Hormonproduktion (DHEA-S)	Steroidhormon. Erniedrigt bei älteren Personen. Diskutiert als möglicher Marker für biologisches Alter
Entzündung (hochsensitives Creaktives Protein)	Unabhängiger Risikofaktor für Herz-Kreislauferkrankungen, allgemeiner Indikator für Aktivität der Entzündungsreaktion. Erhöht bei Erschöpfung, chronischem Stress
Großes Blutbild	Untersuchung der Unterklassen der roten und weissen Blutkörper sowie der Blutplättchen
Blutfette mit Triglyceriden, Cholesterin, HDL, LDL	Neben Blutdruck und Rauchen wichtigster Risikofaktor für Arteriosklerose und Herz-Kreislauferkrankungen
Blutgerinnung-Umsatz (D-Dimer)	Erhöhter Umsatz der Blutgerinnung unter anderem bei akutem und chronischem Stress
Gerinnungspotenzial (Fibrinogen)	Unabhängiger Risikofaktor für Herz-Kreislauferkrankungen.

Fortsetzung Tabelle 2 nächste Seite

Variable	Bedeutung
Urin-Ausscheidung Albumin	Funktionsstörung der Niere, nach großen Langzeitstudien allgemeiner Risikofaktor für Mortalität
Nachturin Ausscheidung Cortisol	Erhöht bei Erschöpfung, chronischer Belastung, Schlafstörungen.
Nachturin Ausscheidung Noradrenalin	Erhöht bei Erschöpfung, chronischer Belastung, Schlafstörungen.
Nachturin Ausscheidung Kreatinin	Korrekturfaktor für Muskelmasse zur Bereichnung der anderen Urinparameter
Herzfrequenzvariabilität[§] (Arbeit, Freizeit, Schlaf)	Aktivität des parasymphatischen Anteils des vegetativen Nervensystems („Stressbremse“)
Speichelcortisol-Tagesprofile und Stressproben[§]	Tagesverlauf des hormonellen Stressreaktionssystems
Vollständiger Immunstatus[*]	Unterklassen der Lymphozyten einschliesslich Killerzellen, Immunabwehr
Im Blut zirkulierende Stammzellen und Subklassen von Progenitorzellen[*]	Regenerationszellen für Endothel (Binnenauskleidung der Blutgefäße)
Herz-Kreislauf-Risiko 10 Jahre	Berechnung des 10-Jahres Risikos einer ernsthaften Herz-Kreislauf-Erkrankung nach dem von den kardiolischen Fachgesellschaften verwandten Framingham-Index
Allostatic Load	Summenindex für biologische Abweichungen. Indikator für die biologische Belastung eines Individuums. Im Gegensatz zum Herz-Kreislauf-Risiko altersunabhängige Berechnung.

Tabelle 2: Im der Gesundheitsanalyse untersuchte biologische Variablen

[*] Nur im Werk Augsburg untersucht.
[§] Nur im Gemeinschaftsbetrieb Manching EADS / DFW untersucht.

Der Betrieb stellte für die EADS Mitarbeiter in anonymisierter und detaillierter Form die Abwesenheitsdaten aller Beschäftigen aus dem Jahr vor der Untersuchung zur Verfügung. Dies erlaubte eine vertiefte Analyse der Fehlzeitenmuster unter Berücksichtigung der Daten aus der Fragebogen- und der stressbiologisch-medizinischen Untersuchung. Lenkungsausschuss und Betriebsleitung erhielten einen ersten Bericht vier Monate nach der Fragebogenuntersuchung. Der Bericht schloss alle Fragebogendaten, die Fehlzeitenanalyse sowie die bis zum Bericht vorliegenden medizinischen Untersuchungen ein. Aus diesen Erkenntnissen wurde ein erstes Maßnahmenpaket verabschiedet.

Umfangreiche Umstrukturierungen zu Beginn des Jahres 2004 verzögerten die Umsetzung der beschlossenen Maßnahmen. Darum wurde nach Abschluss der Auswertungen aller stressbiologischen Daten im Sommer 2004 ein erneuter Anlauf zur Umsetzung genommen. Neben den persönlichen Rückmeldungen und einzelnen Beratungsgesprächen enthält dieses Programm mehreren Aktionswochen, während denen zunächst die oberste Führungsebene, danach aber auch mittlere und untere Führungskräfte in ausführlichen Rückmeldeworkshops über die Ergebnisse informiert werden. Während dieser halbtägigen Rückmeldeworkshops werden mit den Führungspersonen jeweiliger Organisationseinheiten nicht nur die Daten besprochen sondern auch mögliche Ansätze für Veränderungen erarbeitet. Flankiert ist das Programm während der Aktionswochen durch vertiefte Intensivarbeit in vier ausgewählten Organisationseinheiten, Informationsseminare für Führungskräfte, sowie Workshops zur Erarbeitung konkreter Verbesserungsmaßnahmen. An letzteren Workshops nehmen Mitarbeiter und Führungskräfte teil. Parallel dazu werden während der Aktionswochen mit Unterstützung eines externen Partners Themen der persönlichen Gesundheitsförderung wie Ernährung, Bewegung, Alkohol und Nikotin sowie Stress, Schlaf und Erschöpfung über Aktionen oder Informationsstände aufgegriffen.

Ziel der Maßnahmen ist, einen nachhaltigen Prozess zugunsten eines vorteilhafteren „Gesundheitsklimas" im Betrieb in Gang zu setzen, der sowohl die Verhältnisse am Arbeitsplatz als auch das persönliche Gesundheitsverhalten der Mitarbeiter und der Führungskräfte optimiert. Eine Kontrolle des Erfolgs ist mittels identischer Fragebogenuntersuchung für das Frühjahr 2005 vorgesehen. Über den ganzen Prozess wurde die Vertraulichkeit der persönlichen Daten strikt gewährleistet. Alle Daten, welche das Werk verließen, enthielten ausschließlich einen Nummernschlüssel. Nur der Betriebsarzt verfügte über den Schlüssel zur Zuordnung von Nummer und Person. Die ETH Zürich lieferte versiegelte Umschläge an den Gemeinschaftsbetrieb zurück, auf welchen nur der persönliche Nummernschlüssel angegeben war. Teilnehmerinnen und Teilnehmer konnten ihre Auswertung nur persönlich beim betriebsärztlichen Dienst abholen. Der Betrieb erhielt zu keiner Zeit Daten, die nicht wenigstens aus 10 Personen zusammengefasst waren. Auf diese Weise waren Rückschlüsse auf Einzelpersonen unmöglich.

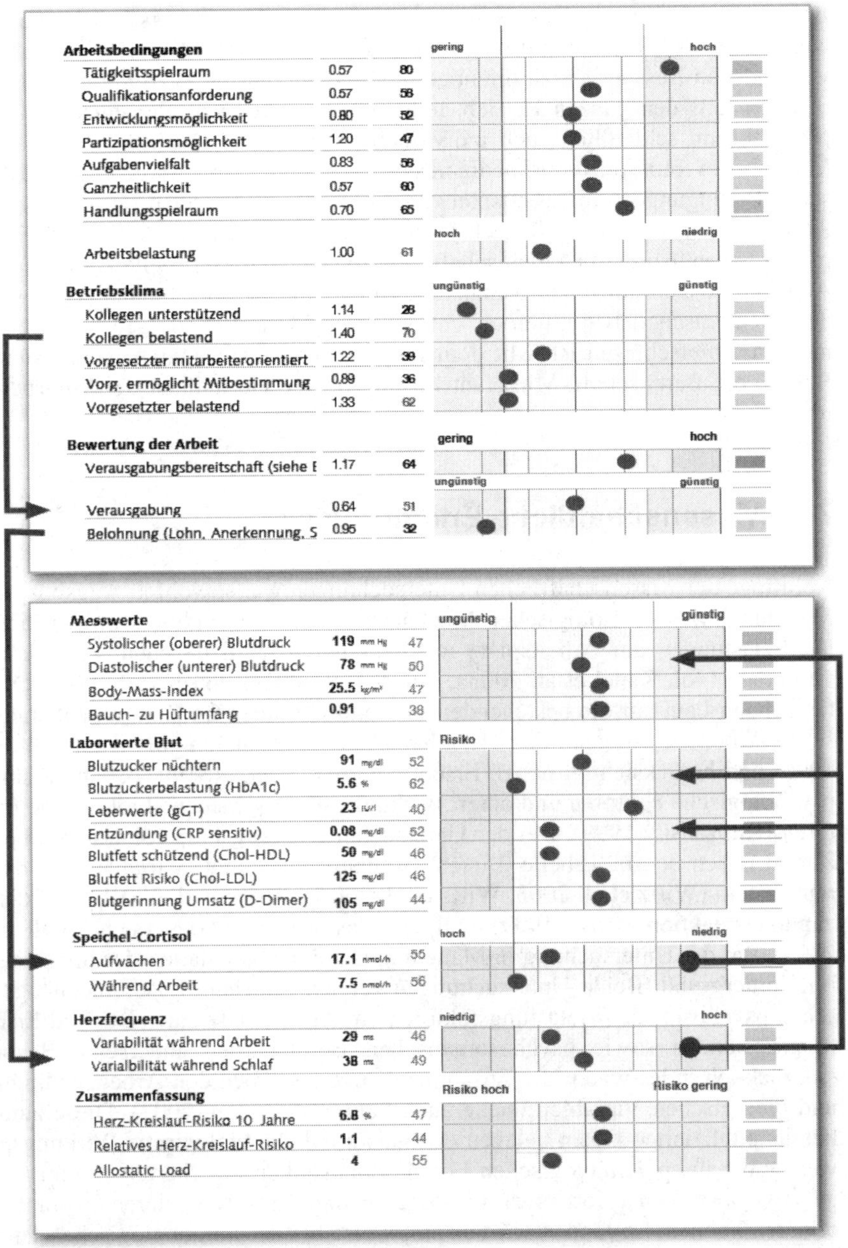

Abb. 2: Auszug aus den Berichten für einzelne Organisationseinheiten

Die Rückmeldung der aggregierten Daten an den Gemeinschaftsbetrieb liess Brennpunkte erkennen. Daraus konnten gezielt strukturelle Maßnahmen ergriffen werden. Die Rückmeldung ermöglichte auch, die Priorität der Maßnahmen an den vorhandenen Ressourcen zu orientieren. Die eingeführten Präventionsmaßnahmen betrafen teils den ganzen Betrieb, teils einzelne Gruppen oder einzelne Arbeitsprozesse und schließlich auch individuelle Mitarbeiter. Qualitativ umfassten die Maßnahmen rein präventivmedizinische Angebote, Änderungen der physikalischen Bedingungen am Arbeitsplatz bis hin zu Veränderungen im psychosozialen Arbeitsumfeld oder der „Betriebskultur". Aus Gründen der Verschwiegenheitspflicht gegenüber dem Gemeinschaftsbetrieb sind an dieser Stelle keine genaueren Angaben zu den einzelnen Maßnahmen möglich. Darüber hinaus ergab sich für den Gemeinschaftsbetrieb noch ein weiterer Mehrwert, dessen Langzeiteffekt nicht zu unterschätzen ist: Mit dem Projekt Gesundheitsanalyse signalisierte der Betrieb die Bereitschaft, Mitverantwortung für die Gesundheit der Mitarbeiter zu übernehmen.

7 Wissenschaftliche Erkenntnisse

Kernfrage der wissenschaftlichen Untersuchungen war sowohl in Augsburg wie in Manching, welche biologischen Mechanismen die Verbindung von psychosozialen Belastungen am Arbeitsplatz und messbaren medizinischen Veränderungen vermitteln (von Känel et al. 2003a, von Känel 2003b, von Känel 2004). Die Untersuchung baut auf die bestehenden Erkenntnisse über die Zusammenhänge zwischen Arbeitsbelastungen und Herz-Kreislauferkrankungen auf (Kristensen et. al. 1996) und berücksichtigt neben Erschöpfung (Kop et. al. 1996) auch persönliche psychologische Faktoren und deren Wirkung auf verschiedene biologische Indikatoren (Kubzansky 1999). Bei der Untersuchung in Augsburg fokussierte die ETH Zürich neben den in Tabelle 2 (siehe Anhang) genannten Variablen auf das Immunsystem (Wirtz et al. 2003, Wirtz et al. 2004a, Wirtz et al. 2004b), auf die Entzündungsreaktion (Ross 1999) und auf das Regenerationssystem (Hill et. al. 2003). Bei der Untersuchung in Manching stand die Regulation der Stressreaktion im Vordergrund. Beide Untersuchungen zeigten relevante Zusammenhänge zwischen psychosozialen Belastungsfaktoren am Arbeitsplatz einerseits und Erschöpfungszuständen sowie psychosomatischen Beschwerden anderseits. Besonders eindrücklich indes waren die Zusammenhänge zwischen den Arbeitsbedingungen und biologischen Variablen (siehe auch Schnorpfeil et al. 2003). Diese zum Teil bereits publizierten Daten belegen erstmals mögliche biologische Wirkungspfade, welche die in epidemiologischen Longitudinalstudien gesicherten Zusammenhänge etwa zwischen effort-reward-imbalance und kardiovaskulären Erkrankungen erklären können. So fanden wir beispielsweise bei der immunologischen Untersuchung in Augsburg folgenden Zusammenhang zwischen für die Regeneration von Blutgefäßen wichtigen Stammzellen für Endothel und Risikofaktoren: Raucher, die gleichzeitig ein ungünstiges effort-reward-imbalance Verhältnis berichten haben achtmal häufiger nur sehr wenig Stammzellen als Nichtraucher mit einem günstigem effort-reward Verhältnis. Die Untersuchung in Manching zeigte, dass Personen mit ungünstigem effort-reward-imbalance Verhältnis häufiger fehlten.

Die Untersuchung in Manching wies ferner nach, welche Faktoren des persönlichen Gesundheitsverhaltens, des Betriebsklimas und des Führungsverhaltens in einem ungünstigen Zusammenhang zur Herzfrequenzvariabilität stehen. Eine ungünstige Herzfrequenzvariabilität erhöht das Risiko für Herz-Kreislauf-Erkrankungen. Die Untersuchung in Manching lieferte weltweit erste Hinweise, welche biologischen Wirkungspfade diesen Zusammenhang möglicherweise vermitteln.

Was sind die vom Betrieb über die Führungskräfte oder die Personalentwicklung steuerbaren Faktoren, die nachweislich gesundheitsrelevant wirksam werden? Der Fragebogen der Untersuchung in Augsburg und Manching enthält drei Fragebögen, welche die Arbeitsverhältnisse, das Betriebsklima und die persönliche Bewertung der Arbeit erfassen. Das bereits genannte Konstrukt effort-reward-imbalance basiert auf Forschungen des Düsseldorfer Soziologen Johannes Siegrist (Peter et al. 1999, Marmot et al. 1999, Siegrist 2002). Nach Siegrist beurteilt jedes Individuum für sich selbst, ob der in den Beruf eingebrachte Aufwand und Einsatz in einem Gleichgewicht mit dem stehen, was das Individuum dafür bekommt. Dieser „Ertrag“ wird beileibe nicht nur als die finanzielle Entlohnung verstanden, sondern integriert mehrere Facetten wie etwa Aufstiegschancen, Arbeitsplatzsicherheit oder Ansehen. Siegrist fügte den Dimensionen effort und reward eine weitere Skala namens overcomittment hinzu. Diese beschreibt die Möglichkeit bestimmter Personen, ein ungünstiges Verhältnis von effort und reward längere Zeit klaglos hinzunehmen. Besonders gefährdet sind nach den Studien von Siegrist und Mitarbeitern Personen mit hohem overcomittment sowie einem ungünstigen Verhältnis von effort und reward. Verschiedene Studien zeigten prospektiv einen Zusammenhang zwischen Missverhältnis der Reziprozität aus effort und reward und kardiovaskulären Erkrankungen (Bosma et. al. 1998, Marmot et. al. 1999). Wir fanden Zusammenhänge nicht nur zu den Fehlzeiten, sondern auch zu psychischen Erkrankungen, zu Erschöpfung und Burnout sowie mit verschiedenen biologischen Belastungsindikatoren (Preckel et al. 2004).

Andere Aspekte der Arbeitssituation erfassen das Belastungsmodell von Karasek und Theorell, sowie die Salutogenetische Arbeitsplatz-Analyse (SALSA) (Riemann & Udris, 1997). Letztere beschreibt neben der Arbeitsaufgabe vor allem auch das soziale Klima und zwar über die Skalen „mitarbeiterorientiertes Vorgesetztenverhalten“, „belastendes Vorgesetztenverhalten“, „unterstützende Kollegen“, „belastende Kollegen“. Karasek und Theorell beschreiben Arbeitssituationen anhand eines dreiachsigen Koordinaten-Modells. Die erste Achse erfasst mit dem Konstrukt decision latitude das Ausmaß der Entscheidungsfreiheit oder der möglichen Einflussnahme. Die zweite Achse des Modells beschreibt die job demands, d. h. die psychologischen Anforderungen, sowohl qualitativer wie auch quantitativer Natur (Karasek 1979). Hohe Anforderungen lassen sich leichter gepaart mit hohem Entscheidungsspielraum meistern. Ein Arbeiter in der Automobilmontage am Band mit vorgegebenem Takt hat weniger Möglichkeit, Tagesschwankungen seiner „Form" auszugleichen, als etwa ein Arbeiter, der mit seinen Kollegen eine bestimmte Sektion in Gruppenarbeit fertigt. Gefährdet sind nach Karasek und Theorell besonders diejenigen Personen mit hohen Anforderungen und geringem Entscheidungsspielraum. In einer prospektiven Studie in Schweden fanden Karasek und Theorell bei der letzteren Gruppe eine fast siebenfach höhere Rate an Herz-Kreislauferkrankungen, als bei Personen mit gleicher Belastung und maximalem Entscheidungsspielraum. Karasek und Theorell erweiterten später dieses zweiachsige Modell beruflicher Belastung um den Faktor social support (Karasek & Theorell 1990). Damit versuchten sie die soziale Unterstützung durch Arbeitskollegen und Vorgesetzte zu erfassen, mit anderen Worten: einen wesentlich Teil des Betriebsklimas. Im EADS Projekt erfassten wir das Betriebsklima über die bereits genannten Skalen des SALSA. In einer früheren Arbeit konnten wir einen Zusammenhang das Postulat von Karasek und Theorell für den Zusammenhang mit den biologischen Variablen des allostatic load belegen (Schnorpfeil et al. 2003).

Vertiefte Analysen haben einerseits gezeigt, dass die verschiedenen Skalen miteinander in Wechselwirkung stehen (Kudielka et al. 2004). So treten beispielsweise bei Personen mit hoher Erschöpfung auch häufiger psychosomatische Beschwerden oder depressive Verstimmungen auf. Für ein erstes Screening lässt sich daher eine einfache Fragebogenkombination einsetzen, welche vor allem unauffällige Bereiche und Personen identifiziert. Soll die Situation jedoch vertieft erfasst werden, ist eine differenziertere Analyse mit einem umfassenderen Fragebogeninstrument unerlässlich. Erst aus der Integration der verschiedenen Befunde lassen sich Hinweise auf Handlungsbedarf und konkrete Maßnahmen ableiten. Beispielsweise liefert eine auffällig hohe Streuung der Antworten aus einer Organisationseinheit zu den Skalen über das Verhältnis zu den Kollegen bei insgesamt niedrigen Werten mögliche Hinweise auf Mobbing. Zeigt sich dann bei einzelnen Mitarbeitern ein Verlust an Lebensfreude, eine ungünstigere Einschätzung der effort-reward-imbalance bis hin zu biologischen Veränderungen, dann verdichtet sich der Hinweis schon zu einem dringenden Handlungsbedarf. Regelmäßig fanden wir dann in Einzelgesprächen eine Bestätigung für die aus der Gruppenauswertung geäußerten Hypothesen. Die biologischen Messwerte erlauben dabei keine Rückschlüsse auf mögliche Ursachen. Sie belegen jedoch auch für die technik- und evidenzorientierte Führungskraft die Dringlichkeit des Handlungsbedarfs.

8 Zwischenergebnisse und erfolgskritische Faktoren

Zum Zeitpunkt der Niederschrift dieses Kapitels stand die detaillierte Nachuntersuchung im Gemeinschaftsbetrieb Manching noch aus. In einzelnen Organisationseinheiten zeigt sich bereits jetzt eine über den Branchendurchschnitt hinausgehenden Reduktion der Fehlzeiten. Wichtiger noch ist der beginnende Kulturwandel. Heute kann im Betrieb über Fehlzeiten und mögliche Ursachen mit der gleichen Unbefangenheit diskutiert werden, als ginge es um Konstruktionszeichnungen. In den Gesprächen erhält das Gesundheitsrisiko aufgrund ungünstigem Sozialklima oder fehlender Wertschätzung durch die Vorgesetzten ähnlichen Stellenwert wie klassische Risikofaktoren, etwa Blutfette oder Bluthochdruck. Personalentscheide für untere oder mittlere Führungskräfte basieren nicht nur auf der fachlichen Qualifikation, sondern auch auf der Einschätzung, ob die gewählte Person an der entsprechenden Position einen nützlichen Beitrag zum „Gesundheitsklima“ leisten wird. Mitarbeiter an der Basis haben Mut gefasst, unter Anleitung und im Austausch mit ihren direkten Vorgesetzten, konkrete und realistische Verbesserungsvorschläge für ein gesünderes Arbeiten zu entwickeln und auch umzusetzen.

All dies hätte sich nicht realisieren lassen ohne eine konsequente Einbindung der im Betrieb wichtigen Entscheidungsträger, der Personal- und Organisationsentwicklung und des Betriebsrats. Zentraler Erfolgsfaktor war in Manching das Engagement und das strategische Verhandlungsgeschick der Leitung der Personalabteilungen von EADS und DFW. In Augsburg wäre das Projekt ohne das Engagement der Betriebsärztin nicht realisierbar gewesen. Erfolgskritisch ist somit eine Person aus der Führungsebene, die einerseits über den Rückhalt der Betriebsleitung verfügt, und die andererseits neben einer weit überdurchschnittlichen Einsatzbereitschaft auch eine hohe Integrationskompetenz einbringt. Nur so gelingt es, die verschiedenen Gremien im Betrieb, die an Entscheidungen mitwirken wollen und müssen, zu allen Phasen in das Projekt einzubinden.

Während in Augsburg der Schwerpunkt auf der reinen Gesundheitsanalyse und der Mitteilung der Befunde lag, konnte in Manching ein umfassendes Maßnahmenpaket angeboten und umgesetzt werden. Dieses unterstützte den Betrieb darin, aus den Erkenntnissen konkrete Handlungsfelder abzuleiten und mit deren Realisation zu beginnen. Im Rückblick ist diese Kombination aus Analyse und begleitender Umsetzungsarbeit erfolgversprechender als eine reine Mitarbeiteruntersuchung.

9 Ausblick

Sollen die demografischen Herausforderungen im Umfeld einer globalisierten Wirtschaft gemeistert werden, so darf die Gesundheit nicht länger als das private Hobby jedes einzelnen Beschäftigten angesehen werden. Modernes Management muss die Gesundheit der Mitarbeiterinnen und Mitarbeiter als wichtigen Faktor berücksichtigen und die Peer-Effekte nutzen, welche ein partnerschaftliches Verhältnis zwischen Kostenträgern, Mitarbeitern und Unternehmen eröffnet. Grosse Untersuchungen wie die Gesundheitsanalyse bei der EADS in Augsburg und Manching sowie bei der DFW lassen sich nicht im Kontext kassenärztlicher Strukturen umsetzen – derartige Individualprävention würde eine Kostenlawine auslösen. Prozessoptimierte Untersuchungen, welche die Kosten durch Bündelung der Datenerhebung, Einkauf der Laborleistungen bei einem Grossanbieter, sowie computergestützte Individual-Befunde optimierten, können einen wertvollen Beitrag für einen Unternehmensprozess leisten, der darauf abzielt ein günstiges „Gesundheitsklima" zu fördern – mit einer immateriellen und materiellen Wertschöpfung für alle Beteiligten: für den Einzelnen, den Betrieb, die Leistungserbringer und die Kostenträger.

Literatur

Amick B.C., 3rd, Kawachi I., Coakley E.H., Lerner D., Levine S. & Colditz G.A. (1998) : Relationship of job strain and iso-strain to health status in a cohort of women in the United States. In: Scand J Work Environ Health. 24, 54-61.

Appels A., Kop W., Bar F., de Swart H. & Mendes de Leon C. (1995) : Vital exhaustion, extent of atherosclerosis, and the clinical course after successful percutaneous transluminal coronary angioplasty. In: Eur Heart J. 16, 1880-1885.

Bosma H., Peter R., Siegrist J. & Marmot M. (2000) : Two alternative job stress models and the risk of coronary heart disease. In: American Journal of Public Health., 68-74.

De Jonge J., Bosma H., Peter R. & Siegrist J. (2000) : Job strain, effort-reward imbalance and employee well-being: a large-scale cross-sectional study. In: Social Science & Medicine, 1317-1327.

Fischer J.E., Calame A., Dettling A.C., Zeier H., Fanconi S. (2000a) : Experience and endocrine stress responses in neonatal and pediatric critical care nurses and physicians. Crit Care Med 28: 3281-3288.

Fischer J.E., Calame A., Dettling A.C., Zeier H., Fanconi S. (2000b) : Objectifying psychomental stress in the workplace - an example. Int Arch Occup Environ Health 73: S. 46-52

Grande G., Jordan J., Kümmel K., Struwe C., Schubmann R., Schulze F., Unterberg C., von Känel R., Kudielka K.M., Fischer J.E., Herrmann-Lingen C. (2003) : Evaluation of the German type D scale (DS14) and prevalence of the type D personality pattern in cardiological and psychosomatic patients and healthy subjects. Psychotherapie, Psychosomatik und Medizinische Psychologie, in press.

Hemingway H. & Marmot M. (1999) : Psychosocial factors in the aetiology and prognosis of coronary heart disease: systematic review of prospective cohort studies. In: British medical journal. 318, 1460-1467.

Hill JM, Zalos G, Halcox JP, et al (2003) : Circulating endothelial progenitor cells, vascular function, and cardiovascular risk. N Engl J Med 348:593-600.

Karasek R.A. (1979) : Job demands, decision latitude and mental strain: implications for job redesign. In: Administrative Science Quarterly. 24, 285-308.

Karasek, R. & Theorell, T., (1990) : Healthy Work. New York: Basic Books.

Kivimäki M., Leino-Arjas P., Luukkonen R., Riihimäki H., Vahtera J. & Kirjonen J. (2002) : Work stress and risk of cardiovascular mortality. In: British medical journal. 325, 857-861.

Kop, W.J., Appels, A.P., Mendes de Leon, C.F. and Bar, F.W., (1996) : The relationship between severity of coronary artery disease and vital exhaustion. J Psychosom Res 40 (4), 397-405.

Kubzansky, L.D., Kawachi, I. and Sparrow, D., (1999) : Socioeconomic status, hostility, and risk factor clustering in the Normative Aging Study: any help from the concept of allostatic load? Ann Behav Med 21 (4), 330-338.

Kristensen T.S. (1996) : Job stress and cardiovascular disease: a theoretic critical review. In: J Occup Health Psychol. 1, 246-260.

Kudielka B.M., von Känel R., Gander M.L. & Fischer J.E (2004a) : The interrelationship of psychosocial risk factors for coronary artery disease in a working population: Do we measure distinct or overlapping psychological concepts? Behav Med 30:35-43.

Kudielka B.M., von Känel R, Gander ML, Fischer J.E. (2004b) : Effort-Reward Imbalance, Overcommitment and Sleep in a Working Population. A cross-sectional Study. Work and Stress, 18: 167-187.

Marmot, M.G., Siegrist, J., Theorell, T. and Feeney, A., (1999) : Health and the psychosocial environment at work, 105-131, in Marmot, M.G. and Wilkinson, R. (eds.), Social Determinants of Health. Oxford: University Press.

McEwen B.S., (1998a) : Protective and damaging effects of stress mediators. N Engl J Med 338 (3), 171-179.

Peter R. & Siegrist J. (1999) : Chronic psychosocial stress at work and cardiovascular disease: the role of effort-reward imbalance. In: International Journal of Law & Psychiatry. 22, 441-449.

Preckel D., von Känel R., Kudielka B.M., Fischer J.E. (2004) : Overcommitment to work is associated with vital exhaustion. Int Arch Occup Environ Health, in press.

Rimann, M. and Udris, I., (1997). Subjektive Arbeitsanalyse: Der Fragebogen SALSA, 281-298, in Strohm, O. and Ulich, E. (eds.), Unternehmen arbeitspsychologisch bewerten. Zürich: vdf Hochschulverlag.

Ross, R., (1999). Atherosclerosis - an inflammatory disease. N Engl J Med 340 (2), 115-126.

Schnorpfeil P., Noll A., Schulze R., Ehlert U., Frey K., Fischer J.E. (2003) : Allostatic load and working conditions. Social Science & Medicine, 57:647-656.

Schnorpfeil P., Noll A., Wirtz P., Schulze R., Ehlert U., Frey K., Fischer J.E. (2002) : Assessment of exhaustion and related risk factors in employees of the manufacturing industry: A cross-sectional study. Int Arch Occup Environ Health, 75:535-40.

Seeman, T.E., McEwen, B.S., Rowe, J.W. and Singer, B.H., (2001) : Allostatic load as a marker of cumulative biological risk: MacArthur studies of successful aging. Proc Natl Acad Sci U S A 98 (8), 4770-4775.

Siegrist J. (2002) : Effort -reward imbalance at work and health. In: Perrewé P.L. & Ganster D.C. (Eds.): Historical and current perspectives on stress and health. Amsterdam, p. 261-292.

von Känel R., Frey K., Fischer J.E. (2003a) : Independent relation of vital exhaustion and inflammation to fibrinolysis in apparently healthy individuals. Scandinavian Cardiovascular Journal, in press.

von Känel R., Kudielka B.M., Abd-el-Razik A., Frey K., Fischer J.E. (2004) : Relationship between overnight neuroendocrine activity and morning hemostasis in working men. Clinical Science, 107: 89-95.

von Känel R., Kudielka B.M., Gander M.L., Schulze R., Fischer J.E. (2003b) : Hypercoabulability in working men and women with high levels of panic-like anxiety. Psychother Psychsom, in press

Vrijkotte T.G., van Doornen L.J. & de Geus E.J. (2000) : Effects of work stress on ambulatory blood pressure, heart rate, and heart rate variability. In: Hypertension. 35, 880-886.

Wirtz P.H., von Känel R., Schnorpfeil P., Ehlert U., Fischer J.E. (2003) : Altered glucocorticoid sensitivity of proinflammatory cytokine production and in male industrial employees with vital exhaustion. Psychosomatic Medicine, 65:672-678.

Wirtz P.H., von Känel R., Frey K., Ehlert U., Fischer J.E. (2004) : Glucocorticoid sensitivity of circulating monocytes in essential hypertension. Am J Hypertension, 17: 489-94

Wirtz P.H., von Känel R., Rohleder N., Fischer J.E. (2004) : Monocyte proinflammatory cytokine release is higher and glucocorticoid sensitivity is lower in middle-aged men than in women independent from cardiovascular risk factors. Heart, 90:853-8.

Möglichkeiten und Grenzen von Mitarbeiterbefragungen bei Kundenkontakt-Mitarbeitern

Ruth Stock

1 Einleitung

Kundenkontakt-Mitarbeiter haben als Zielgruppe von Mitarbeiterbefragungen in den letzten Jahren stark an Bedeutung gewonnen. Sie zeichnen sich dadurch aus, dass die Interaktion mit Kunden einen wesentlichen Teil ihrer Arbeitstätigkeit ausmacht (vgl. Hochschild 1993; Stock/Hoyer 2005). Neben der Repräsentanz des Unternehmens besteht eine zentrale Aufgabe dieser Mitarbeiter im Aufbau langfristiger Kundenbeziehungen (vgl. Weitz/Bradford 1999, S. 241).

Das hohe Interesse an Kundenkontakt-Mitarbeitern als Informanten im Rahmen von Mitarbeiterbefragungen ist im Kern auf zwei Gründe zurückzuführen: Erstens wird implizit davon ausgegangen, dass die Zufriedenheit und die Kundenorientierung dieser Mitarbeiter die Kundenzufriedenheit beeinflussen (vgl. u. a. Weaver 1994, S. 112). Die systematische Erfassung der Mitarbeiterzufriedenheit und der Kundenorientierung im Rahmen von Mitarbeiterbefragungen stellt somit einen ersten Schritt zur Steigerung der Kundenzufriedenheit dar (vgl. Homburg/Stock 2000, S. 177).

Eine zweite Ursache für die wachsende Bedeutung der Befragung von Kundenkontakt-Mitarbeitern liegt darin, dass diese Mitarbeiter aufgrund ihrer Nähe zu den externen Kunden des Unternehmens über wertvolle kundenbezogene Informationen verfügen. Die Bedeutung der Erfassung kundenbezogener Aspekte im Rahmen von Mitarbeiterbefragungen impliziert auch die Aussage von Domsch/Ladwig (1999, S. 604), die Mitarbeiterbefragungen als „marktorientiertes Analyse-/Diagnoseinstrument" charakterisieren. Während primär intern eingesetzte Mitarbeiter (mit relativ geringem Kundenkontakt) tendenziell über geringeres kundenbezogenes Wissen verfügen als Kundenkontakt-Mitarbeiter, können durch die Befragung von Kundenkontakt-Mitarbeitern aufschlussreiche Informationen über Kundenbedürfnisse, Kundenzufriedenheit und potenzielle Kunden gewonnen werden.

In der Unternehmenspraxis zeigt sich allerdings, dass mit der Befragung von Kundenkontakt-Mitarbeitern nicht nur Chancen, sondern auch Gefahren verbunden sein können. Einerseits kann die Mitarbeiterbefragung richtig eingesetzt *der* Schlüssel zur Zufriedenheit von Mitarbeitern und Kunden sein. Falsch verwendet hinterlässt sie jedoch vielfach Misstrauen, Zynismus sowie Verhärtungen unternehmensinterner Fronten (vgl. Homburg/Stock 2000, S. 179). Von zentraler Bedeutung für den Erfolg von Mitarbeiterbefragungen ist die gewählte Vorgehensweise bei der Durchführung von Mitarbeiterbefragungen (vgl. hierzu u. a. Bungard/Jöns/Schultz-Gambard 1997) sowie die Auswahl der Befragungsinhalte, die im Rahmen von Mitarbeiterbefragungen erfasst werden.

Der vorliegende Beitrag beschäftigt sich mit den Besonderheiten von Kundenkontakt-Mitarbeitern als Zielgruppe von Mitarbeiterbefragungen. Aus der organisatorischen Verankerung von Kundenkontakt-Mitarbeitern an der Schnittstelle zu (externen) Kunden des Unternehmens resultieren spezifische Rollen dieser Mitarbeiter, die zu Beginn des Aufsatzes vertieft werden. Für das adäquate Ausfüllen dieser Rollen stellen die Zufriedenheit und die Kundenorientierung von Kundenkontakt-Mitarbeitern wichtige Voraussetzungen dar. Aus diesem Grunde wird im darauf folgenden Abschnitt auf aktuelle Erkenntnisse zu den Auswirkungen der Mitarbeiterzufriedenheit und der Kundenorientierung auf die Kundenzufriedenheit eingegangen. In Verbindung mit der Durchführung wird zunächst auf mögliche Widerstände der Kundenkontakt-Mitarbeiter und Erfolgsfaktoren der Befragung von Kundenkontakt-Mitarbeitern eingegangen. Anschließend werden inhaltliche Perspektiven solcher Befragungen diskutiert. Der Beitrag schließt mit einer Zusammenfassung

2 Konzeptionelle Grundlagen

2.1 Rollenbedingte Besonderheiten von Kundenkontakt-Mitarbeitern

Kundenkontakt-Mitarbeiter nehmen im Vergleich zu primär intern eingesetzten Mitarbeitern ein breiteres Spektrum von Rollen wahr. Diese Rollen resultieren aus der organisatorischen Einbettung dieser Mitarbeiter an der Schnittstelle zwischen Anbietern und ihren Kunden.

Einen wertvollen Erkenntnisbeitrag zur theoretischen Durchdringung der rollenspezifischen Besonderheiten von Kundenkontakt-Mitarbeitern liefert die Boundary Theory (vgl. Adams 1976). Sie hat in diesem Kontext zunehmende Aufmerksamkeit in der Marketingforschung sowie in der Personal- und Organisationsforschung auf sich gezogen (vgl. u. a. Schneider/Parkington/Buxton 1980; Singh 1988; Stock 2003b). Gemäß dieser Theorie sind Kundenkontakt-Mitarbeiter (sogenannte Boundary Spanners) dadurch gekennzeichnet, dass sie mit mehr Schnittstellen (sogenannte Boundaries) im Rahmen der Aufgabenerfüllung konfrontiert sind als primär intern eingesetzte Mitarbeiter aus Bereichen wie der Produktion oder der internen Administration (Singh 1988). Auf der Basis der Boundary Theory lassen sich zwei mögliche Konstellationen im Hinblick auf die internen und externen Schnittstellen von Kundenkontakt-Mitarbeitern ableiten. Diese sind in Abbildung 1 veranschaulicht (in Anlehnung an Adams 1976, S. 1180).

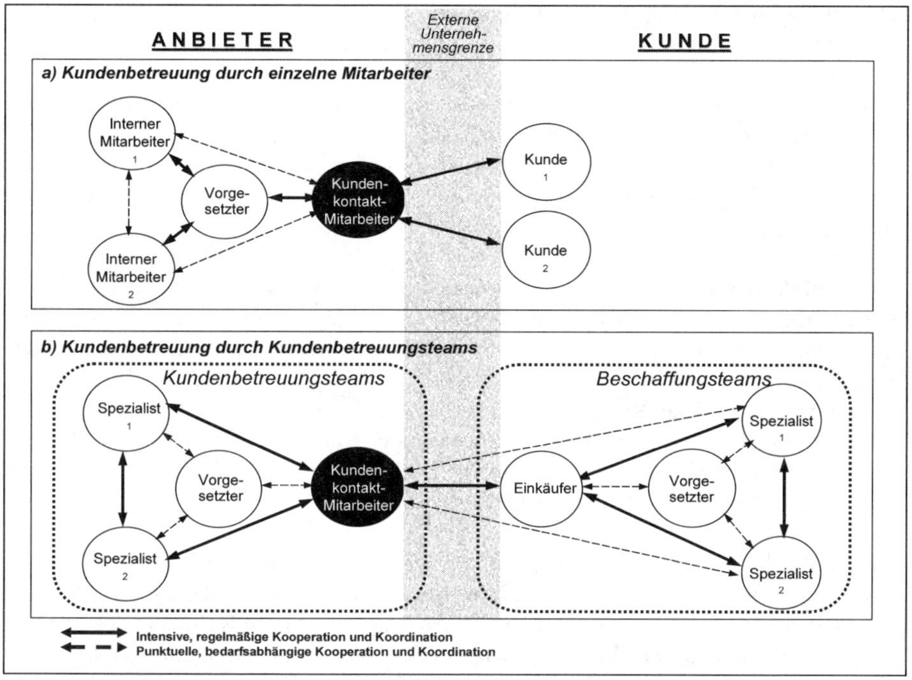

Abb. 1: Organisatorische Einbettung von Kundenkontakt-Mitarbeitern an der Schnittstelle zwischen Anbieter und Kunden

In Abbildung 1 wird zwischen zwei Typen hinsichtlich der organisatorischen Einbettung von Kundenkontakt-Mitarbeitern unterschieden. Bei der Kundenbetreuung durch einzelne Mitarbeiter finden Koordination und Kooperation zwischen den Kundenkontakt-Mitarbeitern und den primär intern eingesetzten Mitarbeitern punktuell bzw. nach Bedarf statt (vgl. Abbildung 1a). Die gegenseitige leistungsbezogene Abhängigkeit zwischen diesen Mitarbeitern ist daher relativ gering. Solche Mitarbeiter-Kunden-Beziehungen finden sich beispielsweise im Handel (z. B. Automobilhandel) und im Dienstleistungsbereich (wie z. B. Finanzdienstleistungen, Telekommunikation).

Zur Betreuung von Unternehmenskunden und größeren Privatkunden werden in der Unternehmenspraxis immer häufiger Teams eingesetzt (vgl. Deeter-Schmelz/Ramsey 2003; de Jong et al. 2001; de Jong/de Ruyter/Lemmink 2004; Dixon/Gassenheimer/Barr 2003; Gaitanides/Stock 2004; Moon/Gupta 1997). Bei diesen Kunden sind die nachgefragten Mengen relativ groß und die Kaufentscheidungen relativ komplex (vgl. Cannon/Perreault 1999). Da einzelne Kundenkontakt-Mitarbeiter kaum noch in der Lage sind, den umfassenden Anforderungen von Unternehmens-Kunden gerecht zu werden, sind diese Mitarbeiter vielfach in multifunktionale Kundenbetreuungsteams eingebunden (vgl. Stock 2003b). Diese Teams setzen sich aus Mitarbeitern unterschiedlicher Funktionsbereiche zusammen, wobei die zentrale Schnittstelle zu den Kunden zumeist durch einzelne Kundenkontakt-Mitarbeiter repräsentiert wird (vgl. hierzu ausführlich Moon/ Armstrong 1994; Moon/Gupta 1997). Da für die Zufriedenheit der Kunden die Leistung des Unternehmens als Ganzes entscheidend ist, besteht zwischen den Mitgliedern solcher multifunktionaler Teams ein hohes Maß an leistungsbezogener Abhängigkeit. Dementsprechend sind diese Teams durch eine intensive Kooperation und Koordination gekennzeichnet, was in der Abbildung 1b durch einen durchgezogenen Pfeil veranschaulicht ist.

Aus Abbildung 1 ist darüber hinaus ersichtlich, dass Kundenkontakt-Mitarbeiter sowohl externen als auch internen Schnittstellen gegenüber stehen. Die externen Schnittstellen beziehen sich auf die Interaktion zwischen Mitarbeitern und externen Kunden. Interne Schnittstellen bestehen zu Kollegen anderer Funktionsbereiche einerseits und zu Vorgesetzten andererseits. Aus den externen und internen Schnittstellen lassen sich im Kern drei Rollen von Kundenkontakt-Mitarbeitern identifizieren: die Rolle des externen Dienstleisters, die Rolle des internen Dienstleisters sowie die Rolle des Geführten.

Die Rolle des *externen Dienstleisters* bezieht sich auf die Verhaltensweisen der Kundenkontakt-Mitarbeiter während der Interaktion mit ihren Kunden. Neben den von außen beobachtbaren Verhaltensweisen wurde auch die Relevanz der Einstellungen und Fähigkeiten dieser Mitarbeiter für die Kundenbeziehung vielfach betont (vgl. u. a. Boorom/Goolsby/Ramsey 1998; Peccei/Rosenthal 1997, 2000). Als grundlegende Voraussetzung dafür, dass Kundenkontakt-Mitarbeiter der Rolle des externen Dienstleisters gerecht werden können, wird daher das Vorliegen folgender Merkmale gesehen:

- die Zufriedenheit mit der Arbeit,
- die Kundenorientierung in Einstellungen und Verhaltensweisen,
- die Sozialkompetenz und
- die Fachkompetenz.

Die *Zufriedenheit der Mitarbeiter* hat einen Einfluss darauf, wie diese als externe Dienstleister gegenüber ihren Kunden auftreten. Die Mitarbeiterzufriedenheit wird verstanden als „... attitude which results from an evaluative process, where some comparison standard about the work environment is compared to the actually perceived work environment“ (Homburg/Stock 2004, S. 146). Sie umfasst also neben der Zufriedenheit mit der eigenen Arbeitstätigkeit auch die Zufriedenheit mit dem sozialen Umfeld im Unternehmen. Bei Kundenkontakt-Mitarbeitern repräsentieren die externen Kunden einen bedeutenden Teil des sozialen Umfeldes. Eine weitere

Bedeutung für das erfolgreiche Ausfüllen der Rolle des externen Dienstleisters hat die *Kundenorientierung*. Die kundenbezogenen Auswirkungen der Zufriedenheit und der Kundenorientierung von Kundenkontakt-Mitarbeitern werden an späterer Stelle noch ausführlich diskutiert.

Darüber hinaus wurde in Verbindung mit Kundenkontakt-Mitarbeitern vielfach die *Sozialkompetenz* als zentrale Fähigkeit betont (vgl. u. a. Argyle 1983, S. 76; Boorom/Goolsby/Ramsey 1998, S. 17; Faix/Laier 1996, S. 62; Hennig-Thurau/Thurau 1999, S. 303; Heyse 1999, S. 563). Diese wird definiert als „die Fähigkeit einer Person, im zwischenmenschlichen Kontakt die gewünschten Wirkungen zu erzielen" (Stock 2003b, S. 152). Eine wesentliche Facette der Sozialkompetenz stellt das Einfühlungsvermögen von Kundenkontakt-Mitarbeitern dar (vgl. Parasuraman/Zeithaml/Berry 1988, S. 23). In Verbindung mit Kundenkontakt-Mitarbeitern wird es verstanden als „ ... die Fähigkeit eines Mitarbeiters, sich in die Perspektive seiner Kunden hineinzuversetzen und eigene Gefühle gegenüber den Kunden auszudrücken" (Stock 2003a, S. 95). Ein gewisses Maß an Einfühlungsvermögen ist unabdingbar, damit die Kundenkontakt-Mitarbeiter die Bedürfnisse ihrer Kunden verstehen können (vgl. Homburg/Stock 2000, S. 31).

Schließlich stellt auch die *Fachkompetenz* einen zentralen Erfolgsfaktor für Kundenkontakt-Mitarbeiter dar. Hierbei geht es zum einen um produktspezifische Kenntnisse und organisatorische Fähigkeiten der Mitarbeiter. Diese spiegeln sich in der reibungslosen Organisation der eigenen Arbeit und der Gestaltung der kundenbezogenen Prozesse wider (vgl. Homburg/Stock 2000, S. 33). Zum zweiten stellen Kunden- und Marktkenntnisse eine wichtige Facette der Fachkompetenz von Kundenkontakt-Mitarbeitern dar.

Das Vorliegen dieser Merkmale bei Kundenkontakt-Mitarbeitern wirkt sich in hohem Maße auf deren Interaktionsstil und die Kundenzufriedenheit aus (vgl. hierzu u. a. die Arbeiten von Parasuraman/Zeithaml/Berry 1985, 1988, 1994a, b). Darüber hinaus können Stock/Hoyer (2005) zeigen, dass Mitarbeiter mit bestimmten Persönlichkeitsmerkmalen (Empathie, Fachkompetenz, Zuverlässigkeit usw.) eher in der Lage sind, ihre kundenorientierte Einstellung in kundenorientierte Verhaltensweisen umzusetzen als Mitarbeiter mit einer geringen Ausprägung dieser Merkmale. Anders ausgedrückt, wurde ein positiv moderierender Effekt der Merkmale von Kundenkontakt-Mitarbeitern auf den Zusammenhang zwischen der kundenorientierten Einstellung und dem kundenorientierten Verhalten nachgewiesen.

Die zweite Rolle von Kundenkontakt-Mitarbeitern – die des *internen Dienstleisters* – bezieht sich auf die unternehmensinternen Kunden-Lieferanten-Beziehungen (vgl. hierzu ausführlich Töpfer 1999, S. 423). Innerhalb des Unternehmens sind Kundenkontakt-Mitarbeiter an der Schnittstelle zu Mitarbeitern innerhalb und außerhalb ihres Funktionsbereiches eingesetzt. Wie bereits in Verbindung mit Abbildung 1 herausgearbeitet wurde, gewinnt im Zusammenhang mit der Betreuung größerer Kunden zunehmend der Teamansatz an Bedeutung. Hieraus ergibt sich die Rolle des *Teammitglieds* (vgl. hierzu u. a. Deeter-Schmelz/ Ramsey 1995, 2003; Moon/Gupta 1997; Stock 2003b). Das primäre Ziel der Befragung von Mitgliedern aus Kundenbetreuungsteams liegt darin, Informationen über die Interaktion zwischen den Teammitgliedern sowie über die Beziehung dieser Teams zu den Kunden zu gewinnen.

Bei der Rolle des *Geführten* steht die Interaktion zwischen den Kundenkontakt-Mitarbeitern und ihren Vorgesetzten im Vordergrund. Zur Charakterisierung des Geführten wird zwischen zwei Dimensionen unterschieden (vgl. Stock 2002b, S. 32 f.):

- Die erste Dimension bezieht sich auf die Art der *Motivation* der Mitarbeiter. Während bei der intrinsischen Motivation primär Überzeugung bzw. Interesse bezüglich einer Aufgabe handlungsleitend sind (vgl. Rheinberg 1995, S. 134), sind die Verhaltensweisen von extrinsisch motivierten Mitarbeitern in erster Linie durch erwartete Handlungsergebnisse, wie z. B. Belohnungen, Status und Anerkennung, determiniert.
- Die zweite Dimension umfasst den Grad der *Eigenständigkeit bzw. –initiative* der Kundenkontakt-Mitarbeiter. Sie beschreibt, inwieweit Mitarbeiter aktiv Aufgaben angehen bzw. auf Kunden zugehen. Geringe Eigenständigkeit liegt vor, wenn die Mitarbeiter eher reaktiv (beispielsweise als Reaktion auf Anweisungen oder Kundenanfragen) handeln.

In Abhängigkeit von der Ausprägung dieser beiden Dimensionen werden vier Typen von Geführten unterschieden. Diese sind aus Abbildung 2 ersichtlich.

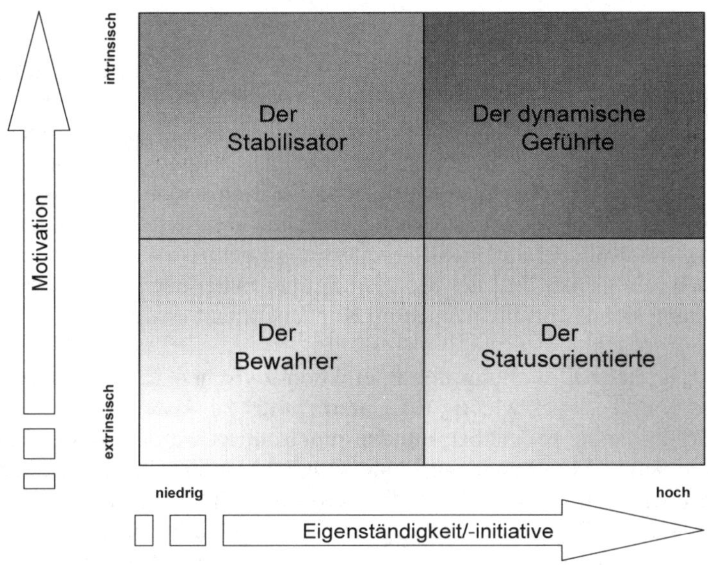

Abb. 2: Typen von Kundenkontakt-Mitarbeitern im Hinblick auf die Rolle des Geführten

Mitarbeiter, deren Motivation in erster Linie extrinsisch bedingt ist und die zugleich eine geringe Eigenständigkeit/-initiative aufweisen, werden als *Bewahrer* bezeichnet. Sie orientieren sich tendenziell an bestehenden Vorgehensweisen/ Strukturen im Unternehmen. Veränderungen und neue Herausforderungen werden dagegen als Bedrohung empfunden und gemieden. Kundenkontakt-Mitarbeiter dieses Typs reagieren in erster Linie auf interne Anweisungen bzw. Anfragen von Kunden anstatt selbst tätig zu werden.

Im Gegensatz dazu sehen Mitarbeiter des Typs *dynamisch Geführte* in neuen Herausforderungen und neuen Aufgaben eine Chance, sich persönlich und fachlich weiterzuentwickeln. Dementsprechend stellen solche Kundenkontakt-Mitarbeiter regelmäßig bestehende Vorgehensweisen in Frage und versuchen, Optimierungspotentiale auszuschöpfen. Sie haben ein gutes Gespür für Bedürfnisse der Kunden und gehen aktiv auf ihre Kunden zu.

Geführte Mitarbeiter des Typs *Stabilisator* weisen eine hohe Motivation durch Interesse an einer Sache auf und erfüllen ihre Aufgabe solide und zuverlässig. Von diesen Mitarbeitern gehen tendenziell weniger Anregungen und Ideen zur Verbesserung der internen Prozesse oder der Betreuung von Kunden aus. Durch hohe Eigeninitiative in Verbindung mit extrinsischer Motivation zeichnen sich Mitarbeiter des Typs *Statusorientierter* aus. Sie engagieren sich in erster Linie für Aufgaben, von denen sie sich eine Belohnung (Vergütungszuwachs, Status usw.) versprechen.

In der Unternehmenspraxis sind in der Regel alle vier Typen von Geführten vertreten. Innerhalb von Kundenbetreuungsteams tragen die Dynamischen Geführten dazu bei, neue Kunden zu gewinnen und Kundenbeziehungen auszubauen. Die Mitarbeiter des Typs Stabilisatoren zeichnen primär verantwortlich für die Sicherung des derzeit erreichten, die interne Koordination sowie die Dokumentation und Überwachung von Prozessen. Auch der Statusorientierte Mitarbeiter spielt in Verbindung mit Kundenkontakt-Mitarbeitern eine gewisse Rolle, da im Vertrieb (immer noch) ein großer Teil der Motivation über materielle Anreize erfolgt. Der Bewahrer kann sich als problematisch im Kundenkontakt erweisen.

Für die erfolgreiche Gestaltung der Interaktion zwischen Kundenkontakt-Mitarbeitern und Kunden ist es wichtig für Unternehmen zu wissen, durch welche Typen von Geführten sie gegenüber Kunden repräsentiert werden. In der Befragung der Kundenkontakt-Mitarbeiter wird eine Möglichkeit zur Erfassung des Geführtentyps gesehen. Um ein möglichst differenziertes Bild zu erhalten, ist darüber hinaus eine Gegenüberstellung der Ergebnisse der Mitarbeiterbefragung mit Bewertungen von Vorgesetzten der jeweiligen Kundenkontakt-Mitarbeiter empfehlenswert.

2.2 Zufriedenheit und Kundenorientierung von Kundenkontakt-Mitarbeitern als Schlüssel zur Kundenzufriedenheit

Die hohe Bedeutung von Kundenkontakt-Mitarbeitern als Informanten im Rahmen von Mitarbeiterbefragungen wurde eingangs daraus abgeleitet, dass die Einstellungen und Verhaltensweisen dieser Mitarbeiter die Zufriedenheit der Kunden eines Unternehmens beeinflussen (vgl. für einen aktuellen Überblick Stock 2003a). Im Folgenden wird daher zunächst auf die zentralen Erkenntnisse zum Zusammenhang zwischen Mitarbeiter- und Kundenzufriedenheit eingegangen. Im Anschluss daran wird der Einfluss der Kundenorientierung von Kundenkontakt-Mitarbeitern auf die Kundenzufriedenheit diskutiert.

Der *Zusammenhang zwischen der Mitarbeiterzufriedenheit und der Kundenzufriedenheit* konnte inzwischen in Unternehmen verschiedener Branchen, wie Versicherungen (vgl. Schlesinger/Zornitsky 1991), Software-Unternehmen (vgl. Tornow/Wiley 1991), Handel (vgl. Wiley 1991) und Fast-Food-Restaurants (vgl. Bernhardt/Donthu/Kenneth 2000) nachgewiesen werden. Eine branchenübergreifende Untersuchung dieses Zusammenhangs legt Stock (2003a) vor, deren zentrale Ergebnisse im Folgenden vorgestellt werden sollen. Das *Mitarbeiter-Kundenzufriedenheits-Modell* wurde auf der Basis verhaltenstheoretischer Überlegungen entwickelt. Die Grundlage der empirischen Untersuchung bildeten Daten von Kundenkontakt-Mitarbeitern und ihren Kunden. Während die Kundenkontakt-Mitarbeiter zu ihrer Mitarbeiterzufriedenheit und zum Unternehmenserfolg befragt wurden (Unternehmensdaten), wurden die Kunden gebeten, das Interaktionsverhalten der Mitarbeiter und ihre eigene Kundenzufriedenheit zu bewerten (Kundendaten).

In dem Mitarbeiter-Kundenzufriedenheits-Modell wird der Zusammenhang zwischen Mitarbeiterzufriedenheit und Kundenzufriedenheit allerdings nicht isoliert betrachtet. Vielmehr wird eine integrierte Betrachtung dieses Zusammenhangs vorgenommen (Abbildung 3), die sich in drei Arten von Effekten der Mitarbeiterzufriedenheit auf die Kundenzufriedenheit widerspiegelt: direkten, indirekten und moderierenden Effekten.

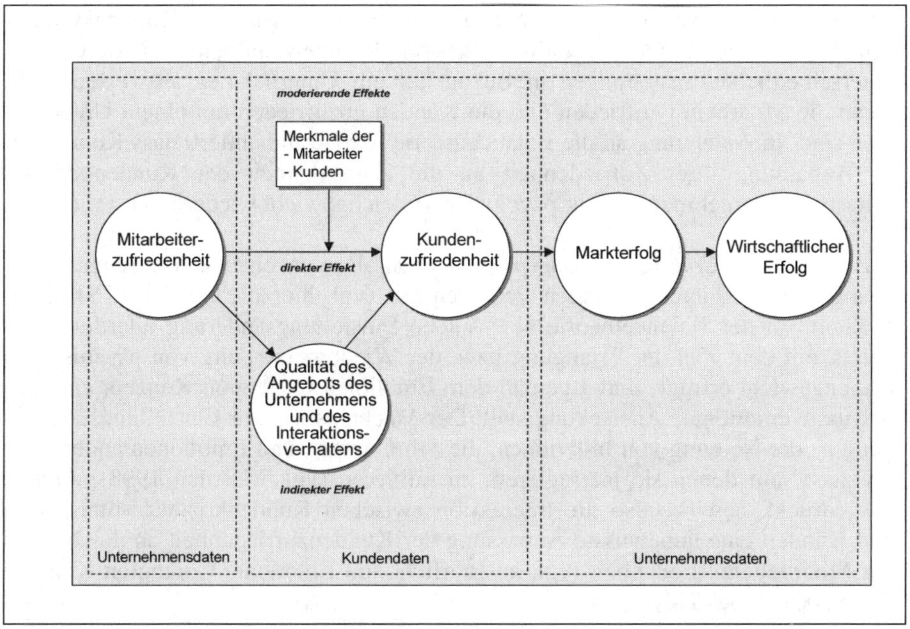

Abb. 3: Das integrierte Mitarbeiter-Kundenzufriedenheits-Modell

Der *indirekte Effekt* kommt dadurch zum Ausdruck, dass die Mitarbeiterzufriedenheit zunächst die Verhaltensweisen der Mitarbeiter (d. h. die Qualität des Angebots und des Interaktionsverhaltens) beeinflusst. Diese wirkt sich wiederum auf die Kundenzufriedenheit aus. Dieser indirekte Effekt wurde in der Literatur verschiedentlich unterstellt (vgl. Heskett et al. 1994; Heskett/Sasser/Schlesinger 1997).

Neben diesem intuitiv naheliegenden indirekten Effekt kann in der Untersuchung von Stock (2003a) gezeigt werden, dass die Mitarbeiterzufriedenheit einen eigenständigen, *direkten Effekt* auf die Kundenzufriedenheit hat. Dies bedeutet, dass das Wohlbefinden der Mitarbeiter von den Kunden wahrgenommen wird und wiederum deren Wohlbefinden (in Form von Zufriedenheit) beeinflusst (vgl. auch die Annahmen von Bruhn 1995, 1998; Töpfer 1998).

In theoretischer Hinsicht lässt sich der direkte Effekt auf Basis der Balancetheorie von Heider (1958) sowie des Emotional Contagion Konzepts (vgl. u. a. Hatfield/Caccioppo/Rapson 1994) begründen. Die *Balancetheorie* geht davon aus, dass Personen im Rahmen der Interaktion mit anderen Personen nach psychischem Gleichgewicht streben. Ein solches Gleichgewicht liegt vor, wenn zwei interagierende Personen die gleiche Einstellung in Bezug auf ein Objekt oder eine andere Person aufweisen (vgl. Heider 1958). Ungleichgewicht liegt hingegen vor, wenn die Einstellungen zweier interagierender Personen in Bezug auf ein Objekt voneinander abweichen. In Bezug auf die Interaktion zwischen Kundenkontakt-Mitarbeitern und Kunden liegt ein solches Ungleichgewicht dann vor, wenn diese unterschiedliche Einstellungen in Bezug auf ein Unternehmen aufweisen, z. B. wenn die Mitarbeiter zufrieden und die Kunden unzufrieden mit einem Unternehmen sind. In Anlehnung an die Balancetheorie wird argumentiert, dass Kunden eine Anpassung ihrer Zufriedenheit an die Zufriedenheit der Kundenkontakt-Mitarbeiter vornehmen, um ihr psychisches Gleichgewicht wiederherzustellen.

Das *Emotional Contagion Konzept* geht ebenfalls von einer Einstellungsangleichung zwischen interagierenden Personen aus (vgl. hierzu Pugh 2001, S. 1020). Während in der Balancetheorie eine solche Einstellungsänderung allerdings bewusst, mit dem Ziel der Erlangung bzw. der Wiederherstellung von psychischem Gleichgewicht erfolgt, findet gemäß dem Emotional Contagion Konzept eine unbewusste emotionale Ansteckung statt. Der Mechanismus zur Einstellungsübertragung ist die Neigung von Individuen, die Stimmungen und Emotionen anderer Individuen, mit denen sie interagieren, zu imitieren (vgl. Marsden 1998). Anders ausgedrückt, bewirkt also die Interaktion zwischen Kundenkontakt-Mitarbeitern und Kunden eine unbewusste Anpassung der Kundenzufriedenheit an das Niveau der Mitarbeiterzufriedenheit (vgl. ausführlich zum Emotional Contagion Konzept Pugh 2001; Stock/Hoyer 2005).

Ein weiteres interessantes Ergebnis der Studie von Stock (2003a) lautet, dass der Zusammenhang zwischen Mitarbeiterzufriedenheit und Kundenzufriedenheit unter gewissen Rahmenbedingungen unterschiedlich stark ausgeprägt ist. Im Folgenden werden die Ergebnisse bezüglich der Merkmale der Mitarbeiter und der Merkmale der Kunden dargestellt. Als Merkmale der Mitarbeiter wurden die Empathie, die Leistungskompetenz und die Zuverlässigkeit untersucht. Dabei wurde von der Annahme ausgegangen, dass Mitarbeiter mit einer hohen Ausprägung dieser Persönlichkeitsmerkmale ihre Einstellungen (in diesem Fall ihre Zufriedenheit) besser zum Ausdruck bringen können als Mitarbeiter mit Defiziten in diesen Bereichen. Die Ergebnisse der Studie zeigen, dass alle drei Persönlichkeitsmerkmale den Zusammenhang zwischen Mitarbeiterzufriedenheit und Kundenzufriedenheit verstärken.

Im Hinblick auf die Merkmale der Kunden wurden das Vertrauen, die Preissensitivität und die Leistungsbedeutung untersucht. In Bezug auf das Vertrauen und die Leistungsbedeutung konnte ein positiv verstärkender Effekt auf den Zusammenhang zwischen Mitarbeiterzufriedenheit und Kundenzufriedenheit festgestellt werden. Im Falle einer hohen Preissensitivität wird der Zusammenhang zwischen Mitarbeiter- und Kundenzufriedenheit hingegen abgeschwächt.

Eine weitere Bedeutung für die Zufriedenheit der Kunden hat die *Kundenorientierung der Kundenkontakt-Mitarbeiter* (vgl. für einen kompakten Überblick zur Literatur zum Konstrukt Kundenorientierung Stock 2002a; Thomas/Soutar/Ryan 2001). Unter dem Begriff des *kundenorientierten Verhaltens* werden beobachtbare Verhaltensweisen subsumiert, die darauf ausgerichtet sind, die Kunden durch das eigene Handeln zu unterstützen bzw. die Kundenzufriedenheit zu steigern (in Anlehnung an Saxe/Weitz 1982, S. 349). In zahlreichen Studien konnte ein positiver Effekt des kundenorientierten Verhaltens auf die Kundenzufriedenheit nachgewiesen werden (vgl. u. a. Bettencourt/Brown 1997; Goff et al. 1997; Ramsey/Sohi 1997).

Seit einigen Jahren hat man darüber hinaus erkannt, dass die Kundenkontakt-Mitarbeiter die Kundenorientierung auch in ihren Einstellungen verinnerlicht haben müssen, damit von einer „authentischen" Kundenorientierung gesprochen werden kann (vgl. Peccei/Rosenthal 1997, 2000). Die *kundenorientierte Einstellung* wird „... verstanden als die inneren Überzeugungen eines Mitarbeiters in Bezug auf die Kunden. Die Kundenorientierung der Einstellung manifestiert sich unter anderem in der Überzeugung eines Mitarbeiters, dass die Kunden für das Unternehmen sowie für seine persönliche Entwicklung wichtig sind" (Stock 2002a, S. 62). Während die kundenorientierten Verhaltensweisen von außen beobachtbar sind, handelt es sich bei der kundenorientierten Einstellung um eine interne Größe (vgl. Stock/Hoyer 2005). Bei Kundenkontakt-Mitarbeitern sollten diese beiden Größen gleichermaßen hoch ausgeprägt sein (vgl. Peccei/Rosenthal 1997, 2000). So werden beispielsweise kundenorientierte Verhaltensweisen, denen keine entsprechenden Einstellungen zugrunde liegen, durch die Kunden in der Regel als oberflächlich bzw. „unecht" wahrgenommen (vgl. hierzu ausführlich Homburg/Stock 2000, S. 19 f.).

Auf der Basis einer Untersuchung bei Kundenkontakt-Mitarbeitern und ihren Kunden können Stock/Hoyer (2005) zeigen, dass die kundenorientierte Einstellung die Kundenzufriedenheit in zweierlei Hinsicht beeinflusst: Zum einen weist sie einen indirekten Einfluss über die kundenorientierten Verhaltensweisen auf. Darüber hinaus hat sie einen eigenständigen Einfluss auf die Zufriedenheit der Kunden. Das Einstellungs-Verhaltens-Modell der Kundenorientierung von Stock/Hoyer (2005) ist in Abbildung 4 dargestellt.

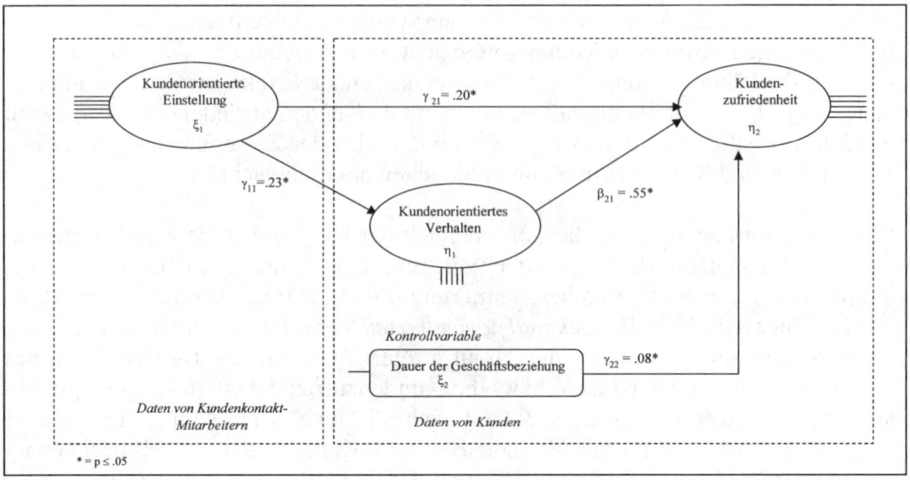

Abb. 4: Das Einstellungs-Verhaltens-Modell der Kundenorientierung

Die vorangegangenen Ausführungen haben verdeutlicht, dass die Zufriedenheit sowie die Kundenorientierung von Kundenkontakt-Mitarbeitern zentrale Ansatzpunkte zur Steigerung der Kundenzufriedenheit darstellen. Die systematische und regelmäßige Messung dieser Größen im Rahmen von Mitarbeiterbefragungen wird daher als wichtige Grundlage für die Ableitung von Maßnahmen zur Schaffung bzw. Gewährleistung der unternehmensinternen Voraussetzungen der Kundenzufriedenheit angesehen.

3 Gestaltungsaspekte der Befragung von Kundenkontakt-Mitarbeitern

3.1 Widerstände gegenüber der Befragung von Kundenkontakt-Mitarbeitern

In der Literatur wurden Widerstände von Mitarbeitern gegenüber der Mitarbeiterbefragung verschiedentlich diskutiert (vgl. hierzu ausführlich Domsch/Ladwig 1999, S. 613 f.). Aus der organisatorischen Verankerung von Kundenkontakt-Mitarbeitern an der Schnittstelle zu ihren Kunden resultiert eine Reihe von spezifischen Widerständen, die den Erfolg von Mitarbeiterbefragungen beeinträchtigen können. Einen Überblick über diese Widerstände, deren Ursachen sowie deren Auswirkungen auf den Erfolg von Mitarbeiterbefragungen liefert Tabelle 1.

Widerstände gegenüber Mitarbeiterbefragungen	Ursachen von Widerständen gegenüber Mitarbeiterbefragungen	Negative Auswirkungen von Widerständen
Aversion gegenüber administrativen Prozessen	Geringes Verständnis für die Bedeutung von Mitarbeiterbefragungen	Geringe Beteiligung
Geringes Interesse an unternehmensinternen Aktivitäten	– Geringe Nähe zwischen Kundenkontakt-Mitarbeitern und intern verankerten durchführenden Mitarbeitern – Fehlende Gesamtsicht des Unternehmens	Geringe Beteiligung
Geringe eigene Bewertungskompetenz in Bezug auf die Befragungsthemen	Fehlende Differenzierung bei der Auswahl der Befragungsthemen	Abbruch der Befragung
Mangelnde Sicht der Notwendigkeit der Befragung	Unternehmensinterner Druck zur Teilnahme (vs. Freiwilligkeit)	Abgabe undifferenzierter Antworten
Angst vor Veränderungen, die als Konsequenz aus der Mitarbeiterbefragung resultieren können	Relativ geringe Nähe zu internen Mitarbeitervertretungen (Vertrauensperson, Betriebsrat usw.)	Geringe Ehrlichkeit der Antworten
Angst vor persönlichen Konsequenzen bei der Abgabe kritischer Bewertungen	– Fehlende Anonymität bei der Auswertung der Befragungsergebnisse – Unzureichende Kommunikation über den Umgang mit den Befragungsergebnissen	Geringe Ehrlichkeit der Antworten
Unsicherheit in Bezug auf die eigenen Bewertungen	Rollenkonflikte aufgrund von Interessensunterschieden von Unternehmen und Kunden	Angabe verzerrter Antworten

Tabelle 1: Widerstände gegenüber Mitarbeiterbefragungen sowie Ursachen und negative Auswirkungen von Widerständen

Die negativen Konsequenzen der in Tabelle 1 aufgeführten Widerstände gegenüber Mitarbeiterbefragungen werden durch die Unternehmensleitung vielfach unterschätzt. Neben den oben aufgeführten Auswirkungen können massive Verzerrungen der Antworten auftreten. Dies zeigen auch die Ergebnisse einer Befragung von 160 Mitarbeitern und Kunden, in der deutliche Unterschiede zwischen den

Bewertungen von Kundenkontakt-Mitarbeitern und Kunden im Hinblick auf die wahrgenommene Kundenzufriedenheit festgestellt werden konnten (vgl. Abbildung 5). Es zeigt sich, dass die Mitarbeiter die einzelnen Aspekte der Kundenzufriedenheit durchgängig deutlich besser einschätzen als die Kunden.

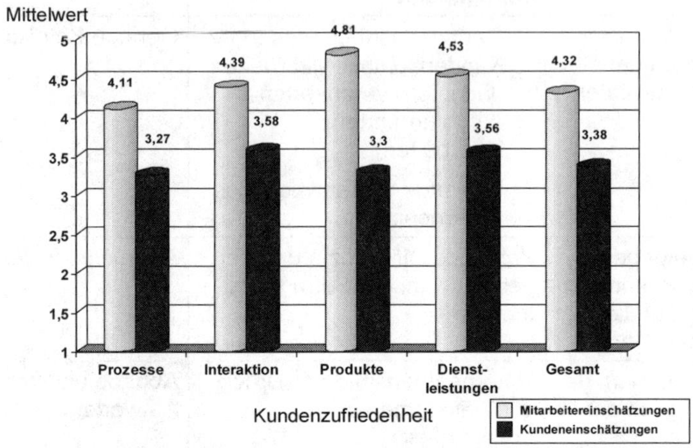

Abb. 5: Wahrnehmungsunterschiede zwischen Kundenkontakt-Mitarbeitern und Kunden in Bezug auf Kundenzufriedenheit

An dieser Stelle ist anzumerken, dass solche Wahrnehmungsdifferenzen teilweise durch individuelle Wahrnehmungsunterschiede bedingt sind (vgl. hierzu ausführlich Homburg/Stock 2000, S. 126 ff.), die nur sehr begrenzt durch Unternehmen beeinflussbar sind. Eine wesentliche Ursache von Wahrnehmungsunterschieden steht allerdings in enger Verbindung zu den in Tabelle 1 aufgeführten Widerständen gegenüber Mitarbeiterbefragungen. Eine wirksame Maßnahme, diese Widerstände zu überwinden, stellt die systematische Vorgehensweise bei der Durchführung solcher Befragungen dar. Durch die Beachtung grundsätzlicher Prinzipien der Mitarbeiterbefragung kann den zuvor dargelegten Widerständen nachhaltig entgegen gewirkt werden.

3.2 Erfolgsfaktoren der Befragung von Kundenkontakt-Mitarbeitern

In diesem Beitrag werden sieben Erfolgsfaktoren der Befragung von Kundenkontakt-Mitarbeitern unterschieden (in Anlehnung an Homburg/Stock 2000, S. 80). Einen Überblick über diese Faktoren liefert Abbildung 6. Die wichtigste Voraussetzung für den Erfolg von Mitarbeiterbefragungen ist deren *Initiierung durch die Unternehmensleitung*. Dadurch werden die Bedeutung der Veränderungen sowie deren Tragweite von Anfang an zum Ausdruck gebracht. Ist die Unternehmensleitung hingegen nicht einbezogen, so besteht die Gefahr, dass die Befragung von den Kundenkontakt-Mitarbeitern nicht ernst genommen wird.

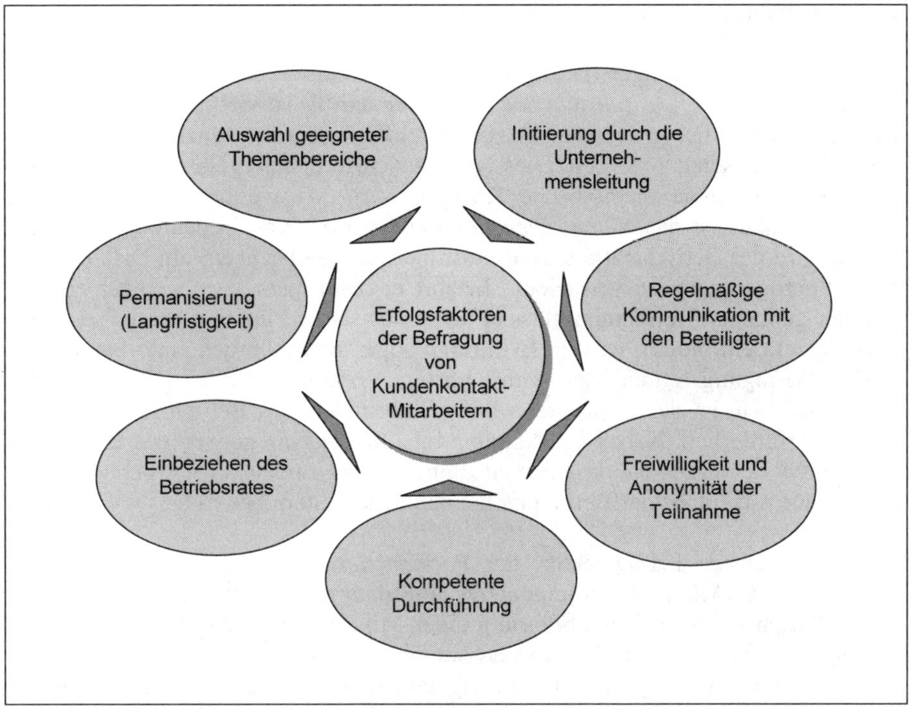

Abb. 6: Erfolgsfaktoren der Befragung von Kundenkontakt-Mitarbeitern im Überblick

Ein zweiter entscheidender Erfolgsfaktor ist die *regelmäßige Kommunikation mit den Beteiligten* während der Durchführung der Mitarbeiterbefragung. Mit der Situation, dass Mitarbeiter zu Maßnahmen im Unternehmen verpflichtet werden, über deren konkrete Zielsetzung und Inhalte sie nicht informiert sind, können diese nur schwer umgehen. Die Folge davon sind vielfach Verunsicherung und der Aufbau einer Abwehrhaltung. Derartige Reaktionen können durch regelmäßige Information der betroffenen Kundenkontakt-Mitarbeiter über den Stand der Mitarbeiterbefragung sowie die Nennung eines permanenten Ansprechpartners vermieden werden.

Die *Freiwilligkeit der Teilnahme* an der Mitarbeiterbefragung ist eine unerlässliche Bedingung für das Erzielen ehrlicher Antworten. So löst das Erzwingen von Verhaltensweisen (z. B. durch eine Teilnahmepflicht) mehr Reaktanzen als echtes Engagement im Rahmen von Mitarbeiterbefragungen aus. Die Folge sind häufig pauschale oder überdurchschnittlich positive Urteile, die kein realistisches Bild von der tatsächlichen Zufriedenheit im Unternehmen zeichnen. Ehrliche Antworten von relativ wenigen (freiwilligen) Mitarbeitern haben daher weitaus mehr

Aussagekraft als (erzwungene) Pauschalaussagen aller Mitarbeiter. Darüber hinaus wird durch die *anonyme Auswertung der Antworten* Angst vor späteren Sanktionen vermieden. Dies erhöht wiederum die Teilnahmebereitschaft und fördert die Ehrlichkeit der Antworten.

Einen weiteren wichtigen Erfolgsfaktor von Mitarbeiterbefragungen stellt die *Kompetenz in der Durchführung der Befragung* dar. Es ist vielfach zu beobachten, dass die erforderlichen Kenntnisse zur Durchführung einer Mitarbeiterbefragung erheblich unterschätzt werden. Dies bezieht sich in erster Linie auf organisatorische Aspekte sowie methodische Kenntnisse zur Auswertung der Ergebnisse. Darüber hinaus ist das *Einbeziehen des Betriebsrates* von Bedeutung. In vielen Fällen wird der Betriebsrat erst spät informiert und einbezogen, um Diskussionen bzw. Verzögerungen zu vermeiden. Erfährt er dann mehr oder weniger zufällig von der geplanten Befragung, muss er allein aus seiner Funktion heraus sein Mitspracherecht einfordern, was im Extremfall sogar zum Abbruch einer bereits laufenden Befragung führen kann. Um derartige Vorkommnisse bereits im Vorfeld auszuschließen, ist das Informieren bzw. Einbeziehen des Betriebsrates von Anfang an erforderlich. Neben der Nutzung inhaltlicher Anregungen des Betriebsrates ist nicht zu vergessen, dass dessen Einbeziehung zumeist eine erhebliche Steigerung der Akzeptanz der Befragung bei den Mitarbeitern bewirkt.

Bei dem sechsten Erfolgsfaktor, der *Permanisierung (Langfristigkeit)*, geht es darum, dass die Mitarbeiterbefragung als langfristiges Instrument verstanden wird. Die lediglich einmalige Durchführung einer Mitarbeiterbefragung führt zwar zunächst zu Veränderungen, jedoch nach einiger Zeit häufig wieder zurück in die Ausgangssituation. Der dauerhafte Erfolg der Mitarbeiterbefragung und der darauf aufbauenden Veränderungen hängen also von deren regelmäßigem Einsatz ab. Durch die regelmäßige Durchführung von Mitarbeiterbefragungen können darüber hinaus Erfolge gemessen und Fehlentwicklungen rechtzeitig erkannt werden.

Schließlich wird in der *Auswahl der relevanten Themenbereiche* ein weiterer wichtiger Erfolgsfaktor von Mitarbeiterbefragungen gesehen. Hierbei geht es darum, solche Themenbereiche zu identifizieren, zu denen Kundenkontakt-Mitarbeiter eine besonders hohe Bewertungskompetenz aufweisen. Werden diese Mitarbeiter hingegen zu Themen befragt, zu denen sie nur relativ wenig Auskunft geben können, kann dies zu Demotivation der Befragten und Befragungsabbrüchen führen. Die inhaltlichen Perspektiven der Befragung von Kundenkontakt-Mitarbeitern werden daher im folgenden Abschnitt vertieft.

3.3 Inhaltliche Perspektiven der Befragung von Kundenkontakt-Mitarbeitern

Die zuvor diskutierten Rollen von Kundenkontakt-Mitarbeitern ließen bereits erkennen, dass diese Mitarbeiter wertvolle Informanten in Bezug auf verschiedene Themenbereiche im Unternehmen sein können. Eine Systematisierung der inhaltlichen Kernbereiche der Befragung von Kundenkontakt-Mitarbeitern lässt sich anhand der Perspektiven des Balanced-Scorecard-Ansatzes (vgl. Kaplan/Norton 1997) vornehmen. Dieses Modell wird in der Unternehmenspraxis vielfach eingesetzt, um den Erfolg von Kundenkontakt-Mitarbeitern zu systematisieren (vgl. Homburg/Schäfer/Schneider 2003; Stock 2004). Die vier Perspektiven des Balanced-Scorecard-Modells sind in Abbildung 7 veranschaulicht.

In Verbindung mit der *internen Perspektive* zielt die Mitarbeiterbefragung darauf ab, Stärken und Schwächen im Hinblick auf die „weichen" und „harten" Faktoren innerhalb eines Unternehmens zu identifizieren. Während unter den „weichen" Faktoren in erster Linie psycho-soziale Aspekte wie die Unternehmenskultur und die Mitarbeiterzufriedenheit subsumiert werden, beziehen sich die „harten" Faktoren auf die Gestaltung von Prozessen innerhalb eines Unternehmens.

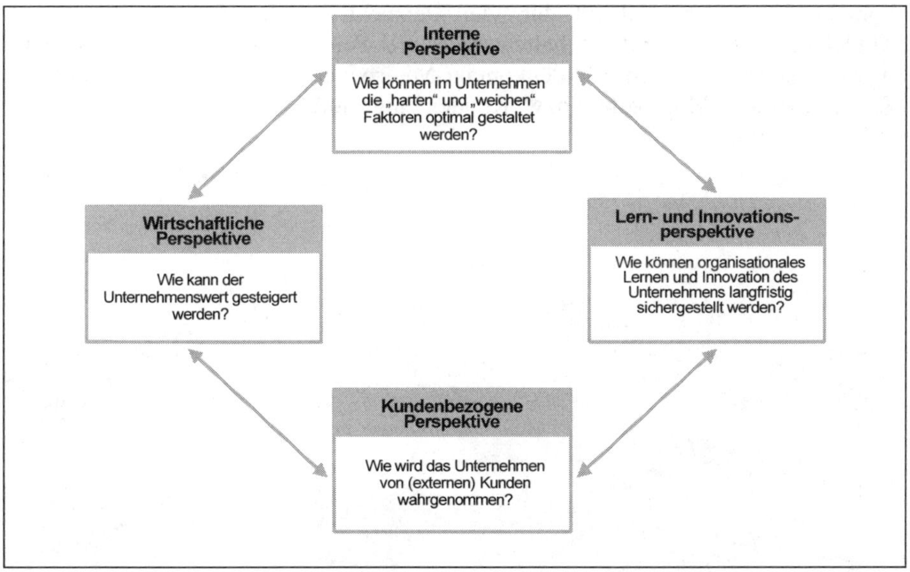

Abb. 7: Inhaltliche Perspektiven der Befragung von Kundenkontakt-Mitarbeitern anhand des Balanced-Scorecard-Ansatzes

Bei der *Lern- und Innovationsperspektive* sollen im Rahmen von Mitarbeiterbefragungen Faktoren erfasst werden, welche die langfristige Entwicklungsfähigkeit eines Unternehmens sicherstellen. Inhaltlich handelt es sich hierbei neben der Förderung von Innovationen im Unternehmen um systematische Maßnahmen der Mitarbeiterentwicklung im Rahmen des Personalmanagements.

Während bei den zuvor erörterten Perspektiven unternehmensinterne Aspekte im Mittelpunkt stehen, steht bei der *kundenbezogenen Perspektive* die Erfüllung der Kundenanforderungen durch das Unternehmen im Mittelpunkt des Interesses. Die Inhalte von Mitarbeiterbefragungen beziehen sich auf Aspekte wie die Gestaltung der kundenbezogenen Prozesse sowie die Erfassung der Bedürfnisse und der Zufriedenheit von Kunden. Schließlich geht es im Rahmen der *wirtschaftlichen Perspektive* um die Identifikation von Ansatzpunkten zur Steigerung des Unternehmenswertes.

Zielsetzung von Unternehmen sollte sein, dass alle vier Perspektiven des Balanced-Scorecard-Modells in ausgewogenem Verhältnis zueinander stehen (vgl. Thomas 1998). Voraussetzung hierfür ist allerdings, dass die Stärken und Schwächen innerhalb dieser vier Perspektiven systematisch erfasst und ausgewertet werden. In Tabelle 2 sind die relevanten Themenbereiche zur Befragung von Kundenkontakt-Mitarbeitern anhand der vier Perspektiven des Balanced-Scorecard-Modells aufgeführt. Zu den Inhalten dieser vier Perspektiven wird jeweils die Bewertungskompetenz von Kundenkontakt-Mitarbeitern im Vergleich zu anderen Zielgruppen von Mitarbeitern bzw. Kunden eingestuft.

Perspektiven der Mitarbeiterbefragung	Bewertungskompetenz verschiedener Zielgruppen von Befragungen		
	Intern eingesetzte Mitarbeiter	Kundenkontakt-Mitarbeiter	Kunden
Interne Perspektive. *Beispielhafte Inhalte ...*			
- Unternehmenskultur	●	●	❍
- Betriebsklima	●	●	❍
- Interne Prozesse	●	◎	❍
- Führungsverhalten	●	●	❍
- Mitarbeiterzufriedenheit	●	●	❍
- Mitarbeiterfluktuation	●	●	❍
Lern- und Innovationsperspektive. *Beispielhafte Inhalte ...*			
- Mitarbeiterentwicklungsbedarf aufgrund neuer Technologien	●	◎	❍
- Mitarbeiterentwicklungsbedarf aufgrund neuer Kundenanforderungen	◎	●	◎
- Technologische Veränderungen am Markt	◎	●	●
- Innovationspotentiale für kundenbezogene Leistungen	◎	●	●
Kundenbezogene Perspektive. *Beispielhafte Inhalte ...*			
- Kundenorientierung der Mitarbeiter	❍	◎	●
- Kundenzufriedenheit	❍	◎	●
- Charakteristika/Bedürfnisse der Kunden	❍	●	●
- Kundenloyalität	❍	◎	●
- Kundenwahrnehmung von Rückgewinnungsaktivitäten	❍	◎	●
- Kundenbezogene Prozesse	◎	◎	●
- Image des Unternehmens	❍	◎	●
Wirtschaftliche Perspektive. *Beispielhafte Inhalte ...*			
- Effizienz der internen Prozesse	●	◎	❍
- Effektivität der Marktbearbeitung	❍	●	❍

Bewertungskompetenz: ● = eher hoch; ◎ = mittelmäßig; ❍ = eher niedrig

Tabelle 2: Bewertungskompetenz von Kundenkontakt-Mitarbeitern im Vergleich zu anderen Zielgruppen von Befragungen

Aus Tabelle 2 wird erkennbar, dass primär intern eingesetzte Mitarbeiter eine relativ hohe Bewertungskompetenz in Bezug auf die interne sowie die wirtschaftliche Perspektive aufweisen, während die externen Kunden in erster Linie zu Inhalten der kundenbezogenen Perspektive Stellung nehmen können. Kundenkontakt-Mitarbeiter weisen in Bezug auf alle vier Perspektiven des Balanced-Scorecard-Modells eine relativ hohe Bewertungskompetenz auf. Sie verfügen über ein umfassendes Wissen in Bezug auf die interne Perspektive und können darüber hinaus Aussagen zur kundenbezogenen Perspektive treffen. An dieser Stelle ist allerdings anzumerken, dass aufgrund möglicher Wahrnehmungsunterschiede zwischen Kundenkontakt-Mitarbeitern und Kunden (vgl. hierzu die vorangegangenen Ausführungen in diesem Beitrag) den Ergebnissen von Mitarbeiterbefragungen nach Möglichkeit die Bewertungen von Kunden gegenüber gestellt werden sollten.

4 Schlussbemerkungen

Die Bedeutung von Mitarbeiterbefragungen hat in den letzten Jahren ständig zugenommen. Insbesondere Kundenkontakt-Mitarbeiter stellen hierbei wichtige Informanten dar, um die Stärken und Schwächen des Unternehmens zu identifizieren. Neben internen Aspekten (wie der Mitarbeiterzufriedenheit, dem Betriebsklima usw.) können Kundenkontakt-Mitarbeiter insbesondere wertvolle Informationen über Kunden bzw. neuere Entwicklungen auf dem Markt liefern. Die Bedeutung von Kundenkontakt-Mitarbeitern als Informanten für Mitarbeiterbefragungen resultiert darüber hinaus aus der Erkenntnis, dass deren Zufriedenheit und Verhaltensweisen die Kundenzufriedenheit und den Unternehmenserfolg beeinflussen. Die systematische Messung der Mitarbeiterzufriedenheit und der Mitarbeiterverhaltensweisen stellt somit einen ersten wichtigen Schritt zur Steigerung des Unternehmenserfolgs dar.

Ziel dieses Beitrags war die theoretisch-konzeptionelle Durchdringung der Besonderheiten der Befragung von Kundenkontakt-Mitarbeitern. In Verbindung mit der Boundary Theory konnte eine Reihe von rollenbedingten Besonderheiten von Kundenkontakt-Mitarbeitern herausgearbeitet werden. In Verbindung mit den Erfolgsfaktoren von Mitarbeiterbefragungen wurden anschließend geeignete Themenfelder solcher Befragungen identifiziert. Hierbei wurde davon ausgegangen, dass primär intern eingesetzte Mitarbeiter, Kundenkontakt-Mitarbeiter und Kunden unterschiedliche Wahrnehmungen im Hinblick auf ein Unternehmen haben.

Dieser Beitrag, der sich konzeptionell mit den Besonderheiten von Mitarbeiterbefragungen bei Kundenkontakt-Mitarbeitern befasst hat, liefert eine Reihe von Anregungen für zukünftige Forschungen: Ein interessanter Bereich wird in der Untersuchung von Wahrnehmungsdifferenzen zwischen Mitarbeitern und Kunden gesehen. Insbesondere die Kenntnis, von welchen Faktoren Wahrnehmungsunterschiede zwischen Mitarbeitern und Kunden abhängen, würde wertvolle Implikationen für die Gestaltung von Mitarbeiterbefragungen liefern. So ist beispielsweise anzunehmen, dass Mitarbeiter mit einem hohen Maß an Empathie geringere Wahrnehmungsunterschiede zu Kunden aufweisen als Mitarbeiter, denen es schwer fällt, sich in die Perspektive anderer Menschen zu versetzen.

Eine weitere interessante Fragestellung für zukünftige Forschungen bezieht sich darauf, inwieweit sich die Professionalität der Durchführung von Mitarbeiterbefragungen auf die Motivation und Leistung von Kundenkontakt-Mitarbeitern auswirkt. So ist davon auszugehen, dass neben Antwortverweigerungen oder Antwortverzerrungen auch Leistungsrückgänge eine negative Konsequenz von mangelhaft durchgeführten Befragungen bei Kundenkontakt-Mitarbeitern sein können.

Literatur

Adams, J. (1976): The Structure and Dynamics of Behavior in Organizational Boundary Roles, in: Dunnette, M. (Hrsg.): Handbook of Industrial and Organizational Psychology, Chicago, S. 1175-1199.

Argyle, M. (1983): The Psychology of Interpersonal Behavior, Vol. 4, Harmondsworth.

Bernhardt, K., Donthu, N., Kennett, P. (2000): A Longitudinal Analysis of Satisfaction and Profitability, in: Journal of Business Research, Vol. 47, S. 161-171.

Bettencourt, L., Brown, S. (1997): Contact Employees: Relationships Among Workplace Fairness, Job Satisfaction and Prosocial Service Behaviors, in: Journal of Retailing, Vol. 73, No. 1, S. 39-61.

Boorom, M., Goolsby, J., Ramsey, R. (1998): Relational Communication Traits and Their Effect on Adaptiveness and Sales Performance, in: Journal of the Academy of Marketing Science, Vol. 26, No. 1, S.16-30.

Bruhn, M. (1995): Internes Marketing als Baustein der Kundenorientierung, in: Die Unternehmung, 49. Jg., Nr. 5, S. 381-402.

Bruhn, M. (1998): Stolpersteine auf dem Weg zum zufriedenen Kunden: Kundenzufriedenheit und interne Strukturen, Gablers Magazin, Nr. 4, S. 26-28.

Bungard, W., Jöns, I., Schultz-Gambard, J. (1997): Sünden bei Mitarbeiterbefragungen – Zusammenfassung der wichtigsten Fehler und Fallgruben, in: Bungard, W., Jöns, I. (Hrsg.): Mitarbeiterbefragung: Ein Instrument des Innovations- und Qualitätsmanagements, S. 441-455.

Cannon, J., Perreault, W., (1999): Buyer-Seller Relationships in Business Markets, in: Journal of Marketing Research, Vol. 36, November, S. 439-460.

Deeter-Schmelz, D., Ramsey, R. (1995): A Conceptualization of the Functions and Roles of Formalized Selling and Buying Teams, in: Journal of Personal Selling & Sales Management, Vol. 15, No. 2, S. 47-60.

Deeter-Schmelz, D., Ramsey, R. (2003): An Investigation of Team Information Processing in Service Teams: Exploring the Link Between Teams and Customers, in: Journal of the Academy of Marketing Science, Vol. 31, No. 4, S. 409-424.

DeJong, A.,de Ruyter, K.,Lemmink, J. (2004): Antecedents and Consequences of the Service Climate in Boundary-Spanning Self-Managing Service Teams, in: Journal of Marketing, Vol. 68, April, S. 18-35.

DeJong, A./de Ruyter, K./Streukens, S./Ouwersloot, H. (2001): Perceived Uncertainty in Self-Managed Service Teams: An Empirical Assessment, in: International Journal of Service Industry Management, Vol. 12, No. 2, S. 158-183.

Dixon, A./Gassenheimer, J./Felman, Barr, T. (2003): Identifying the Lone Wolf: A Team Perspective, in: Journal of Personal Selling & Sales Management, Vol. 23, No. 3, S. 295-219.

Domsch, M., Ladwig, D. (1999): Mitarbeiterbefragungen als marktorientiertes Instrument einer professionellen Personalarbeit, in: Bruhn, M. (Hrsg.): Internes Marketing: Integration der Kunden- und Mitarbeiterorientierung, 2. Auflage, Wiesbaden, S. 601-620.

Faix, W., Laier, A. (1996): Soziale Kompetenz. Das Potential zum unternehmerischen und persönlichen Erfolg, Wiesbaden.

Gaitanides, M./Stock, R. (2004): Interorganisationale Teams: Transaktionskostentheoretische Überlegungen und empirische Befunde zum Teamerfolg, in: Zeitschrift für betriebswirtschaftliche Forschung, 56. Jg., August, S. 436-451.

Goff, B., Boles, J., Bellinger, D., Stojack, C. (1997): The Influence of Sales-Person Selling Behaviors on Customer Satisfaction with Products, in: Journal of Retailing, Vol. 73, No. 2, S. 171-181.

Hatfield, E., Caccioppo, J. Rapson, R. (1994): Emotional Contagion, Paris.

Heider, F. (1958): The Psychology of Interpersonal Relationships, New York.

Hennig-Thurau, T., Thurau, C. (1999): Sozialkompetenz als vernachlässigter Untersuchungsgegenstand des (Dienstleistungs-)Marketing, in: Marketing – Zeitschrift für Forschung und Praxis, 21. Jg., Nr. 4, S. 297-311.

Heskett, J., Jones, T., Loveman, G., Sasser, W., Schlesinger, L. (1994): Putting the Service-Profit Chain to Work, in: Harvard Business Review, Vol. 72, No. 2, S. 164-174.

Heskett, J., Sasser, W., Schlesinger, L. (1997): The Service Profit Chain: How Leading Companies Link Profit and Growth to Loyalty, Satisfaction, and Value, New York.

Heyse, V. (1999): Selbstorganisiertes Lernen, in: v. Rosenstiel, L., Regnet, E., Domsch, M. (Hrsg.): Führung von Mitarbeitern: Handbuch für erfolgreiches Personalmanagement, 4. Auflage, Stuttgart.

Hochschild, A. (1983): The Managed Heart, Los Angeles.

Homburg, Ch., Schäfer, H., Schneider, J. (2003): Sales-Excellence – Vertriebsmanagement mit System, 3. Auflage, Wiesbaden.

Homburg, Ch., Stock, R. (2000): Der kundenorientierte Mitarbeiter: Bewerten, Begeistern, Bewegen, Wiesbaden.

Homburg, Ch., Stock, R. (2004): The Link Between Sales People's Job Satisfaction and Customer Satisfaction in a Business-to-Business Context: A Dyadic Analysis, in: Journal of the Academy of Marketing Science, Vol. 32, No. 2, S. 144-158.

Kaplan, R., Norton, D. (1997): The Balanced Scorecard – Strategien erfolgreich umsetzen, Stuttgart.

Marsden, P. (1998): Memetics and Social Contagion: Two Sides of the Same Coin?, in: Journal of Memetics – Evolutionary Models of Information Transmission, Vol. 2, No. 1, S. 68-86.

Moon, M., Armstrong, G. (1994): Selling Teams: A Conceptual Framework and Research Agenda, in: Journal of Personal Selling & Sales Management, Vol. 14, No. 1, S. 17-30.

Moon, M., Gupta, S. (1997): Examining the Formation of Selling Centers: A Conceptual Framework, in: Journal of Personal Selling & Sales Management, Vol. 17, No. 2, S. 31-41.

Parasuraman, A., Zeithaml, V., Berry, L. (1985): A Conceptual Model of Service Quality and its Implications for Future Research, in: Journal of Marketing, Vol. 49, Fall, S. 41-50.

Parasuraman, A., Zeithaml, V., Berry, L. (1988): SERVQUAL: A Multiple-Item Scale for Measuring Consumer Perceptions of Service Quality, in: Journal of Retailing, Vol. 64, Spring, S. 12-40.

Parasuraman, A., Zeithaml, V., Berry, L. (1994a): Alternative Scales for Measuring Service Quality: A Comparative Assessment Based on Psychometric and Diagnostic Criteria, in: Journal of Retailing, Vol. 70, No. 3, S. 201-230.

Parasuraman, A., Zeithaml, V., Berry, L. (1994b): Reassessment of Expectations as a Comparison Standard in Measuring Service Quality: Implications for Further Research, in: Journal of Marketing, Vol. 58, January, S. 111-124.

Peccei, R., Rosenthal, P. (1997): The Antecedents of Employee Commitment to Customer Service: Evidence From a UK Service Context, in: International Journal of Human Resource Management, Vol. 8, No. 1, S. 66-86.

Peccei, R., Rosenthal, P. (2000): Front-line Responses to Customer Orientation Programs: A Theoretical and Empirical Analysis, in: International Journal of Resource Management, Vol. 11, No. 3, S. 562-590.

Pugh, D. (2001): Service with a Smile: Emotional Contagion in the Service Encounter, in: Academy of Management Journal, Vol. 44, No. 5, S. 1018-1027.

Ramsey, R., Sohi, R. (1997): Listening to Your Customers: The Impact of Perceived Salesperson Listening Behavior on Relationship Outcomes, in: Journal of the Academy of Marketing Sciences, Vol. 25, Spring, S. 127-137.

Rheinberg, F. (1995): Motivation, in: Grundriß der Psychologie Band 6, Stuttgart.

Saxe, R., Weitz, B. (1982): The SOCO Scale: A Measure of the Customer Orientation of Sales People, in: Journal of Marketing Research, Vol. 14, August, S. 343-351.

Schlesinger, L., Zornitsky, J. (1991): Job Satisfaction, Service Capability, and Customer Satisfaction: An Examination of Linkages and Management Implications, in: Human Resource Planning, Vol. 14, No. 2, S. 141-149.

Schneider, B., Parkington, J., Buxton, V. (1980): Employee and Customer Perceptions of Service in Banks, in: Administrative Science Quarterly, Vol. 25, No. 2, S. 252-267.

Singh, J. (1988): Consumer Complaint Intentions and Behavior: Definitional and Taxonomical Issues, in: Journal of Marketing, Vol. 52, January, S. 93-97.

Stock, R. (2002a): Kundenorientierung auf individueller Ebene: Das Einstellungs-Verhaltens-Modell, in: Die Betriebswirtschaft, 62. Jg., Nr. 1, S. 55-72.

Stock, R. (2002b): Coaching von Führungskräften: Mit System zum Erfolg, in: Personal – Zeitschrift für Human Resource Management, 54. Jg., August, S. 30-34.

Stock, R. (2003a): Der Zusammenhang zwischen Mitarbeiter- und Kundenzufriedenheit: Direkte, mediierende und moderierende Effekte, 2. Auflage, Wiesbaden.

Stock, R. (2003b): Teams an der Schnittstelle zwischen Anbieter- und Kunden-Unternehmen: Eine integrative Betrachtung, Wiesbaden.

Stock, R. (2004): Personalmanagement als Schlüssel zur Kundenbindung, in: Bruhn, M., Homburg, Ch. (Hrsg.): Handbuch Kundenbindungsmanagement, 5. Auflage, Wiesbaden, S. 611-642.

Stock, R., Hoyer, W. (2005): An Attitude-Behavior-Model of Customer Orientation, in: Journal of the Academy of Marketing Science, (in Druck).

Thomas, M. (1999): Marketing Performance Measurement: Adding Value and Meta-Value, in: Working Paper at University of Stanthclyde, Scotland/UK.

Thomas, R., Soutar, G., Ryan, M. (2001): The Selling Orientation-Customer Orientation (S.O.C.O.) Scale: A Proposed Short Form, in: Journal of Personal Selling & Sales Management, Vol. 21, No. 1, S. 63-69.

Töpfer, A. (1998): Zufriedene Mitarbeiter = Zufriedene Kunden, in: Zentes, J. (Hrsg.): Mitarbeiterzufriedenheit = Kundenzufriedenheit - Eine Wechselbeziehung?, 6. CPC Trend-Forum, Heilbronn, S. 20-46.

Töpfer, A. (1999): Anforderungen des Total Quality Management an Konzeption und Umsetzung des Internen Marketing, in: Bruhn, M. (Hrsg.): Internes Marketing: Integration der Kunden- und Mitarbeiterorientierung, 2. Auflage, Wiesbaden, S. 409-438.

Tornow, W., Wiley, J. (1991): Service Quality and Management Practices: A Look at Employee Attitudes, Customer Satisfaction, and Bottom-Line Consequences, in: Human Resource Planning, Vol. 14, No. 2, S. 105-115.

Weaver, J. (1994): Want Customer Satisfaction? Satisfy Your Employees First, in: HRMagazine, February, S. 110-112.

Weitz, B., Bradford, K. (1999): Personal Selling and Sales Management: A Relationship Marketing Perspective, in: Journal of the Academy of Marketing Science, Vol. 27, No. 2, S. 241-254.

Wiley, J. (1991): Customer Satisfaction: A Supportive Work Environment and its Financial Cost, in: Human Resource Planning, Vol. 14, No. 2, S. 117-127.

Delphi-Befragung von Mitarbeitern: Die Zukunft im Unternehmen gestalten

Désirée H. Ladwig

1 Einführung

Deutsche Unternehmen sehen sich im Kontext der Ausgestaltung eines erfolgreichen strategischen Managements zunehmend der Problematik der Informationsüberflutung (welche Informationen sind relevant für meine Unternehmensstrategie), der zunehmenden Dynamik der Entwicklungen (wie kann ein Unternehmen sicher gehen, keine der relevanten Marktentwicklungen zu verschlafen und immer auf dem neuesten Stand der Technologie zu sein) und der Auswirkungen der Globalisierung (Herausforderungen neuer internationaler Märkte, zunehmende ausländische Konkurrenz in angestammten Geschäftsfeldern, Kostendruck etc.) ausgesetzt.

Der folgende Beitrag hat die Zielsetzung, die Methodik der Delphi-Befragung zunächst im Grundsatz darzustellen, um sie dann als „spezielles unternehmensinternes Tool eines partizipativen strategischen Managementansatzes" zu konkretisieren. Es geht insbesondere darum, die eigenen Mitarbeiter kontinuierlich zu entwickeln und ihr Know-How als „einzigartige, unternehmensspezifische, wettbewerbsrelevante Ressource" für die Beurteilung zukünftiger Entwicklungen zu nutzen.

Vergangene und gegenwärtige Erfolge stellen keine Garantie für zukünftige Erfolge bzw. eine langfristige Sicherung der Unternehmensgrundlage dar. Die Zahl der Insolvenzen hat in Deutschland (und auch in der EU) in den letzten Jahren einen traurigen Rekord erreicht (vgl. Abb. 1). Unternehmen, die es nicht geschafft haben, die Zeichen der Zeit zu erkennen und adäquat darauf zu reagieren.

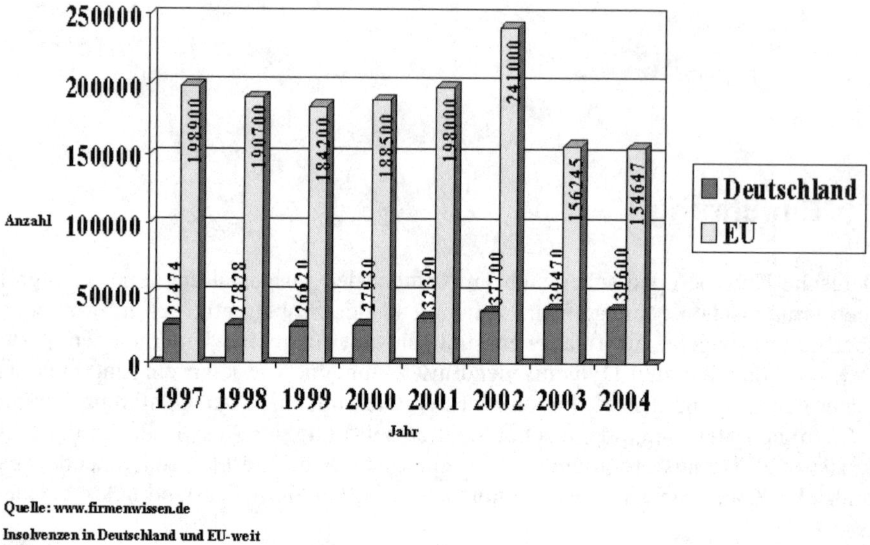

Abb. 1: Insolvenzen in Deutschland und EU-weit

Fundiertes Wissen über:

- die globalen wirtschaftlichen Zusammenhänge
- die Marktentwicklungen im eigenen Segment
- Innovationen in Bereichen der eigenen Technologien / Märkte
- Innovationen in benachbarten Gebieten
- neue Einsatzmöglichkeiten der Informationstechnologien etc.

müssen nicht nur auf der 1. und 2. Leitungsebene eines Unternehmens vorhanden sein, sondern auch bei den Mitarbeitern. In diesem Sinne müssen Mitarbeiter als Human Capital nicht nur kontinuierlich weitergebildet werden bzw. dies im Sinne eines lebenslangen Lernens eigenverantwortlich leisten (Employability), dieses Know-How muss im Unternehmen auch konsequent genutzt und eingesetzt werden.

Unternehmensinterne Delphi-Befragung können in diesem Zusammenhang als *ein* Baustein der strategischen Planung sowohl in Großunternehmen, als auch in kleinen und mittelständischen Unternehmen eingesetzt werden.

Das Unternehmen steht grundsätzlich vor der folgenden Problematik:

- Systematische Entscheidungsvorbereitungen und zielorientierte rationale Entscheidungen sind im Rahmen der strategischen Unternehmensplanung nur bei ausreichenden Informationen über die Zukunft möglich.

- Grundlage von strategischen Entscheidungen sind Prognosen.

- Informationen über Zukunft unterliegen der Unsicherheit.

- Eine reine Fortschreibung von Vergangenheitswerten (Trendextrapolation) führt oft nicht zu realistischen Prognosen[1].

Bei der Delphi-Befragung von Mitarbeitern fließen sowohl vergangene als auch zukünftige Entwicklungen in Form von „Expertenmeinungen" ein. Bezogen auf unternehmensinterne Delphi-Befragungen kann somit das „Langzeitgedächnis und Visionspotential" des Unternehmens (Summe aller Erfahrungen der Mitarbeiter) angezapft werden.

Die Delphi-Methode basiert in ihrer Grundform auf empirisch bestätigten Erkenntnissen, nach denen Experten aufgrund ihres Wissens, ihres Könnens und ihrer Erfahrungen sehr gut in der Lage sind, sehr präzise Schätzungen über zukünftige Entwicklungen abzugeben[2]. Die aus der Delphi-Methode resultierenden Gruppenurteile sind zudem den Vorhersagen von Einzelpersonen überlegen[3]. Die Nachteile von Gruppendiskussionen oder sog. Strategieworkshops, wie z.B. Dominanz einzelner Personen, Tendenz zur Konformität oder besondere rhetorische Fähigkeiten, werden durch die anonyme Befragung mittels Fragebogen ausgeschlossen.

Bei einer (Neu-)Einführung des Instruments „Delphi-Befragung" im Unternehmen wird allerdings die Hinzuziehung externer Beratung für die Implementierung empfohlen. Nach einem Realdurchlauf, sollte das Unternehmen dann in die Lage versetzt werden, mit diesem Tool selbständig kontinuierlich und langfristig weiter zu arbeiten und die Mitarbeiter als „Experten" regelmäßig zu befragen.

---

[1] Vgl.Müller, 1997, 26 und die eklatanten (Fehl-)Einschätzungen über die Konsequenzen der Einführung des Internets, die New Economy Blase.

[2] Vgl. Pix/Lorenz, 1989, 3

[3] vgl. Albach, 1970, 11 ff und Köhler, 1978, 53 ff.

2 Methodik

Die Delphi-Methode wurde Ende der vierziger, Anfang der fünfziger Jahre durch die RAND-Corporation entwickelt. Im Auftrag der US-Air-Force sollte ein Zukunftsszenario entwickelt werden, das einen Überblick über die technologische Entwicklung in 20 Jahren geben sollte. Helmer/Rescher stellten diese Methode erstmals 1959 vor[4]. 1964 erschien der Forschungsbericht zu dem oben genannten Projekt[5] und 1968 wurde die Delphi-Methode in zwei Veröffentlichungen methodisch ausführlich erläutert[6].

Der Grundgedanke der Delphi-Methode basiert auf folgendem Ablaufkonzept (vgl. Abb. 2).

Vorstufe :	Bildung des Delphi-Teams Aufgaben : Zielformulierung, Fragebogenerstellung, Expertenberufung		Experten
1. Stufe :	Aufforderung zur Abgabe einer Prognose	Fragebögen → ← Rückversand	1. Prognose
2. Stufe	Auswertung der Daten, Kennzahlenbildung, Aufforderung zur Abgabe einer zweiten Prognose mit Begründung extremer Aussagen	Fragebögen → ← Rückversand	2. Prognose
3. Stufe	Auswertung der Daten, Kennzahlenbildung, Aufforderung zur Abgabe einer dritten Prognose	Fragebögen → ← Rückversand	3. Prognose
Endgültige Auswertung / Berichterstattung			

Quelle: Zerres, M.P. 1988: Die Delphi-Methode, S. 353

Abb. 2: Ablauf Delphi-Methode

Ausgewählte Fachleute/Experten (hier ausgewählte Mitarbeiter) werden über ihr Urteil, ihre Einschätzung bezüglich der zukünftigen Entwicklungen, hier bezogen auf die Entwicklungen im eigenen Unternehmen und dem gesellschaftlichen und wirtschaftlichen Umfeld, in mehreren Befragungsrunden befragt. Die Ergebnisse

---

[4] Helmer/Rescher, 1959, 25-52

[5] Gordon/Helmer, 1964

[6] Helmer, 1968; Brown, 1968

der ersten Befragung fließen in die Fragestellungen der jeweils folgenden Befragungen mit ein. So werden die Experten der ersten Befragungsrunde erneut kontaktiert und ihnen die anonymisierten und zusammengefaßten Ergebnisse der ersten Runde zugeschickt[7]. Sie haben dann die Möglichkeite, ihr Urteil im Vergleich zu den anderen Experten zu überprüfen und ggf. zu korrigieren. Es entspricht der allgemeinen Erfahrung, daß sich ab der zweiten Runde ein Konvergenz der Einschätzungen einstellt[8]. Ein Vorteil der Delphi-Methode besteht in der Anonymität der Mitwirkenden, die eine Meinungsänderung ohne Gesichtsverlust ermöglicht[9].

Kennzeichnend für die Delphi-Methode in diesem Zusammenhang sind folgende Punkte:

- Expertenmeinung statt Massenbefragung
- Gruppenurteil statt Individualmeinung
- Strukturierte Befragung statt freie Meinungsäußerung
- Anonyme Befragung statt Gruppendiskussion
- Wiederholung mit kontrolliertem Feed-back
- Statistisch ermittelte Gruppenaussage, ergänzt um Begründungen und Gegenargumente
- Langfristige, entwicklungsbezogene Visionen statt kurzfristige, zeitpunktbezogene Situationsanalyse

Die Kritik, die an der Delphi-Methode geübt wird manifestiert sich im wesentlichen an folgenden Punkten:

- Auswahl der Experten
- „band wagon effects“
- Medianberechnung

---

[7] vgl. Lachmann, 1988, 328

[8] Erfahrungsgemäß ist eine weitgehende Konvergenz der Expertenprognosen nach max. drei Runden erreicht.

[9] vgl. Deutscher Delphi-Bericht, BMBWFT, 1995, S. XIV f.

Die Qualität der Untersuchungsergebnisse der Delphi-Studie steht und fällt mit der Qualität der Auswahl der Experten. Experten sollten über ein fundiertes Spezialwissen im eigenen Fachgebiet und über Überblickwissen in Nachbardisziplinen verfügen. Sie sollten dabei nicht nur über technische Kenntnisse, sondern auch über komplexe Relevanzsysteme verfügen[10]. Die Expertengruppe sollte möglichst breit gestreut sein und eine interdisziplinäre Zusammensetzung aufweisen[11]. Im Zuge eines langfristigen, kontinuierlichen Einsatzes von Delphi-Befragungen im Unternehmen ist es entsprechend auch die Aufgabe des Unternehmens, dafür zu sorgen, dass die ausgewählten Experten das notwendige Wissen entwickeln und auf dem neuesten Stand halten.
Obwohl die Befragung anonym durchgeführt wird und die Experten sich im Regelfall nicht kennen, ist es nicht völlig auszuschließen, daß durch die Rückkopplungsprozeduren sogeannte „band wagon effects“ auftreten, d.h. Experten schließen sich der Meinung einiger Meinungsführer an. Beim Einsatz dieses Instrumentes im Unternehmen ist die Einhaltung der Anonymität noch schwieriger zu gewährleisten, da es sich doch schneller herumspricht, „wer“ zu dem Kreis der ausgewählten Delphi-Experten gehört.

Durch die bei dieser Methode übliche Berechnung von Durchschnitten (Medianen) werden „Extrempositionen“ nivelliert. Dabei kann es sich hierbei aber um besonders interessante, „visionäre“ Expertenmeinungen handeln.

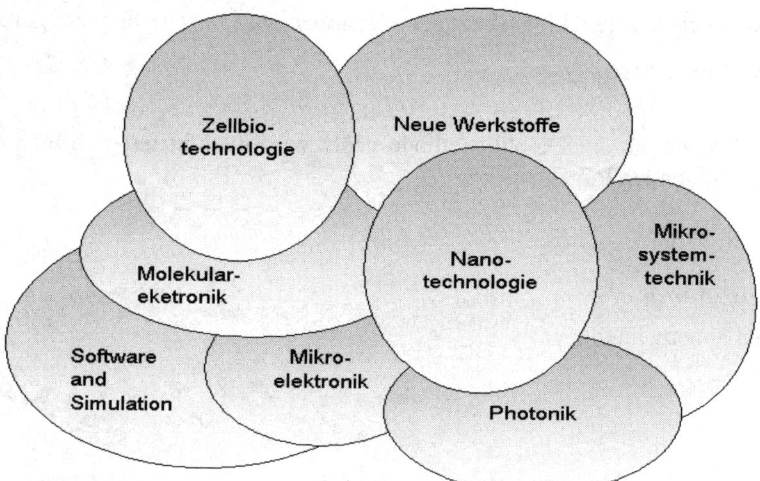

Quelle : Cuhls, K. 1994, S. 11

Abb. 3: Ergebnisse Delphi I des BMFT

[10] Hitzler, R. 1994, 25 ff
[11] vgl. Welty, G., 1972, 121

In den 90er Jahren führte das Fraunhofer Institut für Systemtechnik und Innovationsforschung (ISI) zwei Delphi-Befragungen im Auftrag des Bundesministeriums für Forschung und Technologie[12] mit der Zielsetzung einer qualifizierten Vorrausschau auf zukunftsorientierte technische Entwicklungslinien und wichtige kommerzielle Anwendungen durch[13]. Ein interessantes Ergebnis der Studie war, daß sich die klassischen Disziplinen zunehmen überlappen (siehe Abb. 3) und interdisziplinäre Ausbildung sowie Zusammenarbeit von Fachleuten verlangen.

Die so ermittelten „Megatrends“ zur globalen Entwicklung von Wissenschaft und Technik (vgl. Abb. 4) sind nicht nur für Politiker interessant, sondern gerade auch für Unternehmen und ihre Unternehmensstrategie.

Megatrend	Zustimmung (%)	Zeitfenster	Keine Zustimmung (%)
Der technische Fortschritt und die globale Umverteilung der Arbeitsplätze steigern die durchschnittliche Arbeitslosenquote in den meisten entwickelten Industrieländern dauerhaft	74	1999 bis 2006	22
Die Bevölkerung der Erde wird die 10-Milliarden-Grenze überschreiten	72	2010 bis 2025	19
Frauen werden mindestens ein Drittel aller Führungspositionen in der Wirtschaft besetzen	57	2008 bis 2020	32
Wachsende Umweltprobleme beeinträchtigen die Gesundheit der meisten Menschen	53	2003 bis 2015	42
In Deutschland werden mehr als die Hälfte aller Kirchen aus Mangel an Bedarf geschlossen	42	2008 bis 2019	40
Die meisten Menschen in Deutschland gründen keine Familie mehr	16	2006 bis 2017	71

Auszug aus Quelle: Studie zur globalen Entwicklung von Wissenschaft und Technik, Methoden- und Datenband, 1998, S. 33-36

Abb. 4: Megatrends

In Japan werden seit mehr als 30 Jahren in regelmäßigen Abständen Delphi-Studien zur langfristigen Entwicklung von Wissenschaft und Technik vom National Institute of Science and Technology Polica (NISTEP) durchgeführt, unterstellt der STA[14].

Die Delphi-Befragung in ihrer Grundform wird als eines der gebräuchlichstes intuitven Prognoseverfahren eingesetzt.[15] Bei ihrem Einsatz mit internen Experten im Unternehmen wird sie zu den Spezialbefragungen[16] gerechnet.

---

[12] Bundesministerium für Bildung, Wissenschaft, Forschung und Technology, damals noch BMFT, Delphi I: 1992; Delphi II 1996

[13] vgl. Cuhls, 1994, 11

[14] japanische Behörde für Wissenschaft und Technologie

[15] Vorgrimler, 2003, 763

Das Prognoseproblem wird den Experten in der Form eines Fragebogens (qualitative und quantiative Fragen) vorgelegt. Die Befragungen und die Informationen über die Ergebnisse können z.B. sehr schnell und mit geringen Kosten elektronisch über e-mail/intranet eingeholt bzw. verbreitet werden. Neben den speziellen firmenbezogenen Fragestellungen gibt es einige grundlegende Fragenbereiche. Für jedes Thema sollten u.a. die folgenden Einschätzungen erfragt werden:

- Einschätzung der eigenen Fachkenntnis zu dem abgefragten Thema
- Wichtigkeit der Fragestellung für den befragten „Experten"
- Quantitätsangaben: In welchem Maße treten Ereignisse ein?
- Qualitätsangaben: Was ist möglich?
- Zeitangaben: Zeitraum der Verwirklichung der prognostizierten Ereignisse
- Wahrscheinlichkeitsangaben: Welche Wahrscheinlichkeiten sind den Angaben zu Quantität, Qualität und Zeit zuzuordnen?
- Bewertungen: Sind Entwicklungen oder neue Möglichkeiten unter Berücksichtigung der Auswirkungen wünschenswert?
- Mögliche Hemmnisse bei der Realisierung (technische Probleme, Vorschriften, kulturelle Faktoren, Kosten, Kapitalmangel, geringer Ausbildungsstand, Misstrauen etc.)
- Nationaler/Internationaler Vergleich (Abstraktion von der Unternehmensebene)

Zu den unternehmensbezogenen Fragenbereichen können u.a. Einschätzung der Entwicklungen gehören über:

- Marktpolitik des Unternehmens (Entwicklung der Marktposition, der Vertriebsformen, der Produktpolitik, der Preispolitik)
- Marktpolitik der Konkurrenz (s.o. analog)
- Personal- und Organisationspolitik (z.B. Nachfrage nach Arbeitszeitflexibilisierung etc.)
- Unternehmensführung und -steuerung (Unternehmensphilosophie und -zielsetzung, Führungsstil, Unternehmensverhalten, zu den Instrumenten der Unternehmensführung etc.)
- Kennzahlen (Umsatz, Gewinn, ROI etc.)
- etc.

---

[16] Vgl. Atteslander, 2003, 183

Die Auswertung der Befragungsergebnisse erfolgt durch Berechnung von Medianen und Quartilsspannen. Der Median als Maß der zentralen Tendenz, bezeichnet den mittleren Wert einer geordneten statistischen Reihe[17]. Als Streuungsmaß dient die Quartilsspanne, die auf der einen Seite vom unteren Quartilswert (Q1) und auf der anderen vom oberen Quartilswert (Q2) begrenzt wird. Sie umfasst die mittleren 50% einer geordneten statistischen Reihe[18]. In dem in Abb. 5 dargestellten Beispiel liegt der Median für die 1. Befragungsrunde bei 2007 (Spitze des ersten „Häuschens") und für die 2. Befragungsrunde bei 2010 (Spitze des zweiten „Häuschens".) D.h. die Hälfte der Befragten der 1. Befragungsrunde hat sich für einen Zeitpunkt des Eintritts des fraglichen Ereignisses vor 2008 entschieden. Die Quartilsspanne (50% der Befragten) liegt zwischen 2002 und 2017 (1. Runde) und 2006 und 2015 (2. Runde), d.h. ein Viertel der Befragten schien der Zeitraum vor 2002/2006 (=Q1) und ein weiteres Viertel der Zeitraum nach 216/2015 (=Q2) der wahrscheinlichste.

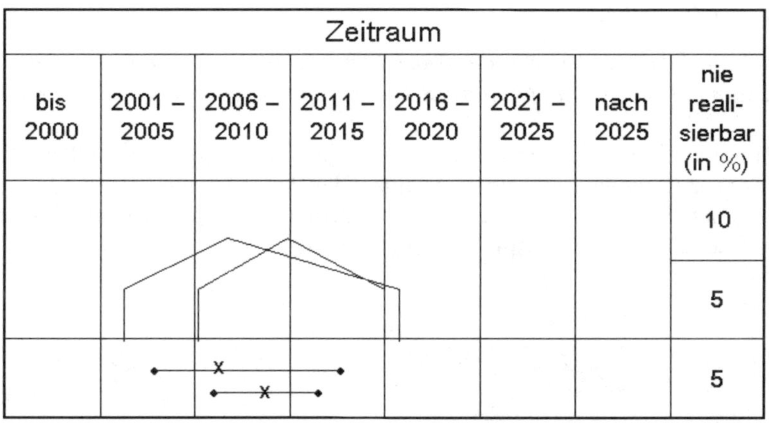

Median und Quartalswerte in Anlehnung an: Studie zur globalen Entwicklung von Wissenschaft und Technik, Methoden- und Datenband, 1998, S. 11

Abb. 5: Median und Quartalswerte als zentrale Maße der Delphi-Technik

---

[17] d.h.genausoviele Angaben z.B. Jahreszahlen liegen unterhalb wie oberhalb dieser Marke

[18] gegenüber dem arithmetischen Mittel und der Standardabweichung besitzen diese Maße den Vorteil, von „Ausreißern" vergleichsweise unberührt zu bleiben. vgl. Müller, 1997, 30

Unter den „Häuschen" sind separat die Ergebnisse der Experten mit der höchsten Expertise aufgeführt. Die Linie repräsentiert das Intervall zwischen dem unteren und dem oberen Quartil, während das Kreuz die Position des Medians definiert[19].

Zielsetzung der Delphi-Befragung ist es aber, nicht nur harte Kennzahlen einschätzen zu lassen, sondern gerade auch eine Einschätzung über die so schwer quantifizierbaren soft-facts zu erhalten. In diesem Zusammenhang kann eine Delphi-Befragung auch ein dezidiertes Stimmungsbild der Mitarbeiter eruieren, ähnlich dem Konjunkturindex der Wirtschaftsinstitute.

Im sog. „Ideen-Delphi" wird z.B.versucht, künftige Probleme, Entwicklungen oder Alternativen aufzudecken.

Welche Möglichkeiten haben wir, den Workflow im Unternehmen zu optimieren? (Gehen Sie bei Ihrer Einschätzung insbesondere von Ihrem Bereich aus – beachten Sie aber bitte auch den Workflow im Gesamtunternehmen).

Beim „Time-Scalling-Delphi" sollen in erster Linie Eintrittszeiten von Ereignissen prognostiziert werden[20].

In welchem Jahr werden wir die Marktführerschaft im Produktsegment „Z" in Deutschland übernehmen? (5 Jahre, 10 Jahre, später, gar nicht + Begründung).

Eine simultane Analyse der gesellschaftlichen, wirtschaftlichen und politischen Tendenzen zusammen mit einer Analyse der langfristigen Entwicklungen im Technologiebereich und im Unternehmen eröffnet dem Management eine fundierte strategische Unternehmensplanung (vgl. Abb.6).

[19] vgl. Delphi Report des BMBF 1998, S. 11
[20] Lachmann, 1988, 328

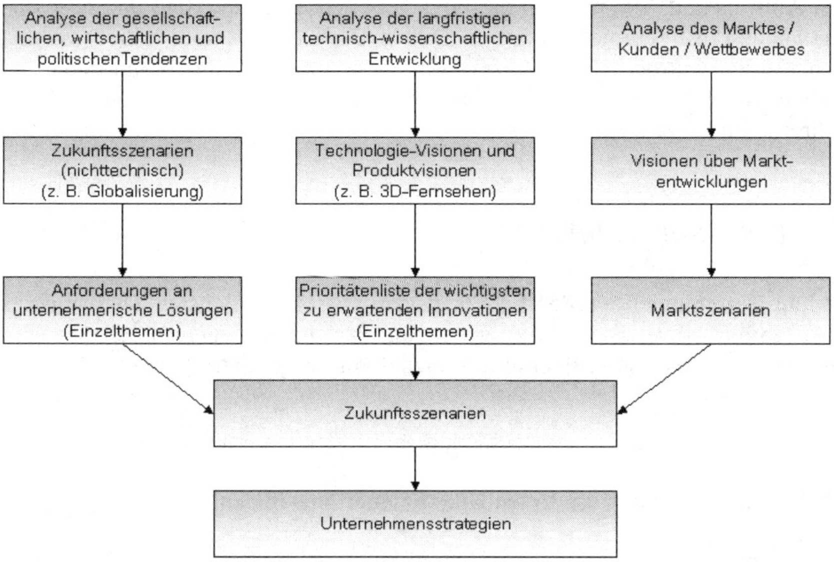

Abb. 6: Unternehmensstrategie

Aufbauend auf diesen möglichen Zukunftsszenarien kann das Unternehmen erfolgsversprechende Innovations-, Markt-, und Unternehmensstrategien ableiten. Der Vorteil eines solchen Vorgehens liegt nicht nur in der Qualität der Ergebnisse, sondern auch im partizipativen Ansatz dieses Management Tools. Kombiniert mit einer entsprechenden Kommunikationskampagne über die Ergebnisse und die Verwendung der Ergebnisse (Konsequenzen, abgeleitete Strategien, konkrete Projekte etc.), zeigt den Mitarbeitern die Wertschätzung ihres „Expertenwissens" und kann zu einer deutlichen Motivationssteigerung und einer Kultur des verantwortungsvollen, zukunftsgerichteten „Mitdenkens" anregen.

In diesem Zusammenhang muss natürlich der Auswahl der geeigneten „Experten" ein besonderes Augenmerk gelten. Es empfielt sich, nicht nur die ausgewiesenen „Positions-Experten" zu selektieren, sondern auch solche „Fachexperten", die sich in der Mikropolitik im Unternehmen nicht unbedingt in den Vordergrund drängen. Um hier zu aussagekräftigen und objektiven Auswahlergebnissen zu kommen, setzen einige Unternehmen neuerdings die Analysemöglichkeiten von sog. Knowledge-Management-Software Systemen ein (wie z.B. Lotus Notes oder andere Knowledge-Management-Systeme). Diese Software ermöglicht es, zum einen durch eine Analyse der internen e-mail-Kontakte sogenannte „Netzwerkknotenpunkte" (informelle Kommunikationsführer) zu identifizieren. Zum anderen können über eine Analyse der internen Wissensdatenbanken die durch interne Fachberichte sich profilierenden „Fachexperten" herausselektiert werden. Durch dieses

Instrumentarium erhält man insbesondere in Großunternehmen auch die „visionären Außenseiter", die nicht in old-boys networks integriert sind und deshalb auch für solche Prestigeprojekte wie eine Delphi-Expertenrunde sonst nicht vorgeschlagen werden würden. Gerade ihre „Außenseitereinschätzung" kann dadurch, dass sie anonym erhoben wird, zu sehr interessanten Reflektionen mit den „Meinungsführern" im Delphi-Pool führen.

3 Praxisbeispiele

Delphi-Befragungen wurden bereits zu den unterschiedlichsten Themenbereichen durchgeführt. Die Bandbreite geht von den bereits angesprochenen Delphi-Befragungen des BMFT über eine Vielzahl von Spezialbefragungen:

- Bedeutung von Standortentscheidungen für den Unternehmenserfolg[21]
- Zukunftsaussichten des freien Unternehmertums in den USA[22]
- Zukünftiges Anforderungsprofil von Führungskräften[23]
- Vergleichende Analyse der Erfolgsfaktoren und Innovationshemmnisse in 13 Zukunftsbranchen[24]
- Wissensmanagement[25]
- Entwicklung und Bedeutung virtueller Unternehmen[26]
- Prognose der Relevanz, Erfolgsfaktoren und Konsequenzen von elektronischen Business-to-Business Marktplätzen (B2)[27]
- Wertewandel im öffentlichen Bewusstsein etc.

Diese Vielzahl an Spezialbefragungen zeigt deutlich, dass gerade in jüngerer Vergangenheit die Delphi-Befragung als Methode sehr an Beliebtheit gewonnen hat.

---

[21] Azani/Khorramshahgol, 1990
[22] Tashakori u.a. 1988
[23] Bronner u.a. 1991
[24] vgl. Hanser u.a. 1996, 39
[25] vgl. Reinmann-Rothmeier/Mandl, 1998
[26] vgl. Bauer, 2000, 220 ff.
[27] Holzmüller/Schlüchter, 2003, 35 ff.

Vergleicht man den Einsatz von innerbetrieblichen Delphi-Befragungen mit dem Einsatz des Instruments Delphi-Befragung in seiner Grundform, zeigen sich folgende Vor- und Nachteile für die innerbetriebliche Befragung[28]

Vorteile:

- leichtere Organisation
- Befunde schneller vorliegend
- Kosten niedriger
- höhere Response-Rate
- bei Großunternehmen auch heterogene Zusammensetzung der Experten möglich

Nachteile:

- bei zu homogener Struktur der Experten (insbesondere bei kleinen Unternehmen) Gefahr eines zu einseitigen Bildes vom jeweiligen Problembereich
- Kulturbruch (Ablehnung bzw. Widerstand aus der Belegschaft)
- Aufbau einer Erwartungshaltung, die dann nicht erfüllt wird (keine Umsetzung der Vorschläge) kann zu erheblichen Motivationsverlusten führen.

4 Ausblick

Wie gezeigt wurde, kann der Einsatz von Delphi-Befragungen *ein* sehr erfolgversprechendes strategisches Management-Tool sein. Das Unternehmen erhält Zugriff auf einen besonderen „Wissenspool", ohne dass dieser wesentlich durch Mikropolitik beeinflusst oder behindert werden kann.

Eine solches Projekt verändert aber nicht nur die Planungsprozesse und -grundlagen im Unternehmen, sondern auch die Unternehmenskultur. Mitarbeiter, die als „Unternehmensexperten" ausgewählt wurden und in dieser Funktion tätig sind, durchlaufen eine spezifische Lernkurve.

Man kann die Delphi-Methode auch von der reinen, anonymen Befragung um sog. Delphi-Zirkel erweitern, in denen dann die Endergebnisse präsentiert und weiterbearbeitet werden (Strategieentwicklung). Die Experten würden dann nicht mehr anonym sein, sondern im Unternehmen bekannt werden und ggf. einen anderen

---

[28] vgl. Häder, 2002, 108 f.

Stellenwert erhalten (insbesondere die „Experten“ die fachlich versiert sind, sich aber vielleicht nicht so gut intern „verkaufen“ können).

Für den einzelnen Experten bleibt ein Abgleich des Endresultats mit der eigenen Einschätzung nicht aus. Werden die Befragungsergebnisse später evaluiert (Eintrittserfolgsmessung), könnten nicht nur Erkenntnisse über die grundsätzliche Leistungsfähigkeit des Instruments, sondern auch die Prognosefähigkeiten der einzelnen „Expertern“ erhoben werden. Im Zusammenhang mit einem systematischen Gruppentraining und Wissensmanagement kann so die Treffsicherheit des Instruments über die Jahre erheblich gesteigert werden (Lernkurve).

Für von ihrer Unternehmenskultur her offene Unternehmen empfielt sich auch die Öffnung von Delphi-Zirkeln und –befragungen gegenüber anderen Unternehmen (benchmarking). Es kann hierdurch insgesamt eine besondere „Expertenkultur“ im Unternehmen aufgebaut werden, die das Unternehmertum im Unternehmen verstärken kann.

Literatur

Albach, H. (1970): Informationsgewinnung durch strukturierte Gruppenbefragung. Die Delphi-Methode. In: Zeitschrift für Betriebswirtschaft, 40 Jg., Ergänzungsheft, S. 11-26.

Atteslander, P. (2003): Methoden der empirischen Sozialforschung, 10. Aufl., Berlin u.a..

Azani, H./Khorramshahgol, R. (1990): Analytic Delphi Method (ADM): A Strategic Decision Making Model Applied to Location Planning. In: Engineering Costs and Production Economics, Vol. 20, No. 1, pp. 23-28.

Bauer, U. (2000): Controlling in der virtuellen Unternehmung 2010 – Ergebnisse einer Delphi-Studie. In: Controller Magazin, Nr. 3, S. 219-224.

Bronner, R. u.a. (1991): Anforderungen an Spitzen-Führungskräfte. Ergebnisse einer Delphi-Studie. In: Zeitschrift für Betriebswirtschaft, 61. Jg., S. 1227-1242.

Brown, B.B. (1968): Delphi Process: A Methodology used for the Elicitation of opinions of Experts, RAND corp. P-3925, Santa Monica.

Cuhls, K. (1994): Delphi orakelt deutsch und japanisch. In: Die Mitbestimmung, 9 Jg., S. 11-16.

Gordon, T.J./Helmer, O. (1964): Report on a Long-Range Forecasting Study, Report P-2982 RAND corp., Santa Monica.

Häder, M. / Klein, S. (2002): Wie wenig das Recht unser Verhalten regelt, methodische Innovationen und erste Befunde zu einem bisher nicht untersuchten Thema. In: ZUMA Nachrichten, H. 50, 26. Jg., S. 86-112.

Hanser, P. (1996): Lust auf Innovation ? Delphi-Studie mit 125 Experten aus Industrie, Forschung und Beratung. In: Absatzwirtschaft, 39. Jg., S. 38-47.

Helmer, O./Rescher, N. (1959): On the Epistemology of the Inexact Sciences. In: Management Science, Vol. 6, S. 25-52.

Helmer, O. (1968): Analysis of the Future: The Delphi Method. In: Bright (Hrsg.): Technological Forecasting for Industry and Government, Englewood Cliffs.

Hitzler, R. (1994): Expertenwissen, Opladen.

Holzmüller, H./Schlüchter, J. (2003): Prognose der Relevanz, Erfolgsfaktoren und Konsequenzen von elektronischen Business-to-Business Marktplätzen. In: Zeitschrift für Marketing, S. 35-50.

Köhler, H. (1978): Zur Prognosegenauigkeit der Delphi-Methode. In: Zeitschrift für Betriebswirtschaft, 48. Jg., S. 53-60.

Lachmann, E. (1988): Begriffe, die man kennen muß: Delphi-Methode. In: Das Wirtschaftsstudium, 6. Jg., S. 328.

Müller, S. (1997): Die Delphi-Befragung – Ein qualitatives Prognoseverfahren. In: M & M – Marktforschung & Management, S. 26-32.

o.V.(1995): Deutscher Delphi-Bericht zur Entwicklung von Wissenschaft und Technik, Bundesministerium für Bildung, Wissenschaft, Forschung und Technologie.

o.V. (1996): Delphi II: Umfrage zur Entwicklung von Wissenschaft und Technik, Frauenhofer Institut für Systemtechnik und Innovationsforschung, BMFT Öffentlichkeitsarbeit.

o.V. (1993): Delphi I: Deutscher Delphi-Bericht zur Entwicklung von Wissenschaft und Technik, Frauenhofer Institut für Systemtechnik und Innovationsforschung, BMFT Öffentlichkeitsarbeit.

o.V.(1998): Delphi 1998, www.bmbf.de/archive/magazin/mag98/kw08/index.html

Pix, M./Lorenz, R. P. (1989): Die bayerischen Sparkassen im Jahre 2000: Szenarien entwickelt mit Hilfe der Delphi-Methode. In: Betriebswirtschaftliche Blätter 1, S. 2-7.

Reinmann-Rothmeier, G./Mandl, H. (1998): Wissensmanagement: Informationszuwachs – Wissensschwund ? die strategische Bedeutung des Wissensmanagements, München u.a..

Tashakori, A. u.a. (1988): The future of US free enterprise: a Delphi study. In: Futures Research Quarterly, Vol. 4, S. 29-42.

Vorgrimler, D. (2003): Die Delphi-Methode und ihre Eignung als Prognoseinstrument. In: Wirtschaft und Statistik, Nr. 8, Statistisches Bundesamt, S. 763-774.

Welty, G. (1972): Problems of Selecting Experts for Delphi Exercises. In: Academy of Management Journal, 15. Jg., S.121.

Zerres, M.P. (1988): Die Delphi-Methode. In: Archiv PF 4, S. 352-356.

Von den Guten lernen – Mitarbeiterbefragungen als Instrumente einer präventiven Arbeitsgestaltung

Oleg Cernavin, Ulrich Friedrich Holland, Stefan Keller und Peter Lemke-Goliasch

1 Einleitung

Wie kann Sicherheit und Gesundheit besser in die Abläufe von kleinen und mittleren Unternehmen (KMU) integriert werden? Was macht Unternehmen aus, in denen sich seit Jahren kein Unfall ereignet hat? Wie kann man von den guten Unternehmen lernen? Wie können Konzepte für Berufsgenossenschaften und andere Präventionsdienstleister (vgl. Cernavin/Wilken 1998) aussehen, mit denen Sicherheit und Gesundheit effektiver und effizienter zu realisieren ist?

Diese Fragen waren der Ausgangspunkt des Modellvorhabens „Reduzierung der Unfallhäufigkeit in der Gewerkegruppe der Dachdecker der Württembergischen Bau-Berufsgenossenschaft", das die Württembergische Bau-Berufsgenossenschaft gemeinsam mit der BC Forschungsgesellschaft[1] zwischen 1999 und 2002 realisiert hat.

Ein wesentliches Arbeitsfeld des Vorhabens war die empirische Untersuchung der Ausgangssituation, in deren Rahmen eine Mitarbeiterbefragung und eine Unternehmerbefragung durchgeführt wurden. Bereits in der ersten Auflage dieses Handbuches konnten Ergebnisse der empirischen Untersuchung vorgestellt werden (vgl. Lemke-Goliasch et al. 2000).

Im Folgenden wird zunächst das Modellvorhaben kurz beschrieben. Der Schwerpunkt liegt dabei auf den empirischen Untersuchungen. Anschließend werden Ergebnisse der Mitarbeiterbefragung vorgestellt. Den Abschluss bildet eine Zusammenfassung der Ergebnisse des Modellvorhabens.

[1] Die Befragung wurde vom Institut Arbeit, Kommunikation und Gesundheit intagt durchgeführt, das mittlerweile in der BC Forschungsgesellschaft aufgegangen ist.

2 Das Modellvorhaben im Dachdeckerhandwerk

Die Dachdeckerunternehmen sind von der Württembergischen Bau-Berufsgenossenschaft als Zielgruppe ausgewählt worden, da sie aufgrund des Unfallgeschehens in der höchsten Gefahrklasse eingestuft sind und somit ein hoher finanzieller wie inhaltlicher Problemdruck besteht. Unter logistischen Gesichtspunkten bietet sich diese Gewerkegruppe deshalb an, da es sich – in Bezug auf das Tätigkeitsprofil – um eine sehr homogene Berufsgruppe handelt. Zudem stellt die Zahl von ca. 450 Mitgliedsunternehmen bei der Württembergischen Bau-Berufsgenossenschaft für die Intervention eine überschaubare Größenordnung dar.

Die Umsetzung der einzelnen Arbeitspakete des Modellvorhabens erfolgte durch die Mitarbeiter des Technischen Aufsichtsdienstes der Württembergischen Bau-Berufsgenossenschaft. Auf der organistorischen Ebene war darüber hinaus der Landesinnungsverband des Dachdeckerhandwerks in das Vorhaben eingebunden.

2.1 Zielsetzung des Vorhabens

Die Zielsetzung des Projektes war es, modellhaft Handlungshilfen zu erarbeiten, mit denen die Württembergische Bau-Berufsgenossenschaft problemorientiert Sicherheit und Gesundheit in die Abläufe ihrer Betriebe integrieren kann. Mit diesen Handlungshilfen wird das Ziel verfolgt, Sicherheit und Gesundheit zur Förderung und Verbesserung betrieblicher Abläufe zu nutzen.

Mit dem Projekt wurden folgende Einzelziele verfolgt (vgl. Abb. 1):

- die nachweisbare (reproduzierbare) Verringerung von schweren Unfällen,
- die Entwicklung modellhafter Handlungshilfen für eine zielgerichtete Arbeit der BG-Mitarbeiter,
- die nachhaltige Motivation der Unternehmer, Maßnahmen im Bereich Arbeits- und Gesundheitsschutz durchzuführen und
- die Untersuchung einer generellen Übertragbarkeit der Methodik und Vorgehensweise auf andere Gewerbezweige.

Abb. 1: Angestrebte Wirkungen des Modellvorhabens

Diese Zielsetzungen des Projektes wurden in vier Arbeitsfeldern umgesetzt:

1. **Entwicklung eines wissenschaftlichen Begriffs- und Kriterienrahmens**: Da in dem Projekt vor allem die systemischen Zusammenhänge und die Wirkfaktoren untersucht werden sollten, die Unfallhäufigkeit und Prävention beeinflussen, wurde zunächst ein systemtheoretischer Begriffs- und Kriterienrahmen entwickelt.

2. **Empirische Untersuchung der Ausgangssituation:** Grundlage für die Entwicklung der Konzepte und Handlungsanleitungen war eine empirische Untersuchung in Dachdeckerbetrieben im Bereich der Württembergischen Bau-Berufsgenossenschaft. Untersucht wurden sowohl die 30 Prozent Unternehmen, die über einen längeren Zeitraum außerordentlich hohe Unfallzahlen produziert haben und mit rund 90 Prozent der Kosten die Solidargemeinschaft besonders hoch belasten (Bad-Practice-Unternehmen), als auch die 30 Prozent Unternehmen, die in den letzten fünf Jahren kaum Unfälle hatten und damit auch bei der Berufsgenossenschaft kaum Kosten produziert haben (Good-Practice-Unternehmen). Ergänzend zu der empirischen Untersuchung wurden mit 22 Unternehmern aus diesen Good- und Bad-Practice-Unternehmen persönliche Gespräche geführt.

3. **Neues Beratungs- und Überwachungskonzept der Berufsgenossenschaft:** Auf Basis der Untersuchung und der Gespräche wurde ein neues Beratungs- und Überwachungskonzept für die Berufsgenossenschaft entwickelt und es wurden neue Formen der Organisation der Arbeit konzipiert und erprobt.

4. **Handlungs- und Arbeitshilfen für die Unternehmen:** Für die Unternehmen wurden auf Basis der Untersuchung Handlungshilfen entwickelt. In diesen Handlungshilfen wurden die Erfahrungen der „guten" Unternehmen umgesetzt.

2.2 Die Mitarbeiter- und Unternehmerbefragung

Die Good-Practice-Unternehmen und die Bad-Practice-Unternehmen wurden aus der Perspektive der Prävention definiert. Dazu wurden als Kriterium die Unfallzahlen der Unternehmen über einen längeren Zeitraum mit einem gewichteten Summenindex zugrunde gelegt.

Auf der Basis einer retrospektiven Unfallanalyse (5-Jahreszeitraum: 1993 bis 1997) erfolgte eine Zuordnung von Betriebsgrößenklassen und Unfallursachen auf der Grundlage der Unfallanzeigen gewichtet mit der Schwere der Unfälle und den Unfallkosten.

Die Gewichtung war erforderlich, um die durch den Unfall entstandenen Kosten mit berücksichtigen zu können. So fielen z. B. für 86 Prozent der Unfälle (nur ambulante Behandlung) 9 Prozent der Gesamtaufwendungen an, während die 2 Prozent der schweren Unfälle (medizinische und berufliche Rehabilitation plus Rentenfälle) 47 Prozent der Gesamtaufwendungen umfassten.

Als Vergleichsgröße wurde das gesamte Unfallgeschehen herangezogen. Dadurch bestand die Möglichkeit, Unfallschwerpunkte und -häufigkeiten sowie das durchschnittliche Unfallgeschehen genau abzubilden und die Betriebe zu identifizieren, die in dem 5-Jahres-Zeitraum über- bzw. unterdurchschnittlich belastet waren.

Für Kleinunternehmen mit 1 bis 9 Mitarbeitern ergab sich nach dieser gewichteten Bewertungsziffer (BWZ) folgende Verteilung:

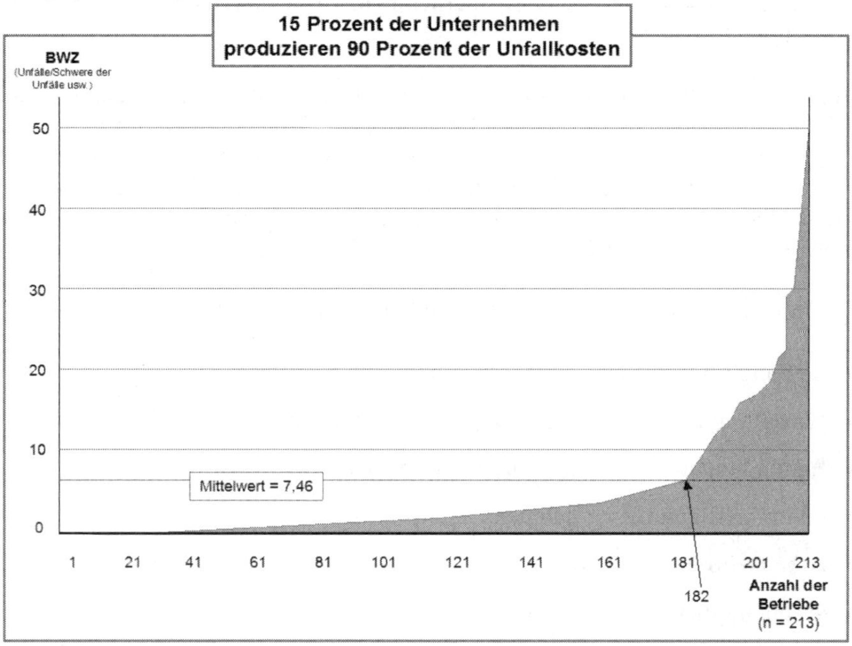

Abb. 2: Verteilung der Kleinunternehmen nach Bewertungsziffer (BWZ)

Die Bewertungsziffer zeigt, dass 20 Kleinunternehmen mit bis zu 9 Mitarbeitern (rund 10 Prozent aller Unternehmen) in den letzten fünf Jahren überhaupt keinen Unfall hatten, also keine Kosten produziert haben. Gleichzeitig ereigneten sich in den rund 15 Prozent Unternehmen, die über dem Durchschnitt lagen, besonders viele und schwere Unfälle. Diese 15 Prozent der Unternehmen erzeugten rund 90 Prozent der Kosten für die Unfälle.

Aus den Bewertungsziffern ergab sich die Zuordnung zu Good- und Bad-Practice-Unternehmen:

- **Good-Practice-Unternehmen** sind die Unternehmen, die nach Unfallhäufigkeit, -schwere und -kosten im ersten Drittel der Bewertungsziffer-Verteilung lagen.

- **Bad-Practice-Unternehmen** sind die Unternehmen, die nach Unfallhäufigkeit, -schwere und -kosten im letzten Drittel der Verteilung lagen.
  Das mittlere Drittel der Unternehmen bildete die Kontrollgruppe.

Von den ca. 450 Unternehmen erfüllten 302 die zugrunde gelegten Auswahlkriterien (Unternehmen mit reinen Dachdeckertätigkeiten, Eingruppierung in den Gefahrtarif 09). Davon gehören 71 Unternehmen zu den Good-Practice- und 87 Unternehmen zu den Bad-Practice-Unternehmen. 144 Unternehmen bilden die Kontrollgruppe.

Bei der **Mitarbeiterbefragung** wurde ein pre-getesteter standardisierter Selbstausfüllfragebogen eingesetzt. Der Fragebogen enthält überwiegend geschlossene Fragen mit vorgegebenen Antwortmöglichkeiten, aber auch offene Fragen. Der Fragebogen wurde in den Good- und Bad-Practice-Unternehmen eingesetzt; aus logistischen und zeitlichen Gründen wurde in der Kontrollgruppe keine Mitarbeiterbefragung durchgeführt.

Der Fragebogen mit 146 Variablen beeinhaltet u. a. folgende Fragenkomplexe:

- Stellung im Beruf und soziodemographische Merkmale,
- Einstellungen zum Arbeits- und Gesundheitsschutz,
- Einbindung in betriebliche Planungsprozesse,
- Führungsstil und Unternehmensorganisation,
- Arbeitszufriedenheit und Einstellung zur Arbeit,
- gesundheitliche Belastungen,
- Fortbildungsinteressen,
- Veränderungen der Arbeitsbedingungen,
- Anforderungen an einen erweiterten Arbeits- und Gesundheitsschutz.

Für die **Unternehmerbefragung** wurde ebenfalls ein standardisierter Selbstausfüllfragebogen mit 135 Variablen und überwiegend geschlossenen Fragen entwickelt und einem Pretest unterzogen. Zu u. a. folgenden Aspekten wurden Daten erhoben:

- Firmenstruktur,
- Arbeitsablauforganisation,
- Struktur betrieblicher Entscheidungsprozesse,
- sicherheitstechnische Standards,
- ökonomische Parameter (z. B. Auftragslage, Marktposition des Unternehmens),
- Motivation,
- Umsetzung von Vorschriften des Arbeits- und Gesundheitsschutzes.

Beide Befragungen wurden 1999 durchgeführt. Von den insgesamt 1.432 Mitarbeitern in den Good- und Bad-Practice-Unternehmen sandten 534 Mitarbeiter den

Fragebogen zurück, was einer Rücklaufquote von 37 Prozent entspricht. In den Good-Practice-Unternehmen mit 350 Mitarbeitern lag der Rücklauf bei 41 Prozent und in den Bad-Practice-Unternehmen mit 1.082 Beschäftigten bei 36 Prozent. Parallel dazu wurden 302 Unternehmer befragt, von denen 145 den Fragebogen zurücksandten, was einer Rücklaufquote von 48 Prozent entspricht. Von diesen Unternehmern leiteten 75 (51 Prozent) ein Unternehmen mit bis zu 9 Mitarbeitern. Methodik und Rücklauf der Untersuchung führen für Unternehmer und Mitarbeiter zu repräsentativen Ergebnissen für Dachdeckerunternehmen (Good- und Bad-Practice-Unternehmen sowie Kontrollgruppe) in Baden-Württemberg, die Mitgliedsunternehmen der Württembergischen Bau-Berufsgenossenschaft sind.

Im Folgenden werden die Ergebnisse der Mitarbeiterbefragung vorgestellt (zu den Ergebnissen der Unternehmerbefragung vgl. Cernavin et al.). Dabei sind nur die Mitarbeiter aus Unternehmen mit bis zu 9 Beschäftigten berücksichtigt, um die spezifischen Arbeitsbedingungen der Kleinunternehmen besser kennen zu lernen. In die Auswertung kommen hier Fragebögen von 196 Mitarbeitern. Von diesen arbeiten jeweils 98 Mitarbeiter in Good- und Bad-Practice-Unternehmen.

3 Ergebnisse der Mitarbeiterbefragung

3.1 Qualifikation und Arbeitsbiographie der Mitarbeiter

Die Befragung hat signifikante[2] Unterschiede zwischen dem Qualifikationsniveau der Mitarbeiter in Good- und Bad-Practice-Unternehmen ergeben. Die Mitarbeiter der Unternehmen, in denen sich kaum ein Unfall ereignet, besitzen ein höheres Qualifikationsniveau als die Mitarbeiter der Unternehmen mit vielen und schweren Unfällen. Liegt der Anteil angelernter Arbeiter in den Good-Practice-Unternehmen bei rund 25 Prozent, so beträgt er in den Bad-Practice-Unternehmen 42 Prozent. Entsprechend sind rund 31 Prozent der Mitarbeiter in den guten Unternehmen Facharbeiter, aber nur 18 Prozent in den schlechten. In den guten Unternehmen wird auch mehr ausgebildet: Der Anteil der Auszubildenden ist doppelt so hoch wie in den schlechten Unternehmen.

In der grundlegend besseren Qualifikationsstruktur der Good-Practice-Unternehmen dürfte u. a. auch eine Ursache dafür liegen, dass das Lohnniveau in den Good-Practice-Unternehmen gegenüber den Bad-Practice-Unternehmen höher ist, wie aus Unterlagen der Württembergischen Bau-Berufsgenossenschaft hervorgeht. Die Good-Practice-Unternehmen legen offensichtlich insgesamt mehr Wert auf besser ausgebildete Mitarbeiter und können sich diese auch leisten. Bad-Practice-Unternehmen dagegen befinden sich in einer weniger stabilen ökonomischen Situation, so dass vermutet werden kann, dass diese, zur Reduzierung der Lohnkosten,

---

[2] Ein dem jeweiligen Skalenniveau angemessenes Zusammenhang muss den Wert von 0,13 erreichen.

verstärkt auf un- bzw. angelernte Mitarbeiter zurückgreifen, mit allen Konsequenzen, die sich hieraus für die Arbeitsqualität, aber auch das Unfallgeschehen ergeben können.

Keine Unterschiede sind in den Beschäftigungsformen der Good- und Bad-Practice-Unternehmen zu erkennen. Fast 95 Prozent aller Mitarbeiter in beiden Unternehmensgruppen arbeiten in Vollzeit. Auch bei der Beschäftigungsdauer und der Berufserfahrung unterscheiden sich die Mitarbeiter zwischen den Good- und Bad-Practice-Unternehmen kaum. In beiden Gruppen sind rund die Hälfte der Mitarbeiter seit mehr als fünf Jahren im Unternehmen beschäftigt. Rund zwei Drittel der Mitarbeiter in den Good- und Bad-Practice-Unternehmen sind schon seit mehr als fünf Jahren im Dachdeckerhandwerk tätig.

Die Länge der Mitarbeit in einem Unternehmen und auch die Berufserfahrung scheinen also keine entscheidenden Faktoren für Unfallhäufigkeit und -schwere zu sein. Im Gegenteil: Die Mitarbeiter in den Good-Practice-Unternehmen sind eher jünger als die Mitarbeiter in den Bad-Practice-Unternehmen. Rund 40 Prozent der Mitarbeiter in den Good-Practice-Unternehmen sind bis 30 Jahre alt, während nur 27,6 Prozent der Mitarbeiter aus Bad-Practice-Unternehmen dieser Altersgruppe angehören.

3.2 Arbeits- und Belastungssituation aus Mitarbeiterperspektive

Im Dachdeckerhandwerk fühlen sich die Mitarbeiter immer noch durch die schweren körperlichen Arbeiten und die Umgebungseinflüsse stark belastet, unabhängig ob sie in einem Good- oder Bad-Practice-Unternehmen arbeiten.

Die zehn am häufigsten genannten Belastungen (von 34 vorgegebenen Belastungen), durch die sich die Mitarbeiter stark belastet fühlen, sind:

1. Unangenehme körperliche Beanspruchungen (45,9 Prozent der Mitarbeiter fühlen sich durch diesen Faktor stark belastet)
2. Vorwiegend gebückt stehen (45,7 Prozent)
3. Hitze, Kälte und Nässe (43,6 Prozent)
4. Heben und Tragen schwerer Lasten (42,3 Prozent)
5. Mangelnde Baustellenorganisation (38,1 Prozent)
6. Körperlich schwere Arbeit (36,5 Prozent)
7. Lösemitteldämpfe (36,1 Prozent)
8. Hohes Arbeitstempo (33,2 Prozent)
9. Staub und Schmutz (32,8 Prozent)

10. Unfallgefahr, gefährliche Arbeit (31,7 Prozent)

Unter den zehn stärksten Belastungen am Dachdeckerarbeitsplatz sind also nur zwei Punkte der Arbeitsorganisation zu finden („Mangelnde Baustellenorganisation“ und „Hohes Arbeitstempo“), die als belastend empfunden werden. Ansonsten dominieren die klassischen körperlichen Belastungsfaktoren.

Diese Ergebnisse überraschen nicht, bestätigen sie doch, was jeder Berater oder Beobachter von Dachdeckerarbeiten vor Ort auch individuell wahrnehmen kann. Doch wo sind Unterschiede der Belastungsempfindung zwischen Mitarbeitern aus Good- und Bad-Practice-Unternehmen zu finden? In den folgenden Bereichen ergeben sich siginifikante Unterschiede zwischen Mitarbeitern in Good- und Bad-Practice-Unternehmen:

- mangelnde Baustellenorganisation (stark belastend: 27,4 Prozent Mitarbeiter aus Good-Practice-Unternehmen, 47,6 Prozent aus Bad-Practice-Unternehmen),

- starre Zeiteinteilung (stark belastend: 9,5 Prozent Mitarbeiter aus Good-Practice-Unternehmen, 16,5 Prozent aus Bad-Practice-Unternehmen),

- häufige Störungen und Unterbrechungen (stark belastend: 22,7 Prozent Mitarbeiter aus Good-Practice-Unternehmen, 30,0 Prozent aus Bad-Practice-Unternehmen),

- hohe Verantwortung für Maschinen (stark belastend: 10,2 Prozent Mitarbeiter aus Good-Practice-Unternehmen, 17,2 Prozent aus Bad-Practice-Unternehmen),

- arbeite allein, keine Gespräche mit Kollegen (stark belastend: 5,1 Prozent Mitarbeiter aus Good-Practice-Unternehmen, 14,3 Prozent aus Bad-Practice-Unternehmen),

- widersprüchliche Anforderungen und Anweisungen (stark belastend: 35,3 Prozent Mitarbeiter aus Good-Practice-Unternehmen, 17,5 Prozent aus Bad-Practice-Unternehmen).

Die Mitarbeiter von Good- und Bad-Practice-Unternehmen beurteilen also die Belastungen in vielen Bereichen der Arbeitsorganisation unterschiedlich. Die Baustellenorganisation insgesamt, die Zeiteinteilung oder die Störungen durch Unterbrechungen werden in den „guten“ Unternehmen deutlich weniger als Belastung empfunden als in den Unternehmen, in denen sich viele Unfälle ereignen. Auch die Teamarbeit und die Kommunikation unter den Kollegen scheinen besser zu funktionieren.

Einen deutlichen Unterschied zwischen Mitarbeitern von Good- und Bad-Practice-Unternehmen gibt es auch im Bereich der widersprüchlichen Anforderungen und Anweisungen. Hier ist das Verhältnis jedoch genau umgekehrt. Durch widersprüchliche Anforderungen und Anweisungen fühlen sich die Mitarbeiter von Good-Practice-Unternehmen stärker belastet als die Mitarbeiter von Bad-Practice-Unternehmen. Dies kann ein Hinweis darauf sein, dass die konkreten Anweisungen in den Good-Practice-Unternehmen entweder weniger konkret sind oder die Mitarbeiter in den Good-Practice-Unternehmen mehr selbst entscheiden müssen und dies als belastend empfinden.

Neben den Unterschieden im Belastungsempfinden der Mitarbeiter von Good- und Bad-Practice-Unternehmen durch Fragen der Organisation der Arbeit gibt es auch deutliche Unterschiede im Belastungsempfinden der körperlichen Belastungen, und zwar in folgenden Bereichen:

- Heben von schweren Lasten (stark belastend: 30,9 Prozent Mitarbeiter aus Good-Practice-Unternehmen, 50,0 Prozent aus Bad-Practice-Unternehmen),

- unangenehme körperliche Belastungen (stark belastend: 41,8 Prozent Mitarbeiter aus Good-Practice-Unternehmen, 50,0 Prozent aus Bad-Practice-Unternehmen),

- in großer Höhe arbeiten (stark belastend: 12,8 Prozent Mitarbeiter aus Good-Practice-Unternehmen, 20,2 Prozent aus Bad-Practice-Unternehmen),

- Lärm (stark belastend: 18,2 Prozent Mitarbeiter aus Good-Practice-Unternehmen, 28,9 Prozent aus Bad-Practice-Unternehmen),

- Belastungen durch Arbeitsstoffe (stark belastend: 10,7 Prozent Mitarbeiter aus Good-Practice-Unternehmen, 26,1 Prozent aus Bad-Practice-Unternehmen),

- Unfallgefahren, gefährliche Arbeiten (stark belastend: 25,0 Prozent Mitarbeiter aus Good-Practice-Unternehmen, 37,9 Prozent aus Bad-Practice-Unternehmen).

Erstaunlich ist, dass auch bei den klassischen körperlichen Belastungsfaktoren Unterschiede im Belastungsempfinden der Mitarbeiter von Good- und Bad-Practice-Unternehmen festzustellen sind, obwohl davon ausgegangen werden kann, dass überall die gleiche Arbeit zu erledigen ist. Gerade die Mitarbeiter aus Unternehmen, in denen sich kaum ein Unfall in den letzten Jahren ereignet hat, empfinden die klassischen körperlichen Arbeiten als deutlich weniger stark belastend als Mitarbeiter in Unternehmen, in denen sich viele und schwere Unfälle ereignen. Das lässt die Vermutung zu, dass die technische Ausstattung und die Hilfsmittel sowie die Schutzmaßnahmen in den Good-Practice-Unternehmen tatsächlich besser sind und somit die Arbeit als weniger stark belastend empfunden wird. Das lässt aber auch die Vermutung zu, dass die Gesamtarbeitsatmosphäre in den Good-Practice-Unternehmen besser ist und deswegen die Belastung durch die Arbeit als weniger stark empfunden wird. Beide mögliche Erklärungen widersprechen sich nicht, sondern bedingen sich: Die guten Unternehmen sind deswegen gut, weil das komplette Arbeitssystem und das soziale System mit allen seinen Faktoren besser ist.

Unterschiede beim Belastungsempfinden der Mitarbeiter in Good- und Bad-Practice-Unternehmen gab es in der dezidierten Nachfrage nach zunehmendem Zeitdruck und Zunahme der Arbeit sowie bei der Nachfrage nach Zunahme der Verantwortung bei der Arbeit beziehungsweise Belastung durch schwieriger werdende Arbeit. Zunächst einmal gab es keine deutlichen Unterschiede zwischen der Einschätzung der Mitarbeiter, ob der Zeitdruck und die Arbeitsmenge beziehungsweise der Verantwortungsgrad oder der Grad der Schwierigkeit der Arbeit zugenommen hätte. Rund die Hälfte der Mitarbeiter in Good- und Bad-Practice-Unternehmen ist übereinstimmend der Meinung, der Zeitdruck und die Arbeitsmenge habe zugenommen. Rund 40 Prozent stimmten der Aussage zu, auch die Verantwortung bei der Arbeit beziehungsweise der Schwierigkeitsgrad der Arbeit habe zugenommen. Obwohl es bei der Einschätzung der Situation in diesen Fragen zwischen beiden Gruppen keine Unterschiede gibt, wird die Belastung durch zunehmenden Zeitdruck und zunehmende Arbeitsmenge beziehungsweise zunehmenden Verantwortungsgrad und Grad der Arbeitsschwierigkeit unterschiedlich eingeschätzt. Die Mitarbeiter in den Good-Practice-Unternehmen empfinden die Zunahme des Zeitdrucks, der Arbeitsmenge, des Verantwortungsgrades und der Arbeitsschwierigkeit als deutlich weniger belastend, als die Mitarbeiter der Bad-Practice-Unternehmen.

3.3 Arbeitszufriedenheit und Betriebsklima

Wie steht es ganz allgemein um die Zufriedenheit der Mitarbeiter in ihrem Unternehmen? In dieser allgemeinen Fragestellung zeigen sich Unterschiede zwischen den Mitarbeitern in den Good- und Bad-Practice-Unternehmen.

37 Prozent der Mitarbeiter in den „guten“ Unternehmen fühlen sich in ihrem Betrieb „sehr wohl“, während dies nur für 17,3 Prozent der Mitarbeiter in den „schlechten“ Unternehmen gilt. Ein ähnlich starker Unterschied ist bei der Zufriedenheit mit dem Verdienst zu erkennen. 39 Prozent der Mitarbeiter der Good-Practice-Unternbehmen sind mir ihrem Verdienst „sehr zufrieden“ oder „zufrieden“, während dies nur für 22,1 Prozent der Mitarbeiter in den Bad-Practice-Unternehmen gilt. Auch beim dritten abgefragten Indikator für allgemeine Zufriedenheit – der Arbeitsplatzsicherheit – sind Unterschiede zwischen den Mitarbeitern der Good- und Bad-Practice-Unternehmen zu erkennen: Zwei Drittel der Mitarbeiter der Good-Practice-Unternehmen sehen ihren Arbeitsplatz als sicher an, während dieser Ansicht nur die Hälfte der Mitarbeiter der Bad-Practice-Unternehmen sind.

In diesen Antworten zur allgemeinen Arbeitszufriedenheit werden die Tendenzen der oben festgestellten Ergebnisse weiter bestätigt. Die Mitarbeiter in den Unternehmen, in denen sich kaum Unfälle ereignen, sind mit ihrer Arbeit deutlich zufriedener als die Mitarbeiter in den Unternehmen, in denen sich viele und schwere Unfälle ereignen.

Das Betriebsklima in ihren jeweiligen Betrieben wird von den Mitarbeitern der Good- und Bad-Practice-Unternehmen insgesamt sehr positiv bewertet. Trotzdem gibt es auch hier Unterschiede. Rund 95 Prozent der Mitarbeiter der Good-Practice-Unternehmen beurteilen das Betriebsklima in ihren Unternehmen als „sehr gut" beziehungsweise „gut", während dies „nur" 85 Prozent der Mitarbeiter der Bad-Practice-Unternehmen tun.

Diese Unterschiede in der Zufriedenheit sind insofern relevant, da es zwischen den Erwartungen und Interessen der Mitarbeiter in Good- und Bad-Practice-Unternehmen keine wesentlichen Unterschiede gibt. Mitarbeiter aus beiden Unternehmensgruppen gaben an, dass sie vorrangig folgende Interessen an der Arbeit verfolgen (in der Reihenfolge der am häufigsten genannten Interessen):

- gutes Betriebsklima (82 Prozent),
- Spaß an der Arbeit (82 Prozent),
- Zufriedenheit mit der eigenen Leistung (80 Prozent),
- sorgfältiges und qualitätsbewusstes Arbeiten sowie sichere Arbeitsbedingungen (jeweils 76 Prozent),
- Anerkennung der Leistung (73 Prozent),
- möglichst hoher Lohn (58 Prozent).

Diese Ergebnisse belegen, dass für die Mitarbeiter das Betriebsklima und die Bedingungen der Arbeit selbst wichtigere Faktoren sind als die materielle Absicherung. Dies gilt auch für die Mitarbeiter in den Bad-Practice-Unternehmen, die wirtschaftlich nicht so stabil sind wie die Good-Practice-Unternehmen und die deswegen deutlich größere Sorgen um ihren Arbeitsplatz haben.

Diese Ergebnisse sind aber noch aus einem anderen Grund interessant. Vergleicht man diese Ergebnisse mit den Einschätzungen der Unternehmer über die Interessen ihrer Mitarbeiter, dann zeigt sich, dass die Unternehmer der Good-Practice-Unternehmen die tatsächlichen Interessen und Erwartungen ihrer Mitarbeiter deutlich besser eingeschätzt haben. Es ist zu vermuten, dass sich diese Einschätzungen auf die Führungsqualität und die Qualität der sozialen Beziehungen in den Good-Practice-Unternehmen eher positiv auswirken werden.

Deutlich unterscheiden sich die Mitarbeiter von Good- und Bad-Practice-Unternehmen in ihrem Kooperationsverhalten und Vertrauensverhältnis zu anderen Menschen im Unternehmen. Durchweg verlassen sich Mitarbeiter von Good-Practice-Unternehmen sehr viel stärker auf andere Personen, wenn sie Probleme bei der Arbeit haben. Beim Verhältnis zum Unternehmer beziehungsweise zum Vorgesetzten ist das Verhältnis zwischen Mitarbeitern von Good- und Bad-Practice-Unternehmen zwar ähnlich, aber auch hier lassen sich Unterschiede zwischen den Gruppen erkennen. Rund die Hälfte der Mitarbeiter von Good- und Bad-Practice-Unternehmen verlassen sich auf ihren Unternehmer beziehungsweise auf ihren Vorgesetzten völlig, wenn sie Probleme mit der Arbeit haben. Deutliche Unterschiede gibt es allerdings beim Verhältnis zu den Kollegen. Über die Hälfte der Mitarbeiter von Good-Practice-Unternehmen verlässt sich auf die Kollegen völlig, wenn es Probleme bei der Arbeit gibt, während dies nur ein Drittel der Mitarbeiter von Bad-Practice-Unternehmen tut. Dieses Ergebnis lässt den Schluss zu, dass das Verhältnis der Mitarbeiter untereinander, die Bereitschaft zu helfen und das Vertrauen zu den Kollegen in den Bad-Practice-Unternehmen schlechter ist, als in den Good-Practice-Unternehmen.

3.4 Einschätzung der Mitarbeiter über die Qualität der Organisation im Unternehmen

Die Mitarbeiter bestätigen in ihren Einschätzungen zur formalen Organisation im Unternehmen die Ergebnisse der Unternehmerbefragung. In der formalen Organisation gibt es keine wesentlichen Unterschiede zwischen Good- und Bad-Practice-Unternehmen. Nach Einschätzung der Mitarbeiter ist die formale Organisation in den Dachdeckerbetrieben folgendermaßen gestaltet:

- In rund zwei Drittel der Unternehmen sind Verantwortungsbereiche genau festgelegt.
- In rund der Hälfte der Unternehmen gibt es schriftliche Arbeitsanweisungen.
- In rund zwei Drittel der Unternehmen, die schriftliche Arbeitsanweisungen haben, ist Prävention mit aufgenommen.
- In über der Hälfte der Unternehmen gibt es Betriebsanweisungen.
- In knapp der Hälfte der Unternehmen finden regelmäßige Mitarbeiterbesprechungen statt.
- In gut einem Drittel der Betriebe sind die Mitarbeiter in betriebliche Entscheidungen mit eingebunden.

- In 16 Prozent der Unternehmen sind die Zielsetzungen des Unternehmens in Verhaltensregeln schriftlich formuliert.

Deutliche Abweichungen in der formalen Organisation der Good- und Bad-Practice-Unternehmen gibt es bei den Betriebsvereinbarungen. 43 Prozent der Mitarbeiter von Good-Practice-Unternehmen geben an, Betriebsvereinbarungen in ihrem Unternehmen zu haben, während diese Angabe nur 30 Prozent der Mitarbeiter in den Bad-Practice-Unternehmen machen.

Hinsichtlich der formalen Unternehmensorganisation weisen die Ergebnisse der Unternehmer- und der Mitarbeiterbefragung zum Teil erhebliche Unterschiede auf. Auf Grundlage der Verteilung lassen sich diese Differenzen nicht statistisch erklären, etwa durch Über-/Unterbesetzung einzelner Klassen. Schließt man bewusste Fehlangaben aus, so deuten die Ergebnisse zum einen auf erhebliche Defizite der internen Informations- und Kommunikationsstruktur hin sowie auf Differenzen in der Selbstwahrnehmung des Unternehmens- und Arbeitsumfeldes durch Unternehmer und Mitarbeiter. Die Probleme der Selbstwahrnehmung dürften sowohl die Wahrnehmung der Unternehmer wie auch die Wahrnehmung der Mitarbeiter beeinflussen. Selbstreferentielle Perspektiven und soziale Gruppencodes dürften auch in den Dachdeckerbetrieben die Selbstwahrnehmung mit beeinflussen. Außerdem zeigt die Gegenüberstellung, dass zwischen den Unternehmern der Good- und Bad-Practice-Unternehmen in einigen relevanten Faktoren stärkere Unterschiede bestehen als zwischen den Mitarbeiterangaben aus den Good- und Bad-Practice-Unternehmen. Auch hier dürften die Ursachen in einer selbstreferentiellen Verzerrung der Angaben der Unternehmer zu suchen sein. Der starke wirtschaftliche Druck in den Bad-Practice-Unternehmen – so ist zu vermuten – beeinflusst auch die Selbstwahrnehmung der Unternehmer dieser Betriebe. Dies wurde übrigens auch in den qualitativen Gesprächen mit den Unternehmern aus Good- und Bad-Practice-Unternehmen deutlich. Von der Tendenz der Aussagen decken sich die Angaben von Unternehmern und Mitarbeitern zur formalen Organisation allerdings weitestgehend.

Unterschiede bei der Einschätzung der Mitarbeiter aus den Good- und Bad-Practice-Unternehmen gibt es in der Kontrolle der Qualität der Arbeit. In den Unternehmen, in denen wenige oder gar keine Arbeitsunfälle stattfinden, kontrollieren deutlich mehr Vorgesetzte und Unternehmer die Qualität der Arbeit gemeinsam mit den Mitarbeitern. Auch dieses Ergebnis ist ein weiterer Indikator dafür, dass in den Good-Practice-Unternehmen die Mitarbeiter intensiver in die Entscheidungs- und Kontrollprozesse eingebunden sind.

Die Mitarbeiter wurden auch nach ihren Vorstellungen befragt, wie die Qualität ihrer Arbeit verbessert werden könne. Die Beantwortung dieser Fragen sollte zusätzlich Hinweise geben, wo die Mitarbeiter Schwachstellen in ihren Unternehmen sehen.

In der Reihenfolge der Häufigkeit der Nennungen geben die Mitarbeiter als Maßnahmen zur Verbesserung der Qualität der Arbeit an (Maßnahmen waren vorgegeben):

- bessere Arbeitsorganisation (49 Prozent),
- bessere Zeitplanung (47 Prozent),
- bessere Zusammenarbeit zwischen den Gewerken am Bau (44 Prozent),
- mehr Schulung der Beschäftigten in Fragen der Sicherheit und der Gesundheit bei der Arbeit (39 Prozent),
- mehr Personal und feste Kolonnen (37 Prozent),
- mehr Beteiligung der Beschäftigten an der Planung (36 Prozent),
- bessere Einhaltung der Sicherheitsvorschriften (29 Prozent),
- stärkere Beratung durch die Bau-Berufsgenossenschaft (13 Prozent).

In diesen Ergebnissen wird deutlich, dass Fragen der Arbeitsorganisation, der Zeitplanung und der Koordination zwischen den Gewerken von den Mitarbeitern als die wesentlichen Faktoren für eine Verbesserung der Qualität der Arbeit angesehen werden. Die hohe Bedeutung, die die Mitarbeiter der Schulung in Fragen der Prävention zurechnen (noch vor „mehr Personal" und „bessere Beteiligung"), deutet darauf hin, dass sie gewisse Defizite im sicheren und gesunden Arbeiten in der alltäglichen Arbeitspraxis erfahren haben, die sie gerne ausgleichen würden und dass sie dadurch eine bessere Qualität der Arbeit erwarten.

Nur bei zwei dieser Maßnahmen lassen sich deutliche Unterschiede zwischen den Vorschlägen der Mitarbeiter aus Good- und aus Bad-Practice-Unternehmen feststellen. 55 Prozent der Mitarbeiter aus Bad-Practice-Unternehmen geben an, eine Verbesserung der Qualität der Arbeit in ihrem Unternehmen lasse sich am besten mit einer besseren Zeitplanung erreichen, während dies nur 39,8 Prozent der Mitarbeiter aus Good-Practice-Unternehmen so sehen. Die zweite Maßnahme, bei der es Unterschiede in der Einschätzung der Mitarbeiter aus Good- und Bad-Practice-Unternehmen gibt, betrifft den Einsatz von mehr Personal. 44,9 Prozent der Mitarbeiter aus den Unternehmen, in denen sich viele Arbeitsunfälle ereignen, sehen in mehr Personal eine geeignete Maßnahme zur Qualitätsverbesserung der Arbeit, während dies nur 29,6 Prozent der Mitarbeiter aus den Unternehmen so sehen, in denen sich wenige oder gar keine Arbeitsunfälle ereigneten. Diese Ergebnisse stimmen auch mit den Belastungsempfindungen der Mitarbeiter überein, die in den Bad-Practice-Unternehmen den Zeitdruck stärker als Belastung empfinden. Die wirtschaftlich schlechtere Situation in den Bad-Practice-Unternehmen wird offensichtlich mit weniger Personal und engerer Zeitplanung versucht auszugleichen. Dies hat – so ist jetzt zu vermuten – Auswirkungen nicht nur auf die Qualität der Arbeit, sondern offensichtlich auch auf die Qualität der sozialen Beziehungen und das komplette soziale Gefüge im Unternehmen.

3.5 Wie die Mitarbeiter die wirtschaftlichen Situation der Unternehmen sehen

Was beeinflusst aus Sicht der Mitarbeiter von Good und Bad-Practice-Unternehmen die wirtschaftliche Situation in ihrem Betrieb besonders? Fast die Hälfte aller Mitarbeiter von beiden Unternehmensgruppen ist sich darin einig, dass vor allem die Zunahme an Billiganbietern Auswirkungen auf die wirtschaftliche Situation ihres Unternehmens hat. Das lässt den Schluss zu, dass sich die Mitarbeiter der Bad-Practice-Unternehmen selbst nicht als Billiganbieter sehen. Wie die Gespräche mit den Unternehmern gezeigt haben, ist ein großer Teil der Bad-Practice-Unternehmen nicht als klassische Billiganbieter anzusehen. Es ist der wirtschaftliche Druck, der auf diesen Bad-Practice-Unternehmen lastet, der sie teilweise zwingt, selbst Billigangebote abzugeben, um Aufträge zu bekommen.

Auch dieses Ergebnis deutet darauf hin, dass die Zuordnung von Bad- und Good-Practice-Unternehmen das Ergebnis eines langen Prozesses ist, in dem sich alle Faktoren der Betriebsentwicklung systemisch entweder positiv oder negativ auf die Entwicklung auswirken. Ob sich in einem Unternehmen viele und schwere Unfälle ereignen, hängt nicht von einem einzigen Faktor ab, sondern von der systemischen Entwicklung des Unternehmens. In diesem Entwicklungsprozess ergibt sich die jeweilige Gesamtsituation eines Unternehmens. Diese Gesamtsituation kann – wie die Befragung zeigt – der subjektiven Einschätzung der Mitarbeiter dieses Unternehmens durchaus widersprechen. So sind die Bad-Practice-Unternehmen – wie die Gespräche mit den Unternehmern gezeigt haben –, zum großen Teil aus wirtschaftlichen Gründen Billiganbieter geworden, die Mitarbeiter dieser Unternehmen sehen aber gleichzeitig in den Billiganbietern die Hauptursache der schlechten wirtschaftlichen Situation ihres Unternehmens.

Nach den Billiganbietern sehen die Mitarbeiter von Good- und Bad-Practice-Unternehmen insgesamt folgende weitere Faktoren, die die wirtschaftliche Situation ihres Unternehmens sehr stark beeinflussen (in der Reihenfolge der Häufigkeit der genannten Faktoren):

- Ansehen und Image des Unternehmens (37 Prozent),
- Qualität der Arbeit (30 Prozent),
- zunehmender Konkurrenzdruck (28 Prozent),
- allgemeine wirtschaftliche Entwicklung (22 Prozent),

- Höhe der Lohnkosten (19 Prozent).

Neben wirtschaftlichen Gründen werten die Mitarbeiter sowohl von Good- als auch von Bad-Practice-Unternehmen das Ansehen und Image des Unternehmens als wesentlichen Faktor für den wirtschaftlichen Erfolg des Unternehmens. Auch der von Mitarbeitern aller Unternehmen an dritter Stelle bewertete Faktor „Qualität der Arbeit“ verdeutlicht, dass die Mitarbeiter die Erfahrung gemacht haben, dass Image- und Qualitätsfaktoren für den wirtschaftlichen Erfolg ihres Betriebes wesentlich sind. Unterschiede zwischen der Einschätzung der Mitarbeiter von Good-und Bad-Practice-Unternehmen gibt es hier nur für den Faktor „Qualität der Arbeit“, den die Mitarbeiter von Unternehmen mit wenigen und gar keinen Unfällen ein wenig wichtiger einstufen als die Mitarbeiter von Bad-Practice-Unternehmen.

Die Einschätzung der Mitarbeiter aus Good- und Bad-Practice-Unternehmen, dass das Image des Unternehmens und die Qualität der Arbeit wesentliche Faktoren für den wirtschaftlichen Erfolg sind – bei zunehmender wirtschaftlicher Konkurrenz und zunehmender Verdichtung der Arbeit –, wird auch in den Antworten auf die Frage gestützt, welche Maßnahmen die Betriebe für eine positive Außendarstellung ergreifen. Auch hier antworten die Mitarbeiter sowohl von Good- als auch von Bad-Practice-Unternehmen einstimmig, dass das saubere Verlassen der Baustelle, die qualifizierte Arbeit und das höfliche Verhalten gegenüber den Kunden in ihrem Unternehmen als wesentliche Faktoren für die Außendarstellung bewertet werden. Auch hier gibt es wieder bei den als wesentlich eingestuften Faktoren keine deutlichen Unterschiede zwischen den Mitarbeitern von Good- und Bad-Practice-Unternehmen.

Die Antworten der Mitarbeiter auf die Frage nach den Faktoren für den wirtschaftlichen Erfolg der Unternehmen zeigen also keine deutlichen Unterschiede zwischen den Beschäftigten in Good- und Bad-Practice-Unternehmen. Die Einsicht in die Faktoren, die zum wirtschaftlichen Erfolg führen, sind in Unternehmen ohne Arbeitsunfälle und in Unternehmen mit vielen und schweren Arbeitsunfällen im Wesentlichen vergleichbar. Die Mitarbeiter aller Unternehmen, die sich am Markt behaupten, wissen, was erfolgreich ist. Die wirksamen Unterscheidungen liegen offensichtlich in den qualitativen Faktoren.

3.6 Gesundheitsverhalten und Gesundheitszustand der Mitarbeiter in Good- und Bad-Practice-Unternehmen

Unterschiede zwischen den Mitarbeitern in Good- und Bad-Practice-Unternehmen gibt es nach eigenen Angaben im Gesundheitsverhalten und im Gesundheitszustand. Etwas mehr Mitarbeiter (61 Prozent) aus Good-Practice-Unternehmen achten sehr stark beziehungsweise stark auf ihre Gesundheit als Mitarbeiter von Bad-Practice-Unternehmen (55 Prozent).

Deutliche Unterschiede sind allerdings bei der Einschätzung der Mitarbeiter über ihren gegenwärtigen Gesundheitszustand festzustellen. Fast zwei Drittel der Mitarbeiter aus Good-Practice-Unternehmen geben an, dass ihre gegenwärtige Gesundheit sehr gut und gut ist, während nur 43 Prozent der Mitarbeiter aus Bad-Practice-Unternehmen dieser Meinung sind.

Die Mitarbeiter von Bad-Practice-Unternehmen bewerten auch die Auswirkung der Arbeit auf ihre Gesundheit deutlich stärker als Mitarbeiter aus Good-Practice-Unternehmen. Knapp die Hälfte der Mitarbeiter aus den Unternehmen, in denen sich viele Arbeitsunfälle ereignen, geben an, dass ihre Arbeit sich „sehr stark" beziehungsweise „stark" auf ihre Gesundheit auswirkt, während dies nur gut ein Drittel der Mitarbeiter aus Unternehmen so bewertet, in denen sich wenige oder gar keine Arbeitsunfälle ereignen.

3.7 Sicherheit und Gesundheit bei der Arbeit – Einschätzung der Mitarbeiter

Sicherheit und Gesundheit bei der Arbeit ist in den Unternehmen kein zentrales Thema, es wird eher selten bis gelegentlich über Sicherheit und Gesundheit gesprochen – so das Ergebnis der Unternehmer-Befragung, und zwar unabhängig, ob es sich um ein Good- oder Bad-Practice-Unternehmen handelt. Dieses Ergebnis wird der Tendenz nach auch durch die Mitarbeiter gestützt. Auch nach Meinung der Mitarbeiter wird nie oder nur gelegentlich in den Betrieben über Sicherheit und Gesundheit gesprochen. Rund drei Viertel der Mitarbeiter gaben diese Antwort.

Aber anders als bei den Unternehmern ist bei den Mitarbeitern ein deutlicher Unterschied zwischen den Good- und Bad-Practice-Unternehmen zu erkennen. 28 Prozent der Mitarbeiter der Good-Practice-Unternehmen geben an, dass in ihrem Unternehmen häufig über Sicherheit und Gesundheit gesprochen wird, während dies nur 11,5 Prozent der Mitarbeiter aus den Bad-Practice-Unternehmen tun. Hier decken sich die Aussagen der Mitarbeiter mit den Unternehmern in den Good-Practice-Unternehmen weitgehend, während die Aussagen zwischen Mitarbeitern und Unternehmern zum gleichen Thema in den Bad-Practice-Unternehmen stärker auseinandergehen. Es ist zu vermuten, dass zumindest in einem Viertel der Good-Practice-Unternehmen Sicherheit und Gesundheit tatsächlich Thema von Gesprächen ist, während dies in den Bad-Practice-Unternehmen seltener der Fall ist. Vermutlich haben einige der Unternehmer aus den Bad-Practice-Unternehmen die gewünschte Situation beschrieben und nicht die tatsächliche. Dies deckt sich mit den Eindrücken aus den persönlichen Gesprächen mit den Unternehmern, die deutlich gemacht haben, dass viele Bad-Practice-Unternehmer eigentlich hochwertige Abläufe im Unternehmen mit guter Prävention realisieren wollen, ihnen dies aber durch den Marktdruck seltener gelingt.

Ähnlich wie die Unternehmer, so wünschen sich auch fast 90 Prozent der Mitarbeiter sowohl der Good- wie der Bad-Practice-Unternehmen Schulung und Fortbildung im Bereich Sicherheit und Gesundheit bei der Arbeit. Hier ist ein sehr hoher Bedarf, unabhängig von der Anzahl und der Schwere der Arbeitsunfälle in den Unternehmen zu erkennen. Offensichtlich sehen die Mitarbeiter insgesamt Kenntnisdefizite im sicherheits- und gesundheitsgerechten Arbeiten. Dieses Ergebnis deckt sich auch mit den Angaben der Mitarbeiter über Hauptursachen für Verletzungen und Unfälle. Zunächst fällt auch hier wiederum auf, dass die Mitarbeiter der Good- und der Bad-Practice-Unternehmen fast identisch antworten. Als Hauptursache für Verletzungen und Unfälle nennen die Mitarbeiter persönliche Verhaltensfehler (84,7 Prozent beide Gruppen). Erst danach folgen mit deutlichem Abstand Umgebungsfaktoren (69 Prozent), Arbeitsstättenmängel (47,4 Prozent), technische Mängel (33,2 Prozent) und erst dann organisatorische Mängel (27 Prozent).

Auch diese Ergebnisse zeigen, dass die Mitarbeiter in erster Linie selbstkritisch bei sich selbst die Hauptursachen für Verletzungen oder Unfälle sehen. Diese Angabe machten genau so viele Mitarbeiter (auf die Zahl hinter dem Komma identisch: 84,7 Prozent) in den Good- wie in den Bad-Practice-Unternehmen. Da aber die untersuchten Unternehmensgruppen sich gerade im Unfallgeschehen sehr stark unterscheiden, ist zu vermuten, dass nicht die reale Erfahrung mit eigenen Unfällen und Unfällen der Kollegen, sondern die allgemeine selbstkritische Einschätzung der Mitarbeiter zu der Benennung der Hauptursachen für Arbeitsunfälle geführt hat.

Wie bei den Ergebnissen der Unternehmerbefragung zeigt sich auch bei der Mitarbeiterbefragung, dass sich die Einschätzungen zu Sicherheit und Gesundheit bei der Arbeit und die wahrgenommene praktizierte Prävention in den Good- und den Bad-Practice-Unternehmen kaum unterscheiden. Da sich aber Good- und Bad-Practice-Unternehmen gerade über die Anzahl und die Schwere der Arbeitsunfälle über einen längeren Zeitraum definieren, sagt die Einschätzung der Mitarbeiter und Unternehmer über das Thema Sicherheit und Gesundheit bei der Arbeit offensichtlich wenig über die Qualität der tatsächlich praktizierten Prävention aus.

4 Zusammenfassung

Was macht ein Good-Practice-Unternehmen in der Prävention aus? Was sind die Kennzeichen der Good-Practice-Unternehmen? Ein zentrales Projektergebnis ist, dass in Good-Practice-(Dachdecker-)Unternehmen der gesamte Arbeits- und Betriebsablauf nachhaltig produktiv und sozial gestaltet ist. In diesen Unternehmen findet sich eher eine angenehme soziale Gesamtatmosphäre. In diesen Unternehmen ereignen sich fast gar keine Unfälle. Diese Unternehmen arbeiten wirtschaftlich erfolgreich.

Im Unterschied zu den Bad-Practice-Unternehmen besitzen Good-Practice-Unternehmen die folgenden Kennzeichen:

- Sie sind wirtschaftlich erfolgreich.
- Die Unternehmer empfinden weniger Konkurrenzdruck.
- Die Unternehmer bewerten qualitative Faktoren wie Image und Qualität der Arbeit als wesentlich für wirtschaftlichen Erfolg.
- In den Unternehmen herrscht ein gutes Betriebsklima.
- Die Unternehmer binden ihre Mitarbeiter stärker ein.
- Unternehmer und Mitarbeiter fühlen sich gesünder.
- Die Mitarbeiter fühlen sich wohler bei der Arbeit und weniger belastet.
- Es gibt keine schweren Unfälle.
- Es gibt weniger Probleme mit Fehlzeiten.

Aus den Untersuchungsergebnissen lassen sich die folgenden Schlussfolgerungen für eine vorausschauende und vorsorgende Arbeitsgestaltung sowie für einen störungs- und unfallfreien Betrieb ziehen:

- **Die Qualität der sozialen Beziehungen ist entscheidend für die Qualität der Prävention**: Die Qualität der sozialen Beziehungen im Unternehmen ist mindestens ebenso wichtig für einen reibungslosen Arbeitsablauf wie eine funktionierende Sicherheitstechnik. Die Qualität der sozialen Beziehungen ist mehr als eine gute formale Organisation. Qualität der sozialen Beziehungen bedeutet das systemische Zusammenspiel aller sozialen Ressourcen des Unternehmens. Voraussetzungen für die Qualität der sozialen Beziehungen sind eigenständig entscheidene und handelnde Mitarbeiter, die Qualität der Kooperation sowie eine kooperative und humane Führung.

- **Die Qualität der kompletten Wertschöpfungskette ist entscheidend für die Prävention**: Wirtschaftlich erfolgreiche Unternehmen mit einer hohen Qualität betreiben über die gesamte Wertschöpfungskette eine eher gute Prävention, wobei ein systemischer Zusammenhang zwischen allen Faktoren besteht, die die Wertschöpfung und die Unternehmensentwicklung beeinflussen. Der wirtschaftliche Erfolg beginnt damit, hochwertige Angebote realisieren zu können und auf dieser Basis einen Prozess der Unternehmensentwicklung weiterzuführen, in dem eine qualitativ hochwertige Materialbeschaffung, hochwertige Personal- und Zeitplanung, hochwertige Arbeitsvorbereitung inklusive hochwertiger Prävention, hochwertige Produktion und Kundenbeziehungen möglich sind.

- **Nachhaltige Prävention ist nur langfristig gut zu machen**: Nachhaltiger Arbeitsschutz ist nur in langen Fristen zu realisieren und auch nachhaltig nur erfolgreich, wenn er in alle Bestandteile des Arbeitssystems integriert und vor allem auch Bestandteil der sozialen und kulturellen Entscheidungsprogramme und -muster der Organisation sowie jedes einzelnen Handelnden geworden ist.

Das Modellvorhaben ist mittlerweile abgeschlossen. Die Untersuchungsergebnisse haben Eingang in ein neues Beratungs- und Überwachungskonzept des Technischen Aufsichtsdienstes der Württembergischen Bau-Berufsgenossenschaft gefunden und zu einer neuen Form der Organisation der Arbeit geführt. Darüber hinaus wurden so genannte BG-Führungshilfen „Erfolgreich und sicher arbeiten“ als Handlungs- und Arbeitshilfen für die Unternehmen entwickelt.

Auch in anderen Projekten des Arbeitsschutzes werden Mitarbeiterbefragungen eingesetzt, wenn es darum geht, die Potenziale der Prävention zu erschließen. Ein Beispiel ist das Instrument Mitarbeiterbefragung im Rahmen der neuen Dienstleistung des Arbeitsmedizinischen Dienstes der Bau-Berufsgenossenschaft Frankfurt am Main „proges – Produktivität und Gesundheit“.

Literatur

Cernavin, Oleg (2003): Von den erfolgreichen Unternehmen lernen. Modellprojekt "Dachdecker" - Entwicklung und Erprobung eines neuen Präventionskonzeptes. In: Landesverband Südwestdeutschland der gewerblichen Berufsgenossenschaften (Hrsg.): Tag der Arbeitssicherheit 2003. Heidelberg 2003, S. 22–28.

Cernavin, Oleg und Ulrich J. Wilken (1998): Das dynamische Potential der Prävention. Theoriegeleitete Analyse und praktische Handlungsanforderungen. In: Cernavin, Oleg und Ulrich J. Wilken (Hrsg.): Dienstleistung Prävention. Bedarf, Konzepte, Praxisbeispiele. Wiesbaden, S. 70–120.

Cernavin, Oleg, Ulrich Holland, Stefan Keller und Gerald Rehme: Qualität der Arbeit und Prävention in KMU. Gute und schlechte Beispiele im Dachdeckerhandwerk. Theorie, empirische Untersuchung, Konzepte und Handlungshilfen. Sankt Augustin (in Vorbereitung).

Lenke-Goliasch, Peter, Oleg Cernavin, Stefan Keller und Ulrich Friedrich Holland (2000): Prävention in Kleinunternehmen. Eine Mitarbeiter- und Unternehmerbefragung in Württembergischen Dachdeckerunternehmen. In: Domsch, Michel E. und Désirée H. Ladwig (Hrsg.): Handbuch Mitarbeiterbefragung. Berlin u. a., S. 333–374.

Bitte Rücksendung im beigefügten freigestempelten Umschlag bis .... an F.G.H. Forschungsgruppe Hamburg Postfach 72 02 63, D-22152 Hamburg

F.G.H.

Mitarbeiterbefragung

- F.G.H. - Standardfragebogen -

Copyright: F.G.H. Forschungsgruppe Hamburg
Postfach 72 02 63 D-22152 Hamburg
Tel. 040-601 72 92 Fax: 040-601 90 33
e-mail: Desiree.Ladwig@ForschungsGruppeHamburg.de

Schutzgebühr : 360,- € zzgl. MWSt

Liebe Mitarbeiterinnen, liebe Mitarbeiter,

wir bitten Sie, die folgenden Fragen offen zu beantworten. Bitte entscheiden Sie sich spontan für eine der vorgegebenen Antworten und lassen Sie nach Möglichkeit keine der Fragen aus. Wenn Sie das Gefühl haben, dass eine Antwortmöglichkeit für Sie nicht genau zutrifft, wählen Sie bitte die Antwort, die Ihre Meinung am ehesten widerspiegelt.

Anonymität wird zugesichert, deshalb wird die Auswertung auch von einem externen Institut (F.G.H. Forschungsgruppe Hamburg) vorgenommen. Es werden nur Ergebnisse ausgewiesen, bei denen mindestens 6 Fragebögen auswertbar waren. Die Angaben aus Frage 60 werden nur für die Gesamtberichte herangezogen. Zu allen anderen Fällen werden die Berichte für die einzelnen Auswertungseinheiten ohne die weiteren Untergliederungen nach Alter etc. erstellt.

Hinweise

Der besseren Lesbarkeit wegen haben wir auf die Unterscheidung *weiblich/männlich* verzichtet und sprechen vom Mitarbeiter, vom Vorgesetzten etc. Selbstverständlich gelten die Begriffe für weibliche und männliche Mitarbeiter gleichermaßen.

Der Fragebogen ist für alle gleich.

Unter *Arbeitsbereich* verstehen Sie bitte Ihr *unmittelbares Arbeitsumfeld,* das ist z.B. Ihre Gruppe, Ihre Abteilung, Ihr Team.

Der Fragebogen enthält unterschiedliche Fragetypen. Kreuzen Sie bitte in der Regel nur eine der vorgegebenen Antworten an. Bei den sogenannten Katalogfragen sind mehrere Antworten möglich. Dies wird ausdrücklich in der Fragestellung hervorgehoben. Sie können zudem bei einigen Fragen unter der Rubrik „Sonstiges" weitere Antworten formulieren.

Für das Ausfüllen des Fragebogens werden Sie ca. 45 Minuten benötigen. Sie können die Fragen natürlich zu Hause oder an Ihrem Arbeitsplatz beantworten. Bitte benutzen Sie für das Ausfüllen des Fragebogens einen Kugelschreiber.

Stecken Sie bitte den ausgefüllten Fragebogen ohne Absenderangabe in den beiliegenden, freige-stempelten Briefumschlag und senden Sie den geschlossenen Umschlag auf dem Postweg an die F.G.H. Forschungsgruppe Hamburg (Postfach 72 02 63, D-22152 Hamburg).
Ergebnisse

Das Gesamtergebnis dieser Befragung wird allen Mitarbeitern vorgestellt.

F.G.H.-Standardfragebogen

In diesem Fragebogen finden Sie Fragen zu den Themenbereichen:

Ihre Ansprechpartner für Fragen zum Fragebogen oder Ablauf:

F.G.H.-Standardfragebogen

1. **In welchem Bereich des Unternehmens arbeiten Sie?**

(Sofern Ihre Organisationseinheit, die Sie unten ankreuzen, weniger als sechs Personen umfasst bzw. davon weniger als sechs auswertbare Fragebögen vorliegen, werden Ihre Antworten der nächsthöheren Organisationseinheit zugeordnet.)

- ☐
  - ☐
  - ☐
- ☐
  - ☐
  - ☐
  - ☐

(hier sind alle Organisationseinheiten aufzuführen, für die Auswertungsberichte erstellt werden sollen; dafür wird in der Regel das Organigramm die Grundlage sein)

5. Für wie *wichtig* halten Sie persönlich bei ☐

	sehr wichtig	wichtig	teils, teils	un- wichtig	sehr unwichtig
umfassende Information der Mitarbeiter auf allen Ebenen	☐	☐	☐	☐	☐
kooperativen Führungsstil	☐	☐	☐	☐	☐
Arbeitssicherheit und Gesundheitsschutz	☐	☐	☐	☐	☐
hohe Qualität der angebotenen Produkte und Dienstleistungen	☐	☐	☐	☐	☐
schnelle Reaktion auf Marktveränderungen	☐	☐	☐	☐	☐
ein positives Image in der Öffentlichkeit	☐	☐	☐	☐	☐
wirtschaftlichen Erfolg	☐	☐	☐	☐	☐
wenig Bürokratisierung/geringen Verwaltungsaufwand	☐	☐	☐	☐	☐
entscheidungsfreudige Vorgesetzte	☐	☐	☐	☐	☐
Kundenorientierung	☐	☐	☐	☐	☐
eine hohe fachliche Qualifikation der Mitarbeiter	☐	☐	☐	☐	☐
unkomplizierte Wege der Kommunikation und Information	☐	☐	☐	☐	☐
einen für Sie angemessenen Umgangston, schriftlich und mündlich	☐	☐	☐	☐	☐
Gleichstellung von Frauen und Männern	☐	☐	☐	☐	☐
Wertschätzung, die Ihnen entgegengebracht wird	☐	☐	☐	☐	☐
Sicherheit des Arbeitsplatzes	☐	☐	☐	☐	☐
Arbeitsbedingungen, die eine gute Vereinbarkeit von Beruf und Privatleben ermöglichen	☐	☐	☐	☐	☐
das betriebliche Vorschlagswesen	☐	☐	☐	☐	☐
informelles Zusammenkommen	☐	☐	☐	☐	☐
Sonstiges (bitte erläutern)					
____________________	☐	☐	☐	☐	☐
____________________	☐	☐	☐	☐	☐
____________________	☐	☐	☐	☐	☐

6. Beurteilen Sie bitte, inwieweit die folgenden Aspekte Ihrer Meinung nach bei [ ] bereits *realisiert* sind!

	sehr gut	gut	durch-schnittl.	schlecht	sehr schlecht	kann ich nicht beurteilen
umfassende Information der Mitarbeiter auf allen Ebenen	☐	☐	☐	☐	☐	☐
kooperativer Führungsstil	☐	☐	☐	☐	☐	☐
Arbeitssicherheit und Gesundheitsschutz	☐	☐	☐	☐	☐	☐
hohe Qualität der angebotenen Produkte und Dielstleistungen	☐	☐	☐	☐	☐	☐
schnelle Reaktion auf Marktveränderungen	☐	☐	☐	☐	☐	☐
ein positives Image in der Öffentlichkeit	☐	☐	☐	☐	☐	☐
wirtschaftlicher Erfolg	☐	☐	☐	☐	☐	☐
wenig Bürokratisierung/geringer Verwaltungsaufwand	☐	☐	☐	☐	☐	☐
entscheidungsfreudige Vorgesetzte	☐	☐	☐	☐	☐	☐
Kundenorientierung	☐	☐	☐	☐	☐	☐
eine hohe fachliche Qualifikation der Mitarbeiter	☐	☐	☐	☐	☐	☐
unkomplizierte Wege der Kommunikation und Information	☐	☐	☐	☐	☐	☐
einen für Sie angemessenen Umgangston, schriftlich und mündlich	☐	☐	☐	☐	☐	☐
Gleichstellung von Frauen und Männern	☐	☐	☐	☐	☐	☐
Wertschätzung, die Ihnen entgegengebracht wird	☐	☐	☐	☐	☐	☐
Sicherheit des Arbeitsplatzes	☐	☐	☐	☐	☐	☐
Arbeitsbedingungen, die eine gute Vereinbarkeit von Beruf und Privatleben ermöglichen	☐	☐	☐	☐	☐	☐
das betriebliche Vorschlagswesen	☐	☐	☐	☐	☐	☐
informelles Zusammenkommen	☐	☐	☐	☐	☐	☐
Sonstiges (bitte erläutern)						
______________________	☐	☐	☐	☐	☐	☐
______________________	☐	☐	☐	☐	☐	☐
______________________	☐	☐	☐	☐	☐	☐

F.G.H.-Standardfragebogen

7. Mit unseren elf Grundsätzen haben wir uns Maßstäbe für unsere Arbeit gesetzt. Inwieweit sind sie bereits in der Tagesarbeit verwirklicht?

	sehr stark	stark	teils, teils	kaum	gar nicht	kann ich nicht beurteilen
(hier sind bestehende Grundsätze/Leitsätze/ Prinzipien etc. aufzuführen)	☐	☐	☐	☐	☐	☐
	☐	☐	☐	☐	☐	☐
	☐	☐	☐	☐	☐	☐
	☐	☐	☐	☐	☐	☐
	☐	☐	☐	☐	☐	☐
	☐	☐	☐	☐	☐	☐
	☐	☐	☐	☐	☐	☐
	☐	☐	☐	☐	☐	☐
	☐	☐	☐	☐	☐	☐
	☐	☐	☐	☐	☐	☐

8. Wenn Sie heute noch einmal zu entscheiden hätten, würden Sie dann wieder zu [ ] gehen?

☐	☐	☐	☐	☐
ja, auf jeden Fall	ja, wahrscheinlich	un-entschieden	nein, wahrscheinlich nicht	nein, auf keinen Fall

II. Zusammenarbeit/Klima

9. Wie beurteilen Sie das Betriebsklima bei ________ ?

☐ sehr gut ☐ gut ☐ durch-schnittlich ☐ schlecht ☐ sehr schlecht

10. Wie beurteilen Sie das Betriebsklima in Ihrem Arbeitsbereich?

☐ sehr gut ☐ gut ☐ durch-schnittlich ☐ schlecht ☐ sehr schlecht

11. Wie ist die für Sie relevante Zusammenarbeit innerhalb Ihres Arbeitsbereichs?

☐ sehr gut ☐ gut ☐ durch-schnittlich ☐ schlecht ☐ sehr schlecht

12. Wie sind die Aufgaben Ihres Arbeitsbereichs mit denen anderer Arbeitsbereiche abgestimmt?

☐ sehr gut ☐ gut ☐ durch-schnittlich ☐ schlecht ☐ sehr schlecht | ☐ kann ich nicht beurteilen

13. Welche Wertschätzung erfährt die Arbeit Ihres Bereiches durch das Top-Management?

☐ eine sehr hohe ☐ eine hohe ☐ teils, teils ☐ eine geringe ☐ eine sehr geringe | ☐ kann ich nicht beurteilen

14. Wie zufrieden sind Sie damit, wie in Ihrem Arbeitsbereich mit Konflikten umgegangen wird?

☐ bin sehr zufrieden ☐ bin zufrieden ☐ teils, teils ☐ bin unzufrieden ☐ bin sehr unzufrieden

F.G.H.-Standardfragebogen

15. Schätzen Sie ein, inwieweit folgende Aspekte bei der Sie betreffenden Teamarbeit bereits realisiert sind (auch arbeitsbereichsübergreifende Teamarbeit):

☐ arbeite üblicherweise nicht in Teams

	sehr gut	gut	teils, teils	schlecht	sehr schlecht	kann ich nicht beurteilen
klare Zielsetzung	☐	☐	☐	☐	☐	☐
klare Zuständigkeiten	☐	☐	☐	☐	☐	☐
Vereinbarungen von Spielregeln für die Zusammenarbeit	☐	☐	☐	☐	☐	☐
gegenseitige Anerkennung/Wertschätzung	☐	☐	☐	☐	☐	☐
Gleichberechtigung im Team	☐	☐	☐	☐	☐	☐
Förderung der Teamarbeit „von oben“	☐	☐	☐	☐	☐	☐
Bereitschaft zur Teamarbeit	☐	☐	☐	☐	☐	☐
erfolgreiche Zusammenarbeit zwischen verschiedenen Teams	☐	☐	☐	☐	☐	☐

---

16. TQM (Total Quality Management) ist für uns ein wichtiges Managementinstrument.
Wie beurteilen Sie die Umsetzung?

sehr gut	gut	durchschnittlich	schlecht	sehr schlecht	kann ich nicht beurteilen
☐	☐	☐	☐	☐	☐

---

17. Wie beurteilen Sie persönlich die Servicequalität folgender „interner Dienstleister“ für die ______ -Mitarbeiter

	sehr gut	gut	teils, teils	schlecht	sehr schlecht	arbeite selbst dort	kann ich nicht beurteilen
Forschung und Entwicklung	☐	☐	☐	☐	☐	☐	☐
Einkauf.	☐	☐	☐	☐	☐	☐	☐
Personal.	☐	☐	☐	☐	☐	☐	☐
Controlling	☐	☐	☐	☐	☐	☐	☐
etc.							

F.G.H.-Standardfragebogen

III. Führung/Vorgesetzte*

18. Wie schätzen Sie insgesamt das Führungsverhalten Ihres Vorgesetzten ein?

☐	☐	☐	☐	☐
sehr gut	gut	durch-schnittlich	schlecht	sehr schlecht

19. Wie zufrieden sind Sie mit dem persönlichen Nutzen Ihres letzten Mitarbeitergesprächs im Hinblick auf:

☐ ein Mitarbeitergespräch ist mit mir in den letzten zwei Jahren nicht geführt worden

	sehr zu-frieden	zu-frieden	teils, teils	unzu-frieden	sehr un-zufrieden
Abgleich der Unternehmens-/Abteilungsziele mit Ihren Zielen..	☐	☐	☐	☐	☐
Anerkennung Ihrer Leistung..	☐	☐	☐	☐	☐
konstruktive Kritik zur Leistungsverbesserung................................	☐	☐	☐	☐	☐
Förderung Ihrer Leistungsmotivation...	☐	☐	☐	☐	☐
Erkennen Ihrer Neigungen und Potenziale....................................	☐	☐	☐	☐	☐
individuelle Beratung und Förderung Ihrer beruflichen Entwicklung sowie Anstoß zu Weiterbildungsmaßnahmen................	☐	☐	☐	☐	☐

20. Sorgt Ihr Vorgesetzter für eine gute Zusammenarbeit in seinem Verantwortungsbereich?

☐	☐	☐	☐	☐
ja, sehr gut	ja, gut	es geht so	nein, schlecht	nein, sehr schlecht

21. Wie zufrieden sind Sie mit der Anerkennung für gute Leistungen durch Ihren Vorgesetzten?

☐	☐	☐	☐	☐
bin sehr zufrieden	bin zufrieden	teils, teils	bin unzufrieden	bin sehr unzufrieden

22. Fühlen Sie sich bei der Vereinbarung von Arbeitszielen ausreichend durch Ihren Vorgesetzen beteiligt?

☐	☐	☐	☐	☐
(fast) immer	meistens	manchmal	selten	(fast) nie

* (gemeint ist hier der direkte Vorgesetzte)

F.G.H.-Standardfragebogen

23. Interessiert sich Ihr Vorgesetzter für die Ergebnisse Ihrer Arbeit?

☐ (fast) immer ☐ meistens ☐ manchmal ☐ selten ☐ (fast) nie

24. Informiert Ihr Vorgesetzter Sie über die Dinge, die Ihre Arbeit betreffen, rechtzeitig?

☐ (fast) immer ☐ meistens ☐ manchmal ☐ selten ☐ (fast) nie

25. Informiert Ihr Vorgesetzter Sie über die Dinge, die Ihre Arbeit betreffen, ausreichend?

☐ (fast) immer ☐ meistens ☐ manchmal ☐ selten ☐ (fast) nie

26. Fördert Ihr Vorgesetzter eine konstruktive, übergreifende Zusammenarbeit mit anderen Arbeitsbereichen?

☐ (fast) immer ☐ meistens ☐ manchmal ☐ selten ☐ (fast) nie | ☐ kann ich nicht beurteilen

27. Bezieht Sie Ihr Vorgesetzter bei wichtigen Entscheidungen, die Ihre Arbeit betreffen, ein?

☐ (fast) immer ☐ meistens ☐ manchmal ☐ selten ☐ (fast) nie

28. Steht Ihr Vorgesetzter zu den von ihm getroffenen Entscheidungen?

☐ (fast) immer ☐ meistens ☐ manchmal ☐ selten ☐ (fast) nie

29. Empfinden Sie das Verhalten Ihres Vorgesetzten als Ansporn für Ihre Arbeit?

☐ (fast) immer ☐ meistens ☐ manchmal ☐ selten ☐ (fast) nie

30. Gibt Ihnen Ihr Vorgesetzter bei Fragen und Problemen ausreichend Hilfestellung und Unterstützung?

☐ (fast) immer ☐ meistens ☐ manchmal ☐ selten ☐ (fast) nie

31. Setzt sich Ihr Vorgesetzter im Rahmen seiner Möglichkeiten für Sie ein, wenn Sie mit einem persönlichen Anliegen zu ihm kommen ?

☐ (fast) immer ☐ meistens ☐ manchmal ☐ selten ☐ (fast) nie | ☐ gehe damit nicht zu ihm

32. Berücksichtigt Ihr Vorgesetzter bei der Delegation von Aufgaben Ihre Kenntnisse, Fähigkeiten und Erfahrungen in ausreichendem Maße?

☐ (fast) immer ☐ meistens ☐ manchmal ☐ selten ☐ (fast) nie

33. Wie schätzen Sie die Fähigkeiten Ihres Vorgesetzten ein, Konflikte zu lösen?

☐ sehr hoch ☐ hoch ☐ ausreichend ☐ gering ☐ sehr gering

34. Sind Sie mit der Art und Weise zufrieden, wie Ihr Vorgesetzter Kritik übt?

☐ bin sehr zufrieden ☐ bin zufrieden ☐ teils, teils ☐ bin unzufrieden ☐ bin sehr unzufrieden | ☐ er kritisiert Fehler so gut wie überhaupt nicht

35. Fördert Ihr Vorgesetzter Ihre persönliche berufliche Weiterentwicklung?

☐ sehr stark ☐ stark ☐ teils, teils ☐ wenig ☐ sehr wenig

36. Steht Ihr Vorgesetzter zu seinen Mitarbeitern auch in schwierigen Zeiten/bei Problemen/bei Kritik von außen?

☐ sehr stark ☐ stark ☐ teils, teils ☐ wenig ☐ sehr wenig

F.G.H.-Standardfragebogen

37. Wenn Ihnen Fehler unterlaufen, wie tolerant reagiert Ihr Vorgesetzter darauf?

☐	☐	☐	☐	☐
zeigt sehr starkes Verständnis	zeigt starkes Verständnis	teils, teils	zeigt geringes Verständnis	zeigt sehr gerin- ges Verständnis

38. Wie schätzen Sie insgesamt das Führungsverhalten Ihres nächsthöheren Vorgesetzten ein?

☐	☐	☐	☐	☐	☐
sehr gut	gut	durch- schnittlich	schlecht	sehr schlecht	kann ich nicht beurteilen

F.G.H.-Standardfragebogen

IV. Arbeitsplatz/Arbeitssituation

39. Gibt es etwas, das an Ihrem Arbeitsplatz *unbedingt* verbessert werden sollte?

☐ **nein**, nichts

ja, und zwar: (bis zu **fünf** Antworten möglich)

☐ Lärmschutz
☐ Beleuchtung
☐ Belüftung
☐ Klimatisierung (Heizung, Kühlung)
☐ EDV-Technik (Softwareausstattung)
☐ EDV-Technik (Hardwareausstattung)
☐ Bildschirmarbeitsplätze
☐ Arbeitskleidung
☐ Sicherheit am Arbeitsplatz
☐ Gesundheitsschutz am Arbeitsplatz
☐ sanitäre Einrichtungen (Waschräume, WCs, Umkleiden)
☐ Pausenräume
☐ Kantine
☐ Büroausstattung (Stühle, Schreibtische etc.)
☐ ergonomische Gestaltung der Arbeitsbedingungen
☐ Sonstiges (bitte erläutern)

____

____

____

40. Wie zufrieden sind Sie mit der Regelung Ihrer Arbeitszeit?

☐	☐	☐	☐	☐
bin sehr zufrieden	bin zufrieden	teils, teils	bin unzu-frieden	bin sehr unzufrieden

F.G.H.-Standardfragebogen

41. Wie wichtig ist für Sie persönlich, bei [   ] jetzt oder in Zukunft auch in Teilzeit arbeiten zu können?

☐ sehr wichtig ☐ eher wichtig ☐ teils, teils ☐ eher weniger wichtig ☐ kaum wichtig

☐ arbeite bereits in Teilzeit

42. Wie wichtig ist für Sie persönlich, bei [   ] jetzt oder in Zukunft auch in Form von Telearbeit/Arbeit zu Hause beschäftigt sein zu können?

☐ sehr wichtig ☐ eher wichtig ☐ teils, teils ☐ eher weniger wichtig ☐ kaum wichtig

☐ arbeite bereits in Form von Telearbeit/Arbeit zu Hause

43. Inwieweit ist die Organisationsstruktur für die Aufgabenerfüllung in Ihrem Arbeitsbereich geeignet?

☐ sehr gut geeignet ☐ gut geeignet ☐ teils, teils ☐ schlecht geeignet ☐ sehr schlecht geeignet | ☐ kann ich nicht beurteilen

44. Wenn Sie Ihre Leistungsfähigkeit betrachten, wie empfinden Sie dann Ihre Arbeitsbelastung hinsichtlich der Arbeitsmenge?

☐ möchte wesentlich mehr belastet sein ☐ möchte mehr belastet sein ☐ möchte so wie bisher belastet sein ☐ möchte weniger belastet sein ☐ möchte wesentlich weniger belastet sein

45. Wenn Sie Ihre Leistungsfähigkeit betrachten, wie empfinden Sie dann Ihre Arbeitsbelastung hinsichtlich der Art der Arbeit (z.B. Qualität und Anspruchsniveau)?

☐ möchte wesentlich mehr gefordert sein ☐ möchte mehr gefordert sein ☐ möchte so wie bisher gefordert sein ☐ möchte weniger gefordert sein ☐ möchte wesentlich weniger gefordert sein

46. Stört Sie etwas besonders bei Ihrer Arbeit?

☐ **nein**, nichts

ja, und zwar: (bis zu **sieben** Antworten möglich)

☐ zu viel Administration
☐ schnell wechselnde Aufgaben
☐ zu große Arbeitsmengen
☐ unzureichende Information über die Arbeit
☐ unklare Erwartungen
☐ häufige Unterbrechungen
☐ kurzfristige Zusatzaufgaben
☐ fehlende Planbarkeit
☐ umständliche Arbeitsabläufe/Doppelarbeit
☐ zu lange Entscheidungswege
☐ fehlendes Wissen/fehlende Erfahrungen
☐ eingeschränkte Verfügbarkeit technischer Unterstützung
☐ eingeschränkte Verfügbarkeit personeller Unterstützung
☐ hinderliche Organisationsstruktur
☐ mein Vorgesetzter hat zu wenig Zeit für mich
☐ Diskrepanz zwischen persönlichem Einsatz und Wertschätzung/Anerkennung der Arbeit
☐ Vereinbarkeit von Arbeit und familiären/sozialen Interessen/ Verpflichtungen nur schwer möglich
☐ großer äußerer Zeitdruck/Termindruck
☐ schwierige Kooperationspartner in Verbundprojekten
☐ zu viele Dienstreisen
☐ zu viele Aufgaben sind parallel zu bearbeiten
☐ zu viel Akquisitionstätigkeit
☐ hoher Finanzierungsdruck
☐ habe Probleme, meinen Urlaub zu nehmen
☐ zu viele Überstunden
☐ zu viel Arbeit am Wochenende
☐ Sonstiges (bitte erläutern)

____

____

____

F.G.H.-Standardfragebogen

V. Weiterbildung/Förderung

47. Wie zufrieden sind Sie mit folgenden Weiterbildungsmöglichkeiten?

	bin sehr zu-frieden	bin zu-frieden	teils, teils	bin unzu-frieden	bin sehr unzu-frieden	kenne die Möglich-keiten nicht	nutze die Möglich-keiten nicht
Schulungen/Seminare	☐	☐	☐	☐	☐	☐	☐
Workshops	☐	☐	☐	☐	☐	☐	☐
Messen	☐	☐	☐	☐	☐	☐	☐
Fachtagungen/Kongresse	☐	☐	☐	☐	☐	☐	☐
Job Rotation	☐	☐	☐	☐	☐	☐	☐
Abordnungen/Entsendungen	☐	☐	☐	☐	☐	☐	☐
Hospitationen (zeitlich begrenzter Aufenthalt in anderen Bereichen)	☐	☐	☐	☐	☐	☐	☐
Sabbaticals	☐	☐	☐	☐	☐	☐	☐
Sonstiges, und zwar							
______________	☐	☐	☐	☐	☐	☐	☐
______________	☐	☐	☐	☐	☐	☐	☐
______________	☐	☐	☐	☐	☐	☐	☐

F.G.H.-Standardfragebogen

48. Hindert Sie etwas besonders daran, Weiterbildungsangebote zu nutzen?

☐ **nein**, mich hindert nichts daran

ja, und zwar: (bis zu **drei** Antworten möglich)

- ☐ Angebot entspricht nicht meinem persönlichen Weiterbildungsbedarf
- ☐ Angebot nutzt mir bei meiner Arbeit nicht viel
- ☐ Akquisitions-/Projektdruck zu hoch
- ☐ meine Arbeit lässt mir nicht genügend Zeit dafür
- ☐ dann bleibt zu wenig Zeit für die Familie/mein Privatleben
- ☐ bilde mich anderswo weiter, z.B. durch Fachliteratur, Volkshochschule, Telekolleg, Fernkurse
- ☐ berufliche Weiterbildung wird vom Betrieb nicht anerkannt
- ☐ mein Vorgesetzter stellt mich dafür nicht frei
- ☐ Teilnehmerzahl ist begrenzt
- ☐ wird mir nicht angeboten
- ☐ bin in den Augen meines Vorgesetzten dafür zu alt
- ☐ Sonstiges (bitte erläutern)

____

____

____

49. Wie zufrieden sind Sie mit Ihren beruflichen Entwicklungsmöglichkeiten bei ☐ **?**

☐	☐	☐	☐	☐	☐
bin sehr zufrieden	bin zufrieden	teils, teils	bin unzufrieden	bin sehr unzufrieden	kenne meine Entwicklungsmöglichkeiten nicht

50. Hindert Sie etwas besonders daran, beruflich weiterzukommen?

☐ **nein**, mich hindert nichts daran

ja, und zwar: (bis zu **drei** Antworten möglich)

- ☐ in jetzt ausgeübter Tätigkeit gibt es keine Aufstiegsmöglichkeiten/Endposition ist erreicht
- ☐ es wird nicht anerkannt, dass ich noch mehr leisten kann
- ☐ in Frage kommende Positionen sind bereits besetzt
- ☐ offene Positionen sind mir nicht ausreichend bekannt
- ☐ bin in den Augen der Entscheidungsträger zu alt
- ☐ in Frage kommende Plätze werden mit Betriebsfremden besetzt
- ☐ befristeter Arbeitsvertrag wird nicht verlängert
- ☐ meine Schul- und Berufsausbildung wird als nicht ausreichend erachtet
- ☐ werde als Frau benachteiligt
- ☐ werde als Mann benachteiligt
- ☐ werde von Vorgesetzten zu wenig gefördert
- ☐ berufliche Entwicklungsmöglichkeiten sind für Teilzeitkräfte nicht ausreichend vorhanden
- ☐ Sonstiges (bitte erläutern)

____

____

____

VI. Information

51. Fühlen Sie sich über die wesentlichen Dinge in Ihrem unmittelbaren Arbeitsbereich ausreichend informiert?

☐ (fast) immer ☐ meistens ☐ manchmal ☐ selten ☐ (fast) nie

52. Fühlen Sie sich über die wesentlichen Dinge, die [ ] betreffen, ausreichend informiert?

☐ (fast) immer ☐ meistens ☐ manchmal ☐ selten ☐ (fast) nie

53. Wie zufrieden sind Sie mit folgenden Informationswegen?

	sehr zufrieden	zu-frieden	teils, teils	unzu-frieden	sehr un-zufrieden	ungenutzt/ unbekannt
Abteilungs- bzw. Teambesprechung	☐	☐	☐	☐	☐	☐
Information durch den Vorgesetzten	☐	☐	☐	☐	☐	☐
Information durch Ihre Mitarbeiter (Frage nur für den Vorgesetzten)	☐	☐	☐	☐	☐	☐
Information durch Ihre Kollegen	☐	☐	☐	☐	☐	☐
news-letter etc.	☐	☐	☐	☐	☐	☐
Journal/Magazin	☐	☐	☐	☐	☐	☐
Aushang am „Schwarzen Brett"	☐	☐	☐	☐	☐	☐
interne Rundschreiben	☐	☐	☐	☐	☐	☐
Intranet	☐	☐	☐	☐	☐	☐
Information durch den Personalbereich	☐	☐	☐	☐	☐	☐
Mitarbeiterversammlung	☐	☐	☐	☐	☐	☐
Betriebsversammlung	☐	☐	☐	☐	☐	☐
Information durch den Betriebsrat	☐	☐	☐	☐	☐	☐
Information durch die Bereichsleitung	☐	☐	☐	☐	☐	☐
abteilungsübergreifender Informationsaustausch	☐	☐	☐	☐	☐	☐
andere Informationswege, und zwar						
________________	☐	☐	☐	☐	☐	☐
________________	☐	☐	☐	☐	☐	☐
________________	☐	☐	☐	☐	☐	☐

F.G.H.-Standardfragebogen

54. Worüber möchten Sie in erster Linie mehr wissen?

☐ **keine Wünsche**

über folgendes (bis zu **fünf** Antworten möglich)

☐ was meinen unmittelbaren Arbeitsbereich betrifft
☐ was meine Abteilung/mein Team betrifft
☐ wie sich meine Aufgaben/die Aufgaben in meinem Arbeitsbereich ändern
☐ organisatorische Veränderungen und Umstrukturierungen
☐ welche Ergebnisse bei meiner Arbeit oder der Arbeit meines Teams herauskommen
☐ über unsere Produkte und Dienstleistungen
☐ über personelle Veränderungen, z.B. Neueinstellungen, Versetzungen
☐ über die Arbeit anderer Abteilungen
☐ wie unser Unternehmen aufgebaut und organisiert ist
☐ wie sich Gehälter, Tarife, Steuern, Sozialabgaben und Sozialleistungen entwickeln
☐ nach welchen Verfahren Zulagen verteilt werden
☐ über die wirtschaftliche Lage des Unternehmens
☐ über Entscheidungen des Vorstandes
☐ über die Strategien/Ziele der Abteilung
☐ über die zukünftige Entwicklung der Abteilung
☐ über die Arbeit des Gesamtbetriebsrates
☐ über die Arbeit des örtlichen Betriebsrates
☐ Sonstiges (bitte erläutern)

____

____

____

F.G.H.-Standardfragebogen

VII. Einkommen/Sozialleistungen

55. Wenn Sie Ihr Gehalt einschließlich Zulagen, Weihnachtsgeld, Urlaubsgeld sowie Sondervergütung zusammennehmen, finden Sie dann Ihre Arbeit *angemessen* bezahlt?

☐	☐	☐	☐	☐
bin damit sehr zufrieden	bin damit zufrieden	teils, teils	bin damit unzufrieden	bin damit sehr unzufrieden

56. Glauben Sie, dass Sie im Vergleich zu Ihren Kolleginnen und Kollegen gerecht bezahlt sind?

☐	☐	☐	☐	☐
bin sehr zufrieden	bin zufrieden	teils, teils	bin unzufrieden	bin sehr unzufrieden

57. Wie zufrieden sind Sie mit den Leistungen, die es bei ______ neben dem Gehalt gibt?

	sehr zufrieden	zufrieden	teils, teils	unzufrieden	sehr unzufrieden	trifft auf mich nicht zu/ kenne ich nicht
Betriebliche Altersversorgung	☐	☐	☐	☐	☐	☐
	☐	☐	☐	☐	☐	☐
Weihnachtsgeld/Urlaubsgeld	☐	☐	☐	☐	☐	☐
Jubiläumsgelder	☐	☐	☐	☐	☐	☐
Vermögenswirksame Leistungen	☐	☐	☐	☐	☐	☐
	☐	☐	☐	☐	☐	☐
Abteilungs-/Betriebsausflug/-feiern	☐	☐	☐	☐	☐	☐
Arbeitsmedizinischer Dienst	☐	☐	☐	☐	☐	☐
Reisekostenregelungen	☐	☐	☐	☐	☐	☐
	☐	☐	☐	☐	☐	☐
Zeitausgleich	☐	☐	☐	☐	☐	☐
Bezahlung der Überstunden	☐	☐	☐	☐	☐	☐
Belegschaftsrabatt	☐	☐	☐	☐	☐	☐
Kantine	☐	☐	☐	☐	☐	☐
Sonstiges (bitte erläutern) ______	☐	☐	☐	☐	☐	☐

F.G.H.-Standardfragebogen

VIII. Sonstiges

58. Glauben Sie, dass die Ergebnisse dieser Befragung etwas ändern?

☐ sehr wahrscheinlich	☐ eher wahrscheinlich	☐ teils, teils	☐ eher unwahrscheinlich	☐ sehr unwahrscheinlich

59. Ist Ihnen noch etwas wichtig?
Folgende konkrete Veränderungsvorschläge möchte ich bereits hier aufführen?

IX. Statistik

Die statistischen Angaben in diesem Bogen sind erforderlich, um besondere Probleme und Anliegen einzelner Mitarbeiter- und Arbeitsgruppen erkennen zu können. *Ihre persönlichen Antworten bleiben in jedem Fall geheim.* Es werden nur Ergebnisse für statistische Gruppen, *nicht für einzelne Mitarbeiter* ermittelt. Diese Angaben werden nur im Gesamtbericht „Demographische Variablen" berücksichtigt. Dieser Gesamtbericht verbleibt bei der F.G.H. und wird dort analysiert. Nur eine Zusammenfassung wird an das Unternehmen übergeben.

60a. Ihr Geschlecht?

- ☐ weiblich
- ☐ männlich

60b. Ihr Alter?

- ☐ bis 30 Jahre
- ☐ 31 - 45 Jahre
- ☐ 46 Jahre und älter

60c. Wie lange arbeiten Sie schon bei [ ] ?

- ☐ bis 3 Jahre
- ☐ 3 Jahre bis 10 Jahre
- ☐ 10 Jahre und länger

60d. Welche Position haben Sie?

- ☐ Vorstand/Geschäftsführer/Bereichsleiter
- ☐ Abteilungsleiter
- ☐ Gruppenleiter/Sachgebietsleiter
- ☐ Mitarbeiter ohne Führungsverantwortung

Autorenverzeichnis

Cernavin, Oleg: Soziologe, Entwicklung von Kommunikationskonzepten und Medien für Unternehmen und Organisationen. Projektleiter einer Reihe von Forschungsprojekten zu kommunikationswissenschaftlichen und unternehmensorganisatorischen Fragestellungen. Forschungsschwerpunkte: Kommunikation, Organisationsentwicklung, Prävention. Geschäftsführer der BC GmbH Forschungs- und Beratungsgesellschaft, Wiesbaden (www.bc-research.de).

Deitering, Franz G.: Geboren 1962 in Lingen (Ems), führte bereits während des Studiums der Psychologie in Osnabrück Projekte zum Selbstgesteuerten Lernen durch. Nach verantwortlichen Positionen in deutschen und amerikanischen Konzernen wurde er 1996 Leiter der weltweiten Personal- und Organisationsentwicklung der SAP AG. Als Mitglied des Global HR Management Teams übte er verschiedene strategische HR-Funktionen aus. 2001 wechselt er in den Vertrieb. Neben seiner Verantwortung in der Wirtschaft liegen seine Arbeitsschwerpunkte seit 1990 in Publikationen und Lehraufträgen an den Universitäten Osnabrück, Heidelberg und Mannheim zu Themen wie Selbstgesteuertes Lernen, Innovations-Management, Strategieunterstützende Personalentwicklung, Interkulturelles Management und Mitarbeiterbefragungen als eine Basis für Organisationsentwicklung. Seit 2001 ist er ehrenamtlicher Vorsitzender der IT-Survey Group (www.ITSG.org) dem weltweit führenden Benchmarking Konsortium der IT-Industrie zu Mitarbeiterbefragungen.

Deller, Prof. Dr. Jürgen: Jahrgang 1960. Nach dreijähriger Tätigkeit bei der Commerzbank AG Studium der Volkswirtschaftslehre und Psychologie in Chicago und Kiel. Berufsbegleitende Promotion an der Universität der Bundeswehr Hamburg. 1991 Einstieg in den Daimler-Benz Konzern in verschiedenen Funktionen der Personalentwicklung Obere Führungskräfte in der Zentrale, Stuttgart. Wechsel in die Zentrale der Tochter DaimlerChrysler Services (debis) AG, Berlin, als Leiter Vorstandssekretariat Personal, später Leiter Corporate Leadership Development IT Services. Ab 2000 Professor für Wirtschaftspsychologie an der Fachhochschule Nordostniedersachsen in Lüneburg. Veröffentlichungen in den Feldern Personalauswahl, Personalentwicklung und Wirtschaftsethik.

Domsch, Univ.-Prof. Dr. Michel E.: Studium an der Harvard Business School und an den Universitäten Kiel, Bonn und Bochum (Promotion und Habilitation in Betriebswirtschaftlehre). Danach Bereichsleiter BP British Petroleum Company. Seit 1978 Leitung I.P.A. Institut für Personalwesen und Internationales Management und seit 2004 MDC Management Development Center an der Helmut-Schmidt-Universität Hamburg. Projektmanagement „genderdax“. Wissenschaftlicher Beirat der F.G.H. Forschungsgruppe Hamburg (Beratung mit den Schwerpunkten: Mitarbeiterbefragungen, Arbeitszeitflexibilisierung, Führungskräfteentwicklung und Diversity).

Kontakt: www.hsu-hh.de/domsch/
e-mail: michel.domsch@hsu-hh.de

Fischer, PD Dr. med. MSc Joachim: Jahrgang 1957, Stipendiat der Studienstiftung, Studium der Medizin in Freiburg, Dunedin (Neuseeland) und Heidelberg. 1986 - 1992 Assistenzarzt und Ausbildung zum Kinderarzt. 1992 - 1999 Oberarzt pädiatrische Intensivstation Universitäts-Kinderklinik Zürich. 1995 - 1997 Weiterbildung in systemischer Organisationsberatung in Heidelberg. 1997 - 1999 Weiterbildung in Public Health und Klinischer Epidemiologie an der Harvard School of Public Health, Boston USA. Seit 1999 Leitung einer Forschungsgruppe zur biologischen Wirkung psychosozialer Belastungen am Arbeitsplatz am Institut für Verhaltenswissenschaften der Eidgenössischen Technischen Hochschule in Zürich (ETH). 2001 Habilitation. Seit 2000 verschiedene Interventions- und Präventionsprojekte in der Industrie. 2004 Gründung der HealthVision GmbH Spin-Off der ETH-Zürich. Entwicklung des Gesundheitsratings für Unternehmen sowie standardisierter Mess- und Reportinginstrumente für das Gesundheitsmanagement.

Gerpott, Univ-Prof. Dr. Torsten J.: Jahrgang 1958, ist seit April 1994 Inhaber des Lehrstuhls Planung / Organistaion an der Universität Duisburg und seit Juli 1996 Gründungsgesellschafter der DIALOG CONSULT GmbH. Von 1988 – 1994 arbeitete er in einer US-amerikanischen Management-Beratung. Etwa 170 deutsch- und englischsprachige Veröffentlichungen.

Harms, Dr. Martina: Jahrgang 1969, Dipl.-Ök., promovierte am Lehrstuhl für Personalwesen und Internationales Management an der Universität der Bundeswehr Hamburg. Parallel dazu Unternehmensberaterin für die F.G.H. Forschungsgruppe Hamburg (Arbeitszeitflexibilisierung, Mitarbeiterbefragungen) sowie für die Eaton Consulting Group (interkulturelle Trainings). Derzeit an der Universität Hannover im Weiterbildungsstudium Arbeitswissenschaft verantwortlich für den Studienschwerpunkt Personal und Führung (www.wa.uni-hannover.de).

Hartstein, Dr. Thomas: Jahrgang 1971, Dr. phil., Dipl.-Psych. 1991 bis 1997 Studium der Psychologie an der Christian-Albrechts-Universität zu Kiel. 2003 Promotion an der Philipps-Universität zu Marburg. 1997 Einstieg bei der DaimlerChrysler Services (debis) AG, Bereich Corporate Human Resources Policy & Projects. Schwerpunkte u. a. Führungsinstrumente (Feedbackverfahren, Zielvereinbarungs- und Leistungsbeurteilungssysteme). Derzeit freiberuflicher Unternehmensberater.

Hey, Dr. Alexandra H.: Jahrgang 1969, ist Organisationsentwicklerin und interne Beraterin bei der AXA in Köln. Nach ihrem Studium zur Diplom-Psychologin mit dem Schwerpunkt Arbeits- und Organisationspsychologie an den Universitäten München und Mannheim war sie sowohl in der Wissenschaft als auch als freiberufliche Trainerin und Beraterin in verschiedenen Unternehmen und Branchen tätig. Ihre Arbeitsschwerpunkte sind die Begleitung von Veränderungsprozessen, die Gestaltung von Instrumenten des Personalmanagements und der Mitarbeiterführung sowie die Durchführung von erlebnispädagogischen Kommunikations- und Teamtrainings.

Holland, Ulrich Friedrich: Dipl.-Ing. für Bauwesen, 10-jährige Berufserfahrung als Bauleiter, Technischer Aufsichtsbeamter, seit 1990 Leiter des Referates „Sicherheitstechnik und Gesundheitsschutz“ der Württembergischen Bau-Berufsgenossenschaft. Arbeitsschwerpunkte u. a.: für Unternehmen des Bauhaupt- und Baunebengewerbes im Auftrag der ARGE Bau, Lehraufträge an Fachhochschulen für Technik, Leitung des Modellprojektes der Württembergischen Bau-Berufsgenossenschaft „Reduzierung der Unfallhäufigkeit in der Gewerbegruppe der Dachdecker“.

Huwe, Heinz-Jörg: Jahrgang 1943, Industriekaufmann, seit 1970 bei der Deutschen Texaco AG, RWE-DEA und Shell & DEA Oil GmbH (SDO) in verschiedenen Unternehmensbereichen als Organisator, IT-Projektleiter, Leiter Methoden & Training im IT-Bereich, Leiter Betriebliche Fortbildung und Change Manager für den Personalbereich sowie Mitglied im Corporate Change Management Team während der Integrationsphase der DEA Mineralöl AG in die Shell & DEA Oil GmbH (seit 1.1.2004 Shell Deutschland Oil GmbH). Als Change Manager für den Personalbereich auch zuständig für die Koordination der Aktivitäten, die im Zusammenhang mit den Ergebnissen der weltweiten Shell Mitarbeiterbefragung für Shell in Deutschland und zwischen lokalen und internationalen Shell Gremien durchzuführen waren. Seit 1.1.2004 im Vorruhestand.

Kauer, Tobias: Jahrgang 1968, Diplom-Soziologe; 1990 bis 1997 Studium der Diplom-Soziologie und Sozialpsychologie an der Universität Mannheim. 1997 Einstieg bei der BASF Aktiengesellschaft, Ludwigshafen, im Bereich Image- und Kommunikationsforschung. Danach Studienleiter in einem Marktforschungsinstitut und von 2001 bis 2004 Projektleiter Marktforschung bei der Gothaer Versicherung in Köln; Aufgabengebiete hier u. a. Konzeption und Durchführung von Mitarbeiter- und Vertriebsbefragungen. Seit Ende 2004 als Research Manager im Market Research Service Center der Deutschen Post World Net in Bonn tätig.

Keller, Stefan: Jahrgang 1967, M.A., Studium der Soziologie, Deutschen Philologie und Psychologie. Forschungsschwerpunkte: Arbeitsforschung, Arbeitspolitik, Entwicklung wissenschaftlicher Instrumente, Analysen. Mitarbeiter der BC GmbH Forschungs- und Beratungsgesellschaft (www.bc-research.de).

Ladwig, Prof. Dr. Désirée H.: Jahrgang 1964. Studium der Betriebswirtschaftslehre und der Volkswirtschaftslehre, 1995 Promotion (Dr. rer. pol.) an der Universität der Bundeswehr Hamburg. Seit 1990 Projektleiterin der F.G.H. Forschungsgruppe Hamburg, Unternehmensberatung im Bereich Personal, Organisation und Unternehmensplanung; seit 1995 F.G.H.-Geschäftsführerin. 1996-2000 Koordinatorin des EU-Netzwerkes WorkLifeBalance (EC, DGV, Employment and Social Affairs). 2000- 2003 Professorin für Personalwirtschaft und Internationales Management an der OTA University of Applied Sciences Berlin. Seit 2004 Geschäftsführerin des MDC Management Development Center an der Helmut-Schmidt-Universität Hamburg. Seit 2005 Projektleitung „genderdax" (gefördert vom BMFSFJ), Gründungsdekanin der ISS International Business School of Service Management Hamburg.

Lemke-Goliasch, Peter: Sozialwissenschaftler, seit 20 Jahren in der Gesundheitsforschung tätig. Projektleiter einer Reihe von Forschungsvorhaben zum betrieblichen Gesundheitsmanagement und zum Arbeitsschutz. Forschungsschwerpunkte: Prävention, Epidemiologie, Evaluation, Instrumentenentwicklung, Organisationssoziologie. Ehemaliger Mitarbeiter der BC GmbH Forschungs- und Beratungsgesellschaft, jetzt Mitarbeiter des Bundesverbandes der Unfallkassen e. V., München.

Lieberum, Prof. Dr. Uta B.: Jahrgang 1963, Studium der Betriebswirtschaftslehre in Osnabrück und Hamburg, Wissenschaftliche Assistentin am I.P.A. Institut für Personalwesen und Internationales Management der Helmut-Schmidt-Universität mit den Schwerpunnkten: Internationales Personalmanagement, Gender- und Age-Diversity, Personalbeschaffung und –entwicklung, Karrieremanagement. Freie Mitarbeiterin der F.G.H. Forschungsgruppe Hamburg im Bereich Arbeitszeitflexibilisierung, Mitarbeiterbefragungen, Umsetzung von Unternehmensleilinien und Moderation. Professorin an der OTA-Hochschule in Berlin für Organisation und Unternehmensplanung

Meckenstock, Dr.med. Udo: Jahrgang 1948, Facharzt für Arbeits- u. Allgemeinmedizin, von 1993 bis heute bei EADS GmbH im Militärflugzeugbau als Betriebsarzt tätig. 2003 u. 2004 mit PD Dr. Fischer, ETH Zürich, Mitarbeiterbefragung und Untersuchung im Rahmen einer Gesundheitsanalyse. Schwerpunkte: Psychomentaler Streß, Messung biologischer Parameter, Entwicklung von Maßnahmen zur Situationsverbesserung.

Mertens, Cornelia: Studium LMU und TU München Lehramt an Gymnasien, Ausbildung zur Mediendidaktikerin, Trainerin. Konzeption und Umsetzung von CBTs (Computer Based Training) im Bereich Schlüsselqualifikationen, Fachbuchautorin „Praxisgerecht PC-Software trainieren“, Unterrichtshandbücher zur CBT-Entwicklung.
Arbeitsschwerpunkte: Projektleiterin Online-Befragungen bei Learning Campus.

Nieder, Univ-Prof. Dr. Peter: seit 1994 Professor für Personalwesen insbesondere Personalführung im Fachbereich Pädagogik der Universität der Bundeswehr Hamburg. 1996 Gründung des Institutes für Personalmanagement (zusammen mit Prof. Dr. Peter Conrad). Autor zahlreicher Aufsätze zu den Themen Führung, Organisationsentwicklung, Fehlzeiten und Betriebliche Gesundheitsförderung.

Patzke, Henning: Jahrgang 1960, Diplom Kaufmann, von 1987 – 1990 im Bereich Personalmarketing und Personalentwicklung bei der Nixdorf Computer AG, Paderborn. Seit 1990 im Personalbereich der Deutschen Shell AG, Hamburg, in verschiedenen Funktionen tätig (Recruitment, Personalleitung für diverse Fachbereiche, Change Management, Personalcontrolling, Personalentwicklung), von 1994 – 1997 Auslands-Einsatz für Shell in Aberdeen, Schottland. In 2001 als Projektleiter verantwortlich für die Human Resources Aktivitäten im Rahmen der Joint Venture Integration von Shell und DEA in Deutschland. Seit Anfang 2002 Leiter Personalentwicklung der Shell Deutschland Oil GmbH, u.a. zuständig für eHR, Recruitment, Training, Ausbildung, allgemeine PE Projekte, inklusive der Koordination der Mitarbeiterbefragung für Shell in Deutschland.

Reuter, Bianca: Jahrgang 1956, von 1976 bis 1978 Ausbildung in der Commerzbank AG Frankfurt, 1982 Weiterbildung zur Personalfachkauffrau. Von 1978 bis 1988 im Personalbereich der Commerzbank AG Frankfurt in verschiedenen Funktionen tätig (hauptamtliche Ausbilderin, Personalberaterin für diverse Fachbereiche, Auslandsrepräsentanzen und –filialen). Von 1988 bis 1992 im Zentralen Stab Personal als Gebietsfilialbetreuerin zuständig für den Einsatz und Entwicklung von Führungskräften. Seit 1996 (nach Elternzeit) im Zentralen Stab Personal, Fachbereich Grundsatz zuständig für das Thema Arbeitszeitflexibilisierung, Führungsinstrumente und Belegschaftsaktien.

Schaaf, Doris: Leitung Personalentwicklung, Merz Pharma KGaA, Eckenheimer Landstraße 100, D-60318 Frankfurt.

Tams, Carsten: MPA, Dipl.-Pol. 1993-1994 und 1996-1998 Studium der Politikwissenschaft an der Freien Universität Berlin. 1994-1995 Studium am Institut d'Etudes Politiques de Paris. 1998-2000 McCloy-Stipendiat an der John F. Kennedy School of Government, Harvard University. 1999 Mitarbeit am War for Talent-Projekt bei McKinsey & Company, Deutschland. Seit 2000 Beschäftigung im Vorstandsstab Personal der Bertelsmann AG, derzeit Senior Director Corporate Human Resources, Büro New York. Arbeitsschwerpunkte: Organisationsentwicklung, Entwicklung und Implementierung eines Konzernberichtswesens zur Unternehmenskultur, Personalinformationssysteme, Mitarbeiterbefragungen, Beurteilungssysteme für Führungskräfte. Empirische Analysen und Konzepten zu Personal- und Führungskräfteentwicklung, Mitarbeitermotivation und -identifikation, Unternehmenskultur und Restrukturierung. Veröffentlichungen in den Feldern Unternehmenskultur, Humankapital, internationales Projektmanagement in dezentralen Unternehmen, Mitarbeiterbefragungen.

Stock, Priv.-Doz., M. A., Dr. Ruth: Jahrgang 1972, Helmut-Schmidt-Universität Hamburg, Bevorzugte Arbeitsbereiche: Marktorientierte Unternehmensführung, Teams im Absatzbereich von Unternehmen und Kundenbeziehungsmanagement. Seit 2005 Professorin für Betriebswirtschaftslehre, insb. Unternehmensführung, Organisation und Personalwesen (Fakultät Wirtschafts- und Sozialwissenschaften) an der Universität Hohenheim.

Verfürth, Claus: Jahrgang 1968, studierte nach der Ausbildung und Tätigkeit als Bankkaufmann Betriebswirtschaftslehre an der Fachhochschule Niederrhein mit der Spezialisierung auf Personal- und Steuerlehre. Nach Beendigung des Studiums begann er als Sachbearbeiter Personalcontrolling bei der Deutschen Apotheker- und Ärztebank. Seit 2001 ist er Bereichsleiter Personal. Seine Verantwortung erstreckt sich auf das gesamte strategische und operative Personalmanagement bei der Deutschen Apotheker- und Ärztebank für insgesamt über 2.300 Mitarbeiter inkl. der Tochtergesellschaften. Zu den aktuellen Projekten zählen derzeit die Einführung von variablen Vergütungssystemen und die Implementierung neugeschaffener Vertriebsfunktionen in der Bank bei gleichzeitiger Verlagerung von administrativen Tätigkeiten in ein Tochterunternehmen.

Wallmichrath, Kirsten: Jahrgang 1968, Dipl.-Psych. Nach fünfjähriger Tätigkeit bei der Robert Bosch GmbH und der Trumpf Maschinenbau AG Studium der Psychologie an der Christian-Albrechts-Universität zu Kiel. Diplomarbeit zu Testgütekriterien des Mitarbeiterfeedback-Fragebogen bei der debis AG, Berlin. Wissenschaftliche Mitarbeiterin an der Philipps-Universität zu Marburg, Lehrstuhl für Arbeits- und Organisationspsychologie, Schwerpunkt: Organisationsdiagnose. Seit 2000 als Unternehmensberaterin im Bereich Personaldiagnostik und Personalentwicklung tätig. Lehrbeauftragte der Fachhochschule Nordostniedersachsen, Fachbereich Wirtschaftspsychologie, Gesellschafterin der meta-five gmbh, human performance consulting.

Weidenbrück, Barbara: Jahrgang 1961, Diplom-Psychologin, 1986 - 1989, Universität Bonn, wissenschaftliche Mitarbeiterin am Lehrstuhl Sozialpsychologie, gleichzeitig freiberuflich für den Schulpsychologischen Dienst Köln in der Kinder- und Jugendtherapie tätig. 1989 - 1992, ifp-Institut für Personal- und Unternehmensberatung Will und Partner, Assistentin des Geschäftsführers und Personalberaterin, Durchführung von Management-Audits, Entwicklungs- und Auswahl- Assessment-Centern, Bewerbertrainings für Kunden mit Outplacement - Aufgabestellungen und Suche und Auswahl von Führungskräften und Vorständen für Finanzdienstleistungsunternehmen. Seit 1992 Gothaer Konzern, Personal- und Managemententwicklung, alle Aufgabestellungen in der Personal- und Managmententwicklung sowie Begleitung von Change-Management Projekten. Verantwortlich für das Gothaer Personalmarketing und die Mitarbeiterbefragung.

Druck und Bindung: Strauss GmbH, Mörlenbach